T0224964

Frühe mathematische Bildung

Mathematik Primarstufe und Sekundarstufe I + II

Herausgegeben von
Prof. Dr. Friedhelm Padberg, Universität Bielefeld,
und Prof. Dr. Andreas Büchter, Universität Duisburg-Essen

Bisher erschienene Bände (Auswahl):

Didaktik der Mathematik

P. Bardy: Mathematisch begabte Grundschulkinder – Diagnostik und Förderung (P)
C. Benz/A. Peter-Koop/M. Grüßing: Frühe mathematische Bildung (P)
M. Franke: Didaktik der Geometrie (P)
M. Franke/S. Ruwisch: Didaktik des Sachrechnens in der Grundschule (P)
K. Hasemann/H. Gasteiger: Anfangsunterricht Mathematik (P)
K. Heckmann/F. Padberg: Unterrichtsentwürfe Mathematik Primarstufe (P)
K. Heckmann/F. Padberg: Unterrichtsentwürfe Mathematik Primarstufe, Band 2 (P)
F. Käpnick: Mathematiklernen in der Grundschule (P)
G. Krauthausen: Digitale Medien im Mathematikunterricht der Grundschule (P)
G. Krauthausen/P. Scherer: Einführung in die Mathematikdidaktik (P)
G. Krummheuer/M. Fetzer: Der Alltag im Mathematikunterricht (P)
F. Padberg/C. Benz: Didaktik der Arithmetik (P)
P. Scherer/E. Moser Opitz: Fördern im Mathematikunterricht der Primarstufe (P)
A.-S. Steinweg: Algebra in der Grundschule (P)

G. Hinrichs: Modellierung im Mathematikunterricht (P/S)

R. Danckwerts/D. Vogel: Analysis verständlich unterrichten (S)
G. Greefrath: Didaktik des Sachrechnens in der Sekundarstufe (S)
K. Heckmann/F. Padberg: Unterrichtsentwürfe Mathematik Sekundarstufe I (S)
F. Padberg: Didaktik der Bruchrechnung (S)
H.-J. Vollrath/H.-G. Weigand: Algebra in der Sekundarstufe (S)
H.-J. Vollrath/J. Roth: Grundlagen des Mathematikunterrichts in der Sekundarstufe (S)
H.-G. Weigand/T. Weth: Computer im Mathematikunterricht (S)
H.-G. Weigand et al.: Didaktik der Geometrie für die Sekundarstufe I (S)

Mathematik

F. Padberg/A. Büchter: Einführung Mathematik Primarstufe – Arithmetik (P)
F. Padberg/A. Büchter: Vertiefung Mathematik Primarstufe – Arithmetik/Zahlentheorie (P)

K. Appell/J. Appell: Mengen – Zahlen – Zahlbereiche (P/S)
A. Filler: Elementare Lineare Algebra (P/S)
S. Krauter/C. Bescherer: Erlebnis Elementargeometrie (P/S)
H. Kütting/M. Sauer: Elementare Stochastik (P/S)
T. Leuders: Erlebnis Arithmetik (P/S)
F. Padberg: Elementare Zahlentheorie (P/S)
F. Padberg/R. Danckwerts/M. Stein: Zahlbereiche (P/S)

A. Büchter/H.-W. Henn: Elementare Analysis (S)
G. Wittmann: Elementare Funktionen und ihre Anwendungen (S)
B. Schuppar/H. Humenberger: Elementare Numerik für die Sekundarstufe (S)

P: Schwerpunkt Primarstufe
S: Schwerpunkt Sekundarstufe

Weitere Bände in Vorbereitung

Christiane Benz · Andrea Peter-Koop ·
Meike Grüßing

Frühe mathematische Bildung

Mathematiklernen der Drei- bis Achtjährigen

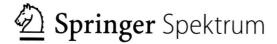

Prof. Dr. Christiane Benz
Institut für Mathematik und Informatik
Pädagogische Hochschule Karlsruhe
Karlsruhe, Deutschland

Prof. Dr. Andrea Peter-Koop
Institut für Didaktik der Mathematik
Universität Bielefeld
Bielefeld, Deutschland

Dr. Meike Grüßing
Abteilung Didaktik der Mathematik
Leibniz-Institut für die Pädagogik der Naturwissenschaften und Mathematik (IPN)
Kiel, Deutschland

ISBN 978-3-8274-2632-1   ISBN 978-3-8274-2633-8 (eBook)
DOI 10.1007/978-3-8274-2633-8

Die Deutsche Nationalbibliothek verzeichnet diese Publikation in der Deutschen Nationalbibliografie; detaillierte bibliografische Daten sind im Internet über http://dnb.d-nb.de abrufbar.

Springer Spektrum

Planung und Lektorat: Ulrike Schmickler-Hirzebruch, Sabine Bartels
Redaktion: Karin Beifuss
Einbandentwurf: deblik, Berlin

Gedruckt auf säurefreiem und chlorfrei gebleichtem Papier.

Springer Spektrum ist eine Marke von Springer DE. Springer DE ist Teil der Fachverlagsgruppe Springer Science+Business Media
www.springer-spektrum.de

Prolog

Alles was sich heute Frühförderung nennt, sollte dem Zwecke dienen, dass sich Kinder besser verstehen und ausdrücken können (Ansari 2013, S. 67).

Dieses Postulat, das Salman Ansari in seinem sehr kritischen Beitrag „Sie lernen viel zu viel" zu aktuellen Methoden und Inhalten der vorschulischen naturwissenschaftlichen Förderung formuliert hat, gilt in besonderem Maß auch für das frühe mathematische Lernen. Die kindgemäße Sprachentwicklung in Bezug auf mathematische Phänomene, Erkenntnisse, Ideen und Beobachtungen ist ein Anliegen, das in diesem Buch durchgängig aufgegriffen wird. Denn Ansari hat Recht: Die Sprache ist der Schlüssel zum Lernen generell. Sie ist eine wichtige Perspektive, aus der Bemühungen um die frühe mathematische Bildung geplant, umgesetzt, reflektiert und evaluiert werden können. Doch sie ist sicher nicht die einzige wichtige Perspektive. Bestehende Ansätze und Lehrwerke vertreten i. d. R. entweder in erster Linie die elementarpädagogische Sichtweise oder nehmen das Thema schwerpunktmäßig aus der fachdidaktischen Sicht in den Blick – oft aus der Perspektive der Grundschulmathematik. Dann steht hinter den vorgeschlagenen Aktivitäten meist die Frage, welche Inhalte bereits vorschulisch aufgenommen und behandelt werden sollten oder gar müssen. Entsprechend wird die Kindergartenzeit vielfach allein als Vorbereitung auf die Schule verstanden, ohne anzuerkennen, dass elementare Bildungsprozesse ihre eigenen Methoden, Inhalte und Ziele und grundsätzlich auch einen Wert an sich haben.

Ziel dieses Buches ist die Erschließung der Ziele, Methoden und Inhalte der frühen (institutionellen) mathematischen Bildung unter Betrachtung der entwicklungspsychologischen, der elementarpädagogischen, der fachlichen und fachdidaktischen Perspektiven, wobei die Entwicklung mathematischer Kompetenz alle diese Bereiche berührt.

Aus unserer Sicht, ist es – besonders im Rahmen der akademischen Ausbildung von Frühpädagoginnen und Frühpädagogen (auch und gerade) im Fach Mathematik – wichtig, diese verschiedenen Sichtweisen zusammenzubringen, um aus dieser Symbiose tragfähige Konzepte für das frühe mathematische Lernen entwickeln zu können.

Während das frühe mathematische Lernen in der Vergangenheit vielfach bewusst aus den Aktivitäten im Kindergarten ausgeklammert wurde (in dem guten Glauben, dafür sei erst in der Schule der richtige Platz und die richtige Zeit), hat sich nach Einführung der

Orientierungspläne für die frühe Bildung in der Mitte der letzten Dekade nun zunehmend die Erkenntnis durchgesetzt, dass mathematisches Lernen natürlich bereits lange vor
Schulbeginn einsetzt. Kinder im 1. Lebensjahr verfügen bereits über basale mathematische Fähigkeiten. So konnte Wynn (1992) im Rahmen ihrer sog. Habituationsexperimente
bei Säuglingen Fähigkeiten zur Mengenunterscheidung sowie protoquantitative Additions-
und Subtraktionsschemata nachweisen, die offenbar mit den Veränderungen der Flächeninhalte der eingesetzten Stimuli zusammenhängen, also geometrische Bezüge haben, wie
nachfolgende Untersuchungen zeigen.

Die erste Mathematikunterrichtsstunde in der Grundschule ist also sicher nicht die
„Stunde Null" (Selter 1995) im mathematischen Lernprozess. Viele Erzieherinnen und
Erzieher haben (durchaus mit Erleichterung) erkannt, dass Mathematik ein wesentlicher
Bestandteil des kindlichen Alltagserlebens und des kindlichen Spiels ist: „Mathematik ist
überall". Allerdings beobachten wir in den letzten Jahren zunehmend mit Sorge die sich
damit verbindende Hoffnung, dass sich altersgemäßes mathematisches Lernen quasi von
selbst und ohne Zutun der die Kinder begleitenden Erwachsenen vollzieht. Auch wenn
Kinder vielfach sicherlich auch ohne die Unterstützung und Anregung von Erwachsenen
mathematische Zusammenhänge erkennen und dann auch nutzen, so ist es doch wichtig,
sich darüber bewusst zu sein, dass Mathematik nicht einfach so nebenbei entsteht, sondern vielmehr aktiv konstruiert werden muss – von Kindern und Erwachsenen. Bei der
eigenaktiven Auseinandersetzung mit mathematischen Inhalten brauchen junge Kinder
erwachsene Lernbegleiterinnen und Lernbegleiter (und natürlich auch ältere Kinder),
die ihnen dabei helfen, ihre Entdeckungen bewusst und somit weiterhin auch in anderen
Kontexten nutzbar zu machen. Dies geschieht, indem sie die Kinder bei ihrer eigenen
Beschäftigung mit Mathematik sprachlich angemessen begleiten und im wahrsten Sinne
des Wortes mathematische Entdeckungen zur Sprache bringen. So unterstützen sie die
Kinder dabei, ihre Ideen, Erkundungen und Beobachtungen sprachlich zu fassen, sodass
der mathematische Gehalt einer Situation voll zum Tragen kommen kann.

Frühe mathematische Bildung ist somit auch mehr als der Einsatz von meist klein-
schrittigen Förderprogrammen im letzten Kindergartenjahr vor der Einschulung. Aktuelle
Konzepte und Programme für den Einsatz im Kindergarten leiden z. T. an einer falsch
verstandenen Kindgemäßheit, wenn z. B. Zahlen personifiziert werden, um sie Kindern interessant und zugänglich zu machen. Dies ist sicherlich nicht nötig und unter Umständen
sogar eher schädlich, wie die Ausführungen in diesem Buch zeigen werden.

Frühe mathematische Bildungsprozesse sind vielfach individuell und häufig nicht konkret planbar. Sie entstehen spontan in der Bewältigung des Alltags und im Spiel der Kinder
und verlangen dann spontanes Einlassen, gemeinsames Reflektieren und Besprechen. Der
Kindergarten bietet hier gegenüber der Schule deutliche Vorteile in Bezug auf individuali-
sierte Lernprozesse, denn in freien Spielphasen sowie in der Bewältigung von Alltagsitua-
tionen entstehen individuelle wie auch kollektive mathematische Lerngelegenheiten, die
dann meist auch umgehend zur Sprache gebracht werden können – im wahrsten Sinne des
Wortes, ohne den Anspruch, dass die gesamte Gruppe involviert ist.

Das individuelle Eingehen auf die Kinder und ihre mathematischen Interessen, Entdeckungen oder auch Schwierigkeiten ist keinesfalls trivial. Es verlangt von der begleitenden

Frühpädagogin bzw. dem begleitenden Frühpädagogen vielmehr nicht allein fundiertes mathematisches und fachdidaktisches Wissen, sondern auch Wissen und Fähigkeiten bei der methodischen Umsetzung und nicht zuletzt auch Wissen um die Notwendigkeit förderdiagnostischer Maßnahmen, um sicherzustellen, dass auch Kinder, die sich in ihrem Spiel explizit nicht mit mathematischen Fragen beschäftigen und sich auch in mathematikhaltigen Alltagssituationen eher zurückhalten, die zentralen Konzeptbausteine für das schulische Mathematiklernen entwickeln – und dies nicht unter Zwang, sondern in von der Erzieherin/dem Erzieher angebahnten und gestalteten Situationen, die an den individuellen Interessen der Kinder ansetzen.

Um kindgemäße frühe mathematische Bildungsprozesse, die vom einzelnen Kind und nicht wie später im Mathematikunterricht schwerpunktmäßig vom curricularen Aufbau mathematischer Inhalte und von der Lehrkraft ausgehen, begleiten, anbahnen und unterstützen zu können, müssen die Verantwortlichen entsprechend ausgebildet und auf diese Aufgabe pädagogisch, didaktisch und fachlich vorbereitet werden. Hierzu einen Beitrag zu liefern, ist explizites Ziel dieses Bandes.

Im ersten Teil stehen die Bedeutung (Kap. 1) und die Methoden (Kap. 2) früher mathematischer Bildungsprozesse im Mittelpunkt der Betrachtung. Die weiteren Ausführungen schließen förderdiagnostische Ansätze und Verfahren ein (Kap. 3), um Forschungsbefunden Rechnung zu tragen, die darauf verweisen, dass Kinder, die am Ende des 1. und 2. Schuljahres schwache Mathematikleistungen zeigen, bereits im Jahr vor der Einschulung in der Entwicklung ihres mathematischen Denkens und vor allem beim Aufbau des Zahlbegriffs gegenüber gleichaltrigen Kindern deutlich zurückliegen. Entscheidend sind hier Befunde, die nahelegen, dass diese Kinder bereits vorschulisch geeignet gefördert werden können – mit den besonderen methodischen Zugängen des Kindergartens. Wir halten es für sinnvoll, grundlegende Konzepte und Methoden sowie förderdiagnostische Ansätze vor der Auseinandersetzung mit den Inhalten zu behandeln, um deutlich zu machen, worin die besonderen Lernchancen im elementarpädagogischen Bereich liegen, bevor aus mathematikdidaktischer Sicht die Inhalte und Prozesse des frühen mathematischen Lernens in den Blick genommen werden. Leitend für die Ausführungen im zweiten Teil war das Konzept der *mathematical literacy*, nämlich die Überlegung, was zum einen im Kindergartenalter im Hier und Jetzt für die Kinder relevant und was zum anderen für die weitere Entwicklung ihres mathematischen Denkens von Bedeutung ist.

Da alle Inhaltsbereiche der schulischen Mathematik in der Primarstufe bereits im Alltag und Spiel von Kindergartenkindern auftreten, werden sie in den Kap. 4 bis 8 ausführlich behandelt. Dabei gehen wir immer von den jeweiligen fachlichen Grundlagen aus und nehmen aus einer fachlichen Perspektive die damit jeweils verbundenen fachlichen Grundlagen sowie die entwicklungspsychologischen, fachdidaktischen und elementarpädagogischen Befunde und Maximen in den Blick. Die aktuelle fachliche Sichtweise der Mathematik als Wissenschaft der Muster legt zudem einen Fokus auf die prozessbezogenen Kompetenzen. Auf dieser Grundlage werden in Kap. 9 mathematische inhaltsübergreifende Kompetenzen für den Elementarbereich reflektiert und erläutert. Im abschließenden Epilog finden sich diverse Fotos von mathematisch aktiven Kindergartenkindern, die die Inhalte des Buches exemplarisch aufnehmen und aus kindlicher Perspektive reflektieren.

Um den Einsatz des Buches im Rahmen der (akademischen) Ausbildung zu unterstützen, schließt jedes Kapitel mit Fragen zum Reflektieren und Weiterdenken – allein oder in Kleingruppen im Rahmen von Seminaren. Darüber hinaus finden sich ergänzend zum ausführlichen Literaturverzeichnis am Ende der einzelnen Kapitel Hinweise auf weiterführende Literatur, die jeweils kurz kommentiert wird.

Wir verstehen diesen Band ausdrücklich als *Arbeitsbuch*, das in erster Linie fundiertes fachliches und didaktisches Hintergrundwissen für die professionelle Begleitung der mathematischen Lernprozesse junger Kinder vermitteln soll. Entsprechend ist das Buch so aufgebaut, dass jedes Kapitel für sich lesbar und verständlich ist. Zahlreiche Verweise in andere Kapitel reflektieren die Vernetzung der dargestellten Inhalte, Befunde und Konzepte.

Auch wenn vor allem im zweiten Teil des Buches jedes Kapitel mit konkreten Vorschlägen für Materialien und Aktivitäten zu den jeweils thematisierten inhaltlichen und prozessbezogenen Kompetenzen abschließt, so sind diese nicht als verbindliche Anleitungen für die Praxis, sondern vielmehr als praxiserprobte Ideenlieferanten für eigene Herangehensweisen gedacht.

Die Vorbildfunktion von Erzieherinnen und Erziehern beim Spracherwerb junger Kinder – in der betreffenden Literatur wird darauf verwiesen, dass sie Sprachvorbilder für die ihnen anvertrauten Kinder sein sollen – würden wir gern auf den mathematischen Bereich ausweiten. Auch hier sind Erzieherinnen und Erzieher Vorbilder für das frühe mathematische Lernen.

In diesem Sinne hoffen wir, dass der vorliegende Band im Schnittfeld von Theorie und Praxis Impulse für die Umsetzung des vorschulischen mathematischen Bildungsauftrags liefert und konkrete Handlungsoptionen für die Initiierung, Begleitung und Gestaltung früher mathematischer Bildungsprozesse aufzeigt. Dabei schließen wir explizit auch den fachlichen Übergang vom Kindergarten zur Grundschule sowie zum mathematischen Anfangsunterricht ein, der besonders für fachfremd unterrichtende Lehrkräfte zahlreiche Herausforderungen birgt. Auch Grundschullehrerinnen und -lehrern bietet der Band neben den relevanten fachlichen Grundlagen Hinweise auf zentrale Vorläuferfähigkeiten für das schulische Mathematiklernen und ihre gezielte Integration, Förderung und Ausbau im Anfangsunterricht.

Zu guter Letzt ist es uns wichtig, deutlich zu machen, dass wir bei der Erstellung des Manuskripts unverzichtbare Hilfe hatten. Wir danken Sebastian Kollhoff für seine umfangreiche Unterstützung beim Index und bei zahlreichen Abbildungen sowie Bernd Wollring für das Beisteuern von Fotos und fachlichem Rat. Friedhelm Padbergs ausführliche und konstruktive Kommentare zu einer früheren Fassung des Gesamtmanuskripts haben zu zahlreichen Verbesserungen und Präzisierungen geführt. Und Herta Ritsche und Heyo Spekker haben uns in der Endphase beim Korrekturlesen entscheidend unterstützt. Ihnen allen gilt unser herzlicher Dank.

Bielefeld, Karlsruhe und Kiel im Januar 2014
Christiane Benz, Andrea Peter-Koop und Meike Grüßing

Literatur

Ansari, S. (2013). Sie lernen zu viel. *Die Zeit* (15), 67.

Selter, C. (1995). Die Fiktivität der „Stunde Null" im arithmetischen Anfangsunterricht. *Mathematische Unterrichtspraxis* (2), 11–19.

Wynn, K. M. (1992). Addition and subtraction by human infants. *Nature, 358,* 749–750.

Inhaltsverzeichnis

Teil I

Bedeutung und Konzepte früher mathematischer Bildung

Bedeutung früher mathematischer Bildung

1

„Der Anfang ist mehr als die Hälfte des Ganzen." Aristoteles, dem dieses Sprichwort zugewiesen wird, hat bereits vor langer Zeit auf die besondere Bedeutung des Anfangs hingewiesen. Gerade der Anfang des institutionellen Lernens stellt eine wichtige Grundlage in der Bildungsbiografie von Kindern dar. Auf die Bedeutsamkeit früher Bildungsmöglichkeiten und Lernerfahrungen weisen Forschungsergebnisse aus der Pädagogik, den Fachdidaktiken, der Psychologie und den Neurowissenschaften hin, die im Folgenden zusammenfassend dargestellt werden.

Häufig ergeben sich bereits im Kindergartenalltag mathematische Themen und Fragestellungen, die von der Erzieherin/dem Erzieher mathematisches Hintergrundwissen verlangen, um mit den entstehenden Situationen angemessen umgehen zu können, wie das folgende Beispiel nahelegt:

> Samira geht zusammen mit elf weiteren Kindern im Alter zwischen 3 und 6 Jahren in eine altersgemischte Kindergartengruppe – die Bärengruppe. Die Erzieherin hat beobachtet, dass einige Kinder bereits kleinere Mengen auszählen können, und will nun morgens mit den anwesenden Kindern durchzählen, ob alle Kinder da sind. Die Kinder sitzen im Kreis, und Timon beginnt mit „eins", Esra setzt fort mit „zwei". Dann ist Samira dran. Sie sagt „vier". Viele Kinder und die Erzieherin schütteln den Kopf. Jonathan berichtigt: „Nein, du bist drei." Samira schaut ungläubig, und die Erzieherin fordert die Kinder auf: „Wir fangen noch mal von vorne an." Wieder beginnt Timon mit „eins", dann kommt Esra mit „zwei", Samira sagt wiederum „vier". Nun rufen die meisten der anderen Kinder: „Nein, nein, du bist drei." Samira hat Tränen in den Augen. Schüchtern hält sie vier Finger hoch und sagt leise: „Ich bin schon vier." Die Erzieherin ist ratlos und bricht den Zählvorgang an dieser Stelle ab. Gemeinsam singen sie nun ein Morgenlied.

C. Benz et al., *Frühe mathematische Bildung*, Mathematik Primarstufe und Sekundarstufe I + II,   3
DOI 10.1007/978-3-8274-2633-8_1, © Springer-Verlag Berlin Heidelberg 2015

Worin liegt der Grund für das offensichtliche Missverständnis? Beim Auszählen einer Menge (hier der Bärengruppe) zur Bestimmung der Gesamtanzahl der Elemente (hier der einzelnen Kinder) kommt der *Kardinalzahlaspekt* (vgl. dazu auch Abschn. 2.1.1) zum Tragen, d. h., die letztgenannte Zahl gibt die Gesamtanzahl an. Die Reihenfolge, in der die einzelnen Elemente gezählt werden, ist dabei irrelevant. Wichtig ist, dass jedem Element (Kind) genau ein Zahlwort zugeordnet wird. Samira hat jedoch einen ganz anderen Bezugsrahmen. Vor wenigen Tagen ist sie 4 Jahre alt geworden, worauf sie sehr stolz ist. Dieses Erlebnis dominiert hier die Zählsituation, und sie gibt statt dem auf „zwei" folgenden Zahlwort der Zahlwortreihe (sie ist zufällig das dritte Kind in der Reihe) ihr Alter an. Den auf das nächste Zahlwort in der Reihe bezogenen Hinweis der anderen („du bist drei") deutet sie bezogen auf ihr Alter und ist zunächst verwirrt, dann traurig und fühlt sich offenbar unverstanden. Erst ein halbes Jahr später wird der Erzieherin im Rahmen einer Weiterbildung klar, dass Samira in der beschriebenen Situation einen anderen Zahlaspekt verfolgte als sie selbst und der Rest der Gruppe. Für Samira stand der *Maßzahlaspekt* zur Bezeichnung einer Größe (hier Alter) im Vordergrund. Für sie steht die Vier für „4 Jahre alt". Daher sagt sie: „Ich bin vier." Mit entsprechendem mathematischem Hintergrundwissen der Erzieherin hätte sich diese Situation leicht aufklären lassen, und Samira wäre, bezogen auf den Zählprozess, eine negative und irritierende Erfahrung erspart geblieben.

Der mathematikdidaktischen Aus- und Weiterbildung des pädagogischen Fachpersonals in Kindertagesstätten kommt daher eine besondere Rolle für gelingende frühe Bildungsprozesse zu. Während es in unserem Beispiel „nur" um die Vermeidung einer für alle Beteiligten frustrierenden Situation ging, die - wenn sie für Samira nicht mit weiteren ähnlichen Situationen des Unverstandenseins einhergeht - hoffentlich ohne nennenswerte negative Folgen für ihr Mathematiklernen bleibt, soll im Folgenden zunächst die Bedeutung früher mathematischer Bildung und Förderung für das schulische Mathematiklernen herausgearbeitet (Abschn. 1.1) und die gesamtgesellschaftliche Perspektive auf die frühe (mathematische) Bildung aufgezeigt werden (Abschn. 1.2), bevor abschließend dargestellt wird, welche Rolle einer fundierten fachdidaktischen Aus- und Weiterbildung bei der Initiierung und Begleitung früher mathematischer Bildungsprozesse zukommt (Abschn. 1.3).

1.1   Bedeutung für das schulische Mathematiklernen

Im Zusammenhang mit der Frage, welche Bedeutung frühe mathematische Bildungsprozesse für das spätere schulische Mathematiklernen haben, sind vor allem Forschungsergebnisse zu folgenden Bereichen interessant:

- Befunde zur Bedeutung und zum Erwerb informellen Wissens u. a. bezogen auf die mathematischen Vorkenntnisse und Fähigkeiten von Schulanfängerinnen und Schulanfängern;
- Befunde zum Einfluss früher mathematischer Kompetenzen auf die spätere Schulleistung im Fach Mathematik;

- die Entdeckung von sog. Entwicklungsfenstern in der neuropsychologischen Forschung und diesbezügliche Implikationen für die frühe (mathematische) Bildung sowie
- Befunde zur vorschulischen Vorhersage von Rechenschwierigkeiten.

Auf diese Aspekte wird im Folgenden im Detail eingegangen.

1.1.1   Bedeutung und Erwerb informellen Wissens

Lernen ist immer Weiterlernen. Kinder kommen nicht als „mathematisch unbeschriebene Blätter" in die Schule bzw. auf die Welt. Stern (2009, S. 153) verweist darauf, dass die bereits im Säuglingsalter zu beobachtenden intuitiven[1] mathematischen Kompetenzen die Basis für den Aufbau des quantitativen Verständnisses und der Zählfertigkeit im Vorschulalter bilden. Das im Kindergartenalter erworbene mathematische Wissen wird demgegenüber in der mathematikdidaktischen Literatur meist als informelles[2] Wissen bezeichnet, das in vielfältigen Alltags- und Spielsituationen konstruiert wird. Dieses informelle Wissen ist eine wichtige und bedeutungsvolle Grundlage für den späteren Erwerb schulmathematischer Kompetenzen. Kinder benötigen vielfältige Handlungs- und Spielerfahrungen, um darauf basierend später formales mathematisches Wissen aufbauen zu können (Baroody et al. 2006). Beim Tischdecken wird für jede Person genau ein Messer und genau eine Gabel gedeckt (Eins-zu-Eins-Zuordnung). Beim Aufräumen werden Gegenstände nach Merkmalen und Eigenschaften klassifiziert und entsprechend sortiert. Bei Würfelspielen muss die Anzahl der gewürfelten Punkte wahrgenommen und der eigene Spielstein entsprechend viele Felder weitergesetzt werden. Beim (Nach-)Bauen mit Lego werden Lagebeziehungen wie oben, unten, rechts und links spielerisch erworben.

Untersuchungen im deutschsprachigen Raum zu den mathematischen Vorkenntnissen von Schulanfängerinnen und Schulanfängern haben gezeigt, dass viele Kinder ein großes Maß an informellem Wissen aus der Kindergartenzeit mitbringen (Schmidt und Weiser 1982; Hengartner und Röthlisberger 1995; Selter 1995). So verfügen die meisten Kinder bei Schulbeginn bereits über ein umfangreiches mathematisches Wissen, Erfahrungen und Einsichten, die sich auf vielfältige mathematische Sachverhalte und Zusammenhänge beziehen. Allerdings sind die Vorkenntnisse, Erfahrungen und Kompetenzen von Kindern am Schulanfang sehr unterschiedlich. Schipper (2002) warnt in diesem Zusammenhang ausdrücklich vor dem Mythos der hohen mathematischen Kompetenz von Schulanfängern, die aus den vorliegenden Studien nicht ableitbar sei, und betont vielmehr die extrem große Leistungsheterogenität zu Schulbeginn und damit das Differenzierungsproblem. Zudem sei es wichtig, die Qualität der kindlichen Leistung nicht in erster Linie daran zu

---

[1] In der psychologischen Literatur wird der Begriff intuitives mathematisches Wissen verwendet, um zu unterstreichen, „dass Menschen mit einer angeborenen Fähigkeit ausgestattet sind, die externe Umgebung nach quantitativen Kriterien zu analysieren" (Stern 2009, S. 152 f.).

[2] Informelles Wissen bezeichnet in der mathematikdidaktischen Literatur das Wissen, das Kinder ohne unterrichtliche oder andere formale Unterweisung erwerben.

messen, dass eine (in den vorliegenden Studien i. d. R. kontextgebundene) Aufgabe gelöst wurde, vielmehr sei der Lösungsprozess selbst die entscheidende Qualitätsvariable. Die
häufig zu beobachtenden informellen, zumeist zählenden Verfahren können dabei im Anfangsunterricht ein guter Anknüpfungspunkt sein, die Kinder im Sinne *fortschreitender
Schematisierung*[3] zu befähigen, solche Aufgaben auch auf abstraktere, eben schulmathe-
matische, Weise zu lösen.

Aus informellen mathematischen Kompetenzen entwickeln sich also nicht automatisch
formale mathematische Kompetenzen, wie eine Untersuchung mit brasilianischen Stra-
ßenkindern nachdrücklich belegt (vgl. Nunes et al. 1993). Die untersuchten Kinder waren
i. d. R. als Straßenverkäuferinnen und -verkäufer tätig und trugen so zum Familienunter-
halt bei. Die für ihre Tätigkeit notwendigen mathematischen Kompetenzen (Preise mehrerer Artikel addieren, Wechselgeld bestimmen) wurden dabei in den Verkaufssituationen
auf der Straße erworben, konsolidiert und ausgebaut. Allerdings stellte sich bei der Studie
heraus, dass diese Kompetenzen nur im Kontext der Verkaufssituation angewandt werden
konnten. Wurden die Aufgaben mit gleichen Zahlenwerten, wie sie die Kinder im Ver-
kaufskontext erfolgreich verarbeitet hatten, dekontextualisiert in formalen Aufgaben mit
Zahlen und Operationszeichen gestellt, konnten sie von den Kindern nicht gelöst werden.
Nunes et al. (1993) betonen in diesem Zusammenhang die unterschiedlichen Anforderungen und unterscheiden zwischen Straßen- und Schulmathematik. Auch Schipper (2002)
greift diesen Sprachgebrauch in Bezug auf seine Analysen der mathematischen Kompetenzen von Schulanfängern auf und betont: „Viele Schulanfänger sind gute *Straßenmathema-
tiker*, jedoch noch keine guten *Schulmathematiker.*" (S. 134)

Mit Blick auf die Entwicklung formaler mathematischer Kompetenzen in der Grundschule und darüber hinaus gehört es zu den zentralen Aufgaben von Erzieherinnen/
Erziehern und Lehrkräften, den Kindern vorschulisch zunächst einmal vielfältige Möglichkeiten zu eröffnen, eine möglichst breite und solide Grundlage informellen Wissens
zu erwerben. Bezogen auf die Gestaltung des Unterrichts ist es dann in einem nächsten
Schritt wichtig, den Kindern konkrete und gezielte Anknüpfungsmöglichkeiten an intuitiv
verfügbares sowie informell erworbenes Wissen und die damit in Verbindung stehenden
Fähigkeiten und Fertigkeiten zu bieten. Im zweiten Teil dieses Buches (Kap. 4–9) wird auf
die systematische Entwicklung von mathematischen Kompetenzen vom Kindergartenalter
bis in die Grundschule, bezogen auf die verschiedenen mathematischen Inhaltsbereiche
sowie die damit in Zusammenhang stehenden prozessbezogenen Kompetenzen, im Detail
eingegangen.

---

[3] Das Prinzip der *fortschreitenden Schematisierung* geht auf die niederländische Unterrichtskonzepti-
on der sog. *Realistic Mathematics Education* (Treffers 1987) zurück. Darunter werden Prozesse (seien
sie enaktiv, ikonisch, symbolisch oder sprachlich manifestiert) verstanden, die von individuellen, informellen und durch Anschauungsmittel gestützten Lösungswegen zu formalen Rechenwegen und
Strategien bzw. zum Algorithmus führen (vgl. dazu bezogen auf den Grundschulunterricht auch Treffers 1983).

1.1.2   Einfluss früher mathematischer Kompetenzen auf die spätere Schulleistung

Ergebnisse aus der mathematikdidaktischen und kognitionspsychologischen Forschung wiesen bereits in den 1990er-Jahren darauf hin, dass frühe mathematische Bildungsprozesse einen großen Einfluss auf spätere mathematische Kompetenzen und Schulleistungen haben. So stellte sich bei Untersuchungen in den USA (Stevenson und Stigler 1992) und Australien (Young-Loveridge et al. 1998) heraus, dass die Qualität und Quantität der frühen mathematischen Erfahrungen zwei der Hauptkomponenten für späteren schulischen Erfolg sind. Im deutschsprachigen Raum bestätigen die Forschungsergebnisse der LOGIK-Studie (Schneider 2008; s. auch Weinert und Helmke 1997; Stern 2009) und ihrer Follow-up-Studie (Stern 2003a) die Bedeutung früher mathematischer Kompetenzen. In der Längsschnittuntersuchung der LOGIK[4]-Studie wurden 220 Kinder zwischen 3 und 4 Jahren bis zum Alter von 12 Jahren jährlich dreimal untersucht. In der LOGIK-Follow-up-Studie wurden 57 der 220 Kinder in der 11. Klasse nochmals befragt. Im Fokus der Forschergruppe stand u. a. die Fragestellung, wie sich die Mathematikleistungen der Lernenden entwickeln und wodurch die Leistungen bestimmt werden. Aus diesem Grund wurden im Kindergartenalter verschiedene Fähigkeiten, Kenntnisse und Einstellungen ermittelt und mit den späteren Schulleistungen in Beziehung gesetzt (vgl. Stern 1998). Dazu wurden bei den Kindern im Kindergartenalter die Intelligenz sowie mathematische Kompetenzen wie z. B. Zählen und das Schätzen von Mengen (bereichsspezifisches Wissen) gemessen. Im Grundschulalter wurden die mathematischen Kompetenzen der Kinder dann anhand von Textaufgaben erhoben. Als ein Hauptergebnis der LOGIK-Studie kann man folgenden Zusammenhang festhalten:

Zwischen späteren mathematischen Schulleistungen und bereichsspezifischem Wissen können engere Zusammenhänge festgestellt werden als zwischen mathematischen Schulleistungen und gemessener Intelligenz, wobei unter bereichsspezifischem Wissen die mathematische Kompetenz verstanden wird. Die Unterschiede bei den Leistungen (Varianz) der Kinder in der 2. Klasse kann zu 25 % mit den Leistungen der Kinder im Vorschulalter erklärt werden. Dies kann man so deuten, dass bereichsspezifisches Wissen im mathematischen Bereich eine günstige Ausgangsposition darstellt, um sich in der Schule weiteres Wissen anzueignen. Stern (1997, S. 160) betont in diesem Zusammenhang, dass „eine hohe Intelligenzleistung [...] offensichtlich nur in geringem Maß Defizite in der Lerngeschichte kompensieren [kann]". In der Follow-up-Studie konnte Stern (2003b) sogar zeigen, dass die Mathematikleistungen in der 11. Klasse eng mit den Mathematikleistungen in der 2. Klasse zusammenhängen. Stern stellt fest, dass gute Leistungen beim Lösen von Textaufgaben, bei denen z. B. Mengen verglichen werden müssen, eine notwendige, wenngleich aber keine hinreichende Voraussetzung für hohe mathematische Leistungen in der 11. Klasse sind. Notwendig bedeutet in diesem Fall, dass die Kinder, die in der 11. Klasse hohe mathematische Leistungen zeigten, häufig bereits in der 2. Klasse eine hohe Leistungsfähigkeit

---

[4] Longitudinalstudie zur Genese individueller Kompetenzen.

aufgewiesen hatten. Hinreichend bedeutet, dass nicht alle Kinder, die in der 2. Klasse eine hohe Leistungsfähigkeit zeigten, dies auch in der 11. Klasse taten.

1.1.3   Die neurowissenschaftliche Perspektive und ihre Implikationen

Die Entdeckung der sog. Lern- oder Entwicklungsfenster im Bereich der Neurowissenschaften hat vielfach zu der Schlussfolgerung geführt, dass Kinder schon im Kleinkindalter mit möglichst vielen verschiedenen Inhalten konfrontiert werden sollen. Dahinter steht die Sorge, sonst evtl. eine sensible Phase zu verpassen, in der das Lernen besonders leicht geht und zu einem späteren Zeitpunkt nicht mehr aufzuholen ist. Diese Haltung kommt übrigens auch schon in dem altbekannten Sprichwort „Was Hänschen nicht lernt, lernt Hans nimmermehr!" zum Ausdruck. Dies kann jedoch dazu führen, dass man nach dem „Gießkannenprinzip" versucht, alle Bereiche möglichst früh institutionell zu fördern, und damit Gefahr läuft, die Kinder zu überfordern. Die Annahme „je früher, desto besser" scheint allerdings in Bezug auf die frühe (mathematische) Bildung nicht unbedingt die richtige Konsequenz zu sein. Wolf Singer, Hirnforscher am Max-Planck-Institut für Hirnforschung in Frankfurt/Main, betont, dass die Existenz zeitlich gestaffelter sensibler Phasen für die Ausbildung verschiedener Hirnfunktionen zu der Forderung führt, das Rechte zur rechten Zeit verfügbar zu machen und anzubieten. Es sei allerdings nutzlos und womöglich sogar kontraproduktiv, Inhalte anzubieten, die nicht adäquat verarbeitet werden können, weil die entsprechenden „Entwicklungsfenster" noch nicht geöffnet sind. Da bislang nur wenig experimentelle Daten darüber vorliegen, wann das menschliche Gehirn welche Informationen benötigt, sei es wohl die beste Strategie, sorgfältig zu beobachten, wonach die Kinder fragen, d. h., es sollte demnach ausreichen und wäre zugleich wohl auch die optimale Strategie, „sorgfältig darauf zu achten, wofür sich das Kind jeweils interessiert, wonach es verlangt und wodurch es glücklich wird" (Singer 2002, S. 57). Spitzer (2006) verweist ebenfalls auf die Bedeutsamkeit des frühen Lernens und betont, dass die Lerngeschwindigkeit mit zunehmendem Alter abnehme. Derjenige, der schon etwas kann, lernt ganz anders als jemand, der von vorn anfängt. „Wissen kann helfen, neues Wissen zu strukturieren, einzuordnen und zu verankern" (S. 69). Aus diesem Grund ist es wichtig, allen Kindern anregungsreiche Umgebungen anzubieten, damit sie vielfältige Chancen haben, Lernanreize und Lernangebote wahrzunehmen.

1.1.4   Vorschulische Vorhersage von Rechenschwierigkeiten

In verschiedenen Studien zur Früherkennung und Vorhersage von Rechenschwierigkeiten konnte nachgewiesen werden, dass es bereits vor Eintritt in die Schule sog. Prädiktoren gibt, die die Rechenleistung bzw. Schwierigkeiten beim Rechnen im Anfangsunterricht vorhersagen können. Es gibt also in den individuell unterschiedlichen Ausprägungen der Entwicklung des Zahlbegriffs (s. dazu auch Abschn. 4.3) gewisse Risikofaktoren, die schon am Schulbeginn auf spätere Rechenschwächen hindeuten können. So hat Krajewski (2003) u. a. nachgewiesen, dass Defizite in der Mengenerfassung (Invarianz, Mengenvergleich) und im Vorwissen über Zahlen (Zählfertigkeiten ebenso wie elementares Rechnen) solche Risikofaktoren bzw. Prädiktoren sind. In einer Längsschnittstudie (s. dazu Krajewski 2005), in der die mathematische Entwicklung von Kindergartenkindern ein halbes Jahr vor Schuleintritt bis zum Ende des 4. Schuljahres untersucht wurde, konnte sie einen starken Zusammenhang zwischen mengen- und zahlenbezogenen Kompetenzen und den Mathematikleistungen bis zum Ende der Grundschulzeit nachweisen. Ein erheblicher Teil der Mathematikleistung am Ende des 2. sowie auch des 4. Schuljahres lässt sich demnach durch die Kenntnis von und das Wissen über Zahlen sowie Zähl- und frühe Rechenfertigkeiten bereits im letzten Kindergartenjahr vorhersagen. Auch Kaufmann (2003) konnte feststellen, dass Mengenerfassung und Vorwissen über Zahlen und Zählen Prädiktoren für spätere schwerwiegende Probleme beim Rechnen darstellen.

Zu ähnlichen Befunden kommt auch Dornheim (2008). Sie konnte zeigen, dass zahlenbezogene Kompetenzen (konkret wurden die Bereiche „Zählen und Abzählen", „Anzahlen erfassen" und „Anwenden von Zahlen-Vorwissen" identifiziert) diesbezüglich sog. Hauptprädiktoren sind (vgl. dazu auch Abschn. 2.1.1). Diejenigen Kinder, die bei den bereits vor Schulbeginn eingesetzten Testaufgaben aus diesen Bereichen in ihren Ergebnissen deutlich hinter denen gleichaltriger Kinder zurückbleiben, sind mit großer Wahrscheinlichkeit auch die, bei denen im 1. oder 2. Schuljahr eine Rechenschwäche festgestellt wird. Auch die Befunde einer finnischen Längsschnittstudie (Aunola et al. 2004) belegen, dass sich die Probleme schulisch schwacher Rechner bereits vor der Einschulung in schwachen Mengen-Zahlen-Kompetenzen zeigen. Darüber hinaus verweisen die finnischen Befunde auf einen Kumulationseffekt dieser vorschulischen Defizite. So zeigte sich, dass Kinder, die zu Beginn des letzten Kindergartenjahres nur über ein schwaches mengen- und zahlenbezogenes Wissen verfügten, eine deutlich langsamere mathematische Entwicklung vollzogen als Kinder mit besseren Mengen-Zahlen-Kompetenzen.

Den beschriebenen Schwierigkeiten mancher Vorschulkinder bzw. Schulanfängerinnen und Schulanfänger und ihren schulischen Folgen kann jedoch durch gezielte Interventionen im letzten Kindergartenjahr (Grüßing und Peter-Koop 2008; Krajewski et al. 2008) bzw. unmittelbar bei Schulanfang (vgl. Kaufmann 2003) sowie bei rechenschwachen Kindern im 1. Schuljahr (Ennemoser und Krajewski 2007) erfolgreich entgegengewirkt werden. Eine auf der Entwicklung von mengen- und zahlenbezogenen Kompetenzen basierende gezielte frühe Förderung kann positive Kurz- und Langzeiteffekte haben. Gerade im letzten Kindergartenjahr kann eine solche Förderung im Alltag der Tagesstätte wirksam gelingen (vgl. Peter-Koop et al. 2008), ohne dass eine zu frühe Stigmatisierung potenzieller Risikokinder für das schulische Mathematiklernen stattfindet. Dabei ist jedoch darauf zu achten, dass die Förderung sich an elementarpädagogischen Prinzipien orientiert. Diesbezüglich zentrale Inhalte und Methoden bei der frühen Diagnose von mathematischen Kompetenzen sowie der Förderung von Kindern, die mit großer Wahrscheinlichkeit aufgrund mangelnder Basiskompetenzen Schwierigkeiten beim schulischen Mathematiklernen zeigen, werden in den folgenden Kapiteln ausführlich thematisiert.

1.2   Bildungspolitische Bedeutung

In aktuellen bildungspolitischen Diskussionen und Dokumenten wird vermehrt auf die Bedeutung der mathematischen Bildung vor der Schulzeit hingewiesen. Dies geschieht vor allem vor dem Hintergrund verschiedener Studien, die sowohl auf nationaler als auch internationaler Ebene die Leistungen von Schülerinnen und Schülern erheben und vergleichen. Doch nicht erst in den letzten 10 Jahren gewann die mathematische Bildung im Elementarbereich bildungspolitisch an Bedeutung. Ausgehend von Fröbels Kindergartenpädagogik im 19. Jahrhundert und Piagets Arbeiten gab es auch schon in den 1960er- und 1970er-Jahren verstärkt Diskussionen und praktische Ansätze zur vorschulischen Mathematik, wie im Folgenden näher ausgeführt wird.

1.2.1   Mathematik im Kindergarten: die historische Perspektive

Die Bezeichnung „Kindergarten" geht auf den Gründer des *Kindergartens* Friedrich Fröbel (1782–1852) zurück, weil zu seinen Einrichtungen immer auch ein Garten gehörte. Und auch heute noch wird dieser Name weltweit genutzt. Den ersten Kindergarten gründete Fröbel 1840 im thüringischen Rudolstadt, wobei er einem eigenen pädagogischen Konzept folgte. Im Gegensatz zu zeitgenössischen Bewahranstalten legte Fröbel größten Wert auf das Spiel, betonte in seinen vielfältigen Schriften aber zugleich die Bedeutung des Erwachsenen, dem er die Rolle des Spielführers zuwies, dessen Aufgaben er genau beschrieb. In seiner Pädagogik betont er die Wechselwirkung zwischen dem vom Kind gesteuerten und dem vom Erziehenden begleiteten und unterstützten Bildungsprozess (Fröbel 1851 zit. in Heiland 1982, S. 124; Hebenstreit 2003, S. 341).

In seinen Ausführungen geht Fröbel ferner sehr detailliert auf mathematische Aspekte im Elementarbereich ein und bezieht sich vor allem auf den Bereich Raum und Form. Die Förderung der mathematischen Bildung war für ihn ein wichtiger Faktor in seiner Spielpädagogik. Viele Lege- und Faltspiele, auch Konstruktionsspielzeug (wie z. B. Bausteine, Lego) gehen auf die Idee von Friedrich Fröbel zurück. Er wollte, dass die Kinder die Realität aus geometrischen Formen nachbilden (Lebensformen) oder frei erfundene ästhetische Muster legen (Schönheitsformen) und dabei auch Erkenntnisse über Zahl- und Maßverhältnisse (Erkenntnisformen) ziehen können.

Er unterschied bei seinen Spielmaterialien zwischen punkt-, linien- und flächenartigen Materialien. Die punktartigen Spielmittel waren Perlen, Erbsen, Steinchen und Sand. Beim Auffädeln von Perlen sollten die Kinder den Übergang vom Punkt zur Linie erfahren. Zu den linienartigen Materialien gehörten Holzstäbchen und Flechtmaterialien. Zum Flechten mit Papierstreifen entwarf Fröbel eine kleine Zahl einfacher Muster. Die flächenartigen Beschäftigungsmittel waren z. B. Legetäfelchen, die es heute noch in vielen Kindergärten gibt. Ebenso regte er an, mit den Kindern Faltarbeiten zu gestalten.

Seine dreidimensionalen Spielzeuge nannte er *Spielgaben*.

Spielgabe 1: Kasten mit 6 Bällen
Der Ball ist für Fröbel die einfachste und klarste Körperform.

Spielgabe 2: Würfel, Walze und Kugel aus Holz
Würfel und Kugel sind für Fröbel dabei das entgegengesetzte Gleiche, wobei die Kugel die Bewegung und der Würfel das Feststehende verdeutlicht. Die Walze vereint in sich die Funktion der beiden anderen Körper.

Spielgabe 3–6: Unterteilte Würfel
Die Gaben 3 bis 6 sind unterschiedlich geteilte Würfel in Holzkästchen. Je nach Art der Teilung entstehen Quader, Würfel als besondere Quader, längs und quer geteilte Quader und Prismen. Alle Würfel befinden sich in Holzkästen mit einem Deckel. Dreht man den Holzkasten um und entfernt den Deckel und den Kasten, steht der unterteilte Würfel auf dem Tisch. Über die Bedeutung seiner Spielgabe 3 schreibt Fröbel:

> Es folgt der in acht gleiche Teilwürfel geteilte Würfel. Damit wird eine ganz neue Welt sichtbar. Die bisherigen Spielzeuge waren Einheiten, sie zeigten Ruhe und Bewegung. Nun bekommt das Kind mit den Teilwürfeln eine neue Aufgabe: die des wieder Zusammenfügens, des Aufbauens und Darstellens und wieder des Umwandelns, ja des Auflösens des Er- und Aufgebauten und des wieder Zurückführens desselben auf den einfachgestaltigen Würfel (zit. nach Prüfer 1913, S. 87–88).

Mathematik spielte also bereits in den ersten Bildungskonzepten vorschulischer Einrichtungen eine tragende Rolle. Schon damals sollten verschiedene Materialien und die Erziehenden in der Rolle der Spielführerinnen und Spielführer im Fröbelschen Sinn frühe mathematische Bildungsprozesse unterstützen.

1.2.2 Mathematische Bildungsförderung in den 1960er- und 1970er-Jahren

Die aktuell zu beobachtende bildungspolitische Zuwendung zur vorschulischen Bildung und Erziehung ist keineswegs ein neues Phänomen. So betont z. B. bereits Wogatzki (1972) in einem Aufsatz über Ansätze und Modelle einer revidierten Vorschulförderung in Niedersachsen, „dass es sich niemand mehr ernstlich leisten kann, die Vorschulerziehung aus der Bildungsdiskussion auszuklammern" (S. 94). Begründet wurden diesbezügliche Reformbestrebungen mit der besonderen Bedeutung des Vorschulalters für eine optimierte Intelligenz- und Begabungsentwicklung, mit der Notwendigkeit zur Weckung und Förderung von Begabungsreserven und dem „unbedingte[n] Gebot, soziokulturell benachteiligten Kindern zu helfen" (ebd.) – Argumente, die auch heute noch entsprechend angeführt werden.

Die Förderung von Kindern in der Vorschulzeit sowie die Frage über den Bildungs-
ort der 5-Jährigen wurden bildungspolitisch kontrovers diskutiert. So entbrannte in den
1970er-Jahren ein regelrechter Streit darüber, wo und wie die 5-Jährigen gefördert werden
sollten. In Deutschland wurden dazu Modellversuche durchgeführt, die im Bildungsgesamtplan (Bund-Länder-Kommission für Bildungsplanung 1973, S. 11) wie folgt begründet
wurden:

> Das pädagogische Angebot für die Fünfjährigen soll so gestaltet werden, dass sich in Verbin-
> dung mit darauf aufbauenden Curricula des Primarbereichs ein gleitender Übergang in das
> schulische Lernen ergibt. Die Frage der organisatorischen Verknüpfung der Einrichtungen für
> Fünfjährige mit dem Elementarbereich oder dem Primarbereich (Eingangsstufe) wird auf der
> Grundlage der Entwicklung und Erprobung besonderer Curricula und Organisationsformen
> (Modellversuche) zu klären sein.

Die Ergebnisse der wissenschaftlichen Vergleichsuntersuchungen ergaben für die verschiedenen Bildungsorte keine Unterschiede. Denn entscheidend waren vielmehr die
entsprechende Ausstattung der Einrichtungen und ein kindgerechtes Förderprogramm
(Aden-Grossmann 2002). Anhand der Ergebnisse wird deutlich, dass letztendlich die
Frage, *wie* frühe Bildung stattfindet, entscheidend ist und nicht, *wo* sie stattfindet.

In Bezug auf das frühe Mathematiklernen waren praktische Ansätze der Förderung eng
verbunden mit der stark strukturbezogenen sog. Neuen Mathematik (s. dazu z. B. Besuden
2007). Mathematische Früherziehung unterlag häufig einer strengen Systematik und war
im Wesentlichen rein *pränumerisch*[5] ausgerichtet (vgl. z. B. Dienes und Lunkenbein 1972;
Glaus und Senft 1971; Neunzig 1972).

Entsprechende Forschungs- und Versuchsprojekte dieser Zeit wären aber wohl ohne den
Einfluss der Arbeiten von Zoltan P. Dienes und seiner Mitarbeiter nicht denkbar gewesen.
Nach Radatz et al. (1972) wurde in drei Vierteln der Versuchskurse Dienes-Material einge-
setzt, „so dass die überwiegende Mehrheit der Versuche sehr wahrscheinlich ohne Z. P. Die-
nes nicht entstanden wäre. Die wachsende Einsicht in die Bedeutung kompensatorischer
Erziehung der Drei- bis Siebenjährigen und das Streben nach einer Modernisierung des
Mathematikunterrichts allein hätten wohl schwerlich ausgereicht" (S. 230). Die Entwick-
lung, Bereitstellung und breite Verfügbarkeit des Materials hat also sehr wahrscheinlich die
Umsetzung in der Praxis befördert. So gehörten z. B. die *Logischen Blöcke* (Abb. 1.1) in den

---

[5] Eine treffende Kennzeichnung dieses Begriffs liefert Roland Schmidt (1982), der als einer der ersten
Fachdidaktiker in Deutschland untersucht hat, „welche Fähigkeiten im Umgang mit Zahlen die Kin-
der bei Schuleintritt besitzen" (S. 1). In seiner Untersuchung zum *Umgang mit Zahlen* sah er einen
Gegenentwurf zu bisherigen sog. pränumerischen Ansätzen, die vielmehr einen *Kurs über Zahlen* im
Sinne der logischen Operationen nach Piaget umzusetzen versuchten (s. dazu Abschn. 4.3.1). Ohne Zahlen in den Gebrauch zu nehmen, wurde dabei z. B. mithilfe von Eins-zu-Eins-Zuordnungen
überprüft, ob zwei Mengen gleichmächtig sind oder welche der beiden Mengen mehr Elemente hat.
Dabei ging es jedoch ausdrücklich nicht um die Quantifizierung, also die Frage, wie viele Elemente
die beiden Mengen haben oder wie viele Elemente die eine Menge mehr hat als die andere, sondern
allein um den Vergleich „mehr oder weniger oder gleich viele".

Abb. 1.1 Logische Blöcke nach
Zoltan P. Dienes

1970er- und 1980er-Jahren zur Grundausstattung zahlreicher Kindergärten und Grundschulen.

Das schnelle Verschwinden vieler diesbezüglicher Ansätze und Projekte in den 1980er-
Jahren führt Royar (2007) auf den Gegensatz zwischen großen Zielen und hohem Anspruch auf der einen und mühsamer Kleinarbeit und wenig allgemeiner Akzeptanz für die
Methoden auf der anderen Seite zurück (zum Scheitern der Neuen Mathematik s. Besuden
2007). Kritik am strukturbezogenen pränumerischen Ansatz der mathematischen Frühförderung betraf vor allem das verschulte Vorgehen, das nicht an Alltags- und Spielerfahrun-
gen der Kinder gebunden war. In diesem Zusammenhang verweist Dollase (2006) auf die
Ergebnisse eines Kindergarten-Vorklassen-Versuchs, der von 1970 bis 1977 in Nordrhein-
Westfalen mit je 50 Modellkindergärten und Vorklassen durchgeführt wurde. In beiden
Versuchsgruppen wurde methodisch unterschiedlich vorgegangen. In den Kindergarten-
gruppen wurde im Wesentlichen auf gelenkte, also direkte Instruktionen verzichtet, d. h.:
„Thematiken wurden nur sehr spärlich aus Curricula und Zielsetzungen abgeleitet, wohingegen in den Vorklassen das schulische Lernen, Einführung ins Lesen, Schreiben und Rechnen […] einen höheren Stellenwert hatte" (S. 11). Dollase betont, dass abweichend vom
Befund zum Zahlenrechnen (der für die Modellkindergartenkinder sprach) keine signifikanten Unterschiede der kognitiven Fortschritte zwischen Modellkindergartenkindern
und Vorklassenkindern festzustellen waren. Mit anderen Worten: Das verschulte Vorgehen
hatte keine leistungssteigernden Effekte. Leichte Vorteile diesbezüglich hatte, zumindest
bezogen auf das Zahlenrechnen, die in den Kindergärten eingesetzte Methode, die stärker
am Kind und seinen Interessen orientiert war. Interessant ist in diesem Zusammenhang
übrigens auch, dass in einer entsprechenden Untersuchung klare Vorteile der Altersmi-
schung gegenüber der altershomogenen Gruppe der 5-Jährigen gefunden wurden (Strätz
et al. 1982).

Im Gegensatz zu den verschulten und streng pränumerisch ausgerichteten Konzepten
der 1960er- und 1970er-Jahre betonen gegenwärtige forschungsbezogene Ansätze und bildungspolitische Vorgaben vielfach *inhaltlich* die Auseinandersetzung mit Zahlen und Zäh-

len sowie *methodisch* einen engen Alltags- und Spielbezug vorschulischer mathematischer Förderung:

> Vielmehr ist es für das mathematische Grundverständnis wichtig, dass die Mädchen und Jungen in unterschiedlichen Situationen im Alltag und im Spiel angeregt werden, Mengen zu erfassen und zu vergleichen. [...] Dabei wird mit zunehmendem Alter der Kinder auch das Zählen angebahnt und durch Spiele und Abzählreime eingeübt (Niedersächsisches Kultusministerium 2005, S. 24 f.).

Grundlage für diese Zuwendung zu numerischen Kompetenzen sind neuere wissenschaftliche Erkenntnisse zum Zusammenhang von mathematischen Vorläuferkompetenzen für das schulische Mathematiklernen und späterer Schulleistung, die in Abschn. 1.1 zusammenfassend dargestellt wurden.

1.2.3 Befunde (inter-)nationaler Schulleistungs- und Interventionsstudien

Die Debatte um die PISA-Ergebnisse rückte auch die vorschulische Bildung wieder stärker in das bildungspolitische Blickfeld. So belegte u. a. die PISA-Studie 2003[6] einen signifikanten Zusammenhang allein zwischen der Dauer des Kindergartenbesuchs und späteren Schulleistungen im Fach Mathematik am Ende der Sekundarstufe I:

> Der Besuch einer Vorschuleinrichtung liefert für den Kompetenzerwerb einen bedeutsamen Vorhersagebeitrag. Kinder, die weniger als ein Jahr lang eine Vorschuleinrichtung besucht haben, erreichen um 35 Kompetenzpunkte geringere Werte als Jugendliche, die eine längere Vorschulförderung erfahren haben. Dies bestätigt die bereits in PISA und IGLU festgestellten Befunde (Ehmke et al. 2005, S. 250).

Länder, die bei PISA 2003 erfolgreich abschnitten, wie z. B. Schweden, Finnland und die Niederlande, zeichnen sich zudem durch ein gut ausgebautes System der vorschulischen mathematischen Bildung aus.

Im Zuge der Veröffentlichung der Befunde zu den PISA-Untersuchungen der Jahre 2000 (Schwerpunkt Lesen), 2003 (Schwerpunkt Mathematik) und 2006 (Schwerpunkt Naturwissenschaften) wurde die „Ungerechtigkeit" des deutschen Bildungssystems immer wieder diskutiert (Ehmke und Baumert 2007). Denn es zeigte sich, dass in Deutschland schulischer Erfolg (nicht nur, aber auch im Fach Mathematik) in hohem Maße von der sozialen

---

[6] PISA 2012 untersucht nach 2003 zum zweiten Mal schwerpunktmäßig die mathematische Grundbildung 15-jähriger Schülerinnen und Schüler. Die Forscherinnen und Forscher erhoffen sich mit dieser Studie u. a. Einblicke, inwieweit sich die im Anschluss an PISA 2003 in Angriff genommenen Veränderungen des deutschen Bildungssystems und die realisierten Förderprogramme in Bildungserträgen abbilden, sowie Erkenntnisse zu den Bedingungen des mathematischen Kompetenzerwerbs. Bei Drucklegung waren die Ergebnisse zu PISA 2012 jedoch noch nicht veröffentlicht.

Herkunft abhängig ist. Obwohl in der PISA-Studie die Leistungen von 15-Jährigen untersucht wurden, richtet sich nun der Blick verstärkt wieder auf die frühe Kindheit und die vorschulische Bildung, verbunden mit der Hoffnung, durch vorschulische Bildungsangebote in Kindertagesstätten möglichst allen Kindern gute Grundlagen für die schulische Bildung zu eröffnen.

Dabei ist jedoch differenziert zu betrachten, wie diese Bildungsangebote gestaltet werden können. Verschiedene Studien deuten darauf hin, dass es nicht ausreicht, früher mit schulischem oder an schulischen Methoden orientiertem Lernen zu beginnen. So weisen Puhani und Weber (2007)[7] in einer Analyse der Internationalen Grundschul-Lese-Untersuchung, kurz IGLU (Bos et al. 2003) darauf hin, dass bezüglich des Kompetenzerwerbs keine voreiligen verallgemeinernden Schlüsse wie z. B. „je früher, desto besser" gezogen werden dürfen. Sie untersuchten die Beziehung zwischen Einschulungsalter und Schulleistung und stellten fest, dass sich zu frühes formales Lernen nicht positiv auf die Schullaufbahn auswirkt. Ferner zeigte sich, dass im gegenwärtigen deutschen Schulsystem eine Einschulung mit einem relativ höheren Alter die Bildungsergebnisse positiv beeinflusst.

> So liegen für Schüler, die mit sieben, anstatt mit sechs Jahren eingeschult werden, die Testergebnisse in der standardisierten Grundschul-Lese-Untersuchung IGLU um etwa 0.4 Standardabweichungen höher als bei den relativ jüngeren Schülern und die Wahrscheinlichkeit, ein Gymnasium zu besuchen, steigt für die älter eingeschulten Kinder um etwa 12 Prozentpunkte (Puhani und Weber o. J., S. 1).

Diese Ergebnisse decken sich mit Befunden aus anderen Ländern wie z. B. Schweden und Norwegen (Fredriksson und Öckert 2005; Strom 2004). Puhani und Weber betonen jedoch explizit, dass die dargestellten Ergebnisse keinesfalls als Evidenz gegen frühkindliches Lernen per se zu interpretieren sind.

Wie wichtig es ist, die Bedingungen des frühkindlichen Lernens genau zu betrachten, zeigt Marcon (1999, 2002). Sie untersuchte die Schulleistungen von sozial benachteiligten Kindern, die an verschiedenen Arten von vorschulischer Förderung teilgenommen hatten. Zu unterscheiden waren dabei zwei verschiedenen Vorgehensweisen bei der vorschulischen Förderung – zum einen eher spielerisch basierte kindorientierte Förderungen und zum anderen eher fachlich orientierte Förderansätze im Sinne verschulter Trainingsprogramme. Marcon konnte zeigen, dass bei den Trainingsprogrammen zwar kurzfristige Erfolge zu erkennen sind, jedoch am Ende der Vorschulzeit die Kinder, die an einer kindorientierten Förderung teilnahmen, höhere mathematische Kompetenzen erreichten, als die Kinder, die an eher formalen Trainingsprogrammen teilnahmen. Stipek et al. (1995) konnten darüber hinaus auch Unterschiede bezüglich der Motivation bei Kindern feststellen, die an verschiedenen Arten von vorschulischer Förderung teilnahmen. So waren Kinder,

---

[7] Eine deutsche Übersetzung dieses Artikels – allerdings ohne Jahresangabe – findet sich im Internet. Die Quelle ist im Literaturverzeichnis angeführt.

die ihre Vorschulzeit in einer kindorientierten Umgebung verbrachten, später motivierter als Kinder, die an Trainingsprogrammen teilgenommen hatten.

Anhand der Ergebnisse der Studien von Marcon (1999, 2002) und Puhani und Weber (2007) lässt sich folgern, dass die optimale Organisation frühkindlichen Lernens offenbar nicht in typischen schulischen, d. h. formalen, Lernsituationen besteht, sondern dass kindzentrierte spielerische Ansätze größere Erfolgsaussichten haben – eine Erkenntnis, die nicht wirklich neu ist, wie der Exkurs zum Fröbelschen Bildungsverständnis des Kindergartens zeigt. Allerdings scheint die gesellschaftspolitische Bedeutung der frühkindlichen (mathematischen) Bildung gegenwärtig weitgehend unbestritten.

Vor allem mit Blick auf die Befunde internationaler Vergleichsstudien wurde 2002 in einem Beschluss der Jugendministerkonferenz „Bildung fängt im frühen Kindesalter an" der Bildungsauftrag von Kindertageseinrichtungen hervorgehoben:

> Die Jugendministerkonferenz teilt die Auffassung des 11. Kinder- und Jugendberichtes der Bundesregierung, dass Kindertagesstätten nicht allein als Spielraum zu verstehen sind und sich auch der Bildung im ganzheitlichen Sinne widmen müssen. ... Sie will mit diesem Beschluss den Stellenwert frühkindlicher Bildungsprozesse und die Bildungsleistungen der Tageseinrichtungen hervorheben und – angesichts der neuen Herausforderung an die Förderung von Kindern – zugleich die Notwendigkeit einer neuen Bildungsoffensive betonen (Jugendministerkonferenz 2002, S. 1 f.).

Wie frühe mathematische Bildung didaktisch und methodisch angelegt sein sollte, um möglichst von Beginn an Chancengleichheit für alle Kinder zu gewährleisten, wird im zweiten Teil in den Kap. 4 bis 9 ausführlich thematisiert. Welche Rolle einer fundierten fachdidaktischen Aus- und Weiterbildung pädagogischer Fachkräfte in Kindertageseinrichtungen bei der Gestaltung und Begleitung frühe Bildungsprozesse zukommt, wird in Abschn. 1.3 herausgearbeitet.

1.3   Bedeutung der fachdidaktischen Aus- und Weiterbildung

Neben der wichtigen Rolle der mathematischen Förderung bereits zur Gründung des Kindergarten im 19. Jahrhundert wurde in den vorhergehenden Abschnitten die Bedeutung früher mathematischer Bildung für individuelle Bildungsbiografien sowie die bildungs- und gesellschaftspolitische Verantwortung für frühe mathematische Bildung dargestellt. Ein zentraler bildungspolitischer Ansatz war in dem Zusammenhang die Entwicklung und Implementation von Orientierungs- und Bildungsplänen für Kindertagesstätten in allen 16 Bundesländern. Sie bilden die curricularen Vorgaben für die frühe Bildung und sind damit auch grundlegend für die entsprechende Aus- und Weiterbildung von Erzieherinnen und Erziehern. Aus diesem Grund folgt im ersten Abschnitt dieses Kapitels zunächst ein Überblick über Inhalte und Methoden der verschiedenen Orientierungspläne. Neben inhaltlichen Fragen spielen im Rahmen von Aus- und Weiterbildung auch Einstellungen und Haltungen des pädagogischen Fachpersonals zum Fach Mathematik eine zentrale Rolle.

Daher soll in einem zweiten Abschnitt auf diesbezügliche Befunde und ihre Implikationen eingegangen werden, bevor im dritten Teil Konsequenzen für die Aus- und Weiterbildung entfaltet werden.

1.3.1 Orientierungspläne für frühkindliche Bildung: Konzepte, Inhalte und Methoden

Bei einer Gegenüberstellung der Bildungs- und Orientierungspläne der Länder fällt die Divergenz der entsprechenden Dokumente unmittelbar ins Auge. Eine Übersicht mit den Links zu den Plänen aller 16 Bundesländer findet sich auf dem deutschen Bildungsserver unter der Adresse http://bildungsserver.de/zeigen.html?Seite=2027 (Zugriff 10.6.2013). Laut Diskowski (2004) verweisen bereits die Titel auf ihre Unterschiedlichkeit und „repräsentieren fast die gesamte denkbare Breite: der Bayerische Bildungs- und Erziehungsplan, das Berliner Bildungsprogramm, die Brandenburger Grundsätze, die Nordrhein-Westfälische Vereinbarung und die Rheinland-Pfälzischen Empfehlungen" (S. 89). Auch die Bedeutung des Lernbereichs Mathematik im Rahmen der vorschulischen Bildung wird offenbar sehr unterschiedlich eingeschätzt. Während man in den Inhaltsverzeichnissen der Orientierungspläne von Baden-Württemberg, Bremen und Nordrhein-Westfalen vergeblich nach dem Begriff Mathematik sucht, ist in den Dokumenten der Länder Berlin, Hamburg, Hessen, Mecklenburg-Vorpommern, Niedersachsen, Saarland, Sachsen-Anhalt und Thüringen explizit ein Bildungsbereich Mathematik ausgewiesen. Im baden-württembergischen Orientierungsplan finden sich Ausführungen zur frühen Mathematik im „Bildungs- und Entwicklungsfeld: Denken", und in den Plänen von Bayern, Brandenburg, Rheinland-Pfalz und Schleswig-Holstein ist Mathematik Teil des Lernbereichs „Mathematik und Naturwissenschaft" bzw. „Mathematik, Naturwissenschaft, Technik". Hier unterscheiden sich die einzelnen Dokumente aber deutlich hinsichtlich ihres Umfangs. Während der mathematischen Bildung im Bayerischen Bildungs- und Erziehungsplan immerhin 21 Seiten gewidmet sind, umfassen die Ausführungen zur Mathematik in den anderen drei Dokumenten lediglich 2 bzw. 3 Seiten. Auch in den übrigen Ländern schwankt der Umfang zwischen 2 und 16 Seiten.

Nur in knapp der Hälfte der vorliegenden Pläne wird zudem in meist knapper Form ein theoretischer Hintergrund dargestellt – allerdings auch hier in unterschiedlicher Qualität. Zum Teil sind die Ausführungen auf einzelne Handlungsansätze beschränkt oder verfolgen eine eher fragwürdige Systematik. Auffällig ist ferner, dass ein fachlicher Hintergrund nur in einigen wenigen Plänen durchscheint. Problematisch erscheint in diesem Zusammenhang der teilweise falsche bzw. missverständliche Gebrauch mathematischer Fachbegriffe wie „Menge" oder „Operation". Erkennbar umfangreich wissenschaftlich begleitet sind zudem lediglich die bayerischen und hessischen Bildungspläne.

Unterschiede ergeben sich weiterhin in Bezug auf die Adressaten, die Inhalte und die Ziele sowie auch auf die propagierten Methoden. Während sich die meisten Dokumente auf die institutionelle vorschulische Bildung in Kindertageseinrichtungen beziehen, richten sich die Vorlagen von Hessen und Thüringen an Kinder bis 10 Jahre. Der Bildungsplan des Landes Sachsen richtet sich darüber hinaus an pädagogische Fachkräfte in Krippen, Kindergärten und Horten sowie in der Tagespflege. Zudem verfolgt Hessen ein erkennbar abweichendes Konzept, indem das Kind und nicht allein die Institution in den Mittelpunkt tritt und in diesem Zusammenhang eine enge Zusammenarbeit von Kindergarten, Grundschule und Elternhaus angestrebt wird.

Positiv zu bewerten ist sicherlich, dass mit Ausnahme des Bremer Rahmenplans und der Bildungsvereinbarung Nordrhein-Westfalen, die grundsätzlich keine Angaben zur Mathematik machen, keines der Dokumente inhaltlich auf den pränumerischen Bereich beschränkt bleibt wie noch schwerpunktmäßig in den 1960er- und 1970er-Jahren (s. oben). In allen Bildungsplänen finden sich bezüglich der inhaltlichen Arbeit Hinweise auf die Entwicklung von Mengenvorstellungen und Zahlenverständnis sowie Zählfertigkeiten – zumindest in Bezug auf einen der genannten Bereiche. Allerdings wird die Bedeutung diesbezüglicher Kompetenzen als Vorläuferfähigkeiten für das schulische Mathematiklernen vor dem Hintergrund aktueller Forschungsbefunde nicht näher erläutert. Lediglich in der aktuellen Fassung des Hessischen Bildungs- und Erziehungsplans (Stand: Dezember 2007) erfolgt ein Hinweis auf die besondere Bedeutung des Aufbaus von Mengenverständnis und der damit verbundenen Zahlen- und Zählkompetenzen im Rahmen eines vorschulischen Bildungskonzepts.

Ferner sind die den einzelnen Dokumenten zugrunde liegenden methodischen Zugänge durchaus heterogen und reichen von mehrheitlich spiel- und alltagsbezogenen mathematischen Erfahrungen und Aktivitäten bis hin zu einem eher verschulten Ansatz im Sinne eines Lehrgangskonzepts im „Rahmenplan für die zielgerichtete Vorbereitung von Kindern auf die Schule" in Mecklenburg-Vorpommern.

Insgesamt ist jedoch festzustellen, dass die Mehrzahl der 16 Dokumente hinsichtlich ihres fachlich-theoretischen Hintergrunds sowie ihrer Ziele, Inhalte, Methoden und konkreten Handlungsansätze eher oberflächlich und unverbindlich ausfällt. Für die verantwortlichen pädagogischen Fachkräfte (die ja i. d. R. bislang meist nicht speziell mathematikdidaktisch aus- oder weitergebildet sind), ist die Oberflächlichkeit und fachliche Beziehungslosigkeit vieler Bildungspläne sicherlich wenig hilfreich oder gar kontraproduktiv für ihre praktische Arbeit. Dieses Problem spitzt sich weiter zu, wenn seitens der verantwortlichen Erzieherinnen und Erzieher zudem noch negative Einstellungen und Haltungen – meist begründet auf individuellen negativen bildungsbiografischen Erfahrungen – gegenüber dem Fach Mathematik zum Tragen kommen. Erschwerend kommt noch hinzu, dass die Bildungspläne der Länder in sehr unterschiedlichem Maß kohärent zu den Bildungsstandards der Kultusministerkonferenz für die Primarstufe (Kultusministerkonferenz 2005) sind und somit die nötige und sinnvolle Kontinuität mathematischer Lehr-Lern-Prozesse nicht hinreichend unterstützen (vgl. dazu auch die jeweiligen Abschnitte in Kap. 4–9).

1.3.2   Einstellungen und Haltungen von Erzieherinnen/Erziehern zum Fach Mathematik

Aus der mathematikdidaktischen Beliefs-Forschung ist bekannt, dass Menschen in ihrem Umgang mit Mathematik durch unterschiedliche Faktoren beeinflusst werden. Dabei versteht man unter dem der englischen Sprache entlehnten Begriff *beliefs* i. d. R. sowohl bewusstes Wissen als auch Einstellungen, Vorstellungen, Haltungen und Emotionen (Leder et al. 2002).

Eine Schlüsselrolle der vorschulischen (mathematischen) Bildung kommt den Erzieherinnen und Erziehern zu. In einer Fragebogenstudie (Benz 2008a, b, 2012) wurden die Einstellungen von Erzieherinnen und Erziehern gegenüber Mathematik untersucht. Dabei wurden den 554 Erzieherinnen und 35 Erziehern unterschiedliche Aussagen zu verschiedenen Sichtweisen von Mathematik angeboten.

Bei knapp 70 % der befragten 589 Fachkräfte stand der *schematisch-formale Aspekt* im Vordergrund. Dieser Aspekt betont die Regelhaftigkeit der Mathematik und ihren deduktiven Charakter. Demgegenüber gaben gut 15 % der Befragten dem Anwendungsaspekt die größte Zustimmung. Lediglich 4 % maßen dem Prozessaspekt, der Problemlösen, Kreativität und Kommunikation über Mathematik in den Vordergrund stellt, die höchste Bedeutung bei. Bei gut 10 % ließ sich kein Aspekt als vorherrschend feststellen. Von Fachvertreterinnen und Fachvertretern und auch in curricularen Vorgaben und Standards für die Schulmathematik wird jedoch gerade der Prozesscharakter von Mathematik hervorgehoben. Der geringe Anteil der Erzieherinnen und Erzieher, die diesen Aspekt als besonders bedeutungsvoll einschätzen und bewerten, steht wahrscheinlich in engem Zusammenhang mit den individuellen schulmathematischen Erfahrungen. Mathematik wurde eher nicht als lebendige Wissenschaft erlebt, in der das Problemlösen, das Finden eigener Lösungswege und die Entwicklung und Kommunikation eigener Ideen im Vordergrund standen. Die Sichtweise, dass Mathematik eine prozessbezogene Tätigkeit ist, beinhaltet auch eine bestimmte Perspektive auf die Lernenden. Hans Freudenthal (1905–1990), ein international hoch angesehener niederländischer Mathematiker und Didaktiker, plädierte dafür, dass Lernende durch eigenes Erforschen an dem Prozess des Mathematiktreibens teilhaben sollten. Sie sollten die Mathematik so lernen dürfen, wie ein Forscher sie „erschaffen hat". Er wandte sich explizit gegen das Verständnis von Mathematik als etwas Fertigem bzw. als Fertigprodukt und die Vermittlung von Mathematik als Ansammlung von Regelwissen und Rezepten. Vielmehr betonte er die eigenaktive Auseinandersetzung des Kindes mit mathematischen Problemen und Fragestellungen:

> Einem Kind zu verraten, was es selbst herausfinden könnte, das ist nicht nur schlechtes Lehren, es ist ein Verbrechen. Hast du jemals Sechsjährige beobachtet, wie eifrig und leidenschaftlich sie entdecken und erfinden und wie du sie enttäuschen kannst, wenn du Geheimnisse zu früh verrätst? (Freudenthal 1971, S. 424, Übers. nach Krauthausen 2000, S. 27)

Freudenthals Sichtweise entspricht dem gegenwärtig international weitgehend anerkannten konstruktivistischen Paradigma der Mathematikdidaktik und ihren allgemeinen Lernzielen wie z. B. Problemlösen und Argumentieren. Doch wie passt dieses auf weitgehendem Konsens unter Fachdidaktikerinnen/Fachdidaktikern und Mathematikerinnen/Mathematikern beruhende Verständnis von Mathematik zu dem offenbar vorherrschenden Verständnis vieler Erzieherinnen und Erzieher (und sicher auch vieler vornehmlich fachfremd unterrichtender Lehrkräfte) (vgl. auch Wood et al. 1991)?

1.3.3 Konsequenzen für die Aus- und Weiterbildung

Voraussetzung für die Anleitung und Begleitung von Kindern zu mathematischen Entdeckungsreisen einerseits sowie für die gezielte und effektive Förderung von potenziellen Risikokindern für das schulische Mathematiklernen andererseits ist ein solides fachliches und vor allem fachdidaktisches Professionswissen, das auf einem konstruktivistischen Verständnis von Mathematik beruht.

Wer fachlich und didaktisch hingegen unsicher ist, tendiert sicher eher zum Einsatz vermeintlich kindgerechter, (meist) kleinschrittiger Trainingsprogramme, die der Erzieherin/dem Erzieher und den Kindern genau vorschreiben, wie mathematische Tätigkeiten ausgeführt werden sollen. So kann frühe mathematische Bildung und Förderung leicht zum reinen und unreflektierten Abarbeiten von Trainingsprogrammen führen und somit zu einer Verschulung des Kindergartens. Die Forderung, einer Verschulung des Kindergartens entgegenzuwirken, ist allerdings weitgehend Konsens – sowohl in der aktuellen mathematikdidaktischen Diskussion (vgl. z. B. Peter-Koop und Grüßing 2007; Steinweg 2007) als auch bei Vertretern der Elementarpädagogik (vgl. z. B. Frank et al. 2006; van Oers 2004). Dies wird z. B. auch im Baden-Württembergischen Orientierungsplan (MKJS 2007, S. 67) deutlich:

> In den Bezeichnungen der einzelnen Bildungs- und Entwicklungsfelder soll also zum Ausdruck kommen, dass es sich nicht um die Vorverlegung des Unterrichts aus der Grundschule handelt, sondern um eine alters- und entwicklungsadäquate Zugehensweise für Kinder im Kindergartenalter.

Um jedoch für alle Kinder in Kindertagesstätten altersadäquate und entwicklungsgerechte Zugangsweisen zu gewährleisten, sind ein fundiertes Wissen über verschiedene relevante Aspekte der mathematischen Frühförderung sowie fachliches und didaktisches Hintergrundwissen notwendig. Eine fachlich und fachdidaktisch adäquat ausgebildete Fachkraft ist in der Lage, die Mathematik in der Lebenswelt junger Kinder zu erkennen, sie diesbezüglich in ihrem Alltagshandeln und Spiel zu beobachten sowie Fortschritte in und Unterstützungsbedarf bei der Entwicklung mathematischen Denkens zu beobachten und ggf. geeignete Fördermaßnahmen zu ergreifen. Des Weiteren kann sie spontan mathematisch reichhaltige Situationen aufgreifen, das Vorgehen von Kindern sprachlich angemessen beschreiben und die Kinder zur Reflexion und zum Weiterdenken bzw. Weiterforschen anregen und so konstruktiv Lernchancen nutzen, die im Alltag und Spiel der Kinder entstehen. Diesbezüglich ergeben sich zahlreiche Herausforderungen, die ohne fachliche und didaktische Kompetenzen, bezogen auf frühe mathematische Bildungsprozesse, kaum zu meistern sind und eine entsprechende Aus- und Weiterbildung von Erzieherinnen und Erziehern verlangen. Hierzu will das vorliegende Buch einen Beitrag leisten.

1.4 Zusammenfassung, Reflexion und Ausblick

Im ersten Kapitel wurden die Bedeutung früher mathematischer Bildungsprozesse aus verschiedenen Perspektiven beleuchtet und die Konsequenzen für die Aus- und Weiterbildung aufgezeigt. Betrachtet man die Rolle des frühen mathematischen Kompetenzerwerbs aus dem Blickwinkel der Bildungsbiografie, so wird deutlich, dass die Zeit vor der Schule sehr bedeutsam ist. Informelles Wissen und intuitive Strategien, auch *Straßenmathematik* genannt, die in alltäglichen und spielerischen Kontexten in der Vorschulzeit erworben werden, stellen ein wichtiges Fundament dar, auf dem die Kinder im Sinne fortschreitender Schematisierung (s. Abschn. 1.1.1) formale (schul-)mathematische Kompetenzen entwickeln können. Die Ergebnisse von Längsschnittstudien bestätigen ebenfalls die Bedeutung früher mathematischer Kompetenzen. So konnten zwischen späteren mathematischen Schulleistungen und mathematischer Kompetenz vor und zu Beginn der Schulzeit engere Zusammenhänge festgestellt werden als zwischen mathematischen Schulleistungen und gemessener Intelligenz. Zahlen- und Mengenwissen vor und zu Beginn der Schulzeit sind einflussreiche Faktoren für die Vorhersage späterer Rechenleistungen bzw. Rechenschwierigkeiten. Durch eine frühe Förderung, die sich an elementarpädagogischen Prinzipien (wie z. B. eine enge Anbindung an das Spiel- und Alltagshandeln der Kinder) orientiert, können Kinder wichtige Basiskompetenzen erwerben, die den späteren Erwerb (schul-)mathematischer Kompetenzen begünstigen.

Internationale Schulleistungsstudien wie PISA zeigen deutlich die Überlegenheit von Bildungssystemen mit einer gut ausgebauten Elementarbildung für die Leistungsentwicklung von Schülerinnen und Schülern. Dabei kommt es nicht allein darauf an, dass Kinder überhaupt vorschulische bzw. frühe schulische mathematische Bildungsmöglichkeiten haben, sondern *wie* die mathematische Förderung gestaltet ist. Die diesbezüglichen bildungspolitischen Dokumente – in Deutschland sind das die Orientierungs- und Bildungspläne für Kindertageseinrichtungen der einzelnen Bundesländer – stellen diesbezüglich allerdings kaum eine Hilfe dar, da sie in Bezug auf mathematische Bildung wenig konkrete Ansätze bieten. Es hängt also von der einzelnen Erzieherin/dem einzelnen Erzieher ab, ob und wie mathematische Bildung im vorschulischen Bereich gestaltet wird. Ihre individuellen Vorstellungen und Haltungen gegenüber Mathematik und ihr mathematisches wie mathematikdidaktisches Wissen beeinflussen diesbezügliche Aktivitäten. Studien belegen allerdings, dass Erzieherinnen/Erzieher – wohl geprägt durch die eigene Schulzeit – ein eher formalistisches Bild von Mathematik haben, das nicht so leicht anschlussfähig an frühkindliche mathematische Bildungsprozesse ist. Daher ist eine fundierte Aus- und Weiterbildung, in der dem Aufbau mathematikdidaktischen Professionswissens eine zentrale Rolle zukommt, notwendig, um möglichst alle Erzieherinnen und Erzieher dazu zu befähi-

gen, alters- und entwicklungsadäquate Zugänge zu frühen mathematischen Bildungsprozessen für alle Kinder zu erschließen.

Fragen zum Reflektieren und Weiterdenken

1. Wie hätte die Erzieherin in dem Eingangsbeispiel angemessen auf Samiras (vermeintlich) falsche Zählweise reagieren können?
2. Wie erklärt sich das Scheitern strukturbezogener Ansätze mathematischer Frühförderung in den 1970er-Jahren?
3. Woran lässt sich die Bedeutung früher mathematischer Bildungsprozesse festmachen?
4. Wie haben Sie selbst Mathematik gelernt – in der Schule und/oder ggf. in anderen
   Kontexten? Was kennzeichnet Ihre persönliche mathematische Bildungsbiografie?
5. Welche Facetten hat Mathematik für Sie? Wie würden Sie Mathematik charakterisieren?

1.5   Tipps zum Weiterlesen

Interessierten Leserinnen und Lesern empfehlen wir die folgenden Titel zum Weiterlesen
und zur Vertiefung:

Heinze, A. & Grüßing, M. (Hrsg.) (2009). *Mathematiklernen vom Kindergarten bis zum Studium. Kontinuität und Kohärenz als Herausforderung für den Mathematikunterricht*. Münster:
Waxmann.

Dieser Band liefert einen guten Überblick über die Entwicklung des mathematischen
Denkens und die Schlüsselstellen, die mathematische Bildungsprozesse kennzeichnen. Dabei werden auch die institutionellen Übergänge im Bildungsverlauf berücksichtigt. Das
erste Kapitel ist der Förderung mathematischer Kompetenzen beim Übergang vom Ele-
mentar- in den Primarbereich gewidmet. In vier Teilkapiteln werden die Entwicklung mathematischer Kompetenzen bis zum Beginn der Grundschulzeit (1), die Diagnose und
Prävention von Rechenschwäche als besondere Herausforderung (2), ein Überblick für Bil-
dungs- und Orientierungspläne für den Elementarbereich (3) sowie Forschungsdesiderata
zur mathematischen Kompetenzentwicklung im Übergang vom Kindergarten zur Grundschule (4) dargestellt. Dieser Band ist daher u. a. für alle interessant, die im Rahmen ihrer
Aus- oder Weiterbildung eine eigene wissenschaftliche Arbeit auf diesem Gebiet planen.

Schipper, W. (2002). „Schulanfänger verfügen über hohe mathematische Kompetenzen." Eine Auseinandersetzung mit einem Mythos. In A. Peter-Koop (Hrsg.), *Das besondere Kind im
Mathematikunterricht der Grundschule* (S. 119–140). Offenburg: Mildenberger.

Wilhelm Schipper liefert eine Meta-Analyse vorliegender Untersuchungen zu mathematischen Kompetenzen von Schulanfängerinnen und Schulanfängern. Da Kinder bei

Schuleintritt untersucht wurden, sind die gezeigten Kompetenzen eindeutig vorschulisch erworben. Ausgehend von konkreten Beispielen und Befunden thematisiert Schipper zum einen die erhebliche Leistungsstreuung in den untersuchten Klassen. Zum anderen arbeitet er gut verständlich heraus, worin die Unterschiede zwischen schul- und straßenmathematischen Kompetenzen liegen, und erläutert die Grenzen informeller Strategien. Für die fachliche Gestaltung des Übergangs vom Kindergarten in die Grundschule liefert der Aufsatz zentrale Grundlagen für die Anlage des Anfangsunterrichts.

van Oers, B. (2004). Mathematisches Denken bei Vorschulkindern. In W. E. Fthenakis & P. Oberhuemer (Hrsg.), *Frühpädagogik international – Bildungsqualität im Blickpunkt* (S. 313–330). Wiesbaden: VS Verlag für Sozialwissenschaften.

Bert van Oers widmet sich in diesem Beitrag explizit der Entwicklung des mathematischen Denkens von Vorschulkindern. Ausgehend von veränderten Erwartungen an die vorschulische mathematische Bildung in den Niederlanden und dem (international zu beobachtenden) geänderten gesellschaftlichen Verständnis von *Mathematik als Prozess* entfaltet er anhand von Praxisbeispielen und theoretischen Überlegungen einen „aktivitätsorientierten Ansatz für die frühe Mathematikerziehung", der sich in die Spielaktivitäten der Kinder integrieren lässt, und beschreibt diesbezügliche Herausforderungen für die Erzieherinnen und Erzieher.

Literatur

Aden-Grossmann, W. (2002). *Kindergarten. Eine Einführung in seine Entwicklung und Pädagogik.* Weinheim: Beltz.

Aunola, K., Leskinen, E., Lerkkanen, M.-K., & Nurmi, J.-E. (2004). Developmental Dynamics of Mathematical Performance from Preschool to Grade 2. *Journal of Educational Psychology, 96,* 762–770.

Baroody, A. J., Lai, M.-L., & Mix, K. S. (2006). The Development of Young Children's Number and Operation Sense and its Implications for Early Childhood Education. In B. Spodek, & O. Saracho (Hrsg.), *Handbook of Research on the Education of Young Children* (S. 187–221). Mahwah, NJ: Erlbaum.

Besuden, H. (2007). Hat die „Neue Mathematik" zur mathematischen Bildung beigetragen?. In A. Peter-Koop, & A. Bikner-Ahsbahs (Hrsg.), *Mathematische Bildung – mathematische Leistung* (S. 35–49). Hildesheim: Franzbecker.

Benz, C. (2008a). Zahlen sind eigentlich nichts Schlimmes. In E. Vásárhelyi (Hrsg.), *Beiträge zum Mathematikunterricht 2008. Vorträge auf der 42. Tagung für Didaktik der Mathematik* (S. 43–46). Münster: WTM.

Benz, C. (2008b). „Mathe ist ja schön" – Vorstellungen von Erzieherinnen über Mathematik im Kindergarten. *Karlsruher pädagogische Beiträge,* (69), 7–18.

Benz, C. (2012). Attitudes of kindergarten educators about math. *Journal fuer Mathematikdidaktik, 33*(2), 203–232.

Bos, W., Lankes, E. M., Prenzel, M., Schwippert, K., Walther, G., & Valtin, R. (2003). *Erste Ergebnisse aus IGLU.* Münster: Waxmann.

Bund-Länder-Kommission für Bildungsplanung (1973). *Bildungsgesamtplan*. Stuttgart: Klett.

Dienes, Z. P., & Lunkenbein, D. (1972). Zur Einführung von Kindern in mathematische Grundbegriffe. Ergebnisse neuerer Forschungen und Versuche am Psychomathematischen Forschungszentrum der Universität Sherbrooke. In E. Schmalohr, & K. Schüttler-Janikulla (Hrsg.), *Bildungsförderung im Vorschulalter. Zur Reform der Vorschulerziehung* (Bd. 1, S. 219–228). Oberursel: Finken.

Diskowski, D. (2004). Das Ende der Beliebigkeit? Bildungspläne für den Kindergarten. In D. Diskowski (Hrsg.), *Lernkulturen und Bildungsstandards. Kindergarten und Schule zwischen Vielfalt und Verbindlichkeit* (S. 75–105). Baltmannsweiler: Schneider Hohengehren.

Dollase, R. (2006). Die Fünfjährigen einschulen – oder: Die Wiederbelebung einer gescheiterten Reform der 70er-Jahre des vorigen Jahrhundert. *KiTa aktuell NRW*, *15*(1), 11–12.

Dornheim, D. (2008). *Prädiktion von Rechenleistung und Rechenschwäche: Der Beitrag von Zahlen-Vorwissen und allgemein-kognitiven Fähigkeiten*. Berlin: Logos.

Ehmke, T., Siegle, T., & Hohensee, F. (2005). Soziale Herkunft und Ländervergleich. In PISA-Konsortium Deutschland (Hrsg.), *PISA 2003. Der zweite Vergleich der Länder in Deutschland – Was wissen und können Jugendliche?* (S. 235–268). Münster: Waxmann.

Ehmke, T., & Baumert, J. (2007). Soziale Herkunft – Familiäre Lebensverhältnisse und Kompetenzerwerb. In PISA-Konsortium Deutschland (Hrsg.), *PISA 2006: Die Ergebnisse der dritten internationalen Vergleichsstudie* (S. 309–335). Münster: Waxmann.

Ennemoser, M., & Krajewski, K. (2007). Effekte der Förderung des Teil-Ganzes-Verständnisses bei Erstklässlern mit schwachen Mathematikleistungen. *Vierteljahreszeitschrift für Heilpädagogik und ihre Nachbargebiete*, *76*, 228–240.

Frank, A., Rossbach, H. G., & Sechtig, J. (2006). *KiTa aktuell BY*, *18*(2), 28–32.

Fredriksson, P., & Öckert, B. (2005). Is early learning really more productive? The effect of school starting age on school and labour market perfomance. *IZA Discussion Paper No. 1659*.

Freudenthal, H. (1971). Geometry between the Devil and the Deep Sea. *Educational Studies in Mathematics*, *3*(3/4), 413–435.

Fröbel, F. (1982). Anleitung zum rechten Gebrauch der dritten Gabe. In H. Heiland (Hrsg.), *Vorschulerziehung und Spieltheorie Friedrich Fröbel. Ausgewählte Schriften*, (Bd. 3, S. 120–161). Stuttgart: Klett-Cotta. 1851

Glaus, I., & Senft, W. (1971). *Mathematische Früherziehung. Analyse und Beispiel*. Stuttgart: Klett.

Grüßing, M., & Peter-Koop, A. (2008). Effekte vorschulischer mathematischer Förderung am Ende des ersten Schuljahres: Erste Befunde einer Längsschnittstudie. *Zeitschrift für Grundschulforschung*, *1*(1), 65–82.

Hebenstreit, S. (2003). *Friedrich Fröbel – Menschenbild, Kindergartenpädagogik, Spielförderung*. Jena: IKS Garamond.

Hengartner, E., & Röthlisberger, H. (1995). Rechenfähigkeit von Schulanfängern. In H. Brügelmann, H. Balhorn, & I. Füssenich (Hrsg.), *Am Rande der Schrift* (S. 66–86). Lengwil: Libelle.

Jugendministerkonferenz (2002). *Bildung fängt im frühen Kindesalter an. Beschluss vom 6./7. Juni 2002*. http://www.bildungsserver.de/Jugend\penalty\@M-\hskip\z@skipund\penalty\@M-\hskip\z@skipFamilienministerkonferenz\penalty\@M-\hskip\z@skip2039.html. Zugegriffen: 13.06.2013

Kaufmann, S. (2003). *Früherkennung von Rechenstörungen in der Eingangsklasse und darauf abgestimmte remediale Maßnahmen*. Frankfurt/Main: Lang.

Krajewski, K. (2003). *Vorhersage von Rechenschwäche in der Grundschule.* Hamburg: Kovač.

Krajewski, K. (2005). Vorschulische Mengenbewusstheit von Zahlen und ihre Bedeutung für die Früherkennung von Rechenschwäche. In M. Hasselhorn, H. Marx, & W. Schneider (Hrsg.), *Diagnostik von Mathematikleistungen* (S. 49–70). Göttingen: Hogrefe.

Krajewski, K., Renner, A., Nieding, G., & Schneider, W. (2008). Frühe Förderung von mathematischen Kompetenzen im Vorschulalter. *Zeitschrift für Erziehungswissenschaft, 10,* 91–103.

Krauthausen, G. (2000). *Lernen – Lehren – Lehren lernen. Zur mathematikdidaktischen Lehrerbildung am Beispiel der Primarstufe.* Leipzig: Klett.

Kultusministerkonferenz (2005). *Bildungsstandards im Fach Mathematik für den Primarbereich. Beschluss vom 15.10.2004.* München: Luchterhand. auch digital verfügbar unter: www.kmk-org.de

Leder, G., Pehkonen, E., & Törner, G. (Hrsg.). (2002). *Beliefs: A hidden variable in mathematics education.* Dordrecht: Kluwer.

Marcon, R. (1999). Differential Impact of Preschool Models on Development and Early Learning of Inner-City Children: A Three Cohort Study. *Developmental Psychology, 35,* 358–375.

Marcon, R. (2002). Moving up the grades: Relationship between preschool model and later school success. *Early Childhood Research and Practice, 4*(1). nur als Internetpublication verfügbar unter http://www.ecrp.uiuc.edu/v4n1/macron.html. Zugegriffen: 13.06.2013

MKJS Ministerium für Kultus, Jugend und Sport Baden-Württemberg (2007). *Orientierungsplan für Bildung und Erziehung für die baden-württembergischen Kindergärten – Pilotphase.* Berlin: Cornelsen.

Neunzig, W. (1972). *Mathematik im Vorschulalter: Praktische Vorschläge zu einer mathematischen Früherziehung für Kindergärtnerinnen, Sozialpädagogen, Eltern und Lehrer.* Freiburg: Herder.

Niedersächsisches Kultusministerium (2005). *Orientierungsplan für Bildung und Erziehung im Elementarbereich niedersächsischer Tageseinrichtungen.* Hannover: Niedersächsisches Kultusministerium.

Nunes, T., Schliemann, A. M., & Carraher, D. W. (1993). *Street Mathematics and School Mathematics.* Cambridge, MA: Cambridge University Press.

Peter-Koop, A., & Grüßing, M. (2007). Bedeutung und Erwerb mathematischer Vorläuferfähigkeiten. In C. Brokmann-Nooren, I. Gereke, H. Kiper, & W. Renneberg (Hrsg.), *Bildung und Lernen der Drei- bis Achtjährigen* (S. 153–166). Bad Heilbrunn: Klinkhardt.

Peter-Koop, A., Grüßing, M., & Schmitman gen. Pothmann, A. (2008). Förderung mathematischer Vorläuferfähigkeiten: Befunde zur vorschulischen Identifizierung und Förderung von potenziellen Risikokindern in Bezug auf das schulische Mathematiklernen. *Empirische Pädagogik, 22*(2), 208–223.

Prüfer, J. (1913). *Kleinkinderpädagogik.* Leipzig: Nemnich.

Puhani, P. A., & Weber, A. M. (2007). Does the Early Bird Catch the Worm? Instrumental Variable Estimates of Early Educational Effects of Age of School Entry in Germany. *Empirical Economics, 32,* 359–386.

Puhani, P. A., & Weber, A. (2006). *Fängt der frühe Vogel den Wurm? Eine empirische Analyse des kausalen Effekts des Einschulungsalters auf den schulischen Erfolg in Deutschland.* http://www3.wiwi.uni-hannover.de/Forschung/Diskussionspapiere/dp-336.pdf. Zugegriffen: 03.11.2013

Radatz, H., Rickmeyer, K., & Bauersfeld, H. (1972). Mathematik im frühen Kindesalter. Überblick über Forschungs- und Versuchsprojekte in der Bundesrepublik. In E. Schmalohr, & K. Schüttler-Janikulla (Hrsg.), *Bildungsförderung im Vorschulalter. Zur Reform der Vorschulerziehung* (Bd. 1, S. 229–237). Deutschland: Finken.

Royar, T. (2007). Mathematik im Kindergarten. Kritische Anmerkungen zu den neuen „Bildungsplänen" für Kindertageseinrichtungen. *mathematica didacta*, *30*(1), 29–48.

Schipper, W. (2002). „Schulanfänger verfügen über hohe mathematische Kompetenzen." Eine Auseinandersetzung mit einem Mythos. In A. Peter-Koop (Hrsg.), *Das besondere Kind im Mathematikunterricht der Grundschule* (S. 119–140). Offenburg: Mildenberger.

Schmidt, R. (1982). *Zahlenkenntnisse von Schulanfängern*. Wiesbaden: Hessisches Institut für Bildungsplanung und Schulentwicklung.

Schmidt, S., & Weiser, W. (1982). Zählen und Zahlverständnis bei Schulanfängern. *Journal für Ma-
thematik-Didaktik*, *3*(3/4), 227–236.

Schneider, W. (2008). *Entwicklung von der Kindheit bis zum Erwachsenenalter. Befunde der Münchner
Längsschnittstudie LOGIK*. Weinheim: Beltz.

Selter, C. (1995). Zur Fiktivität der Stunde Null im arithmetischen Anfangsunterricht. *Mathematische
Unterrichtspraxis*, *16*(2), 11–19.

Singer, W. (2002). *Der Beobachter im Gehirn. Essays zur Gehirnforschung*. Frankfurt/Main: Suhrkamp.

Spitzer, M. (2006). *Nervenkitzel – Neue Geschichten vom Gehirn*. Frankfurt/Main: Suhrkamp.

Steinweg, A. S. (2007). Mathematisches Lernen. In Stiftung Bildungspakt Bayern (Hrsg.), *Das KIDZ-
Handbuch: Grundlagen, Konzepte und Praxisbeispiele aus dem Modellversuch „KIDZ- Kindergarten der Zukunft in Bayern"* (S. 136–203). Köln: Wolters.

Stern, E. (1997). Ergebnisse aus dem SCHOLASTIK-Projekt. In F. E. Weinert, & A. Helmke (Hrsg.),
Entwicklung im Grundschulalter (S. 157–170). Weinheim: Beltz.

Stern, E. (1998). *Die Entwicklung des mathematischen Verständnisses im Kindesalter*. Lengerich: Pabst.

Stern, E. (2003a). Lernen ist der mächtigste Mechanismus der kognitiven Entwicklung: Der Erwerb
mathematischer Kompetenzen. In W. Schneider, & M. Knopf (Hrsg.), *Entwicklung, Lehren und
Lernen: Zum Gedenken an Franz Emanuel Weinert* (S. 207–217). Göttingen: Hogrefe.

Stern, E. (2003b). Früh übt sich: Neuere Ergebnisse aus der LOGIK-Studie zum Lösen mathematischer Textaufgaben in der Grundschule. In A. Fritz, G. Ricken, & S. Schmidt (Hrsg.), *Handbuch
Rechenschwäche. Lernwege, Schwierigkeiten und Hilfen* (S. 116–130). Weinheim: Beltz.

Stern, E. (2009). Früh übt sich: Neuere Ergebnisse aus der LOGIK-Studie zum Lösen mathematischer
Textaufgaben. In A. Fritz, G. Ricken, & S. Schmidt (Hrsg.), *Handbuch Rechenschwäche* (2. Aufl.
S. 151–164). Weinheim: Beltz.

Stevenson, H., & Stigler, J. (1992). *The Learning Gap: Why Our Schools are Failing and what We Can
Learn from Japanese and Chinese Education*. New York: Summit.

Stipek, D., Feiler, R., Daniels, D., & Milburn, S. (1995). Effects of Different Instructional Approaches
on Young Children's Achievement and Motivation. *Child Development*, *66*(1), 209–223.

Strätz, R., Schmidt, E. A., & Hospelt, W. (1982). *Die Wahrnehmung sozialer Beziehungen von Kindergartenkindern*. Stuttgart: Kohlhammer.

Strom, B. (2004). *Student Achievement and Birthday Effects*. Unpublished Paper. Mimeo. Norwegian
University of Science and Technology.

Treffers, A. (1983). Fortschreitende Schematisierung – ein natürlicher Weg zur schriftlichen Multiplikation und Division. *Mathematik lehren*, Jg. 1 (1), 16–20.

Treffers, A. (1987). *Three Dimensions. A Model of Goal and Theory Description in Mathematics Instruction – The Wiskobas Project*. Dordrecht, NL: Reidel.

van Oers, B. (2004). Mathematisches Denken bei Vorschulkindern. In W. E. Fthenakis, & P. Oberhue-mer (Hrsg.), *Frühpädagogik international. Bildungsqualität im Blickpunkt* (S. 313–330). Wiesba-den: VS Verlag für Sozialwissenschaften.

Weinert, F. E., & Helmke, A. (Hrsg.). (1997). *Entwicklung im Grundschulalter*. Weinheim: Beltz.

Wogatzki, R. (1972). Ansätze und Modelle einer revidierten Vorschulförderung im Lande Nieder-sachsen. In E. Schmalohr, & K. Schüttler-Janikulla (Hrsg.), *Bildungsförderung im Vorschulalter. Zur Reform der Vorschulerziehung* (Bd. 2, S. 94–109). Oberursel: Finken.

Wood, T., Cobb, E., & Yackel, E. (1991). Change in Teaching Mathematics: A Case Study. *American Educational Research Journal, 28*(3), 587–616.

Young-Loveridge, J., Peters, S., & Carr, M. (1998). Enhancing the Mathematics of Four Year-Olds. An Overview of the EMI-4S Study. *Journal for Australian Research in Early Childhood Education, 2,* 82–93.

Spielen – Lernen – Fördern

2

Vivien $(3;1)^1$ spielt gern mit CD-Hüllen. Diese werden gestapelt, in Form von Quadraten (2×2 und auch 3×3) gelegt und auch in einer langen Reihe angeordnet. Nachdem alle Hüllen akkurat hintereinander liegen, geht sie in die Küche und holt bunte Eierlöffel aus Plastik – ebenfalls favorisierte Spielobjekte. Nun legt sie auf jede Hülle genau einen Löffel (Abb. 2.1).

Abb. 2.1 Eins-zu-Eins-Zuordnung von Eierlöffeln zu CD-Hüllen

Insgesamt sind es nur zehn Löffel, aber zwölf Hüllen. Vivien überlegt einen Moment, nimmt zwei Hüllen wieder weg und legt sie in den Schrank. Zufrieden betrachtet sie ihr Werk und sagt: „Nun passt es."

Ihre Mutter kommt vorbei und kommentiert: „Ah, du hast auf jede Hülle einen Löffel gelegt." Vivien nickt stolz. Mutter: „Wie viele Löffel hast du eigentlich?" Vivien zählt – allerdings sagt sie die Zahlwortreihe nicht synchron zu den Objekten auf und zählt elf Hüllen. Ihre ältere Schwester Anabel (5;6) hat alles beobachtet und meint

---

^{1} Standardisierte Form der Altersangabe bei Kindern; der erste Wert gibt die Jahre, der zweite die Monate an.

C. Benz et al., *Frühe mathematische Bildung*, Mathematik Primarstufe und Sekundarstufe I + II,   29
DOI 10.1007/978-3-8274-2633-8_2, © Springer-Verlag Berlin Heidelberg 2015

> jetzt: „Nein, nur zehn. Du hast dich verzählt." Gemeinsam zählen die beiden noch einmal und kommen nun auf zehn Löffel. Auf die Frage der Mutter, wie viele Hüllen sie hat, will Vivien wieder zählen, doch Anabel stoppt sie und sagt: „Du musst nicht noch mal zählen – es sind auch zehn." Vivien überlegt einen Moment, nickt und wiederholt: „Ja, auch zehn."

Ist das, was Vivien hier macht, Spielen? Was kann man in Bezug auf dieses Beispiel über ihre mathematischen Fähigkeiten sagen? Hat sie in dieser Sequenz etwas gelernt und wenn ja, was genau? Welche Rolle spielen bei ihrem Lernprozess ggf. die Mutter und die ältere Schwester? Ist es überhaupt wünschenswert, dass sich die beiden einmischen oder beteiligen? Inwieweit ist diese häusliche Situation auf den Kindergarten übertragbar? Wie sollen Kinder idealerweise vor der Schule Mathematik lernen? Und wie können sie dabei geeignet unterstützt werden?

Um diese Fragen beantworten zu können, muss zunächst geklärt werden, wie junge Kinder lernen und welche Rolle ihr Spiel für ihr mathematisches Lernen hat bzw. idealerweise haben kann. International herrscht weitgehend Konsens darüber, dass sich die methodischen Zugänge im Kindergarten deutlich von denen in der Schule unterscheiden – dies lässt sich entwicklungspsychologisch schlüssig begründen. Wolf (1992) stellt diesbezüglich fest „Kindergarten aims at preparing children for school but not by school methods" (S. 77) und verweist zugleich auf eine wichtige Funktion des Kindergartens, nämlich die Vorbereitung auf die Schule. Diesbezüglich ist zu betonen, dass die Vorbereitung auf die Schule nur *eine* Funktion des Elementarbereichs ist und der Kindergarten bzw. die Kindertagesstätte nicht auf diese Funktion reduziert werden darf. Die Autorinnen erkennen explizit an, dass der Elementarbereich ein eigenständiger Bereich mit einem eigenständigen Bildungsauftrag ist, wie er zum einen in den Orientierungsplänen der Länder entsprechend formuliert und zum anderen auch von Elementarpädagoginnen und -pädagogen in theoretisch fundierten wie auch praxisleitenden Paradigmen expliziert wird (vgl. z. B. Schäfer 2011; Fthenakis 2003). Vielfach ist jedoch zu beobachten, dass die Vorbereitungsfunktion im Mittelpunkt steht und entsprechend ausgehend vom Schulcurriculum im Kindergarten ein sog. *push-down curriculum* verfolgt wird (Balfanz et al. 2003, S. 266). Dabei steht im Wesentlichen die Frage im Mittelpunkt, welche (schulischen) Inhalte bereits im Kindergarten thematisiert werden sollten. Hintergrund für diese Haltung ist der weitgehend unbestrittene Zusammenhang zwischen der individuellen Entwicklung früher mathematischer Kompetenzen – man spricht in diesem Zusammenhang auch von Vorläuferkompetenzen für das schulische Mathematiklernen – und dem Schulerfolg im Fach Mathematik. Die Forschungslage zu diesem Zusammenhang ist relativ eindeutig und wurde in Abschn. 1.1.2 ausführlich dargelegt und diskutiert. Doch eine Reduktion der frühen mathematischen Bildung auf die Vorbereitungsfunktion für das schulische (Arithmetik-)Lernen und die (berechtigte) vorschulische Intervention zur Prävention von Schwierigkeiten beim Erlenen des Rechnens bedeutet eine erhebliche Einschränkung früher mathematischer Bildungschancen.

Ziel dieses Kapitels ist es daher aufzuzeigen, welche Bedeutung das Spiel bzw. das Spielen für frühe mathematische Lernprozesse – aus entwicklungspsychologischer, pädagogischer und fachdidaktischer Perspektive (Abschn. 2.1) – hat , den Zusammenhang zwischen Spielen und Lernen zu betrachten (Abschn. 2.2) und darüber hinaus darzustellen, in welchem Spannungsfeld die frühe mathematische Bildung steht und wie den daraus entstehenden Herausforderungen konstruktiv begegnet werden kann (Abschn. 2.3).

2.1 Bedeutung des Spielens für das frühe mathematische Lernen

Im Spiel können Kinder Fertigkeiten wiederholen, üben und verfeinern, zeigen, was sie bereits wissen und können, und umsetzen, was sie beginnen zu verstehen. Das disparate Wesen des Spiel(en)s erschwert jedoch eine Definition, und diesbezügliche Forschung bezieht sich auf eine Vielzahl von Aspekten in unterschiedlichen Kontexten (Tucker 2005, S. 3, Übers. A. Peter-Koop).

Kate Tucker betont bezüglich der Frage „Why play?" zum einen wichtige Funktionen des Spiels bzw. des Spielens für die kindliche Entwicklung (und somit auch die Entwicklung des mathematischen Denkens und mathematischer Kompetenzen), zum anderen verweist sie aber auch auf die Schwierigkeit, die meist synonym verwendeten Begriffe *Spiel* bzw. *Spielen* inhaltlich zu fassen. Schuler (2013) stellt fest, dass diese Begriffe wahrscheinlich zu den schillerndsten Begriffen der Erziehungswissenschaft gehören und alles andere als einheitlich gefasst sind (ebd., S. 57). Daher soll es in den folgenden Abschnitten zunächst um die Formulierung einer Arbeitsdefinition von Spiel bzw. Spielen im Kontext der frühen mathematischen Bildung gehen, bevor darauf aufbauend exemplarisch dargestellt wird, wie und was beim Spielen mit Blick auf frühe Mathematik gelernt werden kann.

2.1.1 Spiel(en): Versuch einer Begriffsklärung

Spielen ist offenbar eine menschliche Aktivität, die sich über alle Kulturkreise und Altersgruppen erstreckt und die geschichtlich sehr weit zurückreicht. Ein historischer Abriss findet sich bei Vernooij (2005, S. 124 f.), die von der Antike ausgehend bis hin zu Fröbels *Spielgaben* (s. Abschn. 1.2.1) das Phänomen Spiel und seine Bedeutung für die menschliche Entwicklung beleuchtet. Mit Bezug auf das Vorschulalter schreibt Fröbel (1973, S. 67):

Spielen, Spiel ist die höchste Stufe der Kindesentwicklung, der Menschenentwicklung dieser Zeit, denn es ist die freitätige Darstellung des Innern, die Darstellung des Innern aus Notwendigkeit und Bedürfnis des Innern selbst, was auch das Wort Spiel selbst sagt. Spiel ist das reinste geistige Erzeugnis des Menschen auf dieser Stufe, und ist zugleich das Vorbild und Nachbild des gesamten Menschenlebens (...).

Phänomenologisch ist der Begriff Spiel breit gefasst und geht, bezogen auf Kinder, von klassischen kindlichen *Rollenspielen* (z. B. Vater-Mutter-Kind oder Kaufladen) über klassische *Gesellschaftsspiele* (z. B. Memory oder Mensch-ärgere-dich-nicht) und *Bewegungsspie-le* (z. B. Sackhüpfen, Eierlauf oder Verstecken) bis hin zu *Glücksspielen* (z. B. Würfelspiele oder Glücksrad, s. Abschn. 7.2.2). All diesen verschiedenen Spielen mehr oder weniger gemeinsam sind jedoch verschiedene Merkmale, die Schuler (2013, S. 57) unter Rückgriff auf Scheuerl (1990) wie folgt zusammenfasst:

> Spiel ist zweckfrei. Spielhandlungen sind nicht auf ein Ziel ausgerichtet, sondern der Zweck liegt im Spiel selbst.
> Spiel strebt nach Ausdehnung in der Zeit, nach Wiederholung.
> Spiel ist frei von Zwängen der Realität, die Beteiligten können sich einer Scheinwelt hingeben. Spielhandlungen sind frei von Konsequenzen.
> Spiel ist ambivalent. Spannung und Entspannung wechseln sich ab.
> Spiel ist gebunden an den Augenblick und damit zeitlos.

Allerdings verweist Einsiedler (1999) darauf, dass es keine allgemeingültige Definition von Spiel geben kann, sondern vielmehr jeweils entschieden wird, ob eine Handlung ein Spiel ist oder nicht, da allgemeine Spieldefinitionen lediglich „additiv Merkmale aneinanderreihen, die im Einzelfall eines bestimmten Spiels nicht mehr alle nachweisbar sind" (ebd., S. 10). Eine Präzisierung des Begriffs Spiel – vor allem auch mit Blick auf mathematische Bildung im Kindergarten in formal offenen Situationen – liefert Schuler (2013, S. 57 f.):

> Spiel ist in der Folge ein injunkter[2] Begriff mit fließenden Übergängen zu anderen Verhaltensformen wie dem Erkundungsverhalten oder dem zielorientierten Herstellen. Aktivitäten können dann mehr oder weniger Spiel sein bzw. mehr oder weniger Spielmerkmale aufweisen (…). Kann ein Merkmal nicht beobachtet werden, dann muss nicht auf die Bezeichnung Spiel verzichtet werden.

In Ergänzung zu den unterschiedlichen Merkmalen werden in der pädagogisch-psychologischen Literatur zudem verschiedene Spiel*formen* unterschieden, die entwicklungslogisch dem kindlichen Entwicklungsverlauf zugeordnet werden können. Heinze (2007, S. 270 ff.) nimmt, bezogen auf die kindliche Entwicklung, eine systematische Einordnung der Spielabfolge vor (s. Abb. 2.2), die im folgenden Text weiter ausgeführt wird (vgl. dazu auch Hauser 2013, S. 76 ff., der eine ähnliche Abfolge beschreibt).

Sensumotorisches Spiel (Funktionsspiel): Im Mittelpunkt der Aktivitäten des Säuglings stehen nachahmende Bewegungshandlungen, d. h., Laute und auch Bewegungen werden nachgeahmt und häufig wiederholt. „Vor allem die Freude an den eigenen Körperbewegungen und der Reiz Gegenstände anzustoßen oder zu bewegen" sind nach Weber (2009, S. 68) auslösende Elemente solcher Bewegungshandlungen. Mit zunehmend differenzierter Wahrnehmung werden zunächst Finger und Hände und dann der gesamte Körper erkundet und in die Spielhandlung einbezogen.

---

[2] Das bedeutet, dass die Grenzen zu anderen Verhaltens- und Handlungsformen fließend sind (Einsiedler 1999, S. 11).

Abb. 2.2 Spielentwicklung
vom Säugling zum Kleinkind
(Heinze 2007, S. 270)

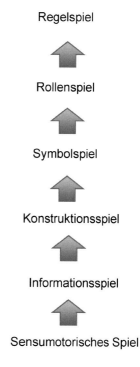

Regelspiel

Rollenspiel

Symbolspiel

Konstruktionsspiel

Informationsspiel

Sensumotorisches Spiel

Auch Objekte aus der Umwelt werden nach und nach ins Spiel integriert. Dabei wird die Hand zunehmend im Blickfeld gehalten und immer geschickter geführt; man spricht diesbezüglich von der Entwicklung der Auge-Hand-Koordination.

Informationsspiel (Exploration): Mit der Entwicklung ihrer motorischen Fähigkeiten gelingt es Kindern i. d. R. spätestens im 2. Lebensjahr, sich räumlich zu orientieren. Gegenstände, die ihr Interesse wecken und in erreichbarer Entfernung sind, werden erkundet und auf ihre Beschaffenheit hin untersucht.

Konstruktionsspiel (Bauspiel): In der nächsten Entwicklungsphase werden aus Bausteinen oder mit Sand und Förmchen einfache Bauwerke oder Formen konstruiert. Einsiedler (1999) verweist darauf, dass informelle Beobachtungen im Kindergarten bzw. Kinderzimmer nahelegen, dass „Kinder häufig Landschaften und Szenen mit Baumaterialien aufbauen, in denen sie dann Fantasiespiele inszenieren" (ebd., S. 103). Mit zunehmendem Alter der Kinder wird allerdings die enge Verbindung zwischen Bauspiel und Fantasiespiel aufgehoben, und das gezielte Bauen eines Objekts tritt in den Vordergrund (ebd.). Im Konstruktions- bzw. Bauspiel werden bereits erworbene Kenntnisse über die Beschaffenheit von Dingen (z. B. Form, Farbe, Material, Größe etc.) konsolidiert und erweitert. Außerdem tritt nach Heinze (2007, S. 271 f.) mit dem Konstruktionsspiel das Einzelspiel, das in den ersten Phasen vorherrschend war, zunehmend zurück, und mit wachsendem Interesse an der Kommunikation mit anderen Kindern wird das Spiel im dritten Lebensjahr sozialer. Ein- bis Zweijährige spielen zunächst nebeneinander (Parallelspiel), doch über das geteilte Interesse an einem Objekt entsteht ein erster Kontakt, der dann aufrechterhalten wird, wenn die Kinder dazu fähig sind, ihre Aufmerksamkeit gleichzeitig auf Gegenstände und andere Menschen zu lenken. Eine gemeinsame Bauidee oder geteilte Interessen führen dann häufig zwei oder drei Kinder zusammen; dabei entstehen teilweise „großflächige und einfallsreiche Gebilde, die sehr ernsthaft und intensiv ausgestaltet werden" (Weber 2009, S. 82).

Symbolspiel (Fiktionsspiel): Beim Spiel mit Plüschtieren, Puppen oder Autos deutet das Kind ein Spielobjekt nach eigenen Wünschen und Vorstellungen und orientiert sich bei seinen (Spiel-)Handlungen an seinem sozialen Umfeld.

> Das Kind fängt an in ‚Als-ob-Situationen' zu spielen. Es spielt, was es in der Umwelt sieht und nimmt dabei eine fiktive Rolle ein, in der es ‚real' handelt. Gleichzeitig findet ein vermehrtes Hantieren und Manipulieren von Gegenständen statt, das verbunden ist mit der Differenzierung im Bereich der Wahrnehmung, der Motorik, der Sprache, des Denkens, der Motive, des Willens – der psychischen Funktionen insgesamt (Heinze 2007, S. 272).

Seinen Höhepunkt hat das Symbolspiel, das meist zu Beginn des zweiten Lebensjahrs plötzlich einsetzt, in der Vorschulzeit; dann tritt es langsam wieder in seiner Bedeutung für das Kind zurück.

Rollenspiel: Beim Rollenspiel schließlich verändern sich die Einstellungen des Kindes zu seiner Umwelt. Kinder schlüpfen im Vorschulalter in die Rolle eines „fiktiven Ichs" (Elkonin 1967), was ein gewisses Maß an Abstraktion verlangt. Die individuellen Lebenserfahrungen werden im Rollenspiel aufgenommen und umgedeutet, d. h., ohne dass sich die Kinder immer darüber bewusst sind, verändern sie die Bedeutungen von Handlungen und Situationen. Das Rollenspiel ist ferner sozialer Natur – die Kinder spielen, jedes in seiner Rolle, zusammen und treffen Absprachen, erfinden und kommunizieren Inhalte und Regeln und überwachen deren Einhaltung. Nach Heinze (2007, S. 273) findet sich „in der eigens definierten Nachgestaltung des sozialen Lebens der Erwachsenen (…) der ‚soziale Kern' des Zusammenlebens und der Tätigkeiten von Erwachsenen wieder. Der Austausch der Kinder untereinander fördert die Begriffsbildung ebenso wie den sozialen Umgang miteinander."

Regelspiel: Das auch als „freies Spiel" bezeichnete Rollenspiel wird im Übergang zum Grundschulalter zunehmend vom Regelspiel abgelöst. Darunter fallen neben Strategie-, Denk- und Lernspielen auch Sportspiele mit Wettkampfcharakter. Ähnlich wie auch das Rollenspiel unterliegt das Regelspiel der Absprache und Einhaltung von Regeln bzw. der Befolgung von konkreten Spielregeln und basiert auf sozialer Interaktion. Ein zentrales Merkmal ist der Wettbewerbscharakter des Spiels, der im Schulalter entwicklungspsychologisch an Bedeutung gewinnt. Das Kind sucht einerseits gezielt den Vergleich mit anderen, wobei es für Kinder andererseits vielfach schwierig ist, mit Situationen umzugehen, in denen es selbst nicht gewinnt oder sogar explizit verliert.

Heinze (2007) weist allerdings darauf hin, dass Spielformen mit der Entwicklung und Ausformung einer neuen Spielform nicht abrupt enden, sondern vielmehr integriert, komplexer gestaltet, modifiziert und weiterentwickelt werden. „Die Spielabfolge verweist auf die jeweils höchsten aktuell verfügbaren kognitiven Fähigkeiten und psychischen Funktionen insgesamt" (ebd., S. 271). Dies ist bei der hier getroffenen Hierarchisierung unbedingt zu beachten. Auch ist zu betonen, dass in unterschiedlichen Publikationen unterschiedliche Begrifflichkeiten zur Kategorisierung verschiedener Spielformen verwendet bzw. zum Teil weitere Unterkategorien beschrieben und benannt werden. Die hier getroffene Auswahl erfolgte aufgrund der Tatsache, dass so eine erste, wenn auch verhältnismäßig grobe, Charakterisierung der Spiel*entwicklung* im Kindesalter möglich ist.

2.1.2   Theorien zum (Mathematik-)Lernen durch Spielen

Während das Spiel(en) in der psychologischen Literatur häufig im Kontext der breiteren kindlichen Entwicklung analysiert und verortet wurde, haben sich einige Wissenschaftlerinnen und Wissenschaftler schon früh für das Spiel(en) an sich interessiert. Sie haben sich darum bemüht, verschiedene Spielformen (s. Abschn. 2.1.1) zu identifizieren und teilweise auch versucht, spezifische Effekte von Spielerfahrungen auf die kindliche Entwicklung nachzuweisen (vgl. z. B. Lindon 2001, S. 40). Unter Rückgriff auf Tucker (2005, S. 3 ff.) sollen im Folgenden die theoretischen Grundlagen zusammenfassend dargestellt werden, die einen besonderen Einfluss auf die frühe mathematische Unterweisung hatten[3].

Piagets konstruktivistische Lerntheorie (vgl. Piaget & Inhelder 1973) basiert auf der Annahme, dass aktiv-entdeckendes Lernen, konkrete eigene Erfahrungen und Motivation die Katalysatoren für kognitive Entwicklung sind. Lernen entwickelt sich nach Piaget in klar definierten altersbezogenen Phasen in einem Kontinuum vom Funktionsspiel (von der Geburt an bis zum Alter von 2 Jahren) über das Symbolspiel (im Alter von 2 bis 6 Jahren) bis hin zum Regelspiel (ab 6 Jahren). Piagets Theorien haben Erzieherinnen und Erzieher sowie Lehrkräfte seit den 1960er-Jahren in ihrer praktischen Arbeit stark beeinflusst – sowohl direkt durch die Orientierung am Kind und seinen Interessen als auch indirekt durch den Einsatz didaktischer Materialien, die kommerziell vermarktet wurden und die von einer

---

[3] Interessierte Leserinnen und Leser mögen an dieser Stelle den Hinweis auf Maria Montessori und die von ihr entwickelten Materialien vermissen, die umgangssprachlich häufig als „Spielmaterialien" bezeichnet werden. Montessori selbst jedoch wählte dafür den Begriff „Sinnesmaterial" (Becker-Textor 2000, S. 31 ff.) Den Einsatz dieses Materials verband sie jedoch wohl eher mit der Vorstellung von „Arbeit" als von „Spiel", dem sie offenbar untergeordnete Bedeutung beimaß. In einer aktuellen deutschen Übersetzung ihres 1950 erschienenen Werks *Il segreto dell'infanzia* wird Montessori so interpretiert, dass sie im Spielen nur eine untergeordnete Bedeutung sah, zu dem das Kind „nur dann seine Zuflucht nimmt, wenn ihm nichts Besseres, von ihm höher Bewertetes zur Verfügung steht" (Montessori 1952/2009, S. 171).

hierarchischen Sicht auf mathematische Entwicklung ausgingen und für den vorschulischen Bereich pränumerische Fähigkeiten betonten (vgl. dazu auch die Ausführungen in Abschn. 1.2.2 und 4.3.1).

Im Unterschied zu Piagets Theorien zum Kinderspiel ist Wygotskis[4] Beitrag zur Erforschung des Spielens als psychologisches Phänomen und seiner Bedeutung für die kindliche Entwicklung weniger bekannt. Anders als Piaget betonte Wygotski (1978) die Bedeutung der sozialen Interaktion und der Sprache für das Lernen und die kognitive Entwicklung. In seiner sozial-konstruktivistischen Lerntheorie misst er der sozialen Interaktion mit anderen Kindern und Erwachsenen, durch die Kinder dabei unterstützt werden, Phänomene und Prozesse ihrer Lebenswelt zu deuten und zu verstehen und Bedeutung aufgrund geteilter Erfahrungen zu entwickeln, eine entscheidende Rolle bei. Lernen erfolgt nach Wygotski in der *Zone der nächsten Entwicklung* (ebd., S. 84 ff.), die den Unterschied zwischen dem ausmacht, was ein Kind bereits kann und weiß, und dem, was ein Kind mit Unterstützung eines sog. *more knowledgeable other* bereits leisten und lernen kann. Das Spiel mit anderen (häufig älteren) Kindern oder Erwachsenen kann diese Zonen durch seinen bedeutungsvollen und motivierenden sozialen Kontext eröffnen.

> Das Verhältnis zwischen Spiel und Entwicklung ist vergleichbar dem Verhältnis zwischen Unterricht und Entwicklung. Das Spiel geht mit Veränderungen der Bedürfnisse einher und mit allgemeinen Veränderungen des Bewußtseins. Das Spiel ist die Quelle der Entwicklung und schafft die Zone der nächsten Entwicklung. Die Handlung im Phantasiefeld, in der eingebildeten Situation, eine willkürliche Absicht, ein Lebensplan und volitive[5] Motive – all das entsteht im Spiel, und dadurch gelangt es auf das höchste Niveau der Entwicklung, (…). Im Prinzip bewegt sich das Kind durch die Spieltätigkeit fort. Nur in diesem Sinne kann das Spiel als führende Tätigkeit bezeichnet werden, das heißt als Tätigkeit, die in der Entwicklung des Kindes bestimmend ist (Wygotski 1980, S. 462 f.).[6]

Der Einfluss von Wygotskis Arbeiten auf das Mathematiklehren und -lernen bestand im Wesentlichen in der Anerkennung der Bedeutung des Sprechens über Mathematik einerseits und in der gezielten Aufnahme kindlicher Erfahrungen in mathematischen Lehr-Lern-Prozessen andererseits.

Auch Bruner (1972) vertritt eine sozial-konstruktivistische Lerntheorie, in der die Bedeutung der Interaktion mit anderen Menschen als zentrales Element des Lernens verstanden wird:

---

[4] Die Arbeiten des russischen Psychologen Lew Wygotski (1896–1934) waren zu Beginn des 20. Jahrhunderts in Nordamerika und Westeuropa zwar wohl teilweise bekannt, hatten aber offenkundig wenig Einfluss auf die dortige Forschung. Dies änderte sich erst ab den 1960er-Jahren, nachdem mit "Language and Speech" (1978) bzw. „Denken und Sprechen" (1980) Übersetzungen seines zentralen Werkes vorlagen.

[5] D. h. willensbezogen.

[6] Bei diesem Aufsatz handelt es sich um die deutsche Übersetzung eines Originaltextes, der 1978 in einer englischen Übersetzung bereits im Band „Mind and Society" unter dem Titel „The Role of Play in Development" erschienen war (Wygotski 1978, S. 92–104).

Mir wurde erzählt, dass das chinesische Schriftzeichen für Denken aus einer Kombination
der Schriftzeichen für Kopf und Herz besteht. Schade, dass es nicht auch das Schriftzeichen
für Andere einbezieht, denn dann wäre es angemessen für das, was uns betrifft (Bruner 1972,
S. 688, Übers. A. Peter-Koop).

Das kindliche Spiel unterstützt den Sozialisierungsprozess, und seine verschiedenen
Kontexte ermöglichen es Kindern, über Regeln, Rollen und Freundschaften zu lernen.
Nach Bruners Verständnis ist die Erzieherin/der Erzieher bzw. die Lehrkraft proaktiv[7] bei
der Bereitstellung von interessanten und herausfordernden Spiel- und Lernumgebungen
sowie durch ihr/sein Engagement in qualitativ hochwertigen Interaktionen, die quasi ein
stützendes Gerüst (engl. *scaffold*) des kindlichen Lernens darstellen. Grundlage seiner sog.
Curriculumspirale (Bruner 1970, S. 61 f.) ist die Annahme, dass „die Grundlagen jeden
Fachs jedem Menschen in jedem Alter in irgendeiner Form beigebracht werden können"
(ebd. S. 26).

Betrachtet man das Verständnis von Zahl, Maß und Wahrscheinlichkeit als unumgänglich für
die Beschäftigung mit exakter Wissenschaft, dann sollte die Unterweisung in diesen Gegenständen so geistig-aufgeschlossen und so früh wie möglich beginnen, und zwar einer Weise,
die den Denkformen des Kindes entspricht. In höheren Klassen mögen die Themen weiter entwickelt und wieder aufgenommen werden (Bruner 1970, S. 63).

Zahlreiche Schulbücher und didaktische Konzeptionen für den Mathematikunterricht
sind seither dem Spiralcurriculum verpflichtet und erlauben es Kindern, Begriffe, Verfahren und Konzepte zu erkunden, zu konsolidieren und durch erneute spätere Begegnung
systematisch und ihrem Entwicklungsstand angemessen zu erweitern.

Vor dem Hintergrund einer sozial-konstruktivistischen Lerntheorie betonen Tucker
(2005) und Kitson (2011) in besonderem Maß die Bedeutung soziodramatischen[8] Spiels
und beziehen sich dabei auf frühere Arbeiten von Smilansky (1968) sowie Smilansky und
Shefatya (1990):

Es gibt substantielle Belege für den Nutzen soziodramatischen Spiels, der im Wesentlichen der
Dominanz dieser Spielform in der frühen Kindheit geschuldet ist (Tucker 2005, S. 5, Übers.
A. Peter-Koop).

Soziodramatisches Spiel (…) ist eine freiwillige soziale Spielhandlung, an der Kindergartenkinder teilnehmen. Im sog. dramatischen Spiel übernimmt das Kind eine Rolle, es gibt vor,
jemand anderes zu sein. (…) Es imitiert diese fiktive Person in Handlung und Sprache mithilfe von realen oder fiktiven Gegenständen. (…) Das Spiel wird soziodramatisch, wenn sein
Inhalt in Kooperation mit wenigstens einem anderen Mitspieler entwickelt und ausgeführt

---

[7] Gemeint ist hier initiatives Handeln im Unterschied zu reaktivem (abwartenden) Handeln. Während Handeln, also Aktivität, nicht unbedingt planvoll sein muss, gehen der Proaktivität eine
vorwegnehmende Haltung und szenarienbasierte Vorüberlegungen voraus.
[8] Eine Form des Rollenspiels, bei dem mehrere Kinder miteinander spielen, dabei fiktive Rollen ein-
nehmen und mehr oder weniger fiktive Situationen szenisch darstellen.

wird, dann interagieren die Teilnehmer sowohl handelnd als auch verbal miteinander (Smilansky 1968, S. 7, Übers. A. Peter-Koop).

Smilansky (1968) sowie später auch Smilansky und Shefatya (1990) definieren *soziodramatisches Spiel*[9] über die damit verbundene Erfordernis zur Interaktion, Kommunikation und Kooperation, die es Kindern erlaubt, Ideen und Konzepte zu erproben. In einem solchen sozialen bzw. interaktiven Rollenspiel kommt der Rolle des mitspielenden Erwachsenen eine besondere Bedeutung zu: Smilansky und Shefatya sprechen in diesem Zusammenhang von *play tutoring*. Dies schließt ein, dass solche sozialen Rollenspiele auch gezielt vom begleitenden Erwachsenen geplant und angebahnt werden, dass die erwachsene Person eine eigene Rolle im Spiel übernimmt und gezielt versucht, die Denkentwicklung und das kindliche Lernen anzuregen. Diesen Aspekt betont auch Tucker mit Blick auf die „Zone der nächsten Entwicklung" (s. oben) im Rahmen des mathematischen Lernprozesses:

> In ihrem Spiel assimilieren Kinder Informationen dahingehend, was sie bereits wissen, und üben sich in und bereiten sich auf Situationen vor, die sie noch nicht vollständig kennen und durchschauen. Durch die Wahl verschiedener Rollenspiel-Szenarien können Erzieherinnen/Erzieher Kindern Zugänge zu unterschiedlichen (alters-)angemessenen Lernbereichen eröffnen. Dies ist ein weit verbreiteter Ansatz in vielen vorschulischen Einrichtungen, wenn z. B. eine Erzieherin/ein Erzieher im Rollenspiel ein Café oder ein Geschäft inszeniert, um einen Kontext für die Entwicklung spezifischer mathematischer Konzepte zu schaffen (…) (Tucker 2005, S. 5, Übers. A. Peter-Koop).

Im Rahmen des Spielens mit Bauklötzen beobachtete Gura (1992) im Kontext der Arbeiten der *Froebel Blockplay Research Group*, dass Kinder, die mit einem sensiblen Erwachsenen an ihrer Seite in sog. *child-adult partnerships* spielten, nicht nur geeignet unterstützt wurden und so die nächste Zone in ihrer Entwicklung erreichen konnten, sondern den vorgeschlagenen Weg des Bauens und Konstruierens im Spiel mit ihren Peers übernahmen und das erfahrene Modell des unterstützten Lernens selbst reproduzierten.

Zusammenfassend lässt sich feststellen, dass in der Literatur weitgehend Einigkeit darüber herrscht, dass für spielerische Aktivitäten, die auf frühes Mathematiklernen zielen, die Beteiligung informierter und sensibler Erwachsener unverzichtbar ist. Mit Bezug auf die verschiedenen Settings in Kindergarten und Anfangsunterricht verweist Pound (2006, S. 88) zudem darauf, dass diesbezüglich eine Balance zwischen (Rollen-)Spielen, die vom erwachsenen Lernbegleiter angebahnt werden, und denjenigen Spielen, die von Kindern selbst initiiert werden, erforderlich ist, denn Kinder profitieren von beiden Formen (vgl. dazu das Eingangsbeispiel zu diesem Kapitel). Mit Blick auf den Schulunterricht kritisiert

---

[9] Wie bereits in Abschn. 2.1.1 herausgestellt, finden sich zahlreiche Varietäten hinsichtlich der Begrifflichkeit zur Beschreibung verschiedener Spielformen. Im Sinne der in Abb. 2.1 dargestellten Spielformen, bezogen auf die kindliche Entwicklung, entspricht das *soziodramatische Spiel* im Wesentlichen dem Rollenspiel – hier allerdings mit eindeutigen sozialen Bezügen und Einbettungen, denn ein kindliches Rollenspiel ist ja auch als Einzelspiel denkbar und vielfach auch beobachtbar, z. B. wenn ein Kind mit seiner Puppe Mutter und Kind spielt.

Pound (ebd.), dass in vielen Klassenräumen das Gleichgewicht stark in Richtung lehrer-inszenierte Aktivitäten kippt und das Spielen erst dann stattfinden kann, wenn die Kinder ihre Aufgaben erledigt haben.

2.1.3 Empirische Studien zum Zusammenhang von frühem Mathematiklernen und Spielen

Empirische Belege für mathematische Lernerfolge im Kontext verschiedener Spielformen liegen international in Form von inhaltlich wie methodisch sehr unterschiedlich angelegten Studien vor[10]. Die Befunde dieser Arbeiten sollen im Folgenden zusammenfassend dargestellt werden, bevor im nächsten Abschnitt konkrete Hinweise für die Praxis gegeben werden.

Bezogen auf frühe mathematische Bildungsprozesse unterscheidet Schuler (2013, S. 64) im Wesentlichen zwei Arten von empirischen Studien zum Zusammenhang von Spielen und Lernen: zum einen *Interventionsstudien*, die Lerneffekte beim Einsatz von (kommerziellen) didaktischen Spielen im Kindergarten und Anfangsunterricht untersuchen, und zum anderen *Beobachtungsstudien* zur Analyse der Kontextbedingungen kindlichen Spiels im Kindergarten oder in häuslichen Situationen. Im Mittelpunkt steht nach Schuler (ebd.) im ersten Fall das „Lernen mit (Lern-)Spielen" und im zweiten Fall das „Lernen beim Spielen". Auf einige aus Sicht der Verfasserinnen zentrale Studien und Befunde aus beiden Forschungsrichtungen soll nachfolgend eingegangen werden.

2.1.3.1 Interventionsstudien

Interventionsstudien zum Einsatz von (Lern-)Spielen im Übergang vom Kindergarten zur Grundschule sind im Wesentlichen im Kontext der Zahlbegriffsentwicklung angesiedelt. Ausgehend von den positiven Effekten des Spielens auf die allgemeine kognitive, soziale und emotionale Entwicklung von jungen Kindern finden sich in den letzten 40 Jahren auch zunehmend psychologische und mathematikdidaktische Studien zum frühen Mathematiklernen im Kontrollgruppendesign. Das heißt, mit einer sog. Treatment- oder Experimental-Gruppe wird im Rahmen einer Intervention mit ausgewählten Probanden ein theoretisch begründetes Förderkonzept umgesetzt, und die Leistungen der Probanden werden vor und nach der Intervention mit den Leistungen von Kindern aus einer Kontrollgruppe, die keine oder eine andere Art von Input erhielt, verglichen. Auch wenn die Befunde dieser Studien tendenziell in die gleiche Richtung gehen und die positiven Effekte spielbezogener Förderung belegen, wird die Vergleichbarkeit der Studien im Detail allerdings durch die Unterschiede in Bezug auf ihre Methoden, Inhalte und Materialien sowie ihre Dauer erschwert. Grundsätzlich gehen diesbezügliche Studien meist der Frage nach, ob das mathematische Lernen anhand von Lernspielen höhere Effekte zeigt als stärker verschulte Ansätze in Form von gezielten Trainings. Floer und Schipper (1975), die im Rahmen der

---

[10] Eine Übersicht über Befunde zum Spiel im Vorschulalter findet sich bei Hauser (2005, S. 150 f.).

Mathematikdidaktik sicherlich zu den Pionieren auf diesem Gebiet zählen, konnten eindrucksvoll zeigen, dass im Rahmen einer Untersuchung zum Einsatz von Lernspielen mit Vor- und Grundschulkindern die Kinder der ‚Spielgruppe' hinsichtlich ihres Lernzuwachses den Kindern der systematisch unterrichteten Gruppe deutlich überlegen sind (ebd., S. 251). Bezüglich der Anlage der Spielsituationen und der Begleitung und Unterstützung durch die pädagogische Fachkraft stellen sie allerdings fest:

> Unsere Untersuchung hat, so glauben wir, deutlich gemacht, daß das Stichwort ‚Spielen' nicht so verstanden werden darf, als ob hier ohne Anstrengung, ohne Nachdenken, ohne Einsatz gelernt worden sei. Es wäre naiv zu glauben, daß das Kind etwas lernen konnte ohne intensive Auseinandersetzung mit dem Gegenstand; noch weitaus gefährlicher wäre es zu meinen, der Lehrer brauche sich, da es ja ‚nur' um Spielen geht, nun weniger Gedanken zu machen (Floer und Schipper 1975, S. 251).

Rund 35 Jahre später kamen Rechsteiner et al. (2012) in einem ähnlichen Untersuchungssetting zu dem Ergebnis, dass „die spielintegrierte Förderung dem Training nur tendenziell überlegen ist" (ebd., S. 679). Gleichwohl zeigte sich wie auch schon bei Floer und Schipper, dass sowohl die spielintegrierte Förderung als auch das gezielte Training dem traditionellen Kindergarten (in dem mathematische Bildung wenig oder gar nicht Berücksichtigung findet) überlegen ist. Deutlich stärkere Effektstärken zugunsten des Spielens gegenüber einer Kontrollgruppe ohne Intervention ergaben sich auch bei einer Untersuchung von Gasteiger (2013) zum Einsatz von Würfelspielen bei Kindergartenkindern rund 1½ Jahre vor der Einschulung. Bei der Intervention handelte es sich um ‚normales' Spielen herkömmlicher Gesellschaftsspiele wie z. B. *Mensch-ärgere-dich-nicht*, „wie es in der Familie oder auch in Kindertagesstätten relativ einfach verwirklicht werden kann" (ebd., S. 338). Eine besondere Wirkung zeigte sich übrigens in Bezug auf die Fähigkeit der Kinder zum richtigen Abzählen, was nicht verwunderlich ist, da gerade bei Würfelspielen die Eins-zu-Eins-Zuordnung von Spielfeld und Zahlwort permanent geübt wird.

Zu ähnlichen Befunden kommt auch eine neuseeländische Studie mit 5-Jährigen[11] zum Einsatz von Zahlenspielen, Zahlengeschichten in Form von Bilderbüchern und Abzählreimen (Young-Loveridge 2004). Untersucht wurden Kinder aus Familien mit geringem Einkommen. Der Vergleich der Leistungen der Experimental- und der Kontrollgruppe im Rahmen der Post-Tests (d. h. unmittelbar nach der Intervention) ergab im Mittel deutlich höhere Kompetenzen bei den Kindern der Experimentalgruppe. Allerdings wurden bei dieser Studie im Rahmen von Follow-up-Tests (d. h., beide Gruppen wurden nach jeweils 6 und 15 Monaten erneut getestet) auch die langfristigen Effekte untersucht. Dabei wurde beobachtet, dass die positiven Lerneffekte bei den Kindern der Experimentalgruppe nach Beendigung der Intervention mit der Zeit zwar deutlich zurückgingen. Doch auch mehr als 1 Jahr nach der 7-wöchigen Intervention waren noch statistisch signifikante Fördereffekte zu beobachten.

---

[11] Diese Kinder besuchten bereits die Grundschule im Rahmen des für alle 5-Jährigen in Neuseeland verbindlichen Vorschuljahres.

Um die gezielte Unterstützung besonders für Kinder mit nur geringen mathematischen Vorläuferfähigkeiten organisatorisch umzusetzen und diesbezüglich zusätzliche Helferinnen und Helfer in Kindergärten und Grundschulen einzusetzen, verweist u. a. die Studie von Peters (1998) auf das Potenzial der Eltern von Kindern im Übergang vom Kindergarten zur Grundschule. Eltern von Vor- und Grundschulkindern sind einerseits in den meisten Fällen durchaus interessiert und auch fähig und andererseits auch deutlich eher bereit, im Kindergarten oder in der Schule mit Kleingruppen von Kindern mathematisch reichhaltige Spiele zu spielen und sie beim Zählen sowie beim Bestimmen und Vergleichen von Mengen zu unterstützen als Eltern älterer Schulkinder.

Neben der Studie von Young-Loveridge (2004), die ihre Stichprobe bewusst so gewählt hatte, dass Kinder mit mittleren und schwachen Leistungen untersucht wurden, zeigten auch Ramani und Siegler (2008, S. 390 f.), dass Kinder aus bildungsfernen Familien von einer Intervention profitieren konnten, bei der verstärkt Augenmerk auf die angemessene sprachliche Begleitung von Spielsituationen und besonders die Verbalisierung von Spielzügen gelegt wurde. Diesbezüglich scheinen Vorschulkinder aus Mittelklassefamilien gegenüber Kindern aus schwächeren sozioökonomischen Schichten im Vorteil zu sein. In einer US-amerikanischen Studie gaben 80 % der Mittelschichtskinder an, zu Hause in den Familien mindestens ein anderes Brett- oder Kartenspiel zu spielen (Siegler 2009, S. 448). Zugleich besteht kein Zweifel am positiven Einfluss diesbezüglicher Spielerfahrungen auf die Zahlbegriffsentwicklung.

Insgesamt lässt sich festhalten, dass besonders, aber nicht nur leistungsschwächere Kinder vom gezielten Einsatz ausgewählter Gesellschaftsspiele und mathematischer Lernspiele profitieren – vor allem wenn sie dabei intensive sprachliche und inhaltliche Begleitung durch eine erwachsene Begleitperson erfahren. Der Grund hierfür liegt wahrscheinlich, wie bereits Einsiedler et al. (1985) vermuteten, in der erhöhten Motivation, die durch den Einsatz der Spiele und die Interaktion mit anderen Kindern und Erwachsenen erzeugt wird und zur engagierten eigenen Beteiligung und inhaltlichen Auseinandersetzung führt. Diese Annahme stützen sog. Beobachtungsstudien.

2.1.3.2 Beobachtungsstudien

Die Untersuchung des mathematischen Lernens beim durch das Kind initiierten oder durch einen Erwachsenen bzw. ein älteres Kind angeleiteten Fantasie- bzw. Rollenspiel basiert im Wesentlichen auf dem Verständnis von Spiel(en) als Teil des kulturell gesteuerten Prozesses der Entwicklung mathematischen Denkens (van Oers 2004, 2010). Vertreterinnen/Vertreter dieser Forschungsrichtung gehen vor dem Hintergrund der sozial-konstruktivistischen Lerntheorie (s. Abschn. 2.1.2) von der Annahme aus, dass Mathematik in Interaktion gelernt wird, und zwar im Kontext bedeutsamer Aktivität:

> Vor allem das Spiel ist ein bedeutsamer Kontext, um Gespräche mit Kindern zu führen und dadurch ihre Aufmerksamkeit auf bestimmte Vorgänge oder Aspekte der Situation zu lenken. (…) Durch die Teilnahme am Spiel des Kindes haben Erwachsene die Möglichkeit die Aufmerksamkeit des Kindes auf die Bedeutung von Dingen, auf neue Handlungsweisen oder

Fragestellungen zu lenken. Ebenso ist es möglich, neue Herangehensweisen an eine bestimmte Fragestellung zu initiieren (van Oers 2004, S. 317 f.).

Gerade vor dem Hintergrund eines veränderten Mathematikbildes, bei dem nun weniger die Algorithmen und die Produkte als vielmehr die Prozesse und die Bedeutung der Sprache im Mittelpunkt stehen (vgl. auch Kap. 9), werden die Bedingungen eines solchen Mathematiklernens in interaktiven Spielsituationen untersucht. Zentrale Erkenntnis solcher Beobachtungsstudien zu unterschiedlichen Inhalten und Kontexten ist, „dass Kindergartenkinder der Begleitung Erwachsener oder anderer, erfahrener Kinder bedürfen, um ihre mathematischen Fähigkeiten in Spielsituationen zu erweitern" (Schuler 2013, S. 65).

Bereits Ende der 1990er-Jahre führten Ginsburg et al. (2004) in New York City eine Beobachtungsstudie mit 4- und 5-Jährigen aus Familien mit geringem sozioökonomischem Status durch. Ziel war die Dokumentation mathematischer Denkprozesse im freien (durch das Kind initiierten) Spiel. Insgesamt wurden 36 Sequenzen von jeweils rund 15 Minuten audio- und videografiert. Die so erhobenen Daten wurden mithilfe einer zweistufigen Datenanalyse – einer Tiefenanalyse der individuellen mathematischen Aktivitäten der einzelnen Kinder sowie einer Oberflächenanalyse der expliziten mathematischen Aktivitäten der Gesamtgruppe – ausgewertet (ebd., S. 91). Mithilfe dieses zweistufigen Verfahrens ergaben sich folgende Befunde und Implikationen: Es zeigte sich, dass alltägliche Spielsituationen zu einem erheblichen Umfang mathematische Aktivitäten verschiedener Form und Inhalte (d. h. ohne Beschränkung oder Konzentration auf Mengen und Zahlen) umfassen. Diesbezüglich bieten sich entsprechend geeignete Lernumgebungen im Rahmen der vorschulischen mathematischen Bildung an (ebd., S. 96). Auch die Analyse der Wahrscheinlichkeit des Auftretens von mathematischen Aktivitäten im Kontext bestimmter Spielformen und Spielmaterialien lieferte interessante Befunde. Die abhängige Wahrscheinlichkeit des Eintretens jedweder mathematischer Aktivität war am höchsten im Kontext von Puzzlespielen, dem Umgang mit zählbaren Gegenständen, beim Spiel mit Lego- und anderen Bausteinen, in sozialer Interaktion und Wettbewerbssituationen, beim Konstruktionsspiel und beim spielerischen Umgang mit Mustern.

Spiel- und Erkundungssituationen stehen auch im Zentrum zweier Longitudinalstudien zu mathematischen Denkprozessen von Kindern im Vorschul- und frühen Grundschulalter (Brand et al. 2011): „Early Steps in Mathematics Learning" (erStMaL) und „Mathematische Kreativität von Kindern mit schwieriger Kindheit" (MaKreKi). Anders als bei den o. g. Interventionsstudien sind diese Projekte inhaltlich breiter angelegt und nehmen einen „globaler[en] Blick auf mathematische Entwicklungsprozesse unter Beachtung wechselseitiger Beziehungen verschiedener mathematischer Bereiche[12]" (Bayraktar et al. 2011, S. 12) ein. Inhaltlich zielt das Projekt erStMaL auf die Erforschung der mathematischen Denkentwicklung im Kindergartenalter. Über einen Zeitraum von 3 Jahren wurden in halbjährlichen Abständen Situationen videografiert, in denen Kleingruppen (zwei bis vier Kinder)

---

[12] In Anlehnung an Sarama und Clements (2008) unterscheiden die Autorinnen und Autoren die mathematischen Bereiche *Zahlen und Operationen*, *Messen und Größen*, *Zufall und Kombinatorik*, *Geometrie* sowie *Muster und Strukturen*, die zueinander in vielfältigen Wechselbeziehungen stehen.

mit speziell für das Projekt entwickelten und ausgewählten Materialien in Spiel- und Erkundungssituationen arbeiten. „Im Vergleich zu standardisierten Testverfahren haben diese Spiel- und Erkundungssituationen damit das Ziel, Gelegenheiten zu schaffen, in denen Kinder ihre mathematischen (kreativen) Potentiale zum Ausdruck bringen können" (ebd. S. 18). Diese Materialien werden in einem ähnlichen Forschungsdesign auch im Projekt MaKreKi eingesetzt, das auf die Entwicklung mathematischer Kreativität bei Kindern zielt, die aufgrund ihres psychoanalytischen Bindungstyps und/oder ungünstiger sozioökonomischer Rahmenbedingungen eine schwierige Kindheit erleben.

Bezüglich der erStMaL-Studie, deren Videodaten vor dem Hintergrund der Alltagspädagogik[13] von Olson und Bruner (1996) ausgewertet wurden, sind mit Blick auf die Qualität mathematikbezogener Interaktionen im Wesentlichen zwei Befunde interessant: Zum einen wurde beobachtet, dass Kinder in der Familie und in der Kindergarteneinrichtung zum Teil sehr unterschiedliche mathematische Diskurse erleben, die sie bei ihrem Lernprozess integrieren müssen (Brandt & Tiedemann 2011, S. 131). Zum anderen wird „das Potenzial eines Spiels (…) offenbar durch alltagspädagogische Vorstellungen beeinflusst, da diese in der Interaktion den Umgang mit dem Material bestimmen. (…) Wird Mathematiklernen beispielsweise als Aufnahme von Lernstoff in eine alltagspädagogische Realisierung eingebunden, so wird das Material eher als Lern- denn als Spielmaterial genutzt" (ebd.). Es hängt also in erheblichem Maß von der pädagogischen Einbindung und somit von der Erzieherin/dem Erzieher oder einer anderen begleitenden Person ab, welche Rolle dem Spiel(material) in der Interaktion zugewiesen wird.

Im Rahmen des MaKreKi-Projekts beschreiben, analysieren und vergleichen Hümmer et al. (2011) den Zusammenhang von mathematischer Kreativität und Bindungsstilen anhand von zwei Fallstudien: einem Kind mit einem sicheren Bindungsstil und einem Kind, das einen unsicher-vermeidenden Bindungstyp zeigt. Dieser Forschungsansatz gründet dahingehend auf Ergebnissen der empirischen Bindungsforschung, dass die Ausformung (mathematischer) Kreativität nicht nur von sozioökonomischen Rahmenbedingungen abhängig ist, sondern „auch oder vielmehr in dem Typ der Bindung des Kindes zu seinen Bezugspersonen" (ebd., S. 182) zu lokalisieren ist. Nach ersten Auswertungen der noch laufenden Longitudinalstudie sind beide Kinder „zu einem kreativen ‚Querdenken' bei mathematischen Problemlösungen fähig" (ebd, S. 191), obwohl die empirische Bindungsforschung postuliert, dass die beiden Motivationssysteme Bindungs- und Explorationsverhalten einander bedingen, d. h., dass sich ein sehr gut gebundenes Kind rundum sicher und geborgen fühlt und daher häufiger bereit ist, Risiken einzugehen, indem es Unbekanntes erkundet, als weniger gebundene Kinder. Allerdings verweisen die Autorinnen und Autoren darauf, dass die Auswertungen erst am Anfang stehen und es durchaus sein könnte, dass sich bei dem bindungssicheren Kind das gezeigte Interesse an mathematischen Aufgaben relativiert und die beobachteten auffallend kreativen mathematischen Fähigkeiten im

---

[13] Diesbezüglich werden vier alltagspädagogische Konzepte unterschieden und entsprechenden Instruktionsmodellen gegenübergestellt: (1) Das Kind als Handelnder, (2) das Kind als Wissender, (3) das Kind als Denker und (4) das Kind als Sachkundiger (Brandt und Tiedemann 2011, S. 100).

Zusammenhang mit seiner aktuellen „ödipalen" Entwicklungsphase zu sehen sind. Auch sei denkbar, dass das andere Kind (mit einer unsicher-vermeidenden Bindung) in Bezug auf sein Interesse an mathematischem Problemlösen und diesbezüglicher Kreativität durch sensible pädagogische Förderung weiter unterstützt werden könne (ebd.).

Die Idee der qualifizierten (spielbasierten) Förderung greift auch Wager (2013) in ihrer Fallstudie einer Lehrkraft auf. Mit Bezug auf Ginsburg und Ertle (2008) sowie van Oers (2010) argumentiert sie, dass freies, d. h. vom Kind initiiertes, Spiel allein nicht ausreicht, um frühe mathematische Lernprozesse anzuregen und zu unterstützen. Ein integrierter pädagogischer Ansatz ermögliche hingegen sowohl kind- als auch lehrerinitiierte Lernprozesse (s. auch Pound 2006 in Abschn. 2.1.2). Während lehrerinitiierte Aktivitäten sich besonders für die Einführung neuer Ideen und Konzepte eignen, verweist Wager auf eine Untersuchung von Parks und Chang (2012), die gezeigt hat, dass im Spiel die damit verbundenen Fertigkeiten erkundet und entwickelt werden. Allerdings weist Wager (ebd, S. 165) darauf hin, dass es keineswegs trivial ist, die Lernumgebung so anzulegen, dass solche Erkundungen und Erfahrungen für Kinder möglich werden. Vielmehr erfordere es sorgfältige Vorbereitung und Planung bei der Auswahl und Einführung geeigneter Spielmaterialien. Um die Bedingungen und Prozesse eines solchen integrierten Ansatzes besser zu verstehen, beobachtete Wager eine in der frühen mathematischen Bildung sehr erfahrene Lehrerin im Kontext ihrer pädagogischen und fachdidaktischen Arbeit in einer Kindergartengruppe mit 4-Jährigen über rund 8 Monate, wobei pro Monat jeweils zwei Nachmittage à 3 Stunden beobachtet wurden. Während dieser Zeit erfolgten ausführliche schriftliche Aufzeichnungen, ergänzt durch Fotos und Videoaufzeichnungen zur Dokumentation von Details. Im Fokus der Beobachtungen standen die Interaktionen zwischen der Lehrerin und den Kindern mit Blick auf die kindliche Auseinandersetzung mit mathematischen Inhalten. Wagers Analysen im Rahmen der Fallstudie belegen, dass die Lehrerin sich entwickelndes mathematisches Verständnis bei jungen Kindern in Spielsituationen erkennt und abhängig von der jeweiligen Situation angemessene Wege findet, Kinder bei ihrer mathematischen Denkentwicklung zu unterstützen und herauszufordern (ebd., S. 178).

Auch wenn die Verallgemeinerung ihrer Beobachtungen nicht zwangsläufig gegeben ist, sind nach Wagers Ansicht folgende Elemente beispielhaft für die Identifizierung und Kennzeichnung einer pädagogischen Praxis, die reichhaltige mathematische Lernangebote in spielbasierten (Unterrichts-)Situationen anbietet:

1. *kurze* Instruktionsphasen, die über das Jahr hinweg diejenigen mathematischen Inhalte aufnehmen, die für die frühe mathematische Bildung von Bedeutung sind und auf kindliche Verstehensprozesse und Interessen eingehen
2. sorgfältig angebahnte Interessenbereiche, die vielfältige Möglichkeiten der Auseinandersetzung mit mathematischen Werkzeugen, Veranschaulichungsmaterialien, Begriffen und Ideen bieten
3. das Beobachten, Erkennen und angemessene Reagieren auf mathematische Inhalte, die im kindlichen Spiel auftreten (ebd.)

Zugleich betont Wager, auch mit Blick auf Arbeiten von Ginsburg & Ertle (2008) sowie Baroody (2004), dass Erzieherinnen und Erzieher bzw. Lehrerinnen und Lehrer solides mathematisches Wissen mit Blick auf frühe mathematische Bildungsprozesse brauchen, um zu wissen, wie sie angemessen auf individuelles kindliches mathematisches Verständnis aufbauen, wo ein Kind in seiner Entwicklung gerade steht und welche Ressourcen ihm zu Hause zur Verfügung stehen.

Zentrale Idee des Forschungsprojekts „KERZ-Kinder (er)zählen"[14] ist die Förderung mathematischer Vorläuferfähigkeiten und dazugehöriger (fach-)sprach-licher Kompetenzen bei Kindern im letzten Kindergartenjahr über den Einsatz ausgewählter mathematikhaltiger Materialien in der Familie. Entsprechend ausgewählte Bücher und Spiele werden über eine ‚Schatzkiste' den beteiligten Einrichtungen zur Verfügung gestellt, über die Kindertagesstätte (KiTa) ausgeliehen und zu Hause genutzt. Die Erziehenden nutzen die Materialien im KiTa-Alltag nicht, organisieren aber den Ausleihbetrieb und sprechen mit den Kindern im Rahmen der üblichen Vorschul- oder Sitzkreisarbeit über deren häusliche Erfahrung mit den Materialien. Der Fördereffekt soll über die kontinuierliche Beschäftigung mit dem Material und über die sprachliche Begleitung durch die Erzieher und Erzieherinnen erzielt werden. Als unbestritten gilt, dass Eltern einen erheblichen Einfluss auf frühe Bildungsprozesse ihrer Kinder haben. Ziel des Projekts ist u. a. die Beantwortung der Frage, ob frühe mathematische Lernprozesse effektiver in der KiTa oder im Elternhaus gefördert werden. Die KERZ-Studie wurde mit drei KiTas pilotiert. Die Interventionsdauer betrug dabei 4 Monate. Zu Beginn und nach Abschluss der Intervention wurden Daten der beteiligten Kinder, Eltern und Erziehenden erhoben. Die mathematischen Leistungen der Kinder wurden jeweils mit dem EMBI-KiGa (Peter-Koop & Grüßing 2011) und dem TEDI-MATH (Kaufmann et al. 2009) untersucht[15]. Die Eltern gaben u. a. über ihren Bildungsstand, Migrationshintergrund und Einstellungen zum Thema frühe Bildung Auskunft, die Erziehenden u. a. über Sprachkompetenzen der Kinder und die Gestaltung der KERZ-Arbeit in ihren Einrichtungen. Die vorläufigen Ergebnisse dieser Pilotierung sind ermutigend: Rund drei Viertel der teilnehmenden Kinder konnten ihre mathematische Leistung während der Fördermaßnahme wesentlich steigern. Die Häufigkeit, mit der Material ausgeliehen und genutzt wurde, scheint dabei eine Einflussgröße zu sein, des Weiteren der Migrationshintergrund und die Zugehörigkeit zur KiTa und zur Leistungsgruppe. Am Ende des 1. Schuljahres wurde mit dem DEMAT 1+ überprüft[16], ob sich langfristige Erfolge des Projekts nachweisen lassen. Das scheint der Fall zu sein, allerdings nur für die Kinder ohne Migrationshintergrund. Dies und auch die Rolle der Erziehenden bei diesem Projekt sollen weitere Analysen in Kürze klären (Streit-Lehmann, in Vorb.).

---

[14] Dies ist ein gemeinsames Projekt von Wissenschaftlerinnen und Wissenschaftlern der Universitäten Bielefeld und Bremen sowie der PH Karlsruhe. Aktuelle Informationen zu KERZ finden sich unter: www.uni-bielefeld.de/idm/arge/peter-koop.htm.

[15] Beide Verfahren werden in Abschn. 3.2.2 und 3.2.1 im Detail vorgestellt.

[16] Der „Deutsche Mathematiktest für erste Klassen" (DEMAT 1+) ist ein curriculumbasierter standardisierter Test, der die Mathematikleistung am Ende des 1. Schuljahres erhebt. Es ist ein Gruppentest, der mit der gesamten Lerngruppe in einer Unterrichtsstunde durchgeführt werden kann (Krajewski et al. 2002).

2.2   Spielend lernen – lernend spielen?!

Die bislang vorliegenden Befunde zum Potenzial verschiedener Spielformen für die Initiie-rung, Konsolidierung und Expansion mathematischer Denk- und Lernprozesse bei jungen Kindern legen nahe, diesem Aspekt bei der (vorschulischen) Gestaltung mathematischer Bildungsprozesse besonderes Gewicht einzuräumen. Doch erstaunlicherweise lässt sich in-ternational – zumindest in der fachdidaktischen und psychologischen Diskussion – gegen-wärtig eine Tendenz eher in Richtung zu mehr oder weniger stark verschulten Konzepten beobachten, die der individuellen kognitiven Entwicklung von jungen Kindern nicht oder nur sehr bedingt Rechnung tragen. Im ersten Teil dieses Abschnitts soll diese Diskussi-on aufgenommen und kritisch reflektiert werden, bevor im zweiten Teil am Beispiel von drei Spielformen exemplarisch aufgezeigt wird, wie Spielen und Lernen in sinnvoller Form bezogen auf frühe mathematische Bildungsprozesse verknüpft werden können.

2.2.1   Training versus Spielen

Auch wenn zahlreiche Forschungsprojekte in den letzten vier Dekaden die Evidenz spiel-basierter früher mathematische Lernprozesse dokumentieren, lässt sich aktuell – beson-ders, aber nicht nur mit Blick auf die potenziellen Risikokinder für das schulische Ma-thematiklernen – international verstärkt die Forderung nach systematischen Trainings-programmen für den vorschulischen Bereich bzw. den Anfangsunterricht beobachten, was sich auch in entsprechenden Forschungsprojekten zur Entwicklung und Effektivität solcher Programme niederschlägt (vgl. z. B. Krajewski et al. 2008 mit Bezug auf das Trainings-programm MZZ „Mengen, zählen, Zahlen"). So fordern beispielsweise Schoenfeld[17] und Stipek (2012) als Konsequenz einer Tagung mit dem Titel *Math Matters: Children's Mathe-matical Journeys Start Early*, dass pädagogische Fachkräfte in vorschulischen Einrichtungen jeden Tag 30 Minuten auf gezielte mathematische Unterweisung ihrer Schützlinge verwen-den. Wissenschaftlich lassen sich für den Sinn eines solchen Vorgehens bislang allerdings keine überzeugenden Hinweise finden. Schaut man in die aktuelle entwicklungspsycholo-gische Literatur, ergeben sich diesbezüglich zumindest Zweifel, wenn nicht gar deutliche Argumente gegen ein zu frühes verschultes Lernen. So formuliert z. B. Marcus Hassel-horn, einer der führenden deutschsprachigen Entwicklungspsychologen, dass insgesamt eher „ein gedämpfter Optimismus für die Möglichkeiten der Frühförderung angebracht [ist]" (Hasselhorn 2010, S. 168): „Nüchtern betrachtet haben wir zurzeit nicht viel Grund, mit massiven kompensatorischen Effekten[18] von gezielt bereitgestellten Entwicklungskon-

---

[17] Zumindest Alan Schoenfeld ist bei Anerkennung seiner unbestrittenen Verdienste in der Mathe-matikdidaktik bislang nicht einschlägig wissenschaftlich als Experte für die frühe mathematische Bildung in Erscheinung getreten.

[18] D. h. die Hoffnung, vor allem bei denjenigen Kindern positive Verhaltensänderungen herbeizu-führen, die besondere Defizite zeigen – sei es in ihrer allgemeinen intellektuellen Entwicklung oder bezogen auf Sprachfähigkeit, phonologische Bewusstheit oder mathematische Kompetenzen.

texten und anderen Beeinflussungsmaßnahmen zu rechnen" (ebd., S. 175). Auch wenn festzustellen ist, dass das Lernen von 4- und 5-Jährigen bislang noch unzureichend erforscht ist, lassen sich nach Hasselhorn (2011, S. 19) einige bedeutende Eckpunkte der Entwicklung individueller Lernvoraussetzungen identifizieren:

> So findet man in der Regel zwischen 4 und 6 Jahren sehr günstige motivationale und eher ungünstige kognitive Voraussetzungen für das erfolgreiche Bewältigen von Lernprozessen. Mit dem qualitativen Einschnitt in der funktionalen Effizienz des phonologischen Arbeitsgedächtnisses im sechsten Lebensjahr verbessern sich die kognitiven Voraussetzungen für das Lernen drastisch.

Mit anderen Worten: Bei Kindern in den beiden letzten Kindergartenjahren haben Konzepte, die auf motivationaler Ebene angesiedelt sind (wie es im Spiel i. d. R. gegeben ist) anscheinend höheres Potenzial für den Lernerfolg als kognitiv orientierte, eher verschulte Konzepte. Eine zusammenfassende Darstellung der kognitiven Grundlagen des frühen mathematischen Lernens findet sich im Handbuch *Mathematics Learning in Early Childhood* (National Research Council 2009, S. 21 ff.).

Doch wo liegen entgegen zahlreichen wissenschaftlichen Ergebnissen (s. Abschn. 2.1.3) die Gründe für ein offensichtliches Misstrauen gegenüber spielbezogenen Ansätzen in der frühen (mathematischen) Bildung?

- Auf eine mögliche Erklärung hat Einsiedler bereits 1989 in einem Aufsatz zum Verhältnis von Lernen im Spiel und intentionalen Lehr-Lern-Prozessen hingewiesen: „Wenngleich insgesamt feststeht, daß Kleinkinder und Kinder im Vorschulalter durch Spieltätigkeiten vieles lernen, bleibt doch das Problem der Zufälligkeit des Lernens. Je nach Spielform treten mehr oder weniger interne kognitive Aktivitäten auf" (ebd., S. 297). Allerdings verweist Einsiedler zugleich auf die Begrenztheit gezielter Lehr-Lern-Kurse, die im Vorschulalter zumindest kurzfristig effektiver sein mögen als Anleitungen zu Spielerfahrungen; auf die Dauer fehle ihnen jedoch das motivationale und emotionale Involviertsein, das für das Spielen typisch sei (ebd., S. 298).
- Zudem bestehen vielfach offenbar Zweifel am mathematischen Wissen und an den mathematikdidaktischen Kompetenzen des Personals im Elementarbereich. Bezogen auf die USA formulieren z. B. Lee und Ginsburg (2009) neun Fehlvorstellungen (*misconceptions*) von Elementarpädagogen in Bezug auf intellektuelle kindliche Voraussetzungen, Inhalte, Kontexte, Methoden und Ziele früher mathematischer Bildungsprozesse, die sich auf das pädagogische Handeln negativ auswirken und die es zu überwinden gilt (S. 38):
  1. Junge Kinder sind noch nicht bereit für mathematische Bildung.
  2. Mathematik ist nur etwas für begabte Kinder mit mathematischen Genen.
  3. Einfache Zahlen und Formen sind völlig ausreichend.

4. Sprache und *Literacy*[19] sind wichtiger als Mathematik.

5. Erzieher(innen) und Lehrkräfte sollten vielfältige (mathematische) Materialien bereitstellen und die Kinder dann ungestört spielen lassen.

6. Mathematik sollte nicht als eigenständiges Fach gelehrt und gelernt werden.

7. Leistungsbeurteilungen[20] in Mathematik sind im Elementarbereich irrelevant.

8. Mathematik wird nur beim Handeln mit konkretem Material gelernt.

9. Der Einsatz von Computern in der frühen mathematischen Bildung ist unangebracht.

Anders und Roßbach (2012a) weisen darauf hin, dass bislang nur wenige Studien über mathematisches Wissen und mathematikdidaktische Kompetenzen bei Fachkräften im Elementarbereich vorliegen (Lee 2010; McCray & Chen 2012). McCray und Chen (2012) untersuchten, inwieweit Fachkräfte in Alltagssituationen mathematisches Potenzial identifizieren und dieses gezielt für Lehr-Lern-Situationen nutzen können, und stellten insgesamt ein recht niedriges Niveau an mathematikdidaktischen Kompetenzen fest – ein Befund, den Anders und Roßbach (2012b) im Wesentlichen bestätigen. Bei ihrer Untersuchung nutzten sie die von McCray und Chen zur Messung mathematikdidaktischer Kompetenzen eingesetzten Aufgaben. Allerdings weisen sie explizit darauf hin, dass vergleichbare Studien bislang fehlen. Insofern stützt dies die Aussage von Schuler (2013, S. 246), dass Slogans wie „Mathe ist überall" irreführend sind, „da sie die *Komplexität der Anforderungen an die Erzieherinnen* und die Notwendigkeit der Anleitung und Begleitung verschleiern" (ebd.).

- Weiterhin ist wohl auch vielfach die mangelnde Kenntnis und Berücksichtigung entwicklungspsychologischer Forschung bei der Gestaltung früher mathematischer Lernprozesse als Ursache zu nennen. Bildungskonzepte für den vorschulischen Bereich basieren häufig auf elementarpädagogischen Ansätzen (z. B. das von Schäfer (2011) dargestellte frühkindliche Bildungskonzept) oder sind eher fachdidaktisch basiert (z. B. die verschiedenen Bände *Das kleine Zahlenbuch* von Müller & Wittmann), ohne dass entwicklungspsychologische Erkenntnisse zur emotionalen, motivationalen oder kognitiven Entwicklung von Kindern im Vorschulalter explizit Berücksichtigung finden.

Seo und Ginsburg widmen sich forschungsbasiert bereits 2004 der Frage "*What is developmentally appropriate in early childhood mathematics education?*" und stellen dazu fest:

> Unsere Ergebnisse zeigen, dass Kindergarten- und Vorschulkinder in ihrem freien Spiel einen signifikanten Anteil mathematischer Aktivität zeigen. Die Mathematik im Alltagsleben junger Kinder umfasst dabei vielfältige mathematische Aktivitäten. So erkunden Kinder häufig

---

[19] Nach Textor (www.kindergartenpaedagogik.de/1719.html) umfasst der Begriff *Literacy* neben Fähigkeiten des Lesens und Schreibens auch das Text- und Sinnverständnis, Erfahrungen mit der Lese- und Erzählkultur der jeweiligen Gesellschaft, Vertrautheit mit Literatur und anderen schriftbezogenen Medien sowie Kompetenzen im Umgang mit der Schriftsprache.

[20] Gemeint sind nicht in erster Linie Noten, sondern vielmehr die systematische Erfassung und Dokumentation des individuellen Lernstandes und der mathematischen Lernentwicklung.

Muster und Formen, vergleichen Größen und Anzahlen und zählen. (…). Insgesamt ist fest-zustellen, dass die Mathematik von Kindergarten- und Vorschulkindern reichhaltiger und einflussreicher für ihre Entwicklung ist, als das bislang angenommen wurde. Zudem zeigen Kinder aus Familien unterschiedlicher Einkommensgruppen erhebliche Ähnlichkeiten in Bezug auf Umfang, Muster und Komplexität ihres mathematischen Verhaltens (Seo und Ginsburg 2004, S. 103, Übers. A. Peter-Koop)

In Bezug auf die Implikationen dieser Ergebnisse folgern sie, dass Erzieherinnen und Erzieher sowie und Lehrerinnen und Lehrer

- kritisch reflektieren sollen, was methodisch entwicklungsbedingt angemessen für 4- bis 6-jährige Kinder ist,
- dazu beitragen sollen, anregende Konzepte für die frühe mathematische Bildung zu entwickeln,
- die spontan auftretenden Interessen von Kindern als Startpunkt für mathematische Lernprozesse nutzen sollen (Seo und Ginsburg sprechen diesbezüglich unter Rückgriff auf Greenes (2000) von *artful guidance*),
- zugleich aber frühe mathematische Bildungsprozesse nicht allein auf Spielen beschränken, sondern individuelle mathematische Lernprozesse durch gezielte, vielfältige und herausfordernde Aktivitäten unterstützen sollen und
- *alle* Kinder mit entsprechenden Angeboten und individueller Begleitung bei ihrem mathematischen Lernen unterstützen sollen.

Diesbezüglich komme der Aus- und Weiterbildung von Fachkräften für den Elementar- und Primarbereich besondere Bedeutung zu. Nötig sind Konzepte und Programme, die Fachkräften neue pädagogische und fachdidaktische Ansätze, neue mathematische Inhalte und neue psychologische Erkenntnisse vermitteln (ebd., S. 103).

Auf ein weiteres Problem verweisen Anthony und Walshaw (2009). Mit *early childhood* wird international klassisch die Altersgruppe der 3- bis 8-Jährigen gefasst, deren (mathematische) Bildungsprozesse jedoch in unterschiedlichen Institutionen verortet sind – für die Altersgruppe der 3- bis 6-Jährigen im Kindergarten bzw. in der Kindertagesstätte und für die Gruppe der 6- bis 8-Jährigen im Anfangsunterricht in der Grundschule. Das pädagogische Personal beider Institutionen wird jedoch bislang häufig immer noch sehr unterschiedlich formal (Studium versus Fachschule) und auch inhaltlich (stärker elementarpädagogisch versus stärker fachlich und fachdidaktisch) ausgebildet. Entsprechend finden sich in beiden Institutionen methodisch sehr unterschiedliche Konzepte, die den Übergang vom Kindergarten zur Grundschule für viele Kinder erschweren.[21] Anthony und

---

[21] Zur Sinnhaftigkeit dieser Unterschiedlichkeit, was die Ausbildung (und Bezahlung) von Fachpersonal in den verschiedenen Institutionen und vor allem was die Umsetzung pädagogischer Konzepte und die Thematisierung fachlicher Inhalte betrifft, ließe sich noch viel sagen. Da das für die weiteren Ausführungen jedoch wenig zielführend wäre, wird an dieser Stelle bewusst darauf verzichtet und im folgenden Abschnitt vielmehr versucht, basierend auf der einschlägigen Forschung konstruktive Vorschläge für die Berücksichtigung verschiedener Spielformen in Kindergarten und Grundschule herauszuarbeiten.

Walshaw (2009, S. 117) sprechen diesbezüglich vom *early years divide* und fordern mit Blick auf Bildungspolitik und pädagogisches Fachpersonal in beiden Institutionen eine stärkere Orientierung an Forschungsarbeiten und -befunden, die Wege zur Überwindung dieser Teilung aufzeigen.

Auch Kasten (2005, S. 215) spricht sich für die Aufhebung der Trennung von Spielen und Lernen als zwei verschiedenen Lebensbereichen und Welten aus, denn „[z]um einen wird auch im Kindergarten *sehr viel gelernt* - wenn auch zumeist in kindgemäßer, spielerischer Weise. Zum anderen sollte Schule – und insbesondere die ersten Grundschuljahre – nicht nur als Ort leistungsorientierten ‚bierernsten' Lernens betrachtet werden. Auch hier sollte mehr Gewicht auf kreative Freiräume, auf vorhandene kindliche Interessensbereiche und die Freude und den Spaß am Unterrichtsgeschehen gelegt werden."

In der jüngsten Zeit ist durchaus aus der Grundschule heraus ein verstärktes Interesse an der vorschulischen (mathematischen) Bildung entstanden. Dies äußert sich zum einen in Kooperationsprojekten zur (fachlichen) Gestaltung des Übergangs, vor allem in Schulen mit problematischen Einzugsgebieten, zum anderen aber auch in Publikationen, die sich in erster Linie an Grundschullehrkräfte richten.

Zum einen geht es darum, Grundschullehrkräfte über aktuelle Entwicklungen im Elementarbereich zu informieren. So hat *Die Grundschulzeitschrift* in Heft 258/259 (2012, Jg. 26) das Schwerpunktthema „Frühe mathematische Bildung". Hier wird über (Forschungs-)Projekte zur Mathematik im Kindergarten wie „Minis entdecken Mathematik" (Benz 2012b) und „MATHElino" (Haug et al. 2012) ebenso berichtet wie über neuere Forschung zur Frage „Geführtes Spiel oder Training?" (Rechsteiner & Hauser 2012). Weiterhin finden sich Beiträge zum mathematischen Potenzial von Spielsituationen in der Bauecke (Henschen 2012) sowie zu den Herausforderungen und Chancen durch den Einsatz von Regelspielen (Schuler 2012).

Zum anderen finden sich Überlegungen und konkrete Anregungen zur Gestaltung des fachlichen Übergangs wie z. B. in Heft 1 (2012, Jg. 3) der Zeitschrift *Mathematik differenziert*. Neben einführenden Beiträgen zum Sinn und Nutzen sowie zu den Zielen und Inhalten der Kooperation zwischen Kindergarten und Grundschule (vgl. Benz 2012a; Gasteiger 2012; Kaufmann 2012) finden sich Anregungen für die Gestaltung von sog. „Schnuppertagen" (Lack 2012) und „Zahlentagen" (Schlüter 2012) beim Besuch von Kindergartenkindern in der Schule sowie Unterrichtsideen zu verschiedenen mathematischen Inhalten, die sich sowohl im Kindergarten als auch im Anfangsunterricht umsetzen lassen.

Die referierten Befunde zur Bedeutung des Spielens für das (mathematische) Lernen in der Zusammenschau mit entwicklungspsychologischen Befunden legen nahe, dass hier eher die Grundschule gefordert ist, sich methodisch stärker am Kindergarten zu orientieren. Eine Verschulung des Kindergartens ist hingegen aus entwicklungspsychologischer Sicht äußerst fragwürdig und aufgrund des hohen Lernpotenzials in Spielsituationen – besonders in der Begleitung diesbezüglich gut ausgebildeter Erzieherinnen und Erzieher – sicher auch nicht notwendig.

2.2.2   Spielen und Mathematiklernen im Übergang vom Kindergarten zur Grundschule

Griffiths (2011, S. 171) beschreibt die Vorteile des Mathematiklernens durch spielerische Aktivitäten unterschiedlichster Art in Bezug auf fünf Faktoren, die sowohl in häuslichen Spielsituationen als auch in pädagogischen Settings evident sind:

1. *Zweck und Motivation:* Kinder (und auch Erwachsene) spielen, weil es ihnen Freude macht, und Spaß ist oft die Voraussetzung dafür, sich auf eine Sache lange genug zu konzentrieren, damit Lernen erfolgen kann.
2. *Kontext:* Einer der Gründe, warum Mathematik als schwierig zu lernen gilt, ist, dass einige Elemente sehr abstrakt sind. Im Spiel bietet sich jedoch häufig die Gelegenheit zur Ausbildung konkreter (handlungsbasierter) und abstrakter Ideen. Ein Beispiel ist z. B. die Ein-zu-Eins-Zuordnung von Zahlwort und Objekt beim Setzen von Würfelanzahlen auf einem Spielfeld.
3. *Kontrolle und Verantwortung:* Erwachsene finden es in Spielsituationen vielfach leichter, Kinder dazu zu ermutigen, eigene Entscheidungen zu treffen und so Kontrolle und Verantwortung für ihr eigenes Lernen zu übernehmen, als in formalen Lehr-Lern-Situationen (z. B. Unterricht). Dies gilt besonders auch für prozessbezogene Kompetenzen wie z. B. Problemlösen (s. dazu auch Kap. 9).
4. *Zeit:* Zeit für mathematisches Spiel eröffnet Kindern willkommene und wertvolle Gelegenheiten, Dinge zu wiederholen, Fertigkeiten zu üben und zu festigen, Fragen zu stellen und interessante Beobachtungen und Phänomene mit anderen Kindern und Erwachsenen zu diskutieren – ohne den Druck, sich schnell dem nächsten Thema zuwenden zu müssen.
5. *Handlungsorientierung:* Beim Spielen liegt der Fokus eindeutig auf den Handlungen. Es geht (anders als im klassischen Unterricht) nicht um Verschriftlichung zentraler Inhalte, Beobachtungen und Lösungswege. Für die Entwicklung mathematischen Verständnisses ist es sicher wichtig, dass schriftliche Aufzeichnungen zweckgebunden und nützlich für die Kinder sind, in dem Sinne, dass sie eng mit den eigenen Handlungen und den diesbezüglichen Gesprächen in der Lerngruppe verbunden sind. Nicht zweckgebundene Aufzeichnungen allein aus einem Selbstzweck sind nicht geeignet, kindliche Lernprozesse zu unterstützen.

Vom Kindergarten zur Grundschule und dann innerhalb der Grundschule vom Anfangsunterricht ausgehend in die höheren Klassen treten spielerische Aktivitäten mit den oben beschriebenen ganz eigenen Qualitäten im Rahmen zunehmend formalisierter Lehr-Lern-Formen immer mehr zurück. Besonders stark ändern sich die Rolle, die Bedeutung, die Inhalte sowie auch die Häufigkeit und der Anteil des Spiels vom Kindergarten zur Grundschule. Manche Spielformen sind eher für den Kindergarten, andere eher für die Grundschule geeignet.

Im Folgenden soll daher aufgezeigt werden, in welchen pädagogischen Situationen welche Spielformen besonderes Potenzial haben und wie mathematische Lernumgebungen in beiden Institutionen so gestaltet werden können[22], dass der von Anthony und Walshaw (2009) beschriebene institutionelle Bruch in der frühen (mathematischen) Bildung im Hinblick auf den verstärkten Einsatz einheitlicher Methoden und den Fokus auf gemeinsame Inhalte und deren sukzessive Erweiterung möglichst überwunden werden kann.

Bezogen auf das Spielen sind nach Ansicht der Autorinnen mit zunehmendem Alter der Kinder drei Spielformen von besonderer Bedeutung.

2.2.2.1 Konstruktions- und Legespiele

Im Rahmen der frühkindlichen Entwicklung kommt Bauspielen schon früh eine wichtige Funktion zu (vgl. Abschn. 2.1.1). In der pädagogischen Spielforschung kamen diesbezüglich auch die mathematischen Facetten des Spiels in den Blick. So beschreibt Einsiedler (1999, S. 105), dass Kinder „bei einfachen Reihungsbauspielen selbstständig relationales Wissen erwerben, z. B. Klassenbegriffe (Klötze, Stangen) oder Größer-Kleiner-Relationen, sowie topologische Erfahrungen machen, z. B. innen – außen, neben – zwischen".

Seitens der Forschung findet man zudem Hinweise auf den Zusammenhang von räumlichen Fähigkeiten (s. Abschn. 5.2.1) und frühen Spielerfahrungen Untersucht wurden 3- und 4-Jährige aus Unter- und Mittelschichtsfamilien im Umgang mit Bausteinen und Puzzles (vgl. National Research Council 2009, S. 195). Diesbezüglich folgert Einsiedler (1999, S. 105):

> Das dreidimensionale Bauen verbessert wahrscheinlich die Raumvorstellung. Untersuchungen bei Erwachsenen zu räumlichen Repräsentationen machen deren analogen Charakter deutlich (…), d. h., die Vorstellungen ähneln wirklichen Flächen und Würfeln und dürften deshalb auf konkrete räumliche Erfahrungen zurückzuführen sein.

Im Kontext des Bauens mit Holzbausteinen, wie Fröbel sie für den Einsatz im Kindergarten konzipiert hat (vgl. auch Abschn. 1.2.1), gibt es in den USA eine Forschergruppe – die sog. *Froebel Blockplay Research Group*. Zentrale Befunde der Arbeit dieser Gruppe finden sich in Gura (1992). Durchaus beeindruckend ist, wie es den Autorinnen und Autoren gelingt, anhand diverser Beispiele darzustellen, wie sich mathematische Kompetenz aus dem Eigeninteresse der Kinder heraus, mathematische Beziehungen zu erkunden, entwickelt (ebd., S. 75 ff.) und welche Rolle der Verbalisierung bei der Entwicklung und Veranschaulichung mathematischer Ideen und Konzepte zukommt (ebd. S. 92 ff.).

---

[22] Überlegungen und Strategien zur Einbindung von Eltern und mathematischen Erfahrungen im Elternhaus in entsprechende Konzepte im Kindergarten, die ebenso Anregungen für die pädagogische Arbeit in der Grundschule liefern, führen Worthington und Carruthers (2003, S. 201 ff.) an und beziehen sich dabei auf eigene Forschungsarbeiten zu der Frage, welche Art von Mathematik Kinder zu Hause lernen und welche Mathematik Eltern im Alltag mit ihren Kindern wahrnehmen. Auch der Band von Hunting et al. (2012) richtet sich an pädagogische Fachkräfte und Familien und beleuchtet u. a. auch die Rolle von Erwachsenen bei frühkindlichen mathematischen Lernprozessen (S. 44 ff.).

In einer Untersuchung zur Mathematikhaltigkeit von Alltags- und Spielsituationen im Kindergarten verweisen Ginsburg et al. (2004) im Kontext der Fallstudie des 5-jährigen Francisco beim Spiel mit Holzbausteinen darauf, wie sich anhand der Analyse der Bauaktivitäten, die verbal in keiner Weise durch das Kind begleitet waren, hoch strukturiertes und organisiertes geometrisches Wissen offenbarte (ebd., S. 93 ff.).

Bayraktar und Krummheuer (2011) hingegen untersuchten im Kontext des Bauspiels die Thematisierung von Lagebeziehung und Perspektiven in Spielsituationen in der Familie und legten diesbezüglich das Augenmerk auf Interaktionsanalysen. Sie betonen in Bezug auf die von ihnen untersuchten Probanden sowohl auf sprachlicher als auch auf gestischer Ebene unzureichende raumgeometrische Fähigkeiten aller Beteiligten, d. h. der Kinder und ihrer Eltern: „Es fehlen gemeinsam geteilte Diagrammatisierungen der perspektivischen Darstellungen" (ebd., S. 169). Offenbar – und sicher nicht überraschend – setzt die effektive Begleitung von Bauspielsituationen entsprechendes Wissen nicht nur um betreffende Inhalte, sondern auch um ihre Artikulation voraus, sowohl im direkten Kontakt mit dem Kind als auch in der (retroperspektivischen) Analyse seiner Bauhandlungen.

Ein weiterer Aspekt, der in der Literatur aufscheint und der mit geringem mathematischem und didaktischem Hintergrundwissen von pädagogischen Fachkräften, bezogen auf frühes mathematisches Lernen, einhergeht, betrifft eben diese Deutung der kindlichen Aktivitäten und Produkte. Hierzu ein Beispiel: Im „SINUS-Transfer Grundschule Modul 10: Übergänge gestalten" propagieren Peter-Koop et al. (2006, S. 6) an einem Beispiel aus einem niederländischen Kindergarten das mathematische Potenzial beim Spielen mit Holzgleisen in Bezug auf die Entwicklung von Problemlösefähigkeiten und geometrischen Kompetenzen. Ohne fachliche Kenntnis fällt es Erzieherinnen und Erziehern allerdings offenbar schwer, die Mathematikhaltigkeit dieser aus mathematikdidaktischer Sicht reichhaltigen Lernumgebung zu erkennen, die natürlich die Voraussetzung dafür ist, mit dem Kind über seine Aktivitäten ins Gespräch zu kommen. Griffiths (2011, S. 172) beschreibt in einem sehr ähnlichen Kontext, dass eine Erzieherin, die Zweifel am mathematischen Wert des Spiels mit der Holzeisenbahn hatte, sich erst beruhigt zeigte, als ihr deutlich wurde, dass die Kinder bei ihrem Spiel mathematisch tätig waren, indem sie Entfernungen und Längen von Gleisstücken verglichen, gerade, gekrümmte und parallele Linien untersuchten, verschiedene Positionen und Bewegungen diskutierten sowie Diagramme nutzten und dreidimensional bauten.

Mit kindlichen Bauwerken eng verbunden ist ihre Vergänglichkeit. Sie sind anfällig gegen (beabsichtigte oder unbeabsichtigte) Zerstörungen durch Dritte und werden häufig auch vom Erbauer selber wieder zerstört – meist, um mit dem Material neue Objekte zu bauen. Dies ist besonders häufig zu beobachten, wenn bei Bauaktivitäten der Weg das Ziel ist und das Bauen an sich eine höhere Attraktivität hat als das Produkt selbst. Um dieser im Material angelegten Vergänglichkeit entgegenzuwirken oder um räumlich weiter entfernte andere Menschen von dem gebauten Objekt in Kenntnis zu setzen, greifen Kinder von sich aus auf Wege zurück, aus ihrer Sicht besonders gelungene Bauwerke festzuhalten – zum einen durch Fotos, zum anderen aber auch mithilfe eigener Zeichnungen und Pläne, die evtl. zu späterer Zeit einen möglichst originalgetreuen Nachbau erlauben (vgl.

Abschn. 9.4). In diesem Fall sind eigene schriftliche Notizen für das Kind zweckgebunden und sinnvoll (Griffiths 2011, S. 172).

In schulischen Kontexten geht es im Bereich der Raumgeometrie häufig um das Bauen von Würfelgebäuden nach zweidimensionalen Plänen, die von den Kindern gedeutet werden müssen. Aus dem Bauverhalten und anhand der Rekonstruktionserfolge kann die Lehrerin/der Lehrer durchaus Rückschlüsse auf frühere Bauerfahrungen mit und ohne Anleitung[23] schließen. Erfahrene Lehrkräfte haben in ihrem Anfangsunterricht unter den Freiarbeitsmaterialien eine Kiste mit Holz- und/oder Lego-Bausteinen, um denjenigen Kindern, die diese Bauerfahrungen frühkindlich noch nicht machen konnten, Möglichkeiten der freien Begegnung mit diesem Material zu ermöglichen, wissend, dass hierin die Voraussetzungen für eine erfolgreiche schulische Behandlung liegen.

Auch im Kontext der frühen Förderung von potenziellen Risikokindern für das schulische Mathematiklernen haben Aktivitäten zur Anregung der räumlichen Fähigkeiten ihren Platz. Im Kontext einer Interventionsstudie zur Förderung solcher Risikokinder im letzten Kindergartenjahr (vgl. dazu Grüßing & Peter-Koop 2008; Peter-Koop et al. 2008) wurde ein spielorientierter Förderansatz verfolgt. Eines der Förderkinder, der 5-jährige Finn, war beim Pretest durch Schwierigkeiten bei der Erkennung und Benennung von Raum-Lage-Beziehungen aufgefallen. Da diesbezügliche Kompetenzen auch bei der Orientierung im Zahlenraum von Bedeutung sind, gehörte dieser Bereich zu den Förderinhalten (Grüßing et al. 2007). Die Studentin, die einmal wöchentlich mit ihm in der KiTa arbeitete, hatte seine Freude am Spielen mit Bauklötzen beobachtet und siedelte spielerische Aktivitäten zur Förderung der Raumvorstellung im Kontext Bauspiel an. Nach einigen Wochen notierte sie ihre Beobachtungen wie folgt[24]:

> Beim Bauen nach Bildvorlagen müssen die Bausteine ganz zu erkennen sein, sonst hat Finn Schwierigkeiten mit der Umsetzung. Er weiß nicht immer genau, welche Bausteine er benutzen muss und wie er diese zu setzen und zu drehen hat, wenn einige verdeckt sind. Außerdem baut er nicht strukturiert, d. h., er baut nicht erst die untere Ebene der Vorlage, sondern an den Stellen, wo sein Blick sich gerade befindet. (…) Keine Probleme mehr bereitet ihm hingegen die Bezeichnung von Raum-Lage-Beziehungen (Grüßing et al. 2007, S. 54).

Abschließend lässt sich resümieren, dass Bau- und Legeaktivitäten offenbar auf die Entwicklung von räumlichen Fähigkeiten förderlichen Einfluss haben und bei diversen Bau- und Konstruktionstätigkeiten diverse substanzielle mathematische Lerngelegenheiten entstehen, die durch die kompetente sprachliche Begleitung durch Erzieherinnen/Erzieher und Lehrkräfte in besonderem Maß bewusst und somit reflektierbar gemacht werden können. Das Spiel mit Bauklötzen bietet zudem in sehr vielen Fällen eine Brücke zu häuslichen Spielsituationen, wo das Spielen mit Bauklötzen häufig seinen Anfang hat. Mit dem be-

---

[23] Ein gutes Beispiel sind hier die Bauanleitungen, die den meisten Lego-Packungen beiliegen.
[24] Die frühe spielerisch orientierte Förderung zeigte durchaus Erfolge. Bis zur Einschulung konnte Finn seine mathematischen Fähigkeiten verbessern und am Ende von Klasse 1 waren seine mathematischen Leistungen unauffällig.

kannten Material spielt und lernt das Kind dann weiterhin im Kindergarten und später, wenn auch meist in deutlich geringerem Ausmaß, in der Grundschule.

2.2.2.2 Rollenspiele

Auch das Rollenspiel[25] hat enge Verbindungen zu häuslichen Spielkontexten. Wie bereits eingangs beschrieben (s. Abschn. 2.1.1), schlüpfen Kinder im Vorschulalter in ihrem Spiel in verschiedene Rollen. Vielfach verlangt der Kontext des Spiels zudem weitere Protagonisten, seien es andere Kinder oder auch Erwachsene, die in dem Spiel ebenfalls bestimmte Rollen übernehmen, wobei einzelne Personen durchaus auch mehrere Rollen haben können. Die Dramaturgie des Spiels ist dabei entweder in geteilter Verantwortung, d. h., mehrere Mitspielerinnen und Mitspieler handeln gemeinsam das Skript aus, dem das Spiel folgt, oder eine Person (häufig die, die das Spiel initiiert hat) verteilt die Rollen und gibt den Inhalt des Spiels vor (s. Lindon 2001, S. 95 ff.; Einsiedler 1999). Die 3-jährige Vivien z. B. leitet solche Regieanweisungen in Rollenspielsituationen mit den Eltern (die Rollen im Spiel sind i. d. R. umgekehrt – Vivien besteht darauf, die Mutter zu sein) mit dem Hinweis ein: „Du musst jetzt sagen …"

Bezogen auf institutionell verortetes Spielen (und Lernen) in Kindergarten und Schule lässt sich jedoch ein zentraler Unterschied feststellen. Erzieherinnen und Erzieher nehmen im Vergleich zu Lehrerinnen in viel stärkerem Maß „aktiv am Rollenspiel der Kinder teil, da dies die ‚führende Aktivität' von Kleinkindern ist. In der Interaktion mit ihnen kann während des Spiels deren Entwicklung gezielt beeinflusst werden" (Textor 2000, S. 80). Schuler (2013, S. 69) verweist darauf, dass sich die Unterschiede zwischen den Institutionen nicht in erster Linie an den verschiedenen Rollen bzw. Rollendimensionen in der Begleitung von Lernprozessen festmachen lassen, „sondern an der inhaltlichen Ausgestaltung der jeweiligen Rolle in unterschiedlichen Schwerpunktsetzungen". Das ist nur schwer planbar, wenn man spontan in eine kindinitiierte Spielsituation einsteigt, und verlangt das bereits mehrfach beschriebene mathematische und didaktische Wissen für die Planung, Gestaltung, Begleitung und Reflexion früher Bildungsprozesse. Die Qualität der Intervention und Interaktion entscheidet über die Qualität und den Grad der Entwicklung des mathematischen Denkens der anvertrauten Kinder. In der Praxis häufiger sind daher wohl Spielsituationen, die die Erzieherin/der Erzieher bzw. die Lehrkraft initiiert oder zumindest inhaltlich stark mitgestaltet.

Eine in diesem Zusammenhang international weitreichend bekannte Studie zu den im Rollenspiel von Vor- und Grundschulkindern eintretenden mathematischen Lernprozessen, die durchaus Pioniercharakter hat, geht zurück auf van Oers (1996)[26]. Die Untersuchung, die bereits 1993 in Amsterdam durchgeführt wurde, basiert auf Spielsituationen im Kontext „Schuhladen". Auch wenn die Kinder bei der individuellen Ausgestaltung des

---

[25] Im Englischen werden in diesem Zusammenhang häufig die Begriffe *dramatic play* bzw. *sociodramatic play* verwendet (vgl. auch Abschn. 2.1.2).

[26] Zentrale Ergebnisse und Beispiele dieser Studie sind auch in eine deutschsprachige Publikation des Autors zum mathematischen Denken bei Vorschulkindern eingeflossen (van Oers 2004).

Spiels durchaus freie Hand hatten, was das Einbringen eigener Ideen und Vorschläge betraf, lagen die Entscheidungen für den Kontext und auch die Zusammensetzung der (altersgemischten) Kleingruppen beim Forschungsleiter (allerdings in Konsultation mit den beteiligten Lehrkräften). Jede Spielsequenz wurde von einer Lehrkraft begleitet, die aktiv am Spiel teilnahm, sei es durch Übernahme einer Rolle in der jeweiligen Spielsequenz (z. B. der des Kunden), sei es eher durch organisatorische oder pädagogische Unterstützung (z. B. indem Fragen gestellt wurden, die zur (weiteren) Auseinandersetzung mit mathematischen Fragen anregten, und indem neue Facetten des Spiels vorgeschlagen wurden).

> In allen Fällen hatten die Lehrkräfte eine führende Rolle bei der Entwicklung der Spielsituation. Die Grundstruktur der Ladensituation war gegeben: Es gab eine Theke, einen Abakus, Hefte, Schecks, viele Schuhkartons und ausrangierte Schuhe, einen Schrank, ein paar Stühle, einen Spiegel und kleinere Gegenstände, die weiterhin zur Ausstattung eines Schuhgeschäftes gehören. Dieses Material war gegeben, aber die Kinder waren aufgefordert, die Details selbst zu organisieren. Dabei war es in dieser Schule gängige Praxis, dass in verschiedenen Ecken des Klassenraums unter Beteiligung der Lehrkraft in altersgemischten Gruppen Rollenspiele gespielt wurden (van Oers 1996, 76 f., Übers. A. Peter-Koop).

Insgesamt wurden acht Spielsequenzen mit einer Dauer von jeweils 6–55 Minuten videografiert und anschließend qualitativ und quantitativ ausgewertet. Die Ergebnisse belegen zum einen das Entstehen zahlreicher Möglichkeiten für die Lehrkraft, an mathematischen Aktivitäten der Kinder selbst beteiligt zu sein und durch die eigene Beteiligung an der Spielsituation das mathematische Denken der Kinder zu fördern. Zugleich wurde offensichtlich, dass die beteiligten Lehrkräfte längst nicht alle möglichen Interventionssituationen konstruktiv nutzen konnten (ebd., S. 84). Zum anderen ergaben sich, bezogen auf das Alter der Kinder, typische Spielaktivitäten. Während bei den jüngeren Vorschulkindern eine spielerische mathematische Auseinandersetzung meist auf der Handlungsebene zu beobachten war (mit [Spiel-]Geld, Schuhen und Schuhkartons), beteiligten sich die älteren Vorschulkinder und die jüngeren Grundschulkinder deutlich umfangreicher und intensiver am inhaltlichen Rollenspiel (indem sie z. B. Schuhe anprobierten, kauften oder verkauften). Die ältesten Kinder hingegen entwickelten stärker vom eigentlichen Spielkontext abweichende Spielsituationen wie z. B. die Lagerverwaltung, bei denen der Schuhladen eher als bedeutungsvoller Hintergrund für weitergehende Spielaktivitäten diente (ebd., S. 77).

Mit Blick auf den zentralen Befund der Studie zeigt sich van Oers vorsichtig optimistisch, was die Einbettung mathematischer Lernprozesse in Rollenspielsituationen angeht:

> Rollenspiele können eine geeignete Lehr-Lern-Situation für die Entwicklung des mathematischen Denkens darstellen, unter der Bedingung dass die Lehrkraft [bzw. die Erzieherin, Anm. d. Verf.] entsprechend geeignete Interventionsmöglichkeiten erkennt und in angemessener Form aufgreift (van Oers 1996, S. 85; Übers. A. Peter-Koop).

Allerdings weist van Oers darauf hin, dass der Nachweis noch aussteht, inwieweit derartige Lernerfolge langfristiger Natur sind. Entsprechende Folgestudien fehlen allerdings nach wie vor, auch wenn es durchaus positive Anzeichen für langfristige Effekte gibt. In der bereits im vorherigen Abschnitt angeführten Interventionsstudie zur vorschulischen Förderung potenzieller Risikokinder für das schulische Mathematiklernen (Grüßing & Peter-Koop 2008) konnten langfristige Effekte einer durchweg spielerisch angelegten Förderung bis Ende Klasse 1 gezeigt werden. „Bemerkenswert ist zudem, dass sich die curricular bezogenen Mathematikleistungen der Gruppe der Studienkinder (…) signifikant (t = 2,46; p < 0,05) von den Leistungen der Kinder unterschieden, die keinen der an der Studie teilnehmenden Kindergärten besucht und somit vorher nicht an der Studie teilgenommen hatten." (ebd., S. 80)

In Bezug auf mathematikhaltige Kontexte ist die Spielsituation „Kaufladen" seit vielen Jahren ein Klassiker. Doch allein die Tatsache, dass ein Kaufladen in einer Einrichtung (oder zu Hause) zur Verfügung steht, ist noch keine Garantie für reichhaltige mathematische Lernprozesse. Dies liegt oft an der, was das Sortiment betrifft, zwar vielseitigen, für mathematisches Lernen aber dennoch nicht unbedingt hinreichenden Ausstattung. Griffiths (2011) führt das Beispiel einer Lehrerin an, die mit der Einrichtung eines Kaufladens in ihrer Gruppe die Hoffnung verbunden hatte, dass dies zu Spielsituationen führen würde, in denen die Kinder sortieren, klassifizieren und zählen, und die nun schnell merkte, dass genau dies nicht passierte. Sie analysierte das Sortiment und stellte fest, dass von jedem Produkt nur ein oder zwei Stück vertreten waren – ganz im Gegensatz zu einem echten Geschäft, in dem man z. B. gleich 10 oder 20 Packungen Margarine einer Sorte in der Kühltheke findet. Entsprechend organisierte sie das Angebot um, sodass zwar weniger verschiedene Artikel, dafür aber jeweils höhere Stückzahlen vorhanden waren. In der Folge waren nun schnell die ursprünglich erwarteten mathematischen Aktivitäten zu beobachten (ebd., S. 172 f.). Hinsichtlich der Anregung mathematischer Lernprozesse kann also bereits ein Blick auf die Ausstattung des Kaufladens erste Rückschlüsse hinsichtlich der mathematischen Kompetenzen des pädagogischen Personals erlauben und zumindest der Anknüpfungspunkt für ein Gespräch sein (vgl. auch die Einleitung zu Kap. 6 hinsichtlich der vielfach irrigen Hoffnung, das Spiel mit dem Kaufladen führe zur Ausbildung von Größenvorstellungen).

2.2.2.3 Regelspiele

Sowohl im häuslichen Umfeld als auch in Kindergarten und Grundschule finden sich unterschiedlichste Regelspiele – von klassischen Gesellschaftsspielen, die häufig im Rahmen einer „Spielesammlung" in den Familien vorhanden sind, bis hin zu Lernspielen zu gezielt ausgewählten mathematischen Inhalten. Am Ende der jeweiligen inhaltsbezogenen Kapitel im zweiten Teil des Buches findet sich jeweils thematisch fokussiert eine für den Einsatz in Kindergarten und Anfangsunterricht aus Sicht der Autorinnen empfehlenswerte Auswahl.

Bei Regelspielen ist es in allen drei Settings – Familie, Kindergarten, (Grund-)Schule – durchaus üblich und häufig praktiziert, dass erwachsene Mitspielerinnen und Mitspieler (und auch ältere Kinder) am Spiel beteiligt sind. Vielfach sind diese noch zur Überwachung der Regeln nötig, wenn Kinder zwar schon isoliert mit auf ihr eigenes Spiel bezogenen Einzelhandlungen am Spiel teilnehmen, den gesamten Spielverlauf jedoch noch nicht überblicken können.

Ähnlich wie auch beim Rollenspiel finden weiterhin mathematische Lernprozesse im Spiel nicht zwangsläufig statt bzw. erreichen nicht ihr vollständiges Potenzial. Ein Beispiel:

Erzieherin A spielt im Kindergarten mit den Kindern einer Vorschulgruppe „Mensch-ärgere-dich-nicht". Sie passt zwar auf, dass sie ihren Einsatz nicht verpasst, achtet darauf, dass die Kinder die gewürfelten Anzahlen korrekt setzen, und zeigt durch Gesten und Mimik, dass es ihr Spaß macht, mit den Kindern zu spielen, dennoch liegt ihre vollständige Konzentration nicht in der Spielsituation. Sie klärt nebenbei organisatorische Fragen mit einer Kollegin, schaut häufig aus dem Fenster oder ermahnt andere Kinder der Gruppe.

Wenige Tage später spielt Erzieherin B mit derselben Kindergruppe. Auch sie achtet auf die Einhaltung der Spielerfolge beim Würfeln sowie das korrekte Weitersetzen der Spielfiguren gemäß den gewürfelten Zahlen. Während des Spiels spricht sie mit den Kindern über die Spielhandlungen und regt so das mathematische Denken der Kinder an:

„Tim, schau mal, wie Necla die Sechs gesetzt hat!" (drei Zweierschritte)

„Simon, was musst du jetzt würfeln, damit deine Figur ins Haus kommt?"

Unmittelbar nachdem sie selbst eine 3 gewürfelt hat, fragt sie: „Kann ich die Necla nun kippen?"

„Wer hat schon die meisten Figuren in seinem Haus? Wie viele hast du mehr als ich?"

Ausgehend von ihren Fragen und Impulsen ergeben sich mathematisch reichhaltige Reflexionen und Gespräche, in die sich nach einer Weile auch Kinder einschalten, die nicht zu den Mitspielern gehören und die den Spielverlauf als Beobachter verfolgen.

Erst durch die intensive sprachliche Begleitung der Erzieherin wird das mathematische Potenzial der entstehenden Situationen in Bezug auf Simultanerfassung, Anzahlvergleich, Eins-zu-Eins-Zuordnung, Zählen in Schritten sowie Ordinal-/Kardinalzahlaspekt entfaltet und für frühe mathematische Lernprozesse nutzbar.

Es ist sicherlich nicht von der Hand zu weisen, dass Kinder auch allein und ohne die gezielte Unterstützung erwachsener Begleitpersonen zu mathematischen Erkenntnissen und Einsichten kommen. Doch gerade Kinder, die sich von allein kaum oder gar nicht mit mathematischen Inhalten befassen, können so behutsam an Inhalte herangeführt werden, die für das spätere schulische Lernen wichtig sind (vgl. Abschn. 1.1).

Der vorschulischen und informellen Begegnung mit verschiedenen altersgemäßen mathematischen Inhalten dienen auch Lernspiele, die die Kinder allein oder mit erwachsenen Begleitpersonen spielen. Der diesbezügliche Markt ist in den letzten Jahren derart angewachsen, dass er in seiner Vielzahl an Spielen und Aktivitäten kaum überschaubar erscheint. Und nicht alle einschlägigen Spiele und Materialien, die teilweise intensiv beworben werden, sind hinsichtlich ihres Einsatzes in Kindergarten und Grundschule aus mathematischer Sicht sinnvoll. Um hier den Überblick zu behalten (zumindest in Bezug auf Materialien zur Zahlbegriffsentwicklung) und zielgerichtet Spiele für die Anschaffung auswählen oder auch deren Qualität nachträglich bewerten zu können (zum Teil offenbaren sich Defizite ja erst, wenn man das Material ausprobiert), sei auf den „Kriterienkatalog zur Analyse und Bewertung von Materialien und Spielen zum Erwerb des Zahlbegriffs" von Schuler (2013, S. 107) verwiesen. Sie unterscheidet folgende materialinhärente[27] und situationsabhängige Kriterien (ebd., S. 107 f.):

- Einordnung auf konzeptioneller Ebene zu einem Ansatz mathematischer Bildung
- Bezug zu Arbeits- und Organisationsformen
- Bezug zu anderen Bildungsbereichen
- Spielkriterien
- Mathematisches Potenzial
- Aufforderungscharakter
- Engagiertheit

Das es in diesem Band explizit um die frühe mathematische Bildung geht, soll im Folgenden das Kriterium „Mathematisches Potenzial" gemäß den Unterkriterien von Schuler weiter aufgeschlüsselt werden:

Mathematisches Potenzial (M)
M1 Welche Teilfähigkeiten des Zahlbegriffs können mit diesem Material angeregt werden?
M2 Bietet das Material Möglichkeiten zur Bearbeitung auf *verschiedenen Niveaus*? Welche Variationsmöglichkeiten in Bezug auf Material und Regeln gibt es bei Spielen?
M3 Ist ein *niederschwelliger Zugang* möglich (z. B. über das Zählen oder die simultane Anzahlerfassung ohne Kenntnis der Zahlzeichen)?
M4 Weisen die Materialien (Arbeitsmittel) eine Strukturierung auf (z. B. Würfelbilder, Kraft der Fünf, andere Anordnungen), die neben dem Zählen eine simultane und quasi-simultane Anzahlerfassung unterstützen und Zahlbeziehungen sichtbar werden lassen?
M5 Lässt das Material *Eigenstrukturierungen* zu und/oder begünstigt es diese?
M6 Können in der Materialauseinandersetzung weitere, insbesondere auch allgemeine mathematische Aktivitäten[28] angeregt werden? (Schuler 2013, S. 108 f.)

Auch wenn sich diese Ausführungen inhaltlich im Wesentlichen auf die Zahlbegriffsentwicklung beziehen, bilden sie dennoch eine gute Grundlage für die Auswahl und Be-

---

[27] D. h. dem Material innewohnend.

[28] Gemeint sind hier die *prozessbezogenen* mathematischen Kompetenzen (vgl. Kap. 9).

wertung von Spielen und Materialien und somit für die Praxis in der KiTa und im Anfangsunterricht, denn gerade der Stand der Zahlbegriffsentwicklung bei Einschulung ist ein zentraler Prädiktor für den Schulerfolg im Fach Mathematik (vgl. Abschn. 1.1.2).

Doch wo liegen ggf. die Grenzen eines spielbezogenen Ansatzes? Unter welchen Bedingungen ist es evtl. auch bereits im Kindergarten sinnvoll, auf den Einsatz eines Trainingsprogramms zurückzugreifen? Mit anderen Worten: Wann wird ggf. ein Übergang von der kindlichen Konstruktion zur gezielten Instruktion nötig, und lassen sich beide Ansätze vielleicht auch verbinden? Die Frage nach der Verbindung von Spielen, Lernen und Fördern soll im letzten Abschnitt dieses Kapitels aufgegriffen werden.

2.3   Spannungsfeld frühe mathematische Bildung

Da nicht davon auszugehen ist, dass Kinder gleichen Alters auch einen gleichen Stand in Bezug auf die Entwicklung ihres mathematischen Denkens haben (Hasemann 2007, S. 30 ff.) und die Gruppen in Kindergärten und Tagesstätten grundsätzlich eher altersheterogen zusammengesetzt sind, stehen Bemühungen um die frühe mathematische Bildung in einem doppelten Spannungsfeld (s. Abb. 2.3).

Zum einen stehen Initiativen zu einer aus Gründen der Chancengleichheit (s. auch Abschn. 1.2.3) notwendig erscheinenden gezielten (individuellen) Förderung von mathematischen Vorläuferfertigkeiten einem frühen mathematischen Bildungskonzept gegenüber, das im Sinne eines aktivitätsorientierten Ansatzes (vgl. van Oers 1996; 2004) von mathematisch reichhaltigen Spielsituationen ausgeht. Abhängig von der Frage, welcher Ansatz verfolgt werden sollte und ob vielleicht eine Kombination beider Konzepte sinnvoll und möglich ist, ist auch die Adressatenfrage. Während sich Spielangebote im Sinne des aktivi-

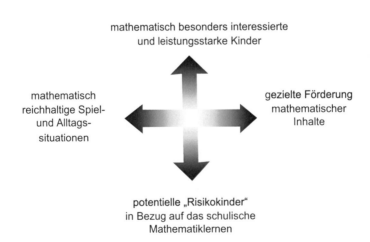

Abb. 2.3 Doppeltes Spannungsfeld früher mathematischer Bildung (mit kleineren Änderungen nach Peter-Koop 2007, S. 71)

tätsorientierten Ansatzes i. d. R. an Kinder ab 3 Jahren richten, sind die Adressaten gezielter Förderprogramme hinsichtlich der Entwicklung von Vorläuferkompetenzen eher Kinder im letzten Kindergartenjahr vor der Einschulung. Forschungen, die Antwort auf die Frage geben, ab welchem Alter solche Angebote grundsätzlich sinnvoll und fruchtbar sind, fehlen bislang ebenso wie detaillierte Kompetenzmodelle der Entwicklung mathematischer Kompetenzen in der frühen Kindheit.

Zum anderen stehen Bemühungen um die vorschulische mathematische Bildung zugleich im Spannungsfeld der speziellen individuellen Bedürfnisse von Kindern mit unterschiedlichen Begabungen, Interessen und kognitiven Entwicklungsständen. Eng mit der Zielgruppe verbunden ist sicherlich auch die Frage nach den mathematischen Inhalten, die im Mittelpunkt der Förderung stehen.

Anhand eines mathematischen Bilderbuchprojekts (vgl. Peter-Koop & Grüßing 2006), das mit Eltern und Kindern einer altersgemischten Kindergartengruppe durchgeführt wurde, konnte gezeigt werden, dass alle fünf in den „Bildungsstandards im Fach Mathematik für den Primarbereich" (Kultusministerkonferenz 2005) ausgewiesenen inhaltlichen Kompetenzbereiche[29] bereits im Lebensalltag von 3- bis 6-Jährigen repräsentiert sind. Dies konnte anhand der Fotos, die Eltern 3 Monate lang mit dem Auftrag gemacht hatten, ihr Kind immer dann zu fotografieren, wenn sie der Meinung waren, dass es im weitesten Sinn mathematisch tätig war, anschaulich belegt werden. Erstaunlich waren in diesem Zusammenhang auch die Kommentare der Kinder zu „ihren" Fotos, die eindrücklich die Intensität ihrer Auseinandersetzung mit unterschiedlichen mathematischen Inhalten belegen. Dennoch fehlen auch hier noch weitere Forschungsergebnisse bezüglich der Frage, welche Aktivitäten sich ggf. besonders signifikant auf die Entwicklung früher mathematischer Kompetenzen auswirken.

Relativ eindeutig ist die Forschungslage in Bezug auf die Bedeutung der Zahlbegriffsentwicklung für das weitere schulische Mathematiklernen. Auch liegen zu diesem Bereich bereits diverse Befunde zu Interventionsstudien vor, die belegen, dass man die diesbezüglichen Kompetenzen von Vorschulkindern effektiv fördern kann. Methodisch finden sich hierzu allerdings Unterschiede (Krajewski et al. 2008; Krajewski & Schneider 2009; Pauen & Pahnke 2008). Die Studie von Grüßing und Peter-Koop (2008) impliziert, dass nicht allein mehr oder weniger rigide Trainingsprogramme erfolgreich sind, sondern sich auch mit spielerischen Zugängen deutliche Lernfortschritte erreichen lassen, die in vielen Fällen durchaus nachhaltig sind.

Bezogen auf die Vorbereitungsfunktion des Elementarbereichs auf die Schule stellt Hauser (2013, S. 175 f.) unter Rückgriff auf eine aktuelle Studie zum Einsatz von Regelspielen zum Erwerb früher mathematische Fähigkeiten fest, dass eine didaktische Verschulung des Kindergartens keinen Mehrwert bringt:

> Eine spielintegrierte Förderung des Zahlbegriffs kann Kindergartenkinder ebenso gut für das spätere mathematische Lernen vorbereiten wie ein Trainingsprogramm. Gleichzeitig ist eine

---

[29] Zahlen und Operationen, Raum und Form, Größen und Messen, Muster und Strukturen sowie Daten, Häufigkeit und Wahrscheinlichkeit.

mathematikdidaktische fundierte spielintegrierte Förderung des Zahlbegriffs der herkömmlichen Matheförderung im Kindergarten überlegen. (…) Für eine spielintegrierte Förderung
spricht auch, dass Spiele sich leichter an unterschiedliche Lernniveaus anpassen lassen. Wichtig ist dabei, dass die Spiele gut auf die frühen mathematischen Fähigkeiten der Kinder angepasst sind und unterschiedliche mathematische Fertigkeiten fördern.

Allerdings erfordern gerade diese spielorientierten Ansätze in Bezug auf die Entwicklung des mathematischen Denkens junger Kinder sowie didaktisches und methodisches
Wissen zur Bereitstellung gezielter Lernangebote aber erhebliches professionelles Wissen
aufseiten der Erzieherin/des Erziehers. Aus diesem Grund ist eine noch unerfahrene pädagogische Fachkraft vielleicht gut beraten, sich bei der gezielten Förderung von Kindern,
deren altersgemäß verhältnismäßig schwache Mathematikleistungen auffällig geworden
sind, zunächst an Trainingsprogramme wie „Mengen, zählen, Zahlen" (Krajewski et al.
2007) oder „MARKO-T" (Gerlach et al. 2013) zu halten (vgl. auch Abschn. 3.3.1) bzw. diese Verfahren daraufhin genau zu betrachten, *welche* mathematischen Inhalte *wie* gefördert
werden sollen. Mit zunehmender Erfahrung und auch vielleicht im Zusammenhang mit
einer Fort- oder Weiterbildung zur frühen Mathematik und/oder in Kooperation mit der
abnehmenden Grundschullehrkraft gelingt es dann, auch meist zunehmend spielorientierte Angebote einzubeziehen.

Bei der Begleitung eines mathematisch schon früh besonders interessierten und leistungsstarken Kindes, das (permanent) selbstständig mathematische Herausforderungen
sucht und eigene Ideen und Einsichten mit anderen teilen will, ist die Erzieherin/der Erzieher bzw. die Lehrkraft hingegen auf ganz anderer Ebene gefordert. Hier geht es in erster
Linie um das genaue Zuhören und Teilen der kindlichen Erfahrungen und Freude (oder
Frust, wenn etwas nicht gelingt, wie erwartet). Mit einem solchen Kind ein für das Kind
herausforderndes Spiel zu spielen bzw. ihm gezielt Materialien zur Erkundung anzubieten (wie z. B. komplexe Tangram-Vorlagen) und diese auf Wunsch auch gemeinsam mit
ihm zu bearbeiten, verlangt methodisch ebenso Flexibilität wie auch gezielte Förderung
leistungsschwacher Kinder – und natürlich aller anderen Kinder der Gruppe, die sich bezüglich ihrer Begabungen und Leistungen irgendwo zwischen den beiden Polen auf einem
Kontinuum befinden.

Hilfreich, um sich die methodische Herausforderung bewusst zu machen, ist das Schaubild von Tucker zur Gestaltung mathematischer Aktivität (Abb. 2.4).

Gehaltvolle und sinnvolle mathematische Bildungsangebote im Kindergarten (und
durchaus auch in der Grundschule) umfassen eine ausgewogene Mischung aller angegebenen Bereiche, und je souveräner eine Erzieherin/ein Erzieher (bzw. eine Lehrkraft)
hinsichtlich ihrer/seiner mathematischen, didaktischen und pädagogischen Kompetenzen mit Blick auf die frühe Mathematik aufgestellt ist, desto zielgerichteter kann sie/er
entsprechende Entscheidungen treffen und diese angemessen umsetzen. Es gibt pauschal
kein „richtig" oder „falsch", sondern immer eine im Einzelfall inhaltlich, didaktisch und
pädagogisch sinnvoll zu begründende Entscheidung. Die diesbezüglichen Erwartungen
an pädagogische Fachkräfte fasst Clements (2004, S. 59) wie folgt zusammen (Übers. A.
Peter-Koop):

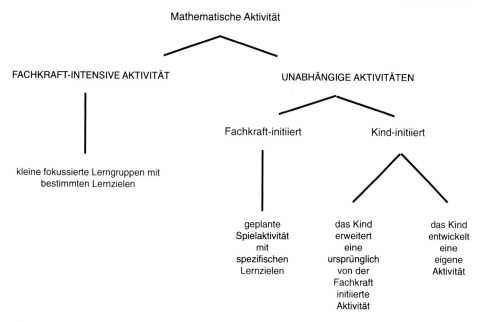

Abb. 2.4 Mathematische Aktivität nach Tucker (2005, S. 10)

Die wichtigste Aufgabe von Lehrkräften im Elementarbereich in Bezug auf Mathematik besteht zum einen darin, häufig Gelegenheiten zu finden, in denen Kinder mathematische Inhalte, die ihnen in ihrem Alltag, ihren Gesprächen und ihrem Spiel begegnen, reflektieren und ausbauen können. Zum anderen sollten sie in der Lage sein, Lernumgebungen zu strukturieren, die solche Aktivitäten unterstützen. Sie sollten grundsätzlich proaktiv bei der Einführung mathematischer Inhalte, Methoden und Begrifflichkeiten sein.

Bei den damit verbundenen Entscheidungen ist es sicher hilfreich, möglichst viel über den jeweils individuellen mathematischen Lernstand der Kinder einer Gruppe und auch seine Entwicklung zu wissen. Dabei helfen gezielte Beobachtungsverfahren, die wiederum inhaltlich wie methodisch durchaus sehr unterschiedlich angelegt sind. Gängige, im deutschsprachigen Raum leicht zugängliche Verfahren und gezielte Förderkonzepte für Kinder, die besondere Unterstützung beim frühen Mathematiklernen brauchen, werden in Kap. 3 ausführlich vorgestellt und diskutiert.

2.4   Zusammenfassung, Reflexion und Ausblick

Während in Kap. 1 die Bedeutung früher mathematischer Bildung herausgearbeitet wurde, standen in diesem Kapitel geeignete methodische Zugänge zu mathematischen Lernprozessen im Mittelpunkt. Anders als im (Anfangs-)Unterricht der Grundschule besteht die wesentliche Arbeit der Kinder im Kindergarten im Spiel. Diesbezüglich bieten sich im

Kindergarten im Wesentlichen vier unterschiedliche Settings für das spielbezogene Mathematiklernen:

1. durch Kinder völlig selbstständig initiierte und durchgeführte Bau-, Rollen- oder auch Regelspiele ohne die Einbeziehung Erwachsener (und zum Teil sogar völlig ohne deren Wahrnehmung des Spielgeschehens und/oder der Spielinhalte)
2. durch Kinder initiierte Bau-, Rollen- und Regelspiele, an denen sich Erwachsene in sehr unterschiedlichem Maß beteiligen: von der Übernahme einer Rolle unter der Regie eines Kindes in einem Rollenspiel, über Tipps zur Verbesserung der Statik bei der Errichtung von Bauwerken bis hin zur gezielten Hilfestellung oder Korrektur beim Setzen von Spielzügen bei Würfelspielen
3. von Erzieherinnen und Erziehern mit gezieltem Blick auf spezielle Inhalte und Lernziele initiierte Bau-, Rollen- und Regelspiele unter Bereitstellung der benötigten Materialien mit Handlungsspielräumen, die von den Kindern individuell gestaltet werden können
4. gezielte Eins-zu-Eins-Situationen, die durchaus auch spielbasiert sein können, z. B. der Einsatz eines Lernspiels, mit dessen Hilfe die Erzieherin/der Erzieher versucht, mit dem Kind gezielte Fertigkeiten zu entwickeln und einzuüben

Während im ersten Fall das Eintreten mathematischer Situationen und Lerngelegenheiten völlig unplanbar und auch unbeeinflussbar ist, wird es zumindest im dritten und vierten Fall mehr oder weniger stark forciert und gesteuert. Auch wenn sicher auch im ersten Fall mathematische Einsichten entwickelt oder mathematische Fähigkeiten angewendet und/oder geübt werden, indiziert die Forschungsliteratur die Bedeutung der Begleitung durch die pädagogische Fachkraft, um mathematische Entdeckungen zu benennen, entsprechende Terminologie kennenzulernen und so bewusst erfahrbar und reflektierbar zu machen.

Einigkeit besteht weitgehend über den Sinn einer frühen mathematischen Bildung und des gezielten Bereitstellens diesbezüglicher Lerngelegenheiten, Materialien und Unterstützungsmaßnahmen. Die Parameter früher mathematischer Bildungsangebote zwischen Instruktion und Konstruktion fasst Ginsburg (2009, S. 413 ff.) unter der Frage *„How can we help children to learn big ideas and to think mathematically?"* wie folgt zusammen:

Ausstattung: Um die Bühne für frühes mathematisches Lernen zu bereiten, sollten die Räumlichkeiten eine Vielzahl an Gegenständen und Materialien wie Bausteine, Wassertische, Legespiele bereithalten, die den Kindern möglichst auch umfassend zugänglich sind.

Spiel: Frühe mathematische Bildung ist im Wesentlichen spielorientiert. Kinder haben beim Spiel nicht nur viel Spaß, es unterstützt sie auch bei der Interaktion mit anderen und bei der Entwicklung von Selbstregulierung; es stimuliert ihre kognitive Entwicklung, und im freien Spiel begegnen Kinder alltagsbezogenen mathematischen Fragen und Inhalten.

Aber Spielen ist nicht genug. Spielen allein bereitet Kinder nicht auf die Schule vor, und es hilft Kindern auch nicht beim Mathematisieren – d. h. der Interpretation ihrer Erfahrungen in explizit mathematischer Form und beim Verständnis der Beziehungen zwischen ihren Erfahrungen und der Mathematik (Ginsburg 2009, S. 415)

Teachable Moments: Solche besonderen Momente für geeignete Interventionsmöglichkeiten sind auf genaue Beobachtungen des kindlichen Spiels und anderer Aktivitäten durch die Erzieherin/den Erzieher angewiesen. Nur so können spontan (und für die Lernbegleitung kaum plan- oder vorhersehbar) entstehende Situationen erkannt und für die Unterstützung mathematischen Lernens genutzt werden. Zweifellos ist der sog. *teachable moment* eine äußerst fruchtbare Situation für den (mathematischen) Lernprozess. Leider, so betont Ginsburg, verstreicht dieser Moment zu häufig ungenutzt. Für das Nutzen solcher Momente brauchen Erzieherinnen/Erzieher zum einen das für die effektive Begleitung frühen mathematischen Lernens notwendige Wissen für eine gezielte Intervention und zum anderen Zeit und Gelegenheit, Kinder bei ihrem Spiel ausführlich zu beobachten.

Projekte: Eine weitere Säule der frühen mathematischen Bildung sind sog. Projekte, d. h. umfangreiche, von der Erzieherin/dem Erzieher initiierte und geführte Erkundungen komplexer Themenstellungen aus der Alltagswelt (ebd., S. 416). Ein solches Projekt kann darin bestehen, die Kinder anzuregen herauszufinden, wie man am besten eine Karte ihres Gruppenraums erstellt. Projekte können durchaus auch von Kindern ausgehen, wie das in Kap. 6 angeführte Beispiel einer Kindergartengruppe zeigt, die untersucht, ob es stimmt, dass jeder Mensch in einen Kreis passt (Förster 2006 sowie die „Tipps zum Weiterlesen" am Ende von Kap. 6).

Curriculum: Schließlich scheint auch ein spezielles Curriculum eine unverzichtbare Grundlage für die Gestaltung früher mathematischer Bildungsprozesse zu sein. Nach Clements (2007, S. 36) kann ein Curriculum charakterisiert werden als Plan und Materialsammlung zur Unterstützung des Erwerbs kulturell wertgeschätzter Konzepte, Verfahren, intellektueller Dispositionen und Argumentationswege. Ein Curriculum bietet eine sorgfältig geplante Sequenz von Aktivitäten für das Lehren und Lernen von Mathematik an, mit anderen Worten: eine legitimierte Handlungsgrundlage.

Anders als in vielen anderen Ländern gibt es in Deutschland über die (bisweilen engen) Ländergrenzen hinaus bislang kein Curriculum für die frühe mathematische Bildung, das bei Elementarpädagog(inn)en, Mathematikdidaktiker(inne)n, Erzieher(inne)n und Eltern gleichermaßen Zustimmung erfährt. Gleichwohl würde ein solches Curriculum allen Beteiligten Orientierung und geeignete Unterstützung bieten – wenn es denn von hinreichend hoher Qualität ist, wie Ginsburg ausdrücklich betont. Die Entwicklung eines solch hochwertigen Curriculums und seine Implementation seitens der auf der bildungspolitischen, wissenschaftlichen und elementarpädagogischen Ebene Verantwortlichen ist eine gemeinsame Aufgabe, die ebenso angegangen werden muss wie die (Weiter-)Entwicklung von Konzepten zur fachlichen Ausbildung von Erzieherinnen und Erziehern als Lehrerinnen und Lehrer für die frühe mathematische (und auch sprachliche, naturwissenschaftliche, gesellschaftswissenschaftliche, sportliche und musische) Bildung.

1. Welche vom Kind initiierten Spielsituation(en), die Sie in Ihrer Gruppe beobachten konnten, hätte(n) Gelegenheit geboten, Ihrerseits mathematische Fragen in das Spiel einzubringen? Welche Fragen hätten sich diesbezüglich angeboten und warum?
2. Zu welchen mathematischen Inhalten ließen sich Spielsituationen im Kindergarten und/oder in der Grundschule seitens der Erzieherin/des Erziehers bzw. der Lehrkraft initiieren? In welche Kontexte könnten diese Inhalte eingebettet sein?
3. Ein Kollege argumentiert, es sei störend und vielleicht sogar schädlich, in das kindliche Spiel einzugreifen und dem Spiel eine andere Wendung zu geben als vom Kind vielleicht intendiert. Was entgegnen Sie?
4. Welche in Ihrer Einrichtung vorhandenen (Regel-)Spiele lassen sich gezielt zur mathematischen Förderung einsetzen? Welche Rolle bzw. Funktion haben Sie, wenn Sie diese Spiele mit den Kindern spielen?
5. Eine Kollegin plädiert für die Einrichtung einer speziellen Vorschulgruppe, um die angehenden Schulkinder im letzten Kindergartenjahr optimal auf die Schule vorbereiten zu können? Welche Argumente sprechen dafür, welche dagegen? Welche Alternativen gibt es?
6. Was tun Sie, wenn ein Kind im letzten Kindergartenjahr vor der Einschulung von sich aus keinerlei erkennbares Interesse an mathematischen Fragen und Inhalten zeigt und Sie keine oder kaum Informationen über seinen Lernstand haben?

2.5   Tipps zum Weiterlesen

Interessierten Leserinnen und Lesern empfehlen wir die folgenden Titel zum Weiterlesen und zur Vertiefung:

Grüßing, M., & Peter-Koop, A. (Hrsg.) (2006). *Die Entwicklung mathematischen Denkens in Kindergarten und Grundschule: Beobachten – Fördern – Dokumentieren.* Offenburg: Mildenberger.

Besonders die Kapitel von Bernd Wollring (S. 80 ff.) und Jost Klep (S. 209 ff.) thematisieren die Verbindung von frühem geometrischem Lernen und Spielen. Kerensa Lee Hülswitt (S. 103 ff.) hingegen bietet Kindern im Kontext der Freinet-Pädagogik „gleiches Material in großer Menge" an und beschreibt, wie Kinder im Umgang mit dem Material spielerisch und explorativ eigenen mathematischen Fragestellungen nachgehen.

Griffiths, R. (2011). Mathematics and Play. In J. Moyles (Hrsg.), *The Excellence of Play.* 3. Auflage (S. 169–185). Maidenhead, UK: Open University Press.

In der Mathematikdidaktik gehört Rose Griffiths international sicherlich zu den frühen Verfechterinnen spielbezogener Konzepte zur frühen mathematischen Bildung. In diesem

Aufsatz finden sich zahlreiche Vorschläge für spielerische Aktivitäten zu verschiedenen mathematischen Inhaltsbereichen.

> Tucker, K. (2005). *Mathematics through Play in the Early Years. Activities and Ideas.* London: Paul Chapman Publishing.

In diesem Band, der sich an Lehrkräfte in den Klassen 0 bis 2 richtet, zeigt Kate Tucker zum einen, wie man vom Kind initiiertes Spiel begleiten und die eigene Beteiligung behutsam auf sich in diesem Zusammenhang evtl. ergebende mathematische Fragen ausweiten kann. Zum anderen liefert sie Beispiele für spielerische Aktivitäten zu verschiedenen mathematischen Inhalten, die von der Erzieherin/dem Erzieher bzw. der Grundschullehrerin/dem Grundschullehrer angebahnt werden können.

Literatur

Anders, Y., & Roßbach, H.-G. (2012a). *Mathematics: Fun or Fear? Math-related Emotions, Beliefs and Pedagogical Content Knowledge of Preschool Teachers.* http://earlisig.fss.uu.nl/wp-content/uploads/2012/08/Programmaboekje-EARLI-SIG-5-ONLINE-_07-08_.pdf. Zugegriffen: 02.09.2013

Anders, Y., & Roßbach, H.-G. (2012b). *Mathematics: Fun or Fear? Math-related Emotions, Beliefs and Pedagogical Content Knowledge of Preschool Teachers* Biennial Meeting EARLI SIG 5, Utrecht, Niederlande, 27.–29. August 2012. Mündliche Präsentation

Anthony, G., & Walshaw, M. (2009). Mathematics Education in the Early Years: Building Bridges. *Contemporary Issues in Early Childhood*, 10(2), 107–121.

Balfanz, R., Ginsburg, H. P., & Greenes, C. (2003). The Big Math for Little Kids Early Childhood Mathematics Program. *Teaching Children Mathematics*, 9(5), 264–268.

Baroody, A. J. (2004). The Role of Psychological Research in the Development of Early Childhood Mathematics Standards. In D. H. Clements, & J. Sarama (Hrsg.), *Engaging Young Children in Mathematics: Standards for Early Childhood Mathematics Education* (S. 149–172). Mahwah, NJ: Erlbaum.

Bayraktar, E. A., & Krummheuer, G. (2011). Die Thematisierung von Lagebeziehungen und Perspektiven in zwei familialen Spielsituationen. In B. Brandt, R. Vogel, & G. Krummheuer (Hrsg.), *Die Projekte erStMaL und MaKreKi* (S. 135–174). Münster: Waxmann.

Bayraktar, E. A., Hümmer, A.-M., Huth, M., Münz, M., & Reimann, M. (2011). Forschungsmethodischer Rahmen der Projekte erStMaL und MaKreKi. In B. Brandt, R. Vogel, & G. Krummheuer (Hrsg.), *Die Projekte erStMaL und MaKreKi* (S. 11–24). Münster: Waxmann.

Becker-Textor, I. (2000). Maria Montessori. In W. E. Fthenakis, & M. R. Textor (Hrsg.), *Pädagogische Ansätze im Kindergarten* (S. 30–41). Weinheim: Beltz.

Benz, C. (2012a). Mathematische Bildung im Kindergarten. *Mathematik differenziert*, 3(1), 10–12.

Benz, C. (2012b). Mathematik entdecken. Ein Forschungsprojekt im Bereich früher mathematischer Bildung. *Die Grundschulzeitschrift*, 26(258/259), 19.

Brandt, B., & Tiedemann, K. (2011). Alltagspädagogik in mathematischen Spielsituationen mit Vorschulkindern. In B. Brandt, R. Vogel, & G. Krummheuer (Hrsg.), *Die Projekte erStMaL und MaKreKi* (S. 91–134). Münster: Waxmann.

Brandt, B., Vogel, R., & Krummheuer, G. (Hrsg.). (2011). *Die Projekte erStMaL und MaKreKi. Mathematikdidaktische Forschung am "Center for Individual Development and Adaptive Education" (IDeA)*. Münster: Waxmann.

Bruner, J. S. (1970). *Der Prozess der Erziehung*. Berlin: Berlin Verlag.

Bruner, J. S. (1972). Nature and Uses of Immaturity. *American Psychologist, 27*(8), 687–708.

Clements, D. H. (2004). Major Themes and Recommendations. In D. H. Clements, J. Sarama, & A.-M. DiBiase (Hrsg.), *Engaging Young Children in Mathematics. Standards for Early Childhood Mathematics Education* (S. 7–72). Mahwah, NJ: Erlbaum.

Clements, D. H. (2007). Curriculum Research: Toward a Framework for „Research-Based Curricula". *Journal for Research in Mathematics Education, 38*(1), 35–70.

Einsiedler, W. (1989). Zum Verhältnis von Lernen im Spiel und intentionalen Lehr-Lern-Prozessen. *Unterrichtswissenschaft, 4*(17), 291–308.

Einsiedler, W. (1999). *Das Spiel der Kinder. Zur Pädagogik und Psychologie des Kinderspiels* (3. Aufl.). Bad Heilbrunn: Klinkhardt. erweiterte Auflage

Einsiedler, W., Heidenreich, E., & Loesch, C. (1985). Lernspieleinsatz im Mathematikunterricht der Grundschule. *Spielmittel, 5*(2), 2–10.

Elkonin, D. (1967). *Zur Psychologie des Vorschulalters. Dies Entwicklung des Kindes von der Geburt bis zum siebten Lebensjahr*. Berlin: Volk und Wissen.

Floer, J., & Schipper, W. (1975). Kann man spielend lernen? Eine Untersuchung mit Vor- und Grundschulkindern zur Entwicklung des Zahlverständnisses. *Sachunterricht und Mathematik in der Grundschule, 3*, 241–252.

Förster, M. (2006). „Stimmt das echt, dass der Mensch in einen Kreis passt?". *Die Kindergartenzeitschrift, 2*(4), 18–21.

Fröbel, F. (1973). *Die Menschenerziehung: Die Erziehungs-, Unterrichts- und Lehrkunst*. Bochum: Kamp.

Fthenakis, W. E. (2003). *Elementarpädagogik nach PISA: Wie aus Kindertagesstätten Bildungseinrichtungen werden* (4. Aufl.). Freiburg i. B.: Herder.

Gasteiger, H. (2012). Gemeinsam an der Sache – für das Kind. *Mathematik differenziert, 3*(1), 7–9.

Gasteiger, H. (2013). Förderung elementarer mathematischer Kompetenzen durch Würfelspiele – Ergebnisse einer Interventionsstudie. In G. Greefrath, F. Käpnick, & M. Stein (Hrsg.), *Beiträge zum Mathematikunterricht 2013* (S. 336–339). Münster: WTM.

Gerlach, M., Fritz, A., & Leutner, D. (2013). *MARKO-T. Mathematik und Rechenkonzepte im Vor- und Grundschulalter – Training*. Göttingen: Hogrefe.

Ginsburg, H. P. (2009). Early Mathematics and How to Do it. In O. A. Barbarin, & B. H. Wasik (Hrsg.), *Handbook of Child Development and Early Education. Research to Practice* (S. 403–428). New York: Guilford Press.

Ginsburg, H. P., & Ertle, B. (2008). Knowing the Mathematics in Early Childhood Mathematics. In O. N. Saracho, & B. Spodek (Hrsg.), *Contemporary Perspectives on Mathematics in Early Childhood Education* (S. 45–66). Charlotte, NC: IAP.

Ginsburg, H. P., Inoue, N., & Seo, K.-H. (2004). Young Children Doing Mathematics. Obserations of Everyday Activities. In J. V. Copley (Hrsg.), *Mathematics in the Early Years* (3. Aufl. S. 88–99). Reston, VA: NCTM.

Griffiths, R. (2011). Mathematics and Play. In J. Moyles (Hrsg.), *The Excellence of Play*. (3. Aufl. S. 169–185). Maidenhead, UK: Open University Press.

Greenes, C. (2000). *Mathematics Curricula for Young Children: Panel Discussion. Paper presented at the Conference on Standards for Preschool and Kindergarten Mathematics Education.* Arlington, VA: National Science Foundation.

Grüßing, M., & Peter-Koop, A. (2008). Effekte vorschulischer mathematischer Förderung am Ende des ersten Schuljahres: Erste Befunde einer Längsschnittstudie. *Zeitschrift für Grundschulforschung, 1*(1), 65–82.

Grüßing, M., May, M., & Peter-Koop, A. (2007). Mathematische Frühförderung im Übergang vom Kindergarten zur Grundschule: Von diagnostischen Befunden zu Förderkonzepten. *Sache Wort Zahl, 35*(1), 50–55.

Gura, P., & Froebel Blockplay Research Group (Hrsg.). (1992). *Exploring Learning: Young Children and Blockplay.* London: Chapman.

Hasemann, K. (2007). *Anfangsunterricht Mathematik* (2. Aufl.). Heidelberg: Spektrum.

Hasselhorn, M. (2010). Möglichkeiten und Grenzen der Frühförderung aus entwicklungspsychologischer Sicht. *Zeitschrift für Pädagogik, 56*(2), 168–177.

Hasselhorn, M. (2011). Lernen im Vorschul- und frühen Schulalter. In F. Vogt, M. Leuchter, A. Tettenborn, U. Hottinger, M. Jäger, & E. Wannack (Hrsg.), *Entwicklung und Lernen junger Kinder* (S. 11–21). Münster: Waxmann.

Haug, R., Reuter, D., Schuler, S., & Wittmann, G. (2012). MATHElino. Gemeinsam Mathematik erleben. *Die Grundschulzeitschrift, 26*(258/259), 14–18.

Hauser, B. (2005). Das Spiel als Lernmodus: Unter Druck von Verschulung – im Lichte der neueren Forschung. In T. Guldimann, & B. Hauser (Hrsg.), *Bildung 4- bis 8-jähriger Kinder* (S. 123–142). Münster: Waxmann.

Hauser, B. (2013). *Spielen. Frühes Lernen in Familie, Krippe und Kindergarten.* Stuttgart: Kohlhammer.

Heinze, S. (2007). Spielen und Lernen in Kindertagesstätte und Grundschule. In C. Brokmann-Nooren, I. Gereke, H. Kiper, & W. Renneberg (Hrsg.), *Bildung und Lernen der Drei- bis Achtjährigen* (S. 266–280). Bad Heilbrunn: Klinkhardt.

Henschen, E. (2012). Wie viel Mathematik steckt in der „Bauecke"? Mathematisches Potenzial von Spielsituationen im Kindergarten. *Die Grundschulzeitschrift, 26*(258/259), 12–13.

Hümmer, A., Münz, M., Müller Kirchof, M., Krummheuer, G., Leuzinger-Bohleber, & Vogel, R. (2011). Erste Analysen zum Zusammenhang von mathematischer Kreativität und kindlicher Bindung. Ein interdisziplinärer Ansatz zur Untersuchung der Entwicklung mathematischer Kreativität bei sogenannten Risikokindern. In B. Brandt, R. Vogel, & G. Krummheuer (Hrsg.), *Die Projekte erStMaL und MaKreKi* (S. 175–196). Münster: Waxmann.

Hunting, R., Mousley, J., & Perry, B. (2012). *Young Children Learning Mathematics. A Guide for Educators and Families.* Melbourne: ACER Press.

Kasten, H. (2005). *4 – 6 Jahre. Entwicklungspsychologische Grundlagen* (2. Aufl.). Weinheim: Beltz. vollständig überarbeitete Auflage

Kaufmann, L., Nuerk, H.-C., Graf, M., Krinzinger, H., Delazer, M., & Willmes, K. (2009). *Test zur Erfassung numerisch-rechnerischer Fertigkeiten vom Kindergarten bis zur 3. Klasse.* Göttingen: Hogrefe.

Kaufmann, S. (2012). Den Übergang vorbereiten. *Mathematik differenziert, 3*(1), 4–6.

Kitson, N. (2011). Children's Fantasy Role Play – Why Adults Should Join in. In J. Moyles (Hrsg.), *The Excellence of Play* (3. Aufl. S. 108–120). Maidenhead, UK: Open University Press.

Krajewski, K., Küspert, P., & Schneider, W. (2002). *DEMAT 1+. Deutscher Mathematiktest für erste Klassen.* Göttingen: Hogrefe.

Krajewski, K., Nieding, G., & Schneider, W. (2007). *Mengen, zählen, Zahlen (MZZ). Förderboxen für KiTa und Anfangsunterricht*. Berlin: Cornelsen.

Krajewski, K., & Schneider, W. (2009). Early Development of Quantity to Number-word Linkage as a Precursor of Mathematical School Achievement and Mathematical Difficulties: Findings from a Four-year Longitudinal Study. *Learning and Instruction, 19*, 513–526.

Krajewski, K., Renner, A., Nieding, G., & Schneider, W. (2008). Frühe Förderung mathematischer Kompetenzen im Vorschulalter. *Zeitschrift für Erziehungswissenschaft*, (Sonderheft 11), 91–103.

Kultusministerkonferenz (2005). *Bildungsstandards im Fach Mathematik für den Primarbereich. Beschluss vom 15.10.2004*. München: Luchterhand. Auch digital verfügbar unter: www.kmk-org.de

Lack, C. (2012). Mathematische Momente eines Schnuppertages. *Mathematik differenziert, 3*(1), 29–32.

Lee, J. (2010). Exploring Kindergarten Teachers' Pedagogical Content Knowledge of Mathematics. *International Journal of Early Childhood, 42*(1), 27–41.

Lee, J. S., & Ginsburg, H. P. (2009). Early Childhood Teachers' Misconceptions about Mathematics Education for Young Children in the United States. *Australasian Journal of Early Childhood, 34*(4), 37–45.

Lindon, J. (2001). *Understanding Children's Play* (4. Aufl.). Cheltenham, UK: Nelson Thornes.

McCray, J., & Chen, J. Q. (2012). Pedagogical Content Knowledge for Preschool Mathematics: Construct Validity of a New Teacher Interview. *Journal of Research in Childhood Education, 26*(3), 291–307.

Montessori, M. (2009). *Kinder sind anders* (14. Aufl.). Stuttgart: Klett-Cotta. 1952

National Research Council (2009). *Mathematics Learning in Early Childhood: Paths Toward Excellence and Equity*. Washington, DC: National Academy Press.

Olson, D. R., & Bruner, J. (1996). Folk Psychology and Folk Pedagogy. In D. R. Olson, & N. Torrance (Hrsg.), *The Handbook of Education and Human Development* (S. 9–27). Cambridge, MA: Blackwell.

Parks, A. N., & Chang, D. B. (2012). *Supporting Preschool Students' Engagement in Meaningful Mathematics through Play*. Paper presented at the Annual Meeting of the American Education Research Association, Vancouver.

Pauen, S., & Pahnke, J. (2008). Mathematische Kompetenzen im Kindergarten: Evaluation der Effekte einer Kurzzeitintervention. *Empirische Pädagogik, 22*(2), 193–208.

Peter-Koop, A. (2007). Frühe mathematische Bildung. Grundlagen und Befunde zur frühen mathematischen Förderung. In A. Peter-Koop, & A. Bikner-Ahsbahs (Hrsg.), *Mathematische Bildung – Mathematische Leistung* (S. 63–76). Hildesheim: Franzbecker.

Peter-Koop, A., & Grüßing, M. (2006). Mathematische Bilderbücher – Kooperation zwischen Elternhaus, Kindergarten und Grundschule. In M. Grüßing, & A. Peter-Koop (Hrsg.), *Die Entwicklung mathematischen Denkens in Kindergarten und Grundschule* (S. 150–169). Offenburg: Mildenberger.

Peter-Koop, A., Hasemann, K., & Klep, J. (2006). *SINUS-Transfer Grundschule Mathematik Modul G10: Übergänge gestalten*. (www.sinus-grundschule.de)

Peter-Koop, A., Grüßing, M., & Schmitman gen. Pothmann, A. (2008). Förderung mathematischer Vorläuferfähigkeiten: Befunde zur vorschulischen Identifizierung und Förderung von potenziellen Risikokindern in Bezug auf das schulische Mathematiklernen. *Empirische Pädagogik, 22*(2), 208–223.

Peter-Koop, A., & Grüßing, M. (2011). *Elementarmathematisches Basisinterview für den Einsatz im Kindergarten.* Offenburg: Mildenberger.

Peters, S. (1998). Playing Games and Learning Mathematics: The Results of Two Intervention Studies. *International Journal of Early Years Education, 6*(1), 49–58.

Piaget, J., & Inhelder, B. (1973). *Die Psychologie des Kindes.* (2. Aufl.). Freiburg i. B.: Walter.

Pound, L. (2006). *Supporting Mathematical Development in the Early Years* (2. Aufl.). Maidenhead, UK: Open University Press.

Ramani, G. B., & Siegler, R. S. (2008). Promoting Broad and Stable Improvements in Low-income Children's Numerical Knowledge through Playing Number Board Games. *Child Development, 79*(2), 375–394.

Rechsteiner, K., & Hauser, B. (2012). Geführtes Spiel oder Training? Förderung mathematischer Vorläuferfähigkeiten. *Die Grundschulzeitschrift, 26*(258/259), 8–10.

Rechsteiner, K., Hauser, B., & Vogt, F. (2012). Förderung der mathematischen Vorläuferfertigkeiten im Kindergarten: Spiel oder Training?. In M. Ludwig, & M. Kleine (Hrsg.), *Beiträge zum Mathematikunterricht 2012* (S. 677–680). Münster: WTM.

Sarama, J., & Clements, D. H. (2008). Mathematics in Early Childhood. In O. N. Saracho, & B. Spodek (Hrsg.), *Contemporary Perspectives on Mathematics in Early Childhood Education* (S. 67–94). Charlotte, NC: IAP.

Schäfer, G. E. (2011). *Was ist frühkindliche Bildung? Kindlicher Anfängergeist in einer Kultur des Lernens.* München: Juventa.

Scheuerl, H. (1990). *Untersuchungen für sein Wesen, seine pädagogischen Möglichkeiten und Grenzen.* Das Spiel, Bd. 1. Weinheim: Beltz.

Schlüter, H. (2012). Zahlentage. Besuch der Kindergartenkinder in der Schule. *Mathematik differenziert, 3*(1), 34–36.

Schoenfeld, A. H. & Stipek, D. (2012). *Math Matters: Children's Mathematical Journeys Start Early.* Report on a Conference held November 7 and 8, 2011, Berkeley, California. http://earlymath.org/earlymath/wp\penalty\@M-\hskip\z@skipcontent/uploads/2012/03/MathMattersExecSummary.pdf. Zugegriffen: 18.08.2013

Schuler, S. (2012). Mathematische Bildung gestalten. Herausforderungen und Chancen des Einsatzes von Spielen. *Die Grundschulzeitschrift, 26*(258/259), 4–7.

Schuler, S. (2013). *Mathematische Bildung im Kindergarten in formal offenen Situationen. Eine Untersuchung am Beispiel von Spielen zum Erwerb des Zahlbegriffs.* Münster: Waxmann.

Seo, K.-H., & Ginsburg, H. P. (2004). What is Developmentally Appropriate in Early Childhood Mathematics Education? Lessons from New Research. In D. H. Clements, J. Sarama, & A.-M. DiBiase (Hrsg.), *Engaging Young Children in Mathematics. Standards for Early Childhood Mathematics Education* (S. 91–104). Mahwah, NJ: Erlbaum.

Siegler, R. S. (2009). Improving Preschoolers' Number Sense Using Information Processing Theory. In O. A. Barbarin, & B. H. Wasik (Hrsg.), *Handbook of Child Development and Early Education. Research to Practice* (S. 429–454). New York: Guilford Press.

Smilansky, S. (1968). *The Effects of Socio-dramatic Play on Disadvantaged Preschool Children.* New York: Wiley.

Smilansky, S., & Shefatya, L. (1990). *Facilitating Play: A Medium for Promoting Cognitive, Socioemotional, and Academic Development in Young Children.* Gaithersburg, MD: Psychological and Educational Publications.

Streit-Lehmann, J. (in Vorb.). *KERZ – Kinder (er)zählen. Längsschnittliche Pilotstudie zur Untersuchung der Effektivität familialer mathematischer Förderung im letzten Kindergartenjahr.* Universität Bielefeld, IDM.

Textor, M. R. (2000). Lew Wygotski – der ko-konstruktive Ansatz. In W. E. Fthenakis, & M. R. Textor (Hrsg.), *Pädagogische Ansätze im Kindergarten* (S. 71–83). Weinheim: Beltz.

Tucker, K. (2005). *Mathematics through Play in the Early Years. Activities and Ideas.* London: Paul Chapman Publishing.

van Oers, B. (1996). Are You Sure? Stimulating Mathematical Thinking During Young Children's Play. *European Early Childhood Education Research Journal, 4*(1), 71–87.

van Oers, B. (2004). Mathematisches Denken bei Vorschulkindern. In W. E. Fthenakis, & P. Oberhuemer (Hrsg.), *Frühpädagogik international. Bildungsqualität im Blickpunkt* (S. 313–329). Wiesbaden: Verlag für Sozialwissenschaften.

van Oers, B. (2010). Emergent Mathematical Thinking in the Context of Play. *Educational Studies in Mathematics, 74*(1), 23–37.

Vernooij, M. A. (2005). Die Bedeutung des Spiels. In T. Guldimann, & B. Hauser (Hrsg.), *Bildung 4- bis 8-jähriger Kinder* (S. 123–142). Münster: Waxmann.

Wager, A. A. (2013). Practices that Support Mathematics Learning in a Play-Based Classroom. In L. D. English, & J. T. Mulligan (Hrsg.), *Reconceptualizing Early Mathematics Learning* (S. 163–181). New York: Springer.

Weber, C. (2009). Spielzeit. In C. Weber (Hrsg.), *Spielen und Lernen mit 0- bis 3-Jährigen. Der entwicklungszentrierte Ansatz in der Krippe* (3. Aufl. S. 68–87). Berlin: Cornelsen Skriptor.

Wolf, W. (1992). Early Childhood Education in Austria. In G. A. Woodill (Hrsg.), *International Handbook of Early Childhood Education* (S. 75–84). New York: Garland.

Worthington, M., & Carruthers, E. (2003). *Children's Mathematics. Making Marks, Making Meaning.* London: Chapman.

Wygotski, L. S. (1978). *Mind in Society. The Development of Higher Psychological Processes.* Cambridge, MA: Harvard University Press.

Wygotski, L. S. (1980). Das Spiel und seine Bedeutung in der psychischen Entwicklung des Kindes. In D. Elkonin (Hrsg.), *Psychologie des Spiels* (S. 441–465). Köln: Pahl-Rugenstein.

Young-Loveridge, J. M. (2004). Effects on Early Numeracy of a Program Using Number Books and Games. *Early Childhood Education Quarterly, 19*(1), 82–98.

Diagnose- und Förderkonzepte

3

Finn ist 5 Jahre und 8 Monate alt. In seinem Kindergarten gehört er zu einer Gruppe von Kindern im letzten Kindergartenjahr, die an einem Projekt zur frühen mathematischen Bildung teilnehmen. Seine Erzieherin beschreibt ihn als einen aufgeweckten, pfiffigen kleinen Jungen, der sich sehr für Sport interessiert und sich schon auf die Schule freut. Sie berichtet der Studentin, die ein diagnostisches Interview mit ihm führen will, dass Finn schon bis 25 zählen kann. Finn gilt in Bezug auf die Entwicklung seiner mathematischen Kompetenzen als unauffällig.

Die anschließend durchgeführten diagnostischen Interviews ergeben jedoch ein eher heterogenes Bild. Tatsächlich gelingt ihm das Aufsagen der Zahlwortreihe bis 19 mühelos. Er zeigt jedoch in verschiedenen Aufgabenstellungen noch keine Verknüpfung der Zahlwörter mit Mengen. Insgesamt liegt er in Bezug auf seine Zahlbegriffsentwicklung deutlich hinter der vieler gleichaltriger Kinder zurück. Finn wird daher im Rahmen des Projekts bis zum Schulanfang individuell gefördert, damit er wichtige Basiskompetenzen für eine erfolgreiche Teilnahme am Mathematikunterricht der Grundschule erwerben kann (vgl. Grüßing et al. 2007).

Finns Erzieherin gibt an, er könne schon gut zählen. Tatsächlich gelingt es ihm, die Zahlwortreihe bis 19 richtig aufzusagen. Es gelingt ihm jedoch nicht, die Anzahl der Elemente einer kleinen Menge zu bestimmen. Wie lässt sich dieser scheinbare Widerspruch erklären? Bei genauerer Betrachtung fällt auf, dass sich seine Zählkompetenzen im Wesentlichen auf das verbale Zählen beziehen. Ein Gespräch mit seinen Eltern ergibt, dass Finn tatsächlich auch zu Hause mit Freude die Zahlwortreihe aufsagt und dabei von seiner Mutter unterstützt wird. Beim Auszählen von kleinen Mengen hat er jedoch deutliche Schwierigkeiten mit der Eins-zu-Eins-Zuordnung. Auch das (quasi-)simultane Erfassen von Mengen gelingt ihm noch nicht.

C. Benz et al., *Frühe mathematische Bildung*, Mathematik Primarstufe und Sekundarstufe I + II, 73
DOI 10.1007/978-3-8274-2633-8_3, © Springer-Verlag Berlin Heidelberg 2015

Dieses Beispiel zeigt, dass die strukturierte und fokussierte Beobachtung mithilfe eines diagnostischen Verfahrens zu erweiterten Einsichten in Bezug auf Finns Zahlbegriffsentwicklung führt. Gleichzeitig wird deutlich, dass Wissen über die Zusammenhänge der verschiedenen Aspekte der Zahlbegriffsentwicklung sowie über typische Entwicklungsverläufe und Abweichungen davon notwendig ist, um Finns Leistungen richtig einschätzen zu können. Der sinnvolle Einsatz diagnostischer Verfahren, die geschärfte Aufmerksamkeit für Situationen im Alltag, die mathematische Anforderungen enthalten, sowie das Wissen über Entwicklungsverläufe sind zentrale Aspekte der diagnostischen Kompetenz von pädagogischen Fachkräften im Elementarbereich.

Im Folgenden werden verschiedene Aspekte im Themenbereich *Diagnose und Förderung* vertieft diskutiert. Dazu sollen zunächst einige Begriffe geklärt werden.

Nach Ingenkamp (1991, S. 760) umfasst „Pädagogische Diagnostik" „alle diagnostischen Tätigkeiten, durch die bei Individuen (und den in einer Gruppe Lernenden) Voraussetzungen und Bedingungen planmäßiger Lehr- und Lernprozesse ermittelt, Lernprozesse analysiert und Lernergebnisse festgestellt werden, um individuelles Lernen zu optimieren. Zur Pädagogischen Diagnostik gehören ferner die diagnostischen Tätigkeiten, die die Zuweisung zu Lerngruppen oder zu individuellen Förderprogrammen ermöglichen sowie den Besuch weiterer Bildungswege oder die vom Bildungswesen zu erteilenden Berechtigungen für Berufsausbildungen zum Ziel haben."

Dieses Verständnis von Diagnostik ist eher am Kontext „Schule" orientiert. Da jedoch auch Lernvoraussetzungen und -bedingungen eingeschlossen sind, lässt sich diese Definition im umfassenden Sinne auch auf Lernprozesse im Elementarbereich ausweiten. Inwiefern hier zwischen pädagogischer und psychologischer Diagnostik unterschieden werden sollte, soll an dieser Stelle nicht weiter diskutiert werden. Die Übergänge sind sicher fließend.

Der Begriff „Förderung" wird von Kretschmann (2006, S. 31) wie folgt charakterisiert: „Förderung bedeutet die Bereitstellung und Durchführung besonderer Angebote, wenn die pädagogischen Standardangebote nicht ausreichend für eine gedeihliche Entwicklung von Lernenden sind. Dabei kann es sich um die Vermittlung der schulischen Lerninhalte in modifizierter Form handeln, um unterrichtsergänzende Angebote oder Differenzierungsangebote in einem binnendifferenzierenden Unterricht, um Hilfestellungen zur emotionalen und sozialen Stabilisierung, etwa im Fall von Entwicklungskrisen."

Neben dieser engen Sicht auf Förderung im Sinne der Bereitstellung besonderer Angebote kann Förderung auch in einem umfassenden Sinne gesehen werden, indem nicht zwischen „besonderen Angeboten" und „Standardangeboten" unterschieden wird, sondern „Förderung" darüber hinaus als diagnosebasierte Bereitstellung optimaler Angebote für alle Kinder verstanden wird.

Diagnosekompetenz bedeutet insbesondere in pädagogischen Kontexten nicht nur, diagnostische Instrumente kompetent handhaben zu können. Kretschmann (2006, S. 31) beschreibt darüber hinaus gehende Anforderungen:

„Man benötigt

- Metawissen, um überhaupt kompetent diagnostizieren zu können,
- Metawissen, um auf gewonnene Diagnoseergebnisse kompetent zu reagieren,
- geeignete Arbeitsmittel,
- Handlungsspielräume und Organisationsstrukturen, um das, was man als richtig und wichtig erkannt hat, auch nachhaltig umzusetzen, und last but not least
- eine pädagogische Grundhaltung, auf der Basis von Diagnoseergebnissen Differenzierungs- und Unterstützungsangebote für Lernende mit Schwierigkeiten auch herbeiführen zu wollen und zu sollen."

Da das vorliegende Buch in den folgenden Kapiteln zentrale Aspekte des von Kretschmann (2006) geforderten Metawissens thematisiert, soll dieses Metawissen hier noch einmal genauer betrachtet werden.

Das Metawissen bezieht sich zum einen auf Wissen über Entwicklungsverläufe und Abweichungen, das für eine kompetente Diagnose von Bedeutung ist. Dazu soll noch einmal das Eingangsbeispiel von Finn herangezogen werden. In Finns Beispiel ist es für eine informelle Diagnose seiner Kompetenzen in Bezug auf Mengen und Zahlen notwendig, über Wissen über die Zahlbegriffsentwicklung einschließlich des Zählens (vgl. Abschn. 4.3) zu verfügen, um zu erkennen, dass die Zahlwortreihe noch nicht im notwendigen Umfang mit Mengen verknüpft ist.

Kretschmann (2006, S. 32) fasst die Bedeutung des Metawissens prägnant zusammen: „Man sieht nur, was man weiß, oder, um es mit anderen Worten zu formulieren, das Diagnosehandeln und die diagnostische Sensibilität sind abhängig von den Modellen und Vorstellungen, die man von einem Sachverhalt hat."

Ein zweiter Aspekt des von Kretschmann (2006) geforderten Metawissens bezieht sich auf Präventions- und Interventionskonzepte. Die Anwendung diagnostischer Verfahren allein führt noch nicht zu einer angemessenen Begleitung weiterer mathematischer Lernprozesse.

Das dazu nötige Wissen umfasst Wissen über folgende Entwicklungsschritte sowie darüber, wie Lerngelegenheiten genutzt werden können, um Kinder bei der Weiterentwicklung ihrer mathematischen Kompetenzen zu unterstützen. Darüber hinaus ist ggf. auch Wissen über gezielte Förderprogramme notwendig.

Moser Opitz (2006) spitzt diese Forderung weiter zu. In einer kritischen Auseinandersetzung mit der Problematik des Begriffs „Förderdiagnostik" stellt sie insbesondere heraus, dass sich Förderhinweise nicht direkt aus Diagnosen ableiten lassen. Förderhinweise lassen sich nur aus theoretischen und empirischen Erkenntnissen zur Kompetenzentwicklung entwickeln. „Das bedeutet, dass Diagnostik erst betrieben werden kann, wenn vorgängig auf fachlicher, fachdidaktischer, pädagogischer, lern- und entwicklungspsychologischer Grundlage ein ‚Bauplan' zum interessierenden Förderbereich entwickelt worden ist" (Moser Opitz 2006, S. 13). Erst dann ist es möglich, diagnostische Ergebnisse theoriegeleitet zu interpretieren und Förderhinweise abzuleiten. Damit ist Diagnostik auch eindeutig im pädagogischen Handlungsfeld angesiedelt (vgl. Graf und Moser Opitz 2008, S. 6).

Diagnostik und Förderung früher mathematischer Kompetenzen stehen dabei im Spannungsfeld zwischen der Notwendigkeit der gezielten individuellen Diagnostik und Förderung zur Prävention von Lernschwierigkeiten im Mathematikunterricht und einer alltagsintegrierten frühen mathematischen Bildung für alle Kinder.

Zum einen stellen verschiedene Längsschnittstudien (z. B. Dornheim 2008; Krajewski 2003; Krajewski und Schneider 2006; Weißhaupt et al. 2006) die Bedeutung früher mathematischer Kompetenzen für das schulische Mathematiklernen heraus (vgl. Abschn. 1.1). Insbesondere die Befunde aus Studien zur Prävention von Rechenschwierigkeiten deuten darauf hin, dass sich frühe Diagnosen von Entwicklungsrückständen sowie eine darauf abgestimmte Förderung positiv auf die Entwicklung der mathematischen Kompetenz auswirken können. Aus dieser Annahme heraus ergibt sich die Notwendigkeit der gezielten individuellen Förderung.

Über die gezielte Förderung zur Prävention von Schwierigkeiten im Mathematikunterricht hinaus besteht Konsens darüber, dass der Erwerb mathematischer Kompetenzen ein wichtiges Bildungsziel für alle Kinder im Elementarbereich darstellt. Gasteiger (2010, S. 105) vertritt in diesem Kontext die Position, dass ein Ansatz, natürliche Lernsituationen zu nutzen, bewusst zu machen und für weitere gehaltvolle Lernanregungen zu sorgen, Trainings- und Lernprogrammen eindeutig vorzuziehen sei. Dies erfordere jedoch einiges an Kompetenzen bei den Erziehenden. Insbesondere sei ein guter Überblick über die Voraussetzungen jedes einzelnen Kindes wie auch die notwendigen nächsten Schritte erforderlich.

Scherer und Moser Opitz (2010, S. 7) formulieren Folgerungen für mathematische Förderprozesse in der Grundschule, die sich auch auf den Elementarbereich übertragen lassen:

- Eine kritische Reflexion von Test- und Diagnoseinstrumenten sowie der entstehenden Ergebnisse ist nötig.
- Die Sensibilität für eine heterogene Gruppe von Kindern muss erhöht werden, bei der zum einen eine Risikogruppe besondere Aufmerksamkeit benötigt, bei der aber zum anderen auch die Kinder im mittleren Leistungsbereich und die besonders Begabten nicht aus dem Blick geraten dürfen.
- Auch die Gruppe der „Risikokinder" ist differenziert zu betrachten.
- Die verschiedenen inhaltlichen Bereiche stellen unterschiedliche Anforderungen.
- Für eine erfolgreiche Förderung sind darüber hinaus die Kompetenzen der Fachkräfte von Bedeutung.

Die folgenden Abschnitte geben daher zunächst einen Überblick über verschiedene Diagnoseinstrumente, sodass hier eine sinnvolle, dem Ziel des Einsatzes entsprechende Wahl getroffen werden kann. In den anschließenden Kapiteln zu den verschiedenen Inhaltsbereichen werden darüber hinaus inhaltsbezogene Aspekte zur Diagnostik und Förderung vertieft.

3.1 Frühe mathematische Kompetenzen beobachten, erfassen und dokumentieren

Die Bedeutung früher mathematischer Bildung wurde in Kap. 1 herausgestellt. Insbesondere konnte in verschiedenen Studien gezeigt werden, dass der vorschulischen Vorhersage und Prävention von Rechenschwierigkeiten (vgl. Abschn. 1.1.4) besondere Bedeutung zukommt.

Die Funktion von Diagnostik im Rahmen der frühen mathematischen Bildung lässt sich vor diesem Hintergrund beschreiben als die Erfassung von individuellen Voraussetzungen und Bedingungen, um daran für gelingende Lernprozesse anknüpfen zu können.

Dabei sind insbesondere für die Altersgruppe der 3- bis 6-Jährigen verschiedene Herausforderungen zu berücksichtigen. Zum einen ist die Aufmerksamkeitsspanne der Kinder i. d. R. nicht sehr lang, sodass die Ergebnisse sehr schnell beispielsweise durch Ermüdung beeinflusst werden können. Die Herausforderung besteht somit darin, innerhalb einer möglichst kurzen Zeitspanne ein möglichst umfassendes Bild der mathematischen Kompetenzen von jüngeren Kindern zu erhalten.

Da Kinder in dieser Altersgruppe i. d. R. noch nicht über schriftsprachliche Kompetenzen verfügen, ist die ökonomische Durchführung von Paper-Pencil-Tests kaum möglich. Die Tests werden somit häufig in einer Individualtestsituation durchgeführt. Dem erhöhten Zeitaufwand steht dabei jedoch der Vorteil gegenüber, bei der Durchführung tiefere Einblicke in das Denken der Kinder zu erhalten. Aber auch die Individualtestung ist von den Ausdrucksmöglichkeiten der Kinder abhängig. Die Kinder verfügen häufig schon über Wissen, das sie noch nicht in Sprache fassen können. Somit besteht die Herausforderung bei der Entwicklung solcher Testverfahren darin, durch Bilder oder Material handlungsgestützte Ausdrucksmöglichkeiten anzubieten.

Aufgrund der zunehmenden Erkenntnisse über die Bedeutung früher mathematischer Bildung sind in den letzten Jahren recht viele diagnostische Verfahren neu erschienen, die sich verschiedenen Ansätzen zuordnen lassen. Neben normierten Testverfahren liegen qualitativ orientierte diagnostische Interviews und Verfahren zur kontinuierlichen Beobachtung und Dokumentation vor.

Normierte Testverfahren erlauben es, die Leistungen eines Kindes im Vergleich zu einer Normgruppe einzuschätzen. Sie geben somit Auskunft darüber, welchem Prozentrang die erreichte Leistung entspricht. Somit ist beispielsweise die Aussage möglich, dass die Leistungen eines Kindes sich in das Leistungsspektrum der 10 % Leistungsschwächsten einer Altersgruppe einordnen lassen und damit ein erhöhtes Risiko für Schwierigkeiten beim späteren Mathematiklernen vorliegt.

In der Gruppe der normierten Testinstrumente haben daher viele Instrumente das Ziel, ein Risiko für eine Rechenschwäche festzustellen. Testverfahren dieser Art werden durchaus kritisiert. Wenn der Schwerpunkt allein auf der Feststellung einer Rechenschwäche liegt, nicht jedoch darauf, die Grundlagen für ein individuelles Förderprogramm zu schaffen, spricht Schipper (2007, S. 108) beispielsweise von „Etikettierungstests".

Verfahren, die auf einem zugrunde liegenden Entwicklungsmodell basieren und die neben Gesamttestwerten auch Werte für Subtests angeben, die Aspekten dieses Modells entsprechen, liefern dennoch über diese „Etikettierung" hinausgehende Informationen.

Im Sinne eines Screenings können normierte Testverfahren systematisch in einer Altersgruppe eingesetzt werden, um beispielsweise Hinweise auf ein Risiko für Schwierigkeiten beim Mathematiklernen früh zu erkennen. Darüber hinaus sind normierte Testverfahren auch geeignet, eigene Beobachtungen zu ergänzen oder zu untermauern. Zu diesem Ergebnis kommt auch Gasteiger (2010, S. 146 f.): Das Testergebnis kann „die eigene Einschätzung bestätigen und der Vergleich mit der Norm eine Orientierung geben. Klare Hinweise auf Begründungszusammenhänge für das Abschneiden eines Kindes geben normierte Testverfahren nicht."

Im Rahmen der klassischen Testtheorie lässt sich die Güte eines solchen Tests anhand der drei Gütekriterien Objektivität, Reliabilität und Validität überprüfen.

Von grundlegender Bedeutung ist zunächst die *Objektivität* eines Testverfahrens. „Die Objektivität eines Tests gibt an, in welchem Ausmaß die Testergebnisse vom Testanwender unabhängig sind" (Bortz und Döring 2006, S. 195). Die Durchführung des Tests sollte also bei der Anwendung durch verschiedene Personen zum gleichen Ergebnis führen. Objektivität muss dabei sowohl in der Durchführungssituation als auch in der Auswertung und Interpretation der Ergebnisse gegeben sein. In der Regel ist die Objektivität durch genaue Instruktionen im Testdurchführungsmanual und die damit einhergehende hohe Standardisierung gegeben.

Die *Reliabilität* eines Tests wird während des Prozesses der Testentwicklung i. d. R. empirisch überprüft, und die zentralen Kennwerte werden in der Beschreibung des Tests angegeben. „Die Reliabilität eines Tests kennzeichnet den Grad der Genauigkeit, mit dem das geprüfte Merkmal gemessen wird" (Bortz und Döring 2006, S. 196). Der Grad der Reliabilität ist umso höher, je kleiner der Messfehler ist und je genauer das Testergebnis der wahren Kompetenzausprägung entspricht. Zur Überprüfung der Reliabilität stehen verschiedene Verfahren zur Verfügung. Zur Bestimmung der Retest-Reliabilität wird derselbe Test einer Stichprobe wiederholt vorgelegt. Die Korrelation der beiden Testreihen gibt einen Hinweis darauf, wie genau die Kompetenzausprägung gemessen wurde. Die Schwierigkeit besteht jedoch bei der Bestimmung der Retest-Reliabilität für Tests zu frühen mathematischen Kompetenzen darin, dass es sich i. d. R. nicht um stabile Merkmale handelt, sondern dass diese durch unterschiedliche Entwicklungsverläufe stärkeren Veränderungen unterliegen.

Weitere Möglichkeiten zur Bestimmung der Reliabilität bestehen in der Berechnung der Übereinstimmung zwischen zwei Paralleltests oder zwei Testhälften (Paralleltest-Reliabilität und Testhalbierungs- bzw. *Split-Half*-Reliabilität). In der Regel wird zur Beurteilung der Reliabilität jedoch vor allem Cronbach's Alpha als Maß der internen Konsistenz angegeben. Dieser Koeffizient entspricht formal der mittleren Testhalbierungsreliabilität für alle möglichen Testhalbierungen (vgl. Bortz und Döring 2006, S. 198). Cronbach's Alpha wird auch als Homogenitätsindex verwendet.

Die *Validität* wird von Bortz und Döring (2006, S. 200) als das wichtigste Gütekriterium bezeichnet: „Die Validität eines Tests gibt an, wie gut der Test in der Lage ist, genau das zu messen, was er zu messen vorgibt." Ein Test, der vorgibt, „mathematische Kompetenz" zu messen, sollte auch tatsächlich Aussagen über die „mathematische Kompetenz" ermöglichen. Auch in Bezug auf die Validität werden verschiedene Arten unterschieden. Da viele der Testverfahren für das Kindergartenalter auf die frühe Identifizierung von Kindern mit einem Risiko für spätere Schwierigkeiten beim Mathematiklernen abzielen, ist hier vor allem die prognostische Validität von Bedeutung. Wie gut ist ein Testverfahren in der Lage, Kinder mit einem erhöhten Risiko für Schwierigkeiten beim Mathematiklernen zu identifizieren? Darüber hinaus werden im Prozess der Testentwicklung häufig Studien zur Überprüfung der Konstruktvalidität durchgeführt. Dazu wird ein aus Theorie und Empirie abgeleitetes Netz von Hypothesen über die Zusammenhänge des zu messenden Konstrukts mit möglichst verschiedenen anderen Variablen formuliert. Dazu eignen sich im Zusammenhang mit der Entwicklung von Tests zur frühen mathematischen Bildung beispielsweise Tests, die die Intelligenz oder die phonologische Bewusstheit[1] erfassen. Darüber hinaus werden i. d. R. auch Korrelationen mit weiteren Testverfahren zur Erfassung früher mathematischer Bildung berechnet. Fallen die Ergebnisse der Hypothesentests so aus, wie es die Hypothesen beschreiben, so ist dies als Indiz für die Konstruktvalidität zu werten – vorausgesetzt, die Hypothesen besitzen Gültigkeit (vgl. Bortz und Döring 2006, S. 201).

Eher qualitativ orientierte diagnostische Interviewverfahren verzichten auf die Information, die durch den Vergleich mit einer Normgruppe zur Verfügung stehen würde. An diese Verfahren werden weiterhin weniger strenge Anforderungen hinsichtlich der oben beschriebenen Testgütekriterien gestellt. Dennoch werden z. T. verschiedene Merkmale der Testgüte in Evaluationsstudien überprüft. So wurde z. B. das australische „Early Numeracy Interview", das dem deutschen „ElementarMathematischen BasisInterview" zugrunde liegt, in einer Studie mit über 5000 Schülerinnen und Schülern erprobt. Es zeigt hinsichtlich Objektivität und Retest-Reliabilität zufriedenstellende Werte (vgl. Rowley und Horne 2000; Wollring et al. 2013).

Moser Opitz (2006, S. 14) plädiert explizit dafür, dass sich auch wenig oder nicht standardisierte Instrumente an Gütekriterien orientieren sollten: „Werden sämtliche Gütekriterien über Bord geworfen, dann besteht die Gefahr, dass der Beliebigkeit Tür und Tor geöffnet wird." Damit ist jedoch nicht die strenge Anwendung der klassischen Testtheorie gemeint, sondern es gehe darum, „den Diagnoseprozess theoriegeleitet, transparent und intersubjektiv nachvollziehbar zu planen, durchzuführen und zu evaluieren" (Scherer und Moser Opitz 2010, S. 37). So sollten beispielsweise Fragen möglichst präzise formuliert werden. Während eine Frage wie „Wie hast du das herausgefunden?" geeignet sein kann, stellt „Hast du alle Steinchen gezählt?" eine ungeeignete Suggestivfrage dar. Auch die Beobachtungs- und Auswertungskriterien sollten klar und theoriegeleitet festgelegt sein. Die

---

[1] Phonologische Bewusstheit beschreibt die Fähigkeit, die Lautstruktur der Sprache zu erkennen. Dazu gehört z. B. das Zerlegen von Wörtern in einzelne Laute und das Zusammenfügen von Lauten zu Wörtern. Die phonologische Bewusstheit ist von großer Bedeutung für den Erwerb schriftsprachlicher Kompetenzen.

Beschreibung der Beobachtungen sollte so dokumentiert sein, dass sie von verschiedenen Personen nachvollzogen werden kann, und ihre Interpretation sollte offengelegt und ggf. begründet werden.

Eher qualitativ ausgerichtete Verfahren liefern i. d. R. Einsichten in die Denkweisen und Strategien des Kindes. Trotz des teilstandardisierten Interviewleitfadens bietet sich – je nach Einsatzzweck dieses Verfahrens – die Möglichkeit der vertieften Nachfrage. Damit wird es möglich, die Sichtweise der Kinder zu berücksichtigen und die Deutungsmuster und Zugangsweisen der Kinder zu bestimmten Themen zu erfassen (vgl. Graf und Moser Opitz 2008, S. 7).

Gasteiger (2010, S. 147) hebt darüber hinaus hervor, dass diese Verfahren dazu beitragen, „die Einsichten und Kenntnisse der Erziehenden über kindliche Vorgehensweisen zu erweitern". Dieses Wissen könne hilfreich sein, um Leistungen der Kinder in Entwicklungszusammenhänge einzuordnen.

Auch wenn diagnostische Interviews in regelmäßigen Abständen durchgeführt werden, liefern sie zunächst nur Momentaufnahmen. Verfahren zur kontinuierlichen Beobachtung und Dokumentation ermöglichen es, Entwicklungsverläufe kontinuierlich zu beobachten. Damit bieten sie eine hohe Informationsdichte über die Lernprozesse der Kinder. Diese Verfahren zeichnen sich durch den geringsten Grad der Standardisierung aus. Vorgegebene Beobachtungsraster strukturieren und fokussieren die Beobachtung. Dennoch stellen diese Verfahren auch stärkere Anforderungen an die diagnostische Kompetenz der Fachkräfte. „Die Beobachtung mit Hilfe von Rastern muss Zusammenhänge berücksichtigen, ganzheitlich erfolgen und darf allgemeine Lerndispositionen, die sich in den Tätigkeiten des Kindes offenbaren, nicht übersehen" (Gasteiger 2010, S. 148).

3.2 Diagnoseverfahren im Überblick

In Abschn. 3.2.1 werden verschiedene diagnostische Verfahren vorgestellt, wobei aber kein Anspruch auf Vollständigkeit erhoben wird. Vielmehr werden exemplarisch verschiedene diagnostische Instrumente diskutiert, die entsprechend ihrer Zuordnung zu den verschiedenen oben beschriebenen Kategorien unterschiedliche Erkenntnischancen und Einsatzmöglichkeiten bieten.

3.2.1 Normierte Testverfahren

3.2.1.1 Osnabrücker Test zur Zahlbegriffsentwicklung (OTZ)

Der Osnabrücker Test zur Zahlbegriffsentwicklung (van Luit et al. 2001) basiert auf einem niederländischen Testinstrument, das in Deutschland an einer Stichprobe von 330 Kindern zwischen 4½ und 7 Jahren normiert wurde.

Der Test besteht aus 40 Aufgaben, die den Kindern in einer Eins-zu-Eins-Testsituation weitgehend bildlich präsentiert vorgelegt werden. Diese Aufgaben werden acht Inhaltsbereichen zugeordnet:

- Vergleichen
- Klassifizieren
- Eins-zu-Eins-Zuordnen
- Nach Reihenfolge ordnen
- Zahlwörter benutzen
- Synchrones und verkürztes Zählen
- Resultatives Zählen
- Anwenden von Zahlenwissen

Die ersten vier Bereiche sprechen dabei grundlegende Fähigkeiten an, die nach Piaget für die Zahlbegriffsentwicklung von Bedeutung sind (vgl. Abschn. 4.3.1). Diese Aufgaben haben weitgehend pränumerischen Charakter. Es geht beispielsweise um das Vergleichen nach quantitativen Merkmalen (z. B. höher, dicker, die meisten), das Klassifizieren von Objekten aufgrund von Gemeinsamkeiten (z. B. Menschen, die eine Tasche, aber keine Brille tragen), das Herstellen von Eins-zu-Eins-Zuordnungen sowie das Anordnen in einer Reihenfolge von groß nach klein oder von dick nach dünn.

Die zweite Hälfte des Tests legt einen Schwerpunkt auf die Entwicklung von Zählfähigkeiten. Es wird sowohl das verbale Zählen (vorwärts-, rückwärts- und weiterzählen) als auch das korrekte Verwenden von Kardinal- und Ordinalzahlen überprüft. Der Bereich *Synchrones und verkürztes Zählen* bezieht sich auf das Abzählen (mit Zeigen auf die Objekte) sowie das verkürzte Zählen unter Verwendung von evtl. bekannten Zahlbildern auf einem Spielwürfel. Im Bereich *Resultatives Zählen* wird das Zählen von Objekten in strukturierten und unstrukturierten Mengen überprüft, ohne dass die Kinder dabei auf die Objekte zeigen dürfen. Schließlich wird in einem letzten Bereich erfasst, ob Kinder ihr Zahlenwissen in Spielsituationen anwenden können.

Damit werden wesentliche Bereiche der Zahlbegriffsentwicklung durch dieses Instrument erfasst. Gasteiger (2010) weist jedoch darauf hin, dass im Vergleich mit Modellen zum als prädiktiv geltenden Zahlen-Vorwissen (z. B. Dornheim 2008, S. 286 ff.) Aufgabenstellungen zur Simultan- bzw. Quasi-Simultanauffassung weitgehend fehlen.

Aufgrund seiner Leistung im OTZ im Vergleich zu einer Normgruppe gleichaltriger Kinder wird jedes Kind im Anschluss einem der fünf Niveaus der Zahlbegriffsentwicklung zugewiesen. Da jedoch die Normierungsstichprobe mit 330 Kindern über alle Altersgruppen, auf der die Zuweisung zu den Niveaus der Zahlbegriffsentwicklung basiert, relativ klein ist, sollte diesen bei der Interpretation der Testergebnisse nicht das größte Gewicht beigemessen werden.

Aufgrund der vorliegenden zwei parallelen Testformen kann der Test als Vor- und Nachtest zur Evaluation von Fördermaßnahmen eingesetzt werden. Ein direkt anknüpfendes Förderprogramm ist nicht verfügbar. Es wird jedoch darauf hingewiesen, dass während der

Durchführung weitere, durch Beobachtung gewonnene Einsichten notiert werden sollten, um das Testergebnis qualitativ zu untermauern und Hinweise auf Hilfe zu erhalten (van Luit et al. 2001, S. 51 ff.).

3.2.1.2 Neuropsychologische Testbatterie für Zahlenverarbeitung und Rechnen bei Kindern – Kindergartenversion (ZAREKI-K)

Die ZAREKI-K (von Aster et al. 2009) basiert ebenso wie das für Grundschulkinder konzipierte Verfahren ZAREKI-R (von Aster et al. 2006) auf neuropsychologischen Erkenntnissen zur Zahlenverarbeitung und zum Rechnen. Ziel dieses Testverfahrens ist es, bereits im letzten Kindergartenjahr vor der Einschulung eine Risikoeinschätzung für sich später entwickelnde Schwierigkeiten beim Mathematiklernen zu erhalten.

Der Test besteht aus 18 Aufgabengruppen, die sich zusammenfassend den drei Bereichen *Zählen und Zahlenwissen*, *Numerisches Bedeutungswissen und Rechnen* sowie *Arbeitsgedächtnis* zuordnen lassen.

Tabelle 3.1 gibt in Anlehnung an die Darstellung bei Jacobs und Petermann (2012) einen Überblick über die Subtests der ZAREKI-K sowie die Zuordnung zu Skalen.

Tab. 3.1 Subtests der ZAREKI-K (vgl. Jacobs und Petermann 2012, S. 69 ff.)

Subtests	Skalen
1 Vorwärtszählen Das Kind wird aufgefordert, laut von 1 an zu zählen. Abbruch erfolgt bei 30.	1 „Zählen und Zahlenwissen"
2 Rückwärtszählen Das Kind wird aufgefordert, laut von 10 an rückwärts zu zählen.	1 „Zählen und Zahlenwissen"
3 Zählen in Zweierschritten Das Kind zählt von 1 an laut in Zweierschritten bis 20.	1 „Zählen und Zahlenwissen"
4 Vorgänger/Nachfolger Das Kind bekommt eine Zahl genannt und soll jeweils die vorherige oder nachfolgende Zahl nennen.	1 „Zählen und Zahlenwissen"
5 Abzählen Vorgegebene Punkte sollen auf vier Vorlagen laut mit Fingerzeig abgezählt werden. Die Vorlagen unterscheiden sich in der Anzahl der vorgegebenen Punkte sowie deren räumlicher Ausdehnung auf dem Papier.	1 „Zählen und Zahlenwissen"
6 Textaufgaben Anhand jeweils einer vorgelesenen Additions- und Subtraktionsaufgabe aus dem Zahlenraum bis 10 werden die Transcodierungs- und Rechenfertigkeiten überprüft	3 „Arbeitsgedächtnis"
7 Zahlen nachsprechen Das Kind wird aufgefordert, eine Reihe von vorgelesenen Zahlen wörtlich wiederzugeben.	3 „Arbeitsgedächtnis"

Tab. 3.1 (Fortsetzung)

Subtests	Skalen
8 Visuelles Rechnen Anhand jeweils dreier Additions- und Subtraktionsaufgaben mit visuell dargebotenen Mengen (Punkte) führt das Kind entsprechende Rechenoperationen durch.	2 „Numerisches Bedeutungswissen und Rechnen"
9 Kopfrechnen Das Kind löst sechs/fünf verbal dargebotene Additions-/ Subtraktionsaufgaben im Kopf.	2 „Numerisches Bedeutungswissen und Rechnen"
10 Zahlenstrahl Das Kind bestimmt Positionen auf verschiedenen Zahlenstrahlen (0 bis 10/20).	2 „Numerisches Bedeutungswissen und Rechnen"
11 Subitizing/Schätzen Verschiedene Mengen (etwa Punkte, Finger und Bälle) werden kurz visuell dargeboten. Das Kind schätzt die Mächtigkeit der Mengen und vergleicht sie miteinander.	2 „Numerisches Bedeutungswissen und Rechnen"
12 Zahlerhaltung In vier Aufgaben wird die Fähigkeit zur Erfassung und zum Vergleich von Mengen bei variabler Anordnung der Elemente der Menge (Würfel, Vorlagen) überprüft.	2 „Numerisches Bedeutungswissen und Rechnen"
13 Zahlen lesen Zur Transcodierung von arabischer Symbolform in ein deutsches Zahlwort werden dem Kind Zahlen im Zahlenraum bis 20 dargeboten.	1 „Zählen und Zahlenwissen"
14 Zahlen schreiben Sechs Zahlen im Zahlenraum bis 20 werden diktiert und vom Kind aufgeschrieben.	1 „Zählen und Zahlenwissen"
15 Symbol- und Mengenzuordnung Anhand jeweils zweier Aufgaben erfolgt die Zuordnung von Menge zu Zahlsymbol und umgekehrt.	1 „Zählen und Zahlenwissen"
16 Mengenbeurteilung kognitiv Das Kind beurteilt in vier Aufgaben eine verbal dargebotene Menge (2 bis 50) kontextbezogen als „wenig", „mittel/normal" oder „viel".	2 „Numerisches Bedeutungswissen und Rechnen"
17 Zahlenvergleich mündlich Acht vorgelesene Zahlenpaare im Zahlenraum bis 100 werden ihrer Größe nach verglichen.	1 „Zählen und Zahlenwissen"
18 Zahlenvergleich schriftlich Bei sechs schriftlich präsentierten Zahlenpaaren (Ziffern) wird die jeweils größere Zahl markiert.	1 „Zählen und Zahlenwissen"

Die ZAREKI-K wird mit Kindern im letzten Kindergartenjahr vor der Einschulung als Individualverfahren in einer Eins-zu-Eins-Testsituation durchgeführt. Die Aufgabenstellungen werden mündlich sowie durch bildliche Darstellungen und mithilfe von Holzwürfeln präsentiert. Die Durchführung nimmt etwa 30 bis 40 Minuten in Anspruch. Anhand eines Protokollbogens werden die Ergebnisse während der Durchführung protokolliert.

Anschließend werden Rohwerte für die einzelnen Subtests sowie für die drei Index-Skalen und die Gesamtleistung ermittelt. Anhand von Normtabellen können diesen Rohwerten Prozentränge zugeordnet werden.

Ein Prozentrang ≤ 10 in der Gesamtleistung oder in einer der Indexskalen 1 und 2 wird als Risikofaktor für die spätere Entwicklung einer Dyskalkulie gewertet (von Aster et al. 2009, S. 27). Die Indexskala zum Arbeitsgedächtnis wird nicht für die Risikoeinschätzung genutzt. Tatsächlich erreicht die ZAREKI-R eine hohe prognostische Validität. Mit der ZAREKI-R können „68,5 Prozent der Kinder, die später eine Rechenstörung zeigen, identifiziert werden" (von Aster et al. 2009, S. 25). Auch hinsichtlich Reliabilität und Objektivität weist der Test geeignete Merkmale der Testgüte auf.

Der Test erfasst klar definierte Risikofaktoren in Bezug auf den Umgang mit Zahlwörtern, Mengen, Zahlen und Rechenoperationen sowie das Arbeitsgedächtnis. Damit ist dieser Test nicht zur Erfassung mathematischer Kompetenz in einem umfassenden Sinn konzipiert. Für die Risikoeinschätzung für eine spätere „Rechenschwäche" ist die ZAREKI-K jedoch ein gängiges Verfahren.

3.2.1.3   TEDI-MATH: Test zur Erfassung numerisch-rechnerischer Fertigkeiten vom Kindergarten bis zur 3. Klasse

Der TEDI-MATH (Kaufmann et al. 2009) ist eine Adaptation des französischen „Test Diagnostique des Compétence de Base en Mathématiques" (van Nieuwenhoven et al. 2001). Er unterscheidet sich vom OTZ in Rahmenkonzeption und Zielsetzung. Ziel des TEDI-MATH ist insbesondere die „Diagnose von Störungen numerisch-rechnerischer Leistungen (Dyskalkulie)" (Mann et al. 2013). Daher differenziert der Test vor allem im unteren und mittleren Leistungsbereich.

Die insgesamt 28 Untertests beziehen sich auf unterschiedliche Leistungsbereiche der Zahlenverarbeitung und des Rechnens bei Kindern vom vorletzten Kindergartenjahr (1½ Jahre vor der Einschulung) bis zu 3. Grundschulklasse.

Die Rahmenkonzeption des TEDI-MATH ist nicht an Lehrplänen orientiert, sondern baut auf neurokognitiven Modellen der Zahlenverarbeitung und des Rechnens auf. Das zugrunde liegende Triple-Code Modell von Dehaene (1992) geht von einer modularen Zahlenverarbeitung in drei voneinander getrennten Funktionseinheiten aus: der auditiv-verbalen Zahlenrepräsentation (Verarbeitung von Zahlwörtern, Zählen, Faktenabruf ohne Rechnen), der visuell-arabischen Zahlrepräsentation (Zahlen werden symbolisch in Form arabischer Ziffern verarbeitet) und der analogen Größenrepräsentation (Verarbeitung von Größeninformation, z. B. beim Vergleich von Zahlen mithilfe eines mentalen Zahlenstrahls). Die Konzeption des TEDI-MATH geht dabei von der Annahme aus, dass bei einer Dyskalkulie verschiedene numerisch-rechnerische Leistungen separat voneinander gestört sein können. Entsprechend dieser Ausrichtung enthält der TEDI-MATH – im Gegensatz zum OTZ – keine pränumerischen Aufgabenstellungen. Aufgaben zu Reihen- und Klassenbildungen werden ausschließlich mit Bezug zu Mengen gestellt.

Der TEDI-MATH wird, durch Material (z. B. Plättchen oder Holzstäbchen) und Bilder gestützt, als Individualtest durchgeführt. Für jedes Kindergarten- oder Schulhalbjahr werden entsprechende Untertests ausgewählt. Darüber hinaus werden innerhalb der Untertests verschiedene Startaufgaben und Abbruchregeln vorgegeben. Neben der Durchführung als Gesamttest ist auch die Durchführung einer Kernbatterie möglich, die zur Diagnose einer Dyskalkulie herangezogen werden kann. Der Einsatz weiterer Untertests ermöglicht eine differenzierte Erfassung der Leistungen in den verschiedenen angenommenen Teilbereichen der Zahlenverarbeitung und des Rechnens sowie Hinweise darauf, an welchen Bereichen eine mögliche Förderung ansetzen sollte.

Der TEDI-MATH wurde anhand einer Normstichprobe mit 873 deutschsprachigen Kindern für eine Altersgruppe vom 2. Halbjahr des vorletzten Kindergartenjahres bis zum 1. Halbjahr der 3. Grundschulklasse normiert (pro Halbjahresstufe etwa 100 Kinder). Als Cut-off-Wert für die Diagnose einer Dyskalkulie wird ein Prozentrang von 10 vorgegeben. Erreicht also ein Kind einen Gesamttestwert, der im Bereich der schwächsten 10 % der Kinder der entsprechenden Normstichprobe liegt, wird dies als Hinweis auf das Vorliegen einer Dyskalkulie gewertet.

Im Allgemeinen weist der TEDI-MATH zufriedenstellende und gute Werte in Bezug auf die Testgütekriterien auf. Lediglich die Retest-Reliabilität nach einem halben Jahr, d. h. die Übereinstimmung zwischen zwei Testergebnissen innerhalb eines halben Jahres, ist für Kinder im Kindergartenalter als relativ gering anzusehen (r = 0,23). Dies kann beispielsweise auf eine geringere Zahl von Untertests, unterschiedliche Entwicklungsverläufe oder eine unbeständige kognitive Leistungsfähigkeit zurückgeführt werden (Mann et al. 2013, S. 105). Aus diesem Grund ist eine frühe Dyskalkulie-Diagnose auf der Grundlage des TEDI-MATH nur mit Vorsicht zu behandeln. Da aber verschiedene Studien darauf hinweisen, dass schulische Mathematikleistungen durch basale numerische Kompetenzen im Kindergartenalter vorhergesagt werden können, erwarten Mann et al. (2013) eine entsprechende prognostische Validität für den TEDI-MATH. „Deshalb halten wir eine standardisierte Dyskalkuliediagnose im Vorschulalter trotz geringer Retestreliabilität aufgrund möglicher schwerwiegender Folgen einer Dyskalkulie für angezeigt" (Mann et al. 2013, S. 106).

Mann et al. (2013) weisen darauf hin, dass die Testdurchführung und Testauswertung grundsätzlich auch durch geschulte Laien erfolgen kann. Die Interpretation der Diagnose solle jedoch ausschließlich von einschlägigen Expertinnen und Experten vorgenommen werden.

Die Vorteile des TEDI-MATH liegen in der großen Altersspanne, die durch dieses Instrument erfasst wird. Darüber hinaus ist ein Einsatz in der Verlaufsdiagnostik möglich.

3.2.1.4 Mathematik und Rechenkonzepte im Vorschulalter – Diagnose (MARKO-D)

Das Diagnoseverfahren MARKO-D (Ricken et al. 2013) ist darauf ausgelegt, die Entwicklung mathematischer Konzepte von Kindern im Alter von 4 bis 6½ Jahren zu erfassen. Dieser Test bezieht sich auf das in Abschn. 4.3.5 genauer beschriebene Modell der frühen Entwicklung des mathematischen Verständnisses (Fritz und Ricken 2009). Die sechs Niveaustufen in diesem Modell beruhen auf tragenden Konzepten, die für die Entwicklung des mathematischen Verständnisses als Meilensteine angesehen werden können (Ricken et al. 2011). Aus diesem Modell wurden die Testitems theoretisch abgeleitet. Aufgrund der Schwierigkeit, in einem solchen Testverfahren für Kinder von unter 4 Jahren zu belastbaren Ergebnissen zu kommen, wurde das erste Niveau nicht in Testitems operationalisiert (Ricken et al. 2011, S. 129). Der Test umfasst somit nur fünf Niveaustufen.

Die Gültigkeit des Modells wurde durch eine empirische Prüfung nachgewiesen. Die Testitems lassen sich durch ein eindimensionales Rasch-Modell zueinander in Beziehung setzen und schließlich in fünf Niveaus der Konzeptentwicklung zusammenfassen. Der Vorteil des Rasch-Modells liegt in der gemeinsamen Skala, auf der zum einen die Schwierigkeiten der einzelnen Items eingeordnet sind, auf der zum anderen aber auch die Testpersonen anhand ihrer Fähigkeitswerte zugeordnet werden können.

Über die Summe der richtig gelösten Testaufgaben ist somit eine Zuordnung zu einem der fünf Entwicklungsniveaus und damit eine inhaltliche Interpretation des Testergebnisses möglich. Niveau III bedeutet beispielsweise: „Das Kind entwickelt aktuell das Konzept der Kardinalität, es lernt, dass sich eine Menge aus einzelnen Elementen zusammensetzt. Es weiß bereits um die Ordnung von Zahlen in Form eines Zahlenstrahls, es beherrscht Zahlworte und kann Mengen sicher auszählen" (Ricken et al. 2011, S. 139).

Gleichzeitig können die Fähigkeitswerte mit der Verteilung der Normierungsstichprobe verglichen werden, die in Halbjahresgruppen vorliegt. Die mit diesem Test erfasste Leistung eines Kindes lässt sich also sowohl mit einer Sozialnorm vergleichen als auch in individuelle Entwicklungsverläufe einordnen. Damit ermöglicht der MARKO-D eine prozessorientierte Diagnostik zur Erfassung von Veränderungen.

Die Testitems des MARKO-D sind in eine Rahmenhandlung über die zwei Eichhörnchen Ben und Lisa eingebettet. Einige Items werden bildbasiert präsentiert. Als weiteres Material werden Plättchen eingesetzt. Tabelle 3.2 zeigt Beispiele für Testitems auf den einzelnen Niveaus.

Die Durchführung erfolgt als Einzeltest in 20 bis 30 Minuten. Dabei ist bei Bedarf eine Aufteilung in zwei Sitzungen möglich. Die Antworten des Kindes werden dabei in einem Protokollbogen notiert.

Das Verfahren MARKO-D hat den Vorteil, dass es auf einem empirisch evaluierten Modell der Entwicklung tragender mathematischer Konzepte beruht. Dieses Modell ermöglicht eine inhaltsbezogene Interpretation der Testergebnisse und weist darüber hinaus weitere Meilensteine in der Entwicklung aus. An dieses Verfahren knüpft direkt das MARKO-T-Trainingsprogramm an.

Da sich das zugrunde liegende Modell auf die Entwicklung des Zahlbegriffs konzentriert, erfasst auch das Testverfahren nur diesen Ausschnitt der Entwicklung mathematischer Kompetenzen. Weitere inhaltliche Bereiche wie beispielsweise der Bereich *Raum und Form*, von dem angenommen wird, dass er für die Entwicklung mathematischer Kompetenzen ebenfalls grundlegende Bedeutung hat, bleiben unberücksichtigt.

Tab. 3.2 Beispiele für Operationalisierungen pro Niveau (vgl. Ricken et al. 2011, S. 137)

Niveau	Konzepte	Itembeispiele
Niveau I	Zählen	Gib mir 5 Plättchen.
		Kannst du die Beeren für die Eichhörnchen so aufteilen, dass jeder gleich viele hat? Lege die Plättchen unter Ben und Lisa.
Niveau II	Mentaler Zahlenstrahl	Wie heißt die Zahl, die zwischen der 5 und der 7 kommt?
		Sein Bruder hat heute Morgen 2 Nüsse gefunden und dann hat ihm der Biber noch zwei geschenkt. Wie viele hat er jetzt? Kannst du mir die Aufgabe mit den Plättchen legen?
Niveau III	Kardinalität und Zerlegbarkeit	Hier (links) hat Ben hingemalt, wie viele Nüsse er hat. Lege bitte hier (rechtes Kästchen) genau so viele Punkte hin, dass es genau so viele sind wie hier (auf das linke Kästchen zeigen).
Niveau IV	Enthaltensein	Jetzt möchte der Biber 6 Blumen haben – mehr blaue als rote. Gib mir bitte 6 Plättchen, davon sollen mehr blau als rot sein.
		Auf dem Tisch lagen Blumen (auf die abgedeckten Plättchen unter der Hand weisen). Ich habe 3 weggenommen (3 Plättchen unter der Abdeckung hervorholen und beiseite schieben, so dass sie nicht mehr sichtbar sind), jetzt sind es noch 5 (fünf Plättchen aufdecken). Wie viele lagen vorher da?
Niveau V	Rationaler Zahlbegriff	Und jetzt bringt mir 8 Blumen. Es sollen 2 mehr blaue als rote sein.
		Ben und Lisa haben Erdbeeren entdeckt. (In welcher Reihe sind weniger?) Und wie viele sind es weniger?

3.2.1.5 Tests mathematischer Basiskompetenzen im Kindergarten- und frühen Grundschulalter (MBK-0 und MBK-1)

Bei beiden Tests (Krajewski, in Vorb.; Ennemoser, Krajewski & Sinner, in Vorb.; vgl. auch Sinner et al. 2011) handelt es sich um entwicklungspsychologisch orientierte Verfahren für die Altersgruppen von 4 bis 6 Jahren (MBK-0, durchgeführt als Einzeltest) und vom Anfang bis Ende des 1. Schuljahres (MBK-1, durchgeführt als Gruppentest). Diesen Verfahren liegt das Entwicklungsmodell früher numerischer Kompetenzen von Krajewski (2008) zugrunde, das in Abschn. 4.3.5 ausführlicher dargestellt wird. Beide Testverfahren wurden ursprünglich als Forschungsinstrumente für eine Studie zur Vorhersage von Rechenschwäche konzipiert (Krajewski 2003).

Der **MBK-0** wurde für den Einsatz im Kindergartenalter entwickelt. Die einzelnen Testitems sind entsprechend dem Modell in drei Bereiche strukturiert, die den Kompetenzebenen (vgl. Abschn. 4.3.5) zuzuordnen sind. Beide Verfahren sind in der Entstehungsphase dieses Buches noch nicht erschienen. Die Inhalte werden jedoch von Sinner et al. (2011) bereits zusammenfassend dargestellt.

Auf Ebene I werden mit der Kenntnis der Zahlenfolge und der Zahlsymbole von 1 bis 20 numerische Basisfertigkeiten erfasst. Dazu gehören u. a. das Vorwärts- und Rückwärtszählen und das Bestimmen von Nachfolgern und Vorgängern.

Ebene II erfasst das Anzahlkonzept beispielsweise durch die Zuordnung von Mengen zu Zahlsymbolen und umgekehrt. In Aufgabenstellungen zur Anzahlseriation soll in einer Reihe von Käfern mit ansteigender Punktezahl der fehlende Käfer gefunden und richtig eingeordnet werden. Ein Mengenvergleich erfolgt, indem zwei gleich lange Reihen mit unterschiedlicher Anzahl von Spielfiguren nach der Anzahl der Spielfiguren verglichen werden. Darüber hinaus wird in Invarianzaufgaben auch überprüft, ob die Kinder erkennen, dass die räumliche Veränderung von Elementen nicht zur Veränderung der Anzahl führt. Schließlich wird den Kindern zum Anzahlvergleich ein Zahlenpaar genannt, bei dem die Kinder beurteilen sollen, was mehr bzw. weniger ist.

Ebene III beschreibt das Verständnis von Anzahlrelationen. In den Aufgabenstellungen zur Ebene III sollen die Kinder beispielsweise die Differenz zwischen zwei Punktmengen angeben. Das Verständnis für Zahlbeziehungen sowie erste Rechenfertigkeiten werden darüber hinaus in rein verbal oder mit konkretem Material präsentierten Aufgabenstellungen überprüft.

Die Durchführung des Einzeltests nimmt ca. 30 Minuten in Anspruch. Während des Tests werden die Antworten des Kindes auf einem Protokollbogen notiert. Im Anschluss werden die Rohpunktzahlen für jeden Subtest ermittelt. Diese gehen in die Summenwerte für jede der drei Ebenen und in einen Gesamtwert ein. Anhand dieser Werte erfolgt die Einschätzung der Leistung des Kindes durch den Vergleich mit den Leistungen einer gleichaltrigen Normstichprobe. Die Normtabellen decken dabei einen sehr breiten Altersbereich von 3;6 bis 7;0 Jahren ab (Sinner et al. 2011).

Im Anschluss kann zur weiteren Dokumentation der Leistungsentwicklung im 1. Schuljahr das Verfahren **MBK-1** eingesetzt werden. Dieses unterscheidet sich vom MBK-0 vor allem dadurch, dass es als Gruppentest durchgeführt wird und daher ein sehr ökonomisches Verfahren darstellt. Da auch der MBK-1 als Screening zur frühen Identifikation von Kindern mit einem Risiko für zukünftige Schwierigkeiten beim Mathematiklernen konzipiert ist, erfasst er ebenfalls nicht die aktuellen curricularen Inhalte, sondern die „Verfügbarkeit relevanter Basiskompetenzen im Sinne eines grundlegenden mathematisch-konzeptuellen Verständnisses" (Sinner et al. 2011, S. 118). Er ist vom Anfang der Klasse 1 bis Anfang der Klasse 2 einsetzbar und nimmt etwa eine Schulstunde in Anspruch. Da es sich um einen Paper-Pencil-Test handelt, wird hier vorausgesetzt, dass die Kinder alle Ziffern schreiben können.

Auch dieser Test ist an den drei Ebenen des Modells von Krajewski (2008) orientiert. Die Anforderungen auf Ebene I zur Kenntnis der Zahlenfolge erfordern jedoch – im Gegensatz zum MBK-0 – vor allem das symbolische Operieren mit Ziffern. Das Anzahlkonzept auf Ebene II wird dahingegen weitgehend mithilfe bildlicher Darstellungen von Mengen erfasst. Für den Subtest „Anzahlvergleich" ist jedoch von den Kindern die Nutzung der Zeichen „<", „>" und „=" gefordert.

Die Aufgabenstellungen auf Ebene III zum Verständnis für Zahlstruktur und Zahlen als Relationszahlen werden z. T. mithilfe bildlicher Darstellungen präsentiert. Teilweise erfordern diese jedoch auch bereits ein rein symbolisches Operieren wie beispielsweise in den Aufgabenstellungen zur „Zahlergänzung, die symbolisch in der Form von „$3 + \_\_ = 5$" präsentiert werden.

Zusätzliche Subtests erfassen die Performanz im schnellen Faktenabruf beim kleinen Einspluseins und Einsminuseins. Diese gehen jedoch nicht in den Gesamttestwert ein.

Auch für diesen Test werden im Anschluss Rohwerte für jeden Subtest und Gesamtwerte für jede Ebene und den Gesamttest berechnet. Die Leistungen der Kinder können schließlich mit den Werten einer großen Normstichprobe von 3600 Kindern nach Quartalen des 1. Schuljahres verglichen werden.

Für beide Verfahren (MBK-0 und MBK-1) wurden überzeugende Gütemerkmale hinsichtlich ihrer Reliabilität und Validität nachgewiesen. Für die frühe Diagnostik ist insbesondere die prädiktive Validität von Bedeutung. Beide Verfahren sind nachweislich in der Lage, spätere Leistungen im Bereich Mathematik in zufriedenstellender Weise vorherzusagen.

Ähnlich wie das Verfahren MARKO-D orientieren sich die Verfahren MBK-0 und MBK-1 an einem zugrunde liegenden Modell der Entwicklung numerischer Basiskompetenzen. Die Verfahren wurden als Forschungsinstrumente entwickelt und haben sich bereits in Studien bewährt (z. B. Krajewski 2003; Krajewski und Schneider 2006). Für den MBK-0 liegen bereits Längsschnittdaten über 10 Jahre vor (Sinner et al. 2011). Für den Einsatz in empirischen Studien ist insbesondere die Fortsetzung des MBK-0 als Gruppentest für das 1. Schuljahr von Vorteil. Dieser setzt jedoch schon in mehreren Subtests den Umgang mit der Symbolebene voraus. Somit ist der MBK-1 eher noch nicht zur Erfassung der Lernausgangslage vor Beginn des 1. Schuljahres geeignet. Da sich das zugrunde liegende Entwicklungsmodell auf die Entwicklung numerischer Basiskompetenzen beschränkt, zielen der MBK-0 und der MBK-1 darüber hinaus nicht auf die Erfassung mathematischer Kompetenz im umfassenden Sinne ab.

3.2.1.6 Kieler Kindergartentest Mathematik (KiKi)

Der Kieler Kindergartentest Mathematik (KiKi) (Grüßing et al. 2013) ist ein standardisierter Test, der mathematische Kompetenz von Kindern zwischen 4 und 6 Jahren beschreibt. Während bisher vorliegende Testinstrumente für diesen Altersbereich primär auf den Inhaltsbereich *Zahlen und Operationen* bezogen sind, wird im KiKi das Konstrukt „Mathematische Kompetenz" im Sinne der in diesem Band beschriebenen fünf Inhaltsbereiche breit erfasst. In Anlehnung an die länderübergreifenden Bildungsstandards und die Rahmenkonzeption des Nationalen Bildungspanels (NEPS) enthält der KiKi neben Aufgaben aus dem Bereich *Zahlen und Operationen* auch solche zu *Raum und Form*, zu *Veränderung und Beziehungen*, zum Umgang mit *Größen und Messen* sowie Aufgaben, die auf den Bereich *Daten, Häufigkeit und Wahrscheinlichkeit* abzielen.

Der Bereich *Veränderung und Beziehungen* umfasst dabei weitgehend die Anforderungen, die in diesem Band sowie in den Bildungsstandards als Muster und Strukturen dargestellt sind.

Mit den Aufgaben in diesem Bereich soll erfasst werden, ob Kinder beispielsweise geometrische Muster in Musterfolgen erkennen, nachlegen und fortsetzen können (vgl. Abb. 3.1). Darüber hinaus wird erfasst, ob die Kinder einfache Proportionalitäten (z. B. längerer Weg – mehr Schritte) und Antiproportionalitäten (mehr Kinder – weniger Bonbons pro Kind) erfassen.

 ▲●●▲▲▲●●●●	Nehmen Sie den weißen Streifen und legen Sie das Muster.	Schau Dir das Muster wieder genau an und merke es Dir!
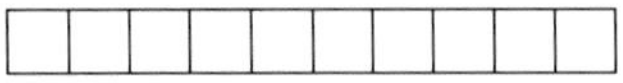 (leerer Streifen mit Kästchen)	Nehmen Sie die Plättchen wieder vom Streifen und legen Sie sie ungeordnet neben den Streifen.	Jetzt versuch es bitte nachzulegen!

Abb. 3.1 Beispielitem „Muster merken 1,2,3,4"

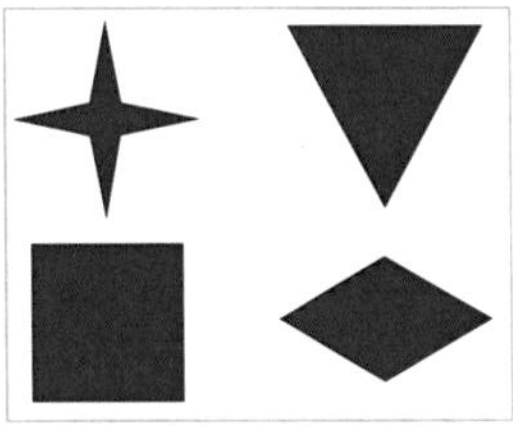 (Formenblatt mit Stern, Dreieck, Quadrat, Raute)	Legen Sie das Formen-blatt zwischen sich und das Kind und zeigen sie auf die Formen.	Hier gibt es so eine Form, so eine, so eine und so eine.
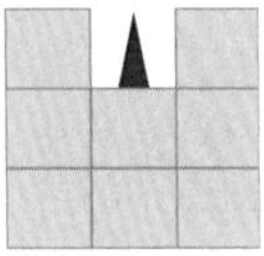 (verdeckter Stern im Raster)	Das Kind kann das Formenblatt die ganze Zeit über sehen. Jetzt legen Sie den verdeckten Stern direkt vor das Kind.	Kiki hat hier eine dieser vier Formen versteckt. Ein bisschen ist noch zu sehen. Kannst Du mir zeigen, welche Form es ist?

Abb. 3.2 Beispielitem „Versteckt"

Im Inhaltsbereich *Größen und Messen* steht zunächst der Umgang mit Ordnungsrelationen bei Repräsentanten verschiedener Größen im Vordergrund. Das Kind wird beispielsweise aufgefordert, Schnüre ihrer Länge nach zu ordnen.

Im Bereich *Raum und Form* stehen das Erkennen unterschiedlicher geometrischer Formen, erste Analysen von Eigenschaften dieser Formen sowie der Umgang mit unterschiedlichen räumlichen Perspektiven im Vordergrund. Die Kinder sollen z. B. auf einem Bild einer Alltagssituation Dreiecke erkennen. In einer weiteren Aufgabe sollen sie anhand eines Details erkennen, um welche von vier vorgegebenen Formen es sich handelt (vgl. Abb. 3.2).

Der Bereich *Daten und Zufall* beinhaltet alle Situationen, bei denen statistische Daten oder der Zufall eine Rolle spielen. Demgemäß soll im KiKi einerseits geprüft werden, ob die Kinder bereits mit Daten umgehen können, z. B. in Form des Anlegens von Strichlisten zum Darstellen von Daten. Andererseits wird erfasst, ob die Kinder über ein erstes Verständnis des Wahrscheinlichkeitsbegriffs verfügen. Können sie beispielsweise bei Würfelspielen einschätzen, ob ein Ereignis wahrscheinlicher ist als ein anderes?

Für die Durchführung des KiKi sind materialgestützte standardisierte Einzelinterviews von maximal 30 Minuten Dauer vorgesehen. Um die Erfassung eines breit angelegten Konstrukts innerhalb der begrenzten Aufmerksamkeitsspanne jüngerer Kinder zu ermöglichen und darüber hinaus gleichzeitig der hohen Leistungsvarianz von Kindern in diesem Alter entgegenzukommen, sind beim Kieler Kindergartentest drei unterschiedlich schwierige Testversionen vorgesehen, die jeweils für einen engeren Altersbereich (4-, 5- und 6-Jährige) optimiert sind. Die einzelnen Testversionen sind auf einer gemeinsamen Skala miteinander vergleichbar. Auf diese Weise kann die Entwicklung der Kinder über die verschiedenen Testversionen hinweg auch im Längsschnitt verglichen werden. Dies wird durch den Einsatz einer größeren Anzahl von gemeinsamen Linking-Items sowie durch die Skalierung mithilfe der Item-Response-Theorie (z. B. Wilson 2005) ermöglicht. Entsprechend ist der KiKi neben dem Einsatz in Studien, die allgemein den Leistungsstand von Kindern im Kindergartenalter untersuchen, insbesondere auch für die Beschreibung von Kompetenzverläufen in längsschnittlichen Studien oder für die Evaluation von Förderprogrammen geeignet.

Zurzeit werden Studien zur Normierung des KiKi sowie weitere Validitätsuntersuchungen ausgewertet.

3.2.1.7 Hamburger Rechentest für die Klassen 1–4 (HaReT)

Der HaReT (Lorenz 2007) ist als Test zur frühen Erfassung von Lernschwierigkeiten im Mathematikunterricht konzipiert und daher jeweils für den Beginn eines Schuljahres oder für das Ende des vorangegangenen Schuljahres normiert. Aufgrund dieser Ausrichtung differenziert er eher im unteren Leistungsbereich. Darüber hinaus bildet er nicht das Curriculum der jeweiligen Klassenstufe ab, sondern geht auf sensible Bereiche der jeweils vorhergehenden Klasse ein (vgl. Lorenz 2013).

Der HaReT 1 kann bereits zum Ende des letzten Kindergartenjahres eingesetzt werden. Daher soll er an dieser Stelle – auch wenn er sich im Wesentlichen auf das schulische Mathematiklernen bezieht – ebenfalls dargestellt werden.

Wie auch einige der in den vorhergehenden Abschnitten dargestellten Tests orientiert sich der HaReT in seinen theoretischen Grundannahmen am Triple-Code-Modell, das von drei Modulen der Zahlenverarbeitung ausgeht (Dehaene 1999). Insbesondere liegt ein Fokus in der Testkonzeption auf der räumlich-geometrischen Repräsentation von Zahlen im semantischen Modul *Analoge Größenrepräsentation*. Dabei wird davon ausgegangen, dass Zahlen im Gehirn in Form eines mentalen Zahlenstrahls und nicht durch Mengenvorstellungen repräsentiert werden. Aufbauend auf diesen geometrischen Beziehungen von Zahlen in der Vorstellung basiert das Operieren mit Zahlen darauf, dass in der Vorstellung auf dem mentalen Zahlenstrahl Bewegungen vorgenommen werden (vgl. Lorenz 2013).

Lorenz (2013) geht davon aus, dass die räumlich-geometrische Repräsentation von Zahlen im Hinblick auf mögliche Störungen von wesentlicher Bedeutung ist. Die anderen Module, der „auditive verbale Wort-Rahmen" und die „visuell arabische Zahlform", die die sprachliche und symbolische Repräsentation von Zahlen beschreiben, scheinen dabei von untergeordneter Bedeutung zu sein (vgl. Lorenz 2013, S. 167).

Als Konsequenz lag bei der Entwicklung des HaReT für die Klassen 1 und 2 ein Schwerpunkt auf der Erfassung der kognitiven Voraussetzungen, die für die Ausbildung der visuell-räumlichen Vorstellung von Zahlbeziehungen notwendig ist. Damit unterscheidet sich dieses Verfahren deutlich von den Verfahren, die ausschließlich mengen- und zahlenbezogenes Vorwissen erfassen.

Tab. 3.3 Subtests und Anforderungen des HaReT 1 (vgl. Lorenz 2007, 2013)

VG	**Größen vergleichen**
	Gegenstände sollen hinsichtlich ihrer Größe (Länge) verglichen werden.
EZ	**Eins-zu-Eins-Zuordnungen**
	Eine Menge mit der gleichen Anzahl von Elementen wie eine vorgegebene Menge soll gefunden werden. Dabei sind verschiedene Strategien möglich.
SB	**Suchbilder**
	In einer Reihe von Objekten soll ein gedrehtes oder gespiegeltes Objekt identifiziert werden. Diese Aufgabe stellt Anforderungen an die visuelle Vorstellung sowie das visuelle räumliche Operieren.
PZ	**Puzzle**
	Die Kinder sollen erkennen, aus welchen Teilen ein Bild zusammengesetzt ist, und diese aus einer Menge von Teilen auswählen. Dabei ist visuelles Operieren erforderlich.
MO	**Mosaik**
	Diese Aufgaben entsprechen strukturähnlichen Aufgaben in Intelligenztests, die in verschiedenen Studien am höchsten mit der Mathematikleistung korrelieren. Eine unvollständige Figur soll so ergänzt werden, dass sie mit einer vorgegebenen Figur identisch ist. Dazu stehen vier Auswahlalternativen zur Verfügung.
PR	**Präpositionen verstehen**
	Die Kinder sollen aus einer Auswahl von Bildern das Bild finden, in dem die beschriebenen Raum-Lage-Beziehungen dargestellt sind.
BO	**Bilder ordnen**
	Bilder sollen so der zeitlichen Reihenfolge nach geordnet werden, dass sich eine sinnvolle Geschichte ergibt. Dabei werden das erste und das letzte Bild umkreist.
VM	**Mengen vergleichen**
	Mengen werden hinsichtlich der Anzahl ihrer Elemente verglichen. Dabei sind die Mengen so groß, dass in der Regel ein perzeptiver Mengenvergleich ohne Abzählen aller Elemente notwendig ist.
GU	**Größere Zahl umkreisen**
	Hier soll von zwei Zahlen die größere umkreist werden. Dazu ist eine Übersetzungsleistung zwischen dem Zahlsymbol, dem Zahlwort und der Menge zu leisten.

Die Testversionen für die höheren Klassen legen einen Fokus auf den Zahlensinn. Damit gehen sie auf die veränderten Anforderungen an die mathematische Kompetenz ein, bei der im Bereich *Zahlen und Operationen* nicht mehr das Beherrschen von Rechenverfahren im Vordergrund steht, sondern der verständige Umgang mit Zahlen und Größen sowie das Anwenden des Wissens über Zahlen und Rechenoperationen in Problemlöse- und Sachsituationen (vgl. Lorenz 2013). In Tab. 3.3 sind die Subtests des HaReT 1 dargestellt.

Der Test wurde im Auftrag des Hamburger Landesinstituts entwickelt. Daher stammt die Eichstichprobe von 2157 Kindern aus dem Großraum Hamburg. Bei der Zusammensetzung der Stichprobe wurde jedoch darauf geachtet, dass die Stichprobe auch als repräsentativ für die gesamte Bundesrepublik Deutschland gelten kann (Lorenz 2013).

Der HaReT kann als Gruppentest mit einer Bearbeitungszeit von maximal 39 Minuten durchgeführt werden (Lorenz 2013). Damit ist schon ab dem Übergang vom Elementar- in den Primarbereich eine sehr ökonomische Diagnostik möglich. Bei der Durchführung ist jedoch zu berücksichtigen, dass die Bearbeitungszeit zuzüglich der Zeit, die für Instruktionen benötigt wird, für Kinder kurz vor der Einschulung oder in den ersten Wochen bereits eine relativ lange Zeitspanne darstellt, in der sie konzentriert an den Testaufgaben arbeiten sollen.

3.2.2 Qualitativ orientierte diagnostische Interviews

Qualitativ orientierte diagnostische Interviews dienen ebenso wie normierte Tests der Erfassung des kindlichen Kompetenzentwicklungsstandes. Im Fokus steht jedoch nicht die Verortung eines Kindes im Vergleich mit einer Normgruppe oder die Feststellung einer Rechenschwäche (vgl. Wollring et al. 2013). In der Regel sind Interviews dieser Art für den Einsatz durch pädagogische Fachkräfte und Lehrkräfte konzipiert, die durch die Ergebnisse Impulse für die weitere Begleitung der Lernentwicklung des Kindes erhalten. Durch eine leitfadengestützte Interviewführung ist dennoch ein gewisser Grad der Standardisierung gegeben. Als Beispiel für ein diagnostisches Interview soll hier das ElementarMathematische BasisInterview (EMBI) (Peter-Koop et al. 2007; Wollring et al. 2011; Peter-Koop und Grüßing 2011) vorgestellt werden, auf das aufgrund seiner theoriebasierten fachdidaktischen Ausrichtung an Forschungsergebnissen zur Entwicklung mathematischen Denkens auch in den folgenden Kapiteln Bezug genommen wird.

Das EMBI ist ein nichtnormiertes, materialbasiertes diagnostisches Interviewverfahren, das schwerpunktmäßig für die Altersgruppe vom Vorschulalter bis zum Ende des 2. Schuljahres konzipiert wurde. Es basiert auf einem im Rahmen des australischen *Early Numeracy Research Project* (Clarke et al. 2002) entwickelten und dort seit Ende der 1990er-Jahre erfolgreich erprobten Interviewverfahren, das sich durch eine forschungsbasierte Rahmenkonzeption von Ausprägungsgraden mathematischen Denkens zu verschiedenen Inhaltsbereichen auszeichnet. Diese Ausprägungsgrade (engl. *growth points*) beschreiben typische Entwicklungsverläufe von Kindern in diesem Alter.

Kernidee ist eine Interviewsituation zwischen Kind und Lehrkraft bzw. pädagogischer Fachkraft, die die fokussierte Zuwendung zum einzelnen Kind und die Auseinandersetzung mit seiner mathematischen Lernentwicklung ermöglicht. Dem Kind bietet das Interview individuelle Herausforderungen und die Gelegenheit zu zeigen, was es alles schon kann und weiß. So werden sowohl besondere Stärken als auch besonderer Unterstützungsbedarf in einer Form offengelegt, die direkte Anknüpfungspunkte für Unterricht und Einzelförderung bietet und entsprechend ein Instrument zur handlungsleitenden Diagnostik (Woll-ring 2006) ist.

Die Entwicklung mathematischer Kompetenzen wird in den Inhaltsbereichen *Zahlen und Operationen, Größen und Messen* sowie *Raum und Form* erfasst. Die Interviewteile zu den Bereichen *Raum und Form* sowie *Größen und Messen* liegen in einem separaten Band (Wollring et al. 2011) vor. Das EMBI-Kindergarten (Peter-Koop und Grüßing 2011) umfasst ausschließlich die Interviewteile, die einen Überblick über die Entwicklung von Kindern im Kindergartenalter geben. Es wurde bei Kindern ab 3 Jahren erprobt. Insbeson-dere im letzten Kindergartenjahr können jedoch auch bereits alle anderen Interviewteile eingesetzt werden. Durch die im Leitfaden dargestellten Abbruchkriterien wird das Inter-view nur so weit durchgeführt, wie es der Kompetenzentwicklung des Kindes entspricht. Eine Überforderung wird somit vermieden. Dadurch, dass der Interviewleitfaden adaptiv an die Leistungen des Kindes angepasst wird, ist dieses Verfahren auch auf Fortsetzbar-keit angelegt und kann daher in regelmäßigen Abständen mit einem Kind durchgeführt werden.

Die einzelnen Inhalte des EMBI werden in den nachfolgenden Kapiteln zu den einzelnen Inhaltsbereichen aufgegriffen und sollen daher an dieser Stelle nicht vertieft werden.

3.2.3 Kontinuierliche Beobachtung und Dokumentation

Anstelle der punktuellen Erfassung der mathematischen Kompetenzentwicklungen zu aus-gewählten Zeitpunkten kann auch eine kontinuierliche Beobachtung und Dokumentation der Lernentwicklung durchgeführt werden. Gasteiger (2010, S. 131 f.) weist darauf hin, dass es zwar zu den zentralen Aufgaben von Frühpädagoginnen und -pädagogen in der täglichen Praxis gehöre, die Entwicklungen der Kinder zu beobachten und zu dokumen-tieren, dass dabei jedoch kritisch zu hinterfragen sei, ob die genutzten Vorgehensweisen und Instrumente auch mathematische Entwicklungsprozesse in angemessener Form be-rücksichtigen. Insbesondere vor dem Hintergrund der Bedeutung früher mathematischer Kompetenzen für die spätere Lernentwicklung ist eine Beobachtung mit einem fachlichen Fokus notwendig. Es besteht ein Bedarf an Verfahren, die die tägliche Beobachtung auch im Bereich der mathematischen Kompetenzentwicklung strukturieren und fokussieren.

Als ein speziell am Lernbereich Mathematik orientiertes Verfahren zur Fokussierung und Systematisierung kontinuierlicher Beobachtungen (vgl. Gasteiger 2010) wird im Fol-genden die „Lerndokumentation Mathematik" (Steinweg 2006) vorgestellt.

Die Lerndokumentation Mathematik (Steinweg 2006) ist kein Testverfahren, sondern soll kontinuierliche Beobachtungsprozesse durch eine besondere Dokumentationsmög-lichkeit anregen. Die Lerndokumentation ist zweigeteilt. Im ersten Teil werden Kenntnisse und Fähigkeiten im Bereich mathematischer Grunderfahrungen beschrieben, die bereits im Elementarbereich beobachtet werden können. Der zweite Teil der Lerndokumentation bezieht sich auf die Schuleingangsphase. Die Lerndokumentation wurde im Rahmen des Projekts TransKiGS für das Land Berlin entwickelt und orientiert sich demnach im zweiten Teil am Rahmenplan für Berlin. Im einführenden Teil der Lerndokumentation schreibt Steinweg (2006, S. 2 f.):

> Aufgabe der Lehrerinnen und Lehrer, der Erzieherin, des Erziehers, [...] ist es, den Entwicklungsstand jedes Kindes wahrzunehmen und es dabei zu unterstützen, den nächsten Schritt zu tun. Lerndokumentationen helfen ihnen dabei. Sie zeigen in erster Linie die Fähigkeiten der Kinder auf. Und sie verweisen auf Bereiche, in denen Aktivitäten zukünftig angeboten werden sollten. Dabei ist allerdings Vorsicht geboten. Ein einmaliges Hinschauen reicht nicht aus, um die real vorhandenen Fähigkeiten eines Kindes deutlich zu machen. [...] Deshalb sollten Kinder in verschiedenen Alltagssituationen beobachtet werden. [...]. Eine gute Lerndokumentation zeigt sich vor allem darin, dass die Durchführenden die Kompetenzen und Fähigkeiten bewusst(er) wahrnehmen und zunehmend selbst die verschiedenen Aspekte im alltäglichen Umgang und in der bewussten Interaktion mit den Kindern im Auge behalten können.

Die Lerndokumentation ist zum einen in verschiedene Inhaltsbereiche gegliedert: *Zahl, Zählen & Struktur*; *Länge, Masse & Zeit, Geld*; *Raum & Form* sowie *Daten & Zufall*. Zum anderen werden ebenfalls die prozessbezogenen Kompetenzen unter dem Aspekt „Mathematisches Denken und Handeln" beschrieben. Zur Dokumentation stehen den Erzieherinnen und Erziehern in den verschiedenen Bereichen Tabellen mit einzelnen Aspekten zur Verfügung, in die sie jeweils die Situationen mit Datum eintragen können. In Tab. 3.4 ist ein Ausschnitt aus dem Inhaltsbereich *Form* zu sehen. Bei den einzelnen Aspekten werden verschiedene Entwicklungsschritte im Grad der Selbstständigkeit unterschieden.

Tab. 3.4 Ausschnitt der Lerndokumentation zum Erfahrungsbereich Form (Steinweg 2006, S. 15)

Erfahrungsbereich Form (Form und Veränderung I)

Du	mit Unterstützung	ab und zu selbstständig	häufig selbstständig	sicher und selbstständig
erkennst Formen (z.B. Viereck, Kreis, Dreieck)				
benennst Formen (z.B. Viereck, Kreis, Dreieck)				
zeichnest Formen erkennbar/ korrekt (frei oder mit Hilfsmitteln)				
setzt ein Muster aus Formen sinnvoll fort				
bastelst gezielt Formen (schneiden, falten ...)				

Steinweg (2006, S. 3) weist darauf hin, dass die „Aufgliederung in mathematische Erfahrungsbereiche in der Lerndokumentation [es] ermöglicht, die individuellen Lernprozesse differenziert im Blick zu haben. Das Lernen selbst vollzieht sich jedoch immer in verschiedenen Bereichen gleichzeitig."

Zusätzlich zur tabellarischen Beobachtung regt Steinweg an, weitere Entwicklungsdokumente (z. B. Kinderzeichnungen, Fotos, protokollierte Kinderäußerungen) in Form einer Schatzkiste zu sammeln, um sich somit einer „Gesamtschau" auf die Lernbiografie des Kindes auch im Alltag anzunähern. Neben den Dokumentationsmöglichkeiten werden ergänzend zur Lerndokumentation auch Anregungsmaterialien (Sommerlatte et al. 2007) für Spiel- und Lernumgebungen in den verschiedenen Inhaltsbereichen angeboten (vgl. z. B. Abschn. 7.3.4; Abb. 7.9).

Die kontinuierliche Beobachtung und Dokumentation wird durch Raster, wie sie in Tab. 3.4 dargestellt sind, fokussiert. Unabhängig von der Nutzung eines speziellen Verfahrens stellt die kontinuierliche Beobachtung und Dokumentation jedoch – wie bereits eingangs angedeutet – eine wichtige alltägliche Aufgabe von pädagogischen Fachkräften dar. Eine Grundlage für das dazu notwendige Wissen über Inhalte und Entwicklungsverläufe hinsichtlich der verschiedenen inhalts- und prozessbezogenen mathematischen Kompetenzen bereitzustellen, ist die Intention der Kap. 4 bis 9 dieses Bandes. Zunächst werden jedoch verschiedene Optionen der Förderung früher mathematischer Kompetenzen diskutiert.

3.3 Von diagnostischen Befunden zur Förderung

Vor dem Hintergrund der Erkenntnisse über die Bedeutung früher mathematischer Bildung sowie der Anforderungen der Bildungs- und Orientierungspläne für den Elementarbereich wird in den letzten Jahren verstärkt die Aufgabe an die pädagogischen Fachkräfte im Kindergarten übertragen, die Kinder in ihrer mathematischen Kompetenzentwicklung zu unterstützen. Dies stellt für viele pädagogische Fachkräfte eine neue Herausforderung dar. Daraus resultiert zum einen ein Bedarf an Aus-, Fort- und Weiterbildungskonzepten, zum anderen jedoch auch ein Bedarf an konkreten Handlungskonzepten. Ähnlich wie im Bereich der diagnostischen Verfahren werden auch im Bereich der Konzeptionen zur frühen mathematischen Förderung verschiedene Typen mit ganz unterschiedlichem Charakter vorgeschlagen. Gasteiger (2010, S. 79) unterscheidet „auf mathematischem Hintergrund konzipierte Ideen zur elementaren mathematischen Bildung mit dem Ziel Lerngelegenheiten zu schaffen und zu nutzen" von „Förderprogrammen, die in Form von kleinen Lerneinheiten mathematisches Lernen eher lehrgangsartig andenken". In Anlehnung an diese Unterscheidung werden im Folgenden verschiedene Konzeptionen kurz skizziert, die in sich grob klassifizieren lassen in:

- Förder- und Trainingsprogramme
- Förderung anhand von individuellen Förderplänen
- Nutzen und Schaffen von mathematischen Lerngelegenheiten im Alltag und im Spiel

3.3.1 Förder- und Trainingsprogramme

Im Folgenden werden zunächst Konzeptionen vorgestellt, die direkt auf Modellen der Zahlbegriffsentwicklung aufbauen, die auch in Kap. 4 thematisiert werden. Dazu gehören die Programme „Mengen, zählen, Zahlen" (Krajewski et al. 2007), „Mina und der Maulwurf" (Gerlach und Fritz 2011) sowie „MARKO-T" (Gerlach et al. 2013). Darüber hinaus schließen diese Programme an die im vorigen Abschnitt thematisierten diagnostischen Verfahren der Autorinnen und Autoren an.

Mengen, zählen, Zahlen (Krajewski et al. 2007): Das Trainingsprogramm MZZ wird in Gruppen mit vier bis sechs Kindern in 24 halbstündigen Übungen über einen Zeitraum von 8 Wochen durchgeführt. Auch eine Verwendung zur Einzelförderung ist möglich.

Dem MZZ liegt das Entwicklungsmodell von Krajewski (2008; vgl. auch Abschn. 4.3.5) zugrunde. In diesem Modell werden die Zahlen-Mengen-Kompetenzen von Kindern über drei Ebenen entwickelt, die den numerischen Basisfertigkeiten, dem Anzahlkonzept und der Anzahlrelation entsprechen. Diesen Ebenen entsprechen die drei Förderschwerpunkte des Programms. Zunächst werden numerische Basisfertigkeiten trainiert. Dazu werden die Mengenunterscheidung und die Zahlen geübt und verknüpft. Dabei werden auch die Zahlsymbole einbezogen. Den zweiten Förderschwerpunkt bildet dann das Verständnis der Zahlen als Folge aufsteigender Anzahlen, bevor im letzten Förderschwerpunkt die Beziehungen zwischen den Zahlen im Fokus stehen. Neben dem Entwicklungsmodell basiert das Trainingsprogramm auf grundlegenden Überlegungen bezüglich der eingesetzten Veranschaulichungsmittel. So werden in diesem Programm Zahlen durch klar strukturierte, abstrakte Veranschaulichungsmittel immer gleicher Art repräsentiert, um beispielsweise den Anzahlaspekt hervorzuheben und ihn von unwichtigen Merkmalen wie Material oder Farbe der Veranschaulichungsmittel oder damit assoziierten Geschichten zu trennen (Krajewski et al. 2007).

Ein zentrales Material des Programms stellt die sog. „Zahlentreppe" dar. Die Zahlentreppe ist eine aus Quadern mit zunehmender Höhe bestehende Holztreppe. Die Seitenflächen sind jeweils bedruckt mit der Ziffer, dem passenden Fingerbild, einem Punktebild mit Fünfer-Strukturierung, dem passenden Ausschnitt aus dem Zahlenstrahl, dem Würfelbild und einem Uhrenbild in Form einer Kreisdarstellung, in der die entsprechende Anzahl von Zwölfteln hervorgehoben ist. Die gleichen Abbildungen finden sich auch jeweils auf den sog. „Treppenkarten". Die einzelnen Treppenstufen veranschaulichen auch die Beziehungen zwischen Zahlen. So entspricht die Höhe der Stufe „5" der Höhe der Stufen „2" und „3" zusammen.

In empirischen Studien wurden durch eine Förderung mit diesem Programm auch langfristig bessere Leistungen in den Mengen-Zahlen-Kompetenzen der Kinder nachgewiesen (Krajewski et al. 2008). Damit liegt ein evaluiertes Programm vor, das an einem theoretisch hergeleiteten Entwicklungsmodell orientiert ist.

Gasteiger (2010) analysiert dieses Konzept aus einer fachdidaktischen Perspektive und stellt auch einige Kritikpunkte heraus. Das Trainingsprogramm ist sehr stark festgelegt und schematisch. Im Umgang mit Veranschaulichungsmitteln werden individuelle Deutungen der Kinder nicht berücksichtigt. Die aufgebauten kardinalen und ordinalen Zahlvorstellungen sind sehr eng am benutzten Material, den Materialhandlungen und den streng vorgegebenen Formulierungen festgemacht. Dies könnte jedoch die Entwicklung eines flexiblen Zahlenverständnisses erschweren.

Mina und der Maulwurf (Gerlach und Fritz 2011): Mit der Förderbox „Mina und der Maulwurf" liegt ein evaluiertes entwicklungsorientiertes Förderprogramm für Kinder im Alter von 4 bis 8 Jahren vor. Es ist an dem in Abschn. 4.3.5 beschriebenen Entwicklungsmodell (Fritz & Ricken 2009) orientiert und umfasst Inhalte der fünf Entwicklungsniveaus von Niveau I *Zahlen als Zählzahl* bis zum Niveau V *Relationalität*. Da es an die Niveaus des Entwicklungsmodells angepasst ist, kann es entwicklungsbegleitend über einen längeren Zeitraum eingesetzt werden. Aufgrund des gemeinsamen zugrunde liegenden Modells ist der Test MARKO-D geeignet, die Lernvoraussetzungen zu Beginn sowie die Lernfortschritte nach der Förderung zu erfassen.

Den Einstieg in die Inhaltsbereiche bilden Geschichten über die Protagonistin, die Biene Mina, die verschiedene Abenteuer erlebt. Diese Geschichten münden jeweils in einen mathematischen Konflikt, den es zu lösen gilt. Als Beispiel stellen Langhorst et al. (2013, S. 120) eine gekürzte Form einer Geschichte zum Inhaltsbereich der Zählprinzipien dar:

> Mina trifft die Raupe Mathilda. Mina prahlt: ‚Ich kann schon ganz toll zählen!'. Also fragt Mathilda sie: ‚Wie viele Raupenhöcker habe ich?' Mina beginnt zu zählen: ‚1, 2, 3, 4, 5, 6 usw.' (Sie schaut dabei nicht zur Raupe). Sie weiß absolut nicht, wie sie durch ihr Zählen herausfinden kann, wie viele Raupenhöcker Mathilda hat. Also antwortet sie vorsichtig: ‚Du hast so ca. 5 oder 100 Höcker!'. Nun braucht sie die Hilfe der Kinder.

Im Anschluss an diese Geschichten werden gemeinsame angeleitete Übungen im Sitzkreis durchgeführt, bei denen ein Schwerpunkt auf der Verbalisierung und der Reflexion liegt. Darüber hinaus werden weitere Aktivitäten wie Bewegungs- und Gesellschaftsspiele, Lieder und Reime zu den einzelnen Inhalten angeboten. Ergänzend werden Anregungen dazu gegeben, wie die Inhalte auch in den Kindergartenalltag integriert werden können (vgl. Langhorst et al. 2013).

Zur Evaluation dieses Förderprogramms wurde eine Studie durchgeführt, in der die kurz- und langfristigen Effekte einer Förderung in Kleingruppen mit 6 bis 12 Kindern untersucht wurde. In der Experimentalgruppe (N = 94) wurden über ein halbes Jahr wöchentliche Fördereinheiten von etwa 45 Minuten durch die pädagogischen Fachkräfte in der Kindertagesstätte durchgeführt. Darüber hinaus wurden die ergänzenden Angebote der Förderbox genutzt. Die pädagogischen Fachkräfte nahmen begleitend dazu an Fortbildungsveranstaltungen teil.

Direkt nach der 6-monatigen Förderung ergaben sich in der Experimentalgruppe signifikant stärkere Leistungszuwächse als in einer Kontrollgruppe. Auch nach 8 Monaten waren diese Effekte noch vorhanden, obwohl bereits ein halbes Jahr Mathematikunterricht in der Grundschule stattgefunden hatte.

MARKO-T (Gerlach et al. 2013): Auch das Trainingsprogramm MARKO-T baut auf dem in Abschn. 4.3.5 beschriebenen Entwicklungsmodell auf und knüpft an die Eingangsdiagnostik mit dem Testverfahren MARKO-D an. Mithilfe des Trainingsprogramms soll das nächste Kompetenzniveau entwickelt werden. Es handelt sich um ein Einzeltraining für Kinder im Alter von 5 bis 8 Jahren und wird zum gezielten Training rechenschwacher und entwicklungsverzögerter Kinder im Übergang vom Kindergarten in die Grund- oder Förderschule eingesetzt. Die Effektivität des MARKO-Trainings wurde empirisch überprüft.

Entdeckungen im Zahlenland (Preiß 2007): Das Förderprogramm „Entdeckungen in Zahlenland" (Preiß 2007) ist ebenfalls lehrgangsartig angelegt. Es besteht aus 22 Lerneinheiten, die idealerweise jeweils an einem Termin pro Woche mit einer Dauer von 1 bis 1½ Stunden in einer altersgemischten Gruppe mit 12 bis 15 Kindern durchgeführt werden. In den ersten 10 Lerneinheiten werden mit den Wohnungen der Zahlen von 1 bis 5 und den Zahlenländern vom „Einerland" bis zum „Fünferland" die Zahlen von 1 bis 5 thematisiert. In den darauf folgenden Einheiten werden die Zahlen von 6 bis 10 erarbeitet. Der Zahlenweg wird im Laufe der 22 Einheiten bis zur 20 erweitert.

Die drei grundlegenden Erfahrungsfelder (Preiß 2007) vermitteln bereits einen Eindruck vom Charakter des Programms, das sich deutlich von den vorher thematisierten Trainingsprogrammen unterscheidet. Das erste Erfahrungsfeld stellt das „Zahlenhaus" dar, in dem jede Zahl von 1 bis 10 eine Wohnung besitzt, die von den Kindern „entsprechend dem Charakter der Zahlen" eingerichtet wird. Wenn die Wohnungen möbliert sind, werden die Zahlen freundlich begrüßt und nach den Übungen wieder verabschiedet. Auf dem „Zahlenweg" mit den Zahlsymbolen von 1 bis 20 stehen der ordinale Zahlaspekt und die Zahlwortreihe im Vordergrund. Darüber hinaus sind die „Zahlenländer", in denen die jeweilige Zahl herrscht, ein zentrales Element des Programms. Im Zweierland treten beispielsweise alle Dinge nur paarweise auf. Geschichten und Lieder zum Zahlenland betonen das Märchenhafte des „Zahlenland"-Konzepts.

Lorenz (2012, S. 165) beschreibt als Hauptproblem des Programms die hohe emotionale Beziehung, die mit den Zahlen aufgebaut werden soll. Dies möge auf den ersten Blick kindlich-natürlich wirken, stehe aber der abstrakten Idee der Zahl entgegen. Ein eigenständiges Reflektieren der Kinder über die Zusammenhänge zwischen Zahlen sei kaum möglich und werde auch nicht nahegelegt.

Auch Gasteiger (2010) analysiert das Programm „Entdeckungen im Zahlenland" kritisch. Sie betrachtet es dabei gemeinsam mit dem sehr ähnlichen Programm „Komm mit ins Zahlenland" (Friedrich und de Galgóczy 2004). Aus mathematikdidaktischer Perspektive kritisiert auch sie u. a. die aus einem negativen Mathematikbild resultierende Notwendigkeit der künstlichen Verpackung mathematischer Inhalte (vgl. Wittmann und Müller 2009, S. 101) und die Personifizierung der Zahlen. Durch die Rahmenhandlungen wie z. B. das Agieren mit personifizierten Zahlen im Kontext der Zahlenhäuser sowie die Zahlengeschichten könnten nicht tragfähige Zahlvorstellungen bei Kindern mit einem Risiko für die Entwicklung von Schwierigkeiten beim Mathematiklernen sogar noch unterstützt und der Aufbau tragfähiger Zahlvorstellungen behindert werden. Darüber hinaus kritisiert sie die

Fundierung des Programms in einer neuen Disziplin „Neurodidaktik" anstelle einer Einbindung in aktuelle Annahmen der Lehr-Lern-Forschung in den Disziplinen Psychologie,
Pädagogik und Didaktik.

Mathematikdidaktisch orientierte Konzepte ohne Lehrgangscharakter: Neben den
Trainings- und Förderprogrammen mit lehrgangsartigem Aufbau liegen weitere Materialien vor, die nicht als Lehrgang gestaltet sind, sondern vielfältige Materialien zu
verschiedenen mathematischen Bereichen anbieten. An dieser Stelle sollen die Förderbox
„Elementar" (Kaufmann und Lorenz 2009) und das Frühförderprogramm aus dem Projekt
„mathe 2000" (Wittmann und Müller 2009) genannt werden. Beide zeichnen sich dadurch
aus, dass sie aus mathematikdidaktischer Perspektive konzipiert wurden und über den
Inhaltsbereich *Zahlen und Operationen* hinausgehen.

Die Förderbox „Elementar – Erste Grundlagen in Mathematik" (Kaufmann und Lorenz
2009) enthält umfangreiche Materialien zu allen mathematischen Inhaltsbereichen. Dazu gehören beispielsweise Holzwürfel, ein Spiegel zur Untersuchung verschiedener Bilder
und Objekte auf Symmetrie, Pattern Blocks, Wendeplättchen, ein 20er-Feld mit Würfeln,
Brettspiele, Würfelspiele, Schüttelboxen, Wimmelbilder und eine Schablone zum Zeichnen von Formen. Anregungen zum Umgang mit den Materialien finden sich zum einen
auf Karteikarten für die Kinder und zum anderen auf Karten mit Anleitungen für pädagogische Fachkräfte. Weiterhin gehören zum Material von „Elementar" Lernfortschrittshefte
für Kinder bis zu 5 Jahren und ab 5 Jahren, in denen die Kinder Aufgaben mit zunehmendem Schwierigkeitsgrad bearbeiten. Die Kinder setzen sich mit und ohne Anleitung
durch eine pädagogische Fachkraft individuell oder in kleinen Gruppen mit den Materialien auseinander. Zur begleitenden Diagnostik werden zum einen Untersuchungshefte
zur Standortbestimmung eingesetzt, mit denen der Lernstand eines Kindes zu zwei Zeitpunkten bestimmt werden kann. Zum anderen liegen der Box Beobachtungsbögen bei,
mit denen die Entwicklung eines Kindes zu verschiedenen Zeitpunkten differenziert in
den einzelnen Teilbereichen erfasst werden kann. Auf diesen Bögen finden sich darüber
hinaus passende Förderideen mit Materialien zu den verschiedenen Bereichen. Mit diesem Rahmen zur systematischen und strukturierten Beobachtung ist die Box „Elementar"
gleichzeitig auch dem Bereich der diagnostischen Verfahren zuzuordnen.

Auch das Frühförderprogramm aus dem Projekt „mathe 2000" (Wittmann und Müller
2009) zeichnet sich durch einen umfassenden Blick auf die Mathematik aus. Die Orientierung am Fach Mathematik wird insbesondere in den Grundideen für die mathematische
Frühförderung deutlich, die Wittmann und Müller (2009, S. 99 ff.) formulieren:

> Die Kinder müssen die Mathematik von klein auf als spielerische Tätigkeit erfahren und auf
> aktive Weise mathematisches Grundwissen einschließlich der zugehörigen Sprechweisen und
> zeichnerischen Darstellungen erwerben.
> Die Kinder müssen Zahlen und Formen nicht nur in lebensweltlichen, sondern auch in rein
> mathematischen Zusammenhängen kennenlernen.
> Auf Arrangements, die künstlich für Spaß sorgen sollen, muss verzichtet werden.

Der letzte Grundsatz basiert dabei auf der Annahme, dass solche von außen aufgeprägten künstlichen Verpackungen nicht nur die Mathematik verfälschen und von ihr ablenken, sondern suggerieren, die Mathematik sei trocken und uninteressant und müsse durch besondere Zutaten schmackhaft gemacht werden (vgl. Wittmann und Müller 2009, S. 101). Damit grenzt sich dieses Programm deutlich von Konzeptionen wie „Entdeckungen im Zahlenland" ab.

Das „Zahlenbuch-Frühförderprogramm" stellt umfangreiches Material zur Verfügung. Es verzichtet jedoch auf eine festgelegte Abfolge von Förderelementen. Die Materialien können teilweise unabhängig voneinander verwendet werden. Sie bauen jedoch innerhalb der Inhaltsbereiche *Formen* und *Zahlen* aufeinander auf. Dabei wird Mathematik als „Wissenschaft von den Mustern" gesehen. Daher wird der Bereich *Muster und Strukturen* als übergreifender Bereich in den einzelnen Themenfeldern mit angesprochen.

Das Programm besteht im Kern aus fünf Komponenten. Die beiden Bände *Das Zahlenbuch – Spiele zur Frühförderung* beinhalten verschiedene Themen zu den Bereichen *Formen* und *Zahlen*. Während der zweite Band eher für das Jahr vor der Einschulung konzipiert wurde, kann der erste Teil schon für deutlich jüngere Kinder genutzt werden. Zu jedem Spielebuch hört ein *Malheft zur Frühförderung*. In diesen Heften können Faltprodukte eingeklebt werden und Kenntnisse über Zahlen und Formen zeichnerisch vertieft werden. Der Einsatz der Spielebücher und Malhefte wird durch ein Handbuch für die pädagogischen Fachkräfte unterstützt. Darüber hinaus liegt ein ergänzendes Materialset zum Spielen mit den Spielebüchern sowie ein Poster zu den Bereichen *Zahlen* und *Formen* vor.

Als weiteres Material, das auf dem gleichen Konzept aufbaut, liegen mit dem *Kleinen Denkspielbuch*, den *Kleinen Zahlenbüchern* und den *Kleinen Formenbüchern* weitere Spieleboxen vor.

Bei näherer Betrachtung weisen die Konzepte „Elementar" und „Das Zahlenbuch – Frühförderprogramm" neben der umfassenden fachlichen Orientierung und dem Verzicht auf einen starren, lehrgangsartigen Aufbau des Förderprogramms eine weitere Gemeinsamkeit auf. Beide Konzepte sind zwar spielerisch angelegt. Sie orientieren sich aber gleichzeitig an anschlussfähigem Lernen im Übergang zur Primarstufe. Daher werden Materialien genutzt, die sich auch im mathematischen Anfangsunterricht der Grundschule wiederfinden.

3.3.2   Förderung anhand von individuellen Förderplänen

Die Förderung anhand von individuellen Förderplänen unterscheidet sich von den oben dargestellten Trainings- und Förderprogrammen vor allem dadurch, dass auch hier kein Lehrgang für alle Kinder vorliegt, sondern dass Lernangebote zur Förderung individuell für jedes Kind geplant und strukturiert werden. Im Folgenden werden zwei Beispiele für Förderpläne skizziert, die im Rahmen einer Oldenburger Längsschnittstudie zur Förderung von Kindern im letzten Kindergartenjahr vor der Einschulung entstanden sind (vgl. Grüßing und Peter-Koop 2008; Peter-Koop und Grüßing 2011).

Finn wurde schon im Eingangsbeispiel dieses Kapitels kurz vorgestellt. Er wird von seiner Erzieherin als aufgeweckter und pfiffiger Junge beschrieben, der sich sehr für Sport interessiert und sich schon auf die Schule freut. Im Kindergarten spielt er gern mit Autos sowie in der Bauecke. Im Alter von 5 Jahren und 8 Monaten wurde mit ihm das EMBI-Kindergarten (Peter-Koop und Grüßing 2011) durchgeführt. Die Ergebnisse dieses Interviews ergaben das folgende Bild:

- Finn kann Bärchen nach Farben sortieren, eine Menge von vier Objekten auszählen und von zwei vorgegebenen Mengen die größere erkennen. Er schafft es allerdings noch nicht, eine Reihe aus fünf Bären zu legen. Nachdem diese in ihrer räumlichen Anordnung verändert wurden, versucht er diese Menge erneut zu zählen. Er hat also noch kein Verständnis für die Mengenkonstanz entwickelt.
- In Bezug auf Raum-Lage-Begriffe gelingt es ihm, jeweils ein Bärchen „neben", „hinter" und „vor" ein anderes Bärchen zu setzen.
- Ein vorgegebenes Muster aus Bärchen kann er weder nachlegen noch fortsetzen oder erklären.
- Er kennt die Ordinalzahl „der Dritte", kann jedoch den „fünften" Bären in einer Reihe noch nicht zeigen.
- Finn erfasst unstrukturierte Mengen mit 2, 3 und 4 Elementen simultan. Die Mengen mit 5 und 9 Elementen in einer strukturierten Darstellung kann er jedoch noch nicht erfassen.
- Die Zuordnung von Zahlsymbolen zu Punktefeldern, die aus 0, 2, 3, 4, 5 und 9 Punkten bestehen, gelingt ihm noch nicht. Auch die Karten mit Zahlsymbolen kann er noch nicht der Reihenfolge nach von 1 bzw. 0 bis 9 ordnen.
- Da es ihm noch nicht gelingt, sechs Finger zu zeigen, kann er auch die nachfolgenden Aufgabenstellungen, sechs Finger in anderen Zerlegungen zu zeigen, nicht korrekt bearbeiten.
- Das Bestimmen von Vorgängern und Nachfolgern einer Zahl im Zahlenraum bis 9 ist für Finn noch nicht möglich.
- Eine Aufgabe zur Eins-zu-Eins-Zuordnung löst Finn richtig. Es gelingt ihm jedoch noch nicht, drei bzw. vier Bleistifte der Länge nach zu ordnen.
- Finn schätzt die Anzahl von Bären in einem von ihm selbst gefüllten Becher auf 5. Tatsächlich befinden sich darin jedoch 22 Bären. Diese Menge kann er auch noch nicht auszählen. Das Aufsagen der Zahlenreihe gelingt ihm jedoch bereits bis 19. Rückwärtszählen kann er noch nicht. Seine Leistungen im Zählen sind somit auf das verbale Aufsagen der Zahlwortreihe beschränkt. Die Zahlwörter sind noch nicht eindeutig auf Mengen bezogen.

Zusammenfassend lässt sich feststellen, dass sich besondere Schwierigkeiten in den Bereichen *Mengeninvarianz, Mengen mit mehr als 5 Elementen darstellen und abzählen, Muster, Ordinalzahlen, Zuordnung von Zahlsymbolen zu Mengenbildern, Zahlen lesen und der Größe nach ordnen, Bestimmung von Nachfolger/Vorgänger* sowie bei der *Seriation* zeigen.

Tab. 3.5 Förderplan für Finn (vgl. Peter-Koop und Grüßing 2011, S. 30)

Schwerpunkte	Inhalte und Aktivitäten	Materialien
Eins-zu-Eins-Zuordnung	Einem Gegenstand einen anderen zuordnen	Bärchen, Stifte, Holzwürfel etc.
	Synchrones Zählen kleiner Mengen	Nutzung von Alltagssituationen wie z. B. Tischdecken
Zählaktivitäten	Geordnete und ungeordnete Mengen bis 10 zählen	Verschiedene Gegenstände, Punktefelder am Würfel
	Mengen bilden	Zahlen- und Punktekarten, Zahlenweg (Teppichfliesen mit den Zahlen 1–15)
	Zahlen lesen	
	Simultanes Erfassen kleinerer Mengen (bis 5 Elemente) und quasi-simultanes Erfassen größerer Mengen (bis 10 Elemente)	
	Ordinalzahlen	Bingo, Zahlenmemory, Domino
Vergleichen und Seriation	Vergleichen von Mengen Reihenbildung	Bärchen, Punktekarten, Buntstifte, Knöpfe etc.
Mathematisches Sprachverständnis	Raum-Lage-Beziehungen	z. B. Bärchen
	Ordnungsrelationen (mehr – weniger, größer – kleiner)	Knöpfe, Bausteine etc.
	Vorgänger/Nachfolger	Zahlenweg (Teppichfliesen)

Ergänzend wurde als standardisierter Test auch der Osnabrücker Test zur Zahlbegriffs-entwicklung (van Luit et al. 2001) eingesetzt. Die Ergebnisse in diesem Test bestätigen seine Schwierigkeiten. In den Testteilen, die das Zählen betreffen, erreicht er fast keine Punkte. Insgesamt entspricht sein Ergebnis mit 8 von 40 Rohpunkten lediglich dem Niveau E der Zahlbegriffsentwicklung und ist im Vergleich mit der Normgruppe mit den Ergebnissen der schwächsten 10 % seines Jahrgangs vergleichbar.

Auf Grundlage dieser Ergebnisse wurde für Finn ein Förderplan entwickelt, der die Förderung in den folgenden 6 bis 8 Wochen strukturieren sollte. Als Schwerpunkte für die Förderung wurden die Bereiche gezielt ausgewählt, in denen Finn noch Schwierig-keiten zeigte. Gleichzeitig wurde jedoch versucht, an bereits vorhandene Kompetenzen anzuknüpfen und diese auszubauen. Tab. 3.5 zeigt die Schwerpunkte, Inhalte und Aktivi-täten sowie die vorgeschlagenen Materialien, die für Finns Förderung ausgewählt wurden. In Finns Beispiel fand die Förderung schwerpunktmäßig im Rahmen eines zusätzlichen Angebots für ihn statt. Ähnliche Förderpläne dienten im Rahmen der Studie jedoch auch als Orientierung für Angebote im Rahmen einer alltagsintegrierten Förderung.

Auch während der gezielten Beschäftigung mit den Inhalten dieses Förderplans zeigten sich immer wieder Schwierigkeiten beim synchronen Zählen. Beim Zählen von Gegenstän-den tippt Finn häufig mehrmals auf den gleichen Gegenstand – auch wenn die zu zählenden Gegenstände strukturiert angeordnet sind – und erhält so kein korrektes Zählergebnis. Er nutzt die strukturierte Anordnung von Objekten weder beim Zählen noch beim (Qua-si-)Simultanerfassen der Mengen und beginnt beim Zählen dem Anschein nach an einer beliebigen Stelle. Schwerpunkte des zweiten Förderplans waren daher das Erkennen und Nutzen von Strukturen.

Nach 6 bis 8 Wochen wurden die Fördererfolge kritisch betrachtet und der Förderplan fortgeschrieben. Nach einiger Zeit gelingt ihm dann das Auszählen von Mengen von bis zu 20 Elementen. Seine Fähigkeiten im Umgang mit der Zahlwortreihe konnten weiter ausgebaut werden. Im Zahlenraum bis 10 kann er Vorgänger und Nachfolger einer Zahl nennen. Auch Muster kann er jetzt nachlegen. Bei der wiederholten Durchführung des OTZ kurz vor der Einschulung konnte er seine Leistungen auf jetzt 25 von 40 Rohpunkten verbessern. In seiner Alterskohorte gehört er jedoch noch immer zur Gruppe der Kinder mit den 25 % schlechtesten Leistungen.

Die insgesamt positive Tendenz in der Entwicklung von Finns mathematischer Kom-petenz setzt sich im schulischen Anfangsunterricht zunächst fort. Die Kinder, die an der Studie teilgenommen haben, wurden noch bis zum Ende des 2. Schuljahres begleitet und ihre mathematische Kompetenzentwicklung im Vergleich mit den Mitschülerinnen und Mitschülern erfasst. Im durchgeführten Schulleistungstest DEMAT 1+ (Krajewski et al. 2002) am Ende des 1. Schuljahres zeigte Finn Leistungen, die über denen des Mittelwerts der Gesamtgruppe lagen. Darüber hinaus wurde jetzt das vollständige EMBI zum Bereich *Zahlen und Operationen* (Peter-Koop et al. 2007) durchgeführt. Finn erreicht hier jeweils den zweiten Ausprägungsgrad. Ein Jahr später hat sich Finn in Bezug auf die Ausprägungs-grade nicht weiter verbessert. Auch im am Ende des 2. Schuljahres durchgeführten DEMAT 2+ (Krajewski et al. 2004) erreicht Finn nur eine Punktzahl, die unter dem Durchschnitt der Gesamtgruppe liegt. Aus diesen Ergebnissen lässt sich vorsichtig schließen, dass Finn durch die vorschulische Förderung wesentliche Voraussetzungen für eine erfolgreiche Teilnahme am Mathematikunterricht des 1. Schuljahres erworben hat. Bei der Erarbeitung der Inhalte des 2. Schuljahres wie z. B. der Erweiterung des Zahlenraums bis 100, der Weiterentwick-lung von Strategien zur Addition und Subtraktion sowie der Einführung der Multiplikation und Division hätte er jedoch möglicherweise weitere Unterstützung benötigt.

Auch die 6-jährige Gülsah (vgl. Grüßing und Schmitman gen. Pothmann 2007; Peter-Koop und Grüßing 2011) besucht das letzte Kindergartenjahr vor der Einschulung. Sie freut sich schon auf die Schule, geht aber auch gern in den Kindergarten. Da ihre kur-dischen Eltern Ende der 1980er-Jahre nach Deutschland geflohen sind, gilt sie als Kind mit Migrationshintergrund. Gülsah spricht in Alltagssituationen fließend und akzentfrei Deutsch und Kurdisch und versteht auch einige türkische Wörter. Ihre Erzieherin und auch ihre Eltern berichten, dass sie lieber Deutsch als Kurdisch spricht. Trotzdem wur-de ihr Sprachstand bei der im Kindergarten durchgeführten Sprachstandserhebung „Fit in Deutsch" noch als unzulänglich eingestuft. Daher erhält sie im letzten Kindergartenjahr eine Sprachförderung.

In Gesprächen über mathematische Inhalte wird schnell deutlich, dass sie zwar über eine gut entwickelte deutsche Alltagssprache verfügt, dass sie jedoch gleichzeitig noch Schwie-rigkeiten beim Verständnis der mathematischen Fachsprache hat. So hat sie beispielsweise noch Schwierigkeiten mit Begriffen wie „Dreieck", „Viereck" oder „Rechteck" und mit vergleichenden Begriffen wie „höher", „niedriger", „dicker" oder „dünner". Anweisungen wie „ordne von groß nach klein" oder „zeige auf die Männer, die eine Tasche, aber keine Brille haben" kann sie nicht befolgen. Auch die Ordinalzahlen wie in „die achtzehnte Blume" sind ihr nicht bekannt.

Daher erreicht Gülsah im OTZ, der aufgrund seiner Aufgabenstellungen ein gutes Sprachverständnis voraussetzt, nur 20 von 40 Rohpunkten. Damit wird sie auf Niveau D der Zahlbegriffsentwicklung eingeordnet. Im Vergleich mit der Normgruppe entspricht dies dem Leistungsbereich der Kinder, die sich im unteren Leistungsviertel befinden, die jedoch bessere Leistungen zeigen als die 10 % Leistungsschwächsten. Im Anschluss wird auch das stärker materialgestützte EMBI-Kindergarten durchgeführt. Hier zeigt sie bessere Leistungen als im OTZ.

- Sie zeigt keinerlei Schwierigkeiten beim Umgang mit kleineren Mengen.
- Das Nachlegen eines Musters gelingt ihr, nicht jedoch das Fortsetzen und Erklären des Musters.
- Sie kann noch nicht den dritten und den fünften Bären im Muster zeigen.
- Beim Erfassen von unstrukturierten und strukturierten Punktmengen zeigt sie kaum Schwierigkeiten.
- Auch das Zuordnen der Zahlsymbole gelingt ihr mit Ausnahme der Null. Die Zahlsymbole von 1 bis 9 kann sie anschließend auch in einer Reihe anordnen. Auf die anschließende Aufforderung hin, auch die Null noch einzuordnen, platziert sie diese jedoch hinter der 6.
- In der anschließenden Aufgabe zu Teil-Ganzes-Beziehungen kann sie sechs Finger nur auf eine Weise zeigen (fünf Finger der einen Hand, ein Finger der anderen Hand). Eine andere Möglichkeit der Zerlegung findet sie nicht.
- Gülsah kann die Nachfolger der Zahlen 4 und 10 benennen, noch nicht jedoch den Nachfolger von 15. Das Nennen des Vorgängers einer Zahl gelingt ihr noch nicht.
- Die Aufgaben zur Eins-zu-Eins-Zuordnung und zur Seriation bereiten ihr keine Probleme.
- Die Anzahl der von ihr in einen Becher gelegten 22 Bärchen schätzt sie gut auf 17. Anschließend zählt sie diese mühelos aus. Sie kann bis 29 vorwärts zählen. Das Rückwärtszählen gelingt ihr jedoch noch nicht.

Auch für Gülsah wird ein individueller Förderplan entwickelt, der vor allem Schwerpunkte beim mathematischen Sprachverständnis setzt. Tabelle 3.6 zeigt einen Ausschnitt aus dem Förderplan für die ersten 6 bis 8 Wochen.

Einen Schwerpunkt im folgenden Förderplan bildete das Vorwärts- und Rückwärtszählen und das Bestimmen von Vorgängern und Nachfolgern. Dazu wurden vor allem Aktivitäten auf einer „Zahlenstraße" aus Teppichfliesen mit den Zahlen von 1 bis 20 gewählt. Durch die Farbgebung kann dabei die Fünferstruktur hervorgehoben werden. Bewegungsorientierte Aktivitäten wie das Vorwärts- und Rückwärtsgehen sowie das Springen in Zweier- und Dreierschritten auf der „Zahlenstraße" unterstützen die Entwicklung eines flexiblen Umgangs mit der Zahlwortreihe. In diese Aktivitäten wurde jeweils eine kleine Gruppe von Kindern eingebunden. Für Gülsah lag auch hier ein Schwerpunkt auf dem reflektierten Umgang mit Sprache, sodass die Präpositionen „vor" und „nach" gefestigt werden konnten, um Grundlagen für die Orientierung im Zahlenraum zu legen. „Welche Zahl kommt beim Gehen auf der Zahlenstraße *vor* bzw. *nach* einer anderen?" „3 ist die Zahl, die *nach* 2 kommt und *vor* 4. Daher ist 3 der *Nach*folger von 2 bzw. der *Vor*gänger von 4" (Peter-Koop und Grüßing 2011, S. 36). Besonders zu berücksichtigen ist dabei, dass auch die Bedeutung des Wortes „vor" Schwierigkeiten bereiten kann, wenn es im Sinne von „*Vor*wärtsgehen" benutzt wird. Ich gehe einen Schritt *vor* und gelange zum *Nach*folger einer Zahl.

Tab. 3.6 Förderplan für Gülsah (vgl. Peter-Koop und Grüßing 2011, S. 35)

Schwerpunkte	Aufgaben/Aktivitäten	Material
Mathematisches Sprachverständnis:		
Ordinalzahlen	Wer ist der erste, der zweite, der dritte, ... Läufer im Ziel?	Spiel: Wettlaufen (mit Kindern der Gruppe sowie auch mit Spielfiguren)
Ordnungsrelationen	Auf welchem Bild wurde von klein nach groß geordnet?	Verschiedene Bilder von geordneten und ungeordneten Gegenständen (Kerzen, Bonbonstangen, Stöckchen, ...)
Teil-Ganzes-Beziehungen	Lege 4 (6, 8, 10, 12) Eier in zwei verschiedenen Farben in den Karton. Wie viele rote und wie viele blaue Eier hast du gelegt? Geht das auch noch anders?	Eierkarton, rote und blaue Plastikeier

Bei der erneuten Überprüfung von Gülsahs mathematischer Kompetenz direkt vor der Einschulung zeigte sich, dass sie sich sowohl in Bezug auf ihre Ergebnisse im EMBI-Kindergarten als auch in Bezug auf den OTZ deutlich verbessert hat. Sie hat keine Schwierigkeiten mehr im Umgang mit Ordinalzahlen. Auch beim Bestimmen von Vorgängern und Nachfolgern konnte sie sich leicht verbessern. Ihre bisherigen Stärken beim Zählen konnte Gülsah weiter ausbauen. Jetzt gelingt ihr nicht nur das Vorwärtszählen, sondern auch das Rückwärtszählen und das Zählen in Zweierschritten im Zahlenraum bis 10.

In Bezug auf den OTZ erreichte sie 34 von 40 Rohpunkten. Ihre Leistungen entsprechen damit Niveau A und sind im Vergleich mit der Normgruppe den 25 % leistungsstärksten Kindern ihrer Altersgruppe zuzuordnen.

Ihre mithilfe des DEMAT 1+ und DEMAT 2+ erfassten Leistungen am Ende des 1. und 2. Schuljahres liegen weiterhin über den durchschnittlichen Leistungen der teilnehmenden Schülerinnen und Schüler. Es besteht daher Grund zu der Annahme, dass Gülsah durch die Förderung im letzten Kindergartenjahr wichtige Basiskompetenzen festigen konnte, die eine Grundlage für eine erfolgreiche Teilnahme am mathematischen Anfangsunterricht in der Grundschule darstellen.

3.3.3   Nutzen und Schaffen von Lerngelegenheiten

Wird Förderung nicht im Sinne der sehr engen Definition von Kretschmann (2006, S. 31) als „Bereitstellung und Durchführung besonderer Angebote, wenn die pädagogischen Standardangebote nicht ausreichend für eine gedeihliche Entwicklung von Lernenden sind" gesehen, sondern in einem umfassenderen Sinne, so kommt dem Nutzen und Schaffen von Lerngelegenheiten im Alltag sowie im Spiel Bedeutung zu.

Dabei geht es zum einen darum, mathematische Lerngelegenheiten, die sich im Alltag und im Spiel bieten, zu nutzen. Zum anderen umfasst dieses Konzept aber auch das bewusste Schaffen von mathematischen Lerngelegenheiten, die durch die Interaktion von pädagogischen Fachkräften und Kindern gestützt werden. In der Literatur finden sich dazu einige Ideensammlungen, von denen an dieser Stelle stellvertretend die Werke *Mathe-Kings. Junge Kinder fassen Mathematik an* (Hoenisch und Niggemeyer 2004) sowie *Minis entdecken Mathematik*, die Dokumentation der MachmitWerkstatt „MiniMa" (Benz 2010), genannt seien.

Zentrales Merkmal dieses Konzepts ist, dass es sich um kein lehrgangsartiges Vorgehen mit festen Vorgaben handelt. Dementsprechend stellt es hohe Anforderungen an die professionellen Kompetenzen von pädagogischen Fachkräften.

Gasteiger (2010, S. 95) formuliert Leitlinien für frühe mathematische Bildung, die sich am Nutzen und Schaffen von Lerngelegenheiten im Alltag und im Spiel orientiert:

- Orientierung am Fach,
- konstruktives Verständnis von Lernen und
- Rolle der Sprache und der Kommunikation.

Eine zentrale Leitlinie stellt die Orientierung am Fach und seinen fundamentalen Ideen dar. Diese fundamentalen Ideen entsprechen „durchlaufenden Themen, die von der Erstbegegnung bis hin zur formalen Durchdringung immer wieder im mathematischen Lernen auftreten" (Steinweg 2008, S. 146). Dabei ist jedoch nicht nur die Orientierung an den mathematischen Inhalten von Bedeutung. Im Fokus sollten auch die mathematischen Denk- und Handlungsprozesse und damit die prozessbezogenen mathematischen Kompetenzen stehen (vgl. Kap. 9).

Ein konstruktives Verständnis von Lernen stellt neben der fachlichen Orientierung auch die Orientierung am Kind und seinen Lernprozessen in den Mittelpunkt. „Dabei zeigt sich ein konstruktivistisches Verständnis des Lernens als kumulativer, selbsttätiger Prozess, der eigenständiges Problemlösen unter Berücksichtigung des Vorwissens für den Aufbau flexiblen Denkens und transferfähigen Wissens als zwingend notwendig erachtet" (Gasteiger 2010, S. 95).

Darüber hinaus wird die Bedeutung der Sprache, der Interaktion und der Kommunikation hervorgehoben. „Erkenntnisse sind nicht allein das Resultat individueller Konstruktionsprozesse, sondern werden durch dialogische Auseinandersetzung und kollektives Aushandeln gewonnen" (Gasteiger 2010, S. 96). Dabei trägt zum einen die Kommunikation zwischen Kindern sowie zum anderen zwischen Kindern und Erwachsenen entscheidend zum mathematischen Lernen bei.

3.4 Zusammenfassung, Reflexion und Ausblick

Für den Primarbereich werden in den Empfehlungen der Berufsverbände DMV, GDM und MNU (Ziegler et al. 2008) zu Standards für die Lehrerbildung im Fach Mathematik mathematikdidaktische diagnostische Kompetenzen konkretisiert. Auch für pädagogische Fachkräfte im Kindergarten ist der Aufbau diagnostischer Kompetenzen von großer Bedeutung. Dazu gehört nicht nur die Kompetenz, aus verschiedenen diagnostischen Verfahren geeignete Verfahren auswählen und anwenden zu können. Zur Interpretation der Ergebnisse ist darüber hinaus Wissen über Entwicklungsverläufe in den einzelnen Inhaltsbereichen notwendig. Eine Diagnose ist somit immer theoriebasiert. Wissen über die Entwicklung von Kompetenzen in den einzelnen Inhaltsbereichen ist darüber hinaus vor allem für die Gestaltung einer daran anknüpfenden Förderung von Bedeutung. Diagnostik und Förderung gehören zu den Aufgaben pädagogischer Fachkräfte im Kindergarten. Dabei ist eine strukturierte und systematische Beobachtung von Bedeutung, die durch den Einsatz geeigneter diagnostischer Verfahren ergänzt werden kann.

In diesem Kapitel wurden verschiedene diagnostische Verfahren vorgestellt, die verschiedene Schwerpunkte setzen. Eine Reihe von Verfahren ist dabei ausschließlich auf den Bereich *Zahlen und Operationen* bezogen. Diese Verfahren beziehen sich auf zugrunde liegende Entwicklungsmodelle und erlauben damit zum einen eine theoriebasierte und hypothesengeleitete Diagnose, zum anderen bieten sie die Möglichkeit, daran für die Gestaltung der Förderung anzuknüpfen. Vorliegende Studien bestätigen darüber hinaus, dass frühe Kompetenzen in diesem Bereich prädiktiv für die weitere Entwicklung der mathematischen Kompetenz sind. Mathematische Kompetenz umfasst jedoch mehr als nur den Bereich *Zahlen und Operationen*. Daher sollte weder die Diagnose noch die Förderung die anderen Bereiche komplett aus dem Blick verlieren.

Die verschiedenen Typen von Diagnoseinstrumenten, standardisierte normierte Verfahren, eher qualitativ ausgerichtete Verfahren und Instrumente zur kontinuierlichen Dokumentation, sind für verschiedene Einsatzmöglichkeiten in unterschiedlicher Weise geeignet. Während die standardisierten Verfahren durch die Möglichkeit des Vergleichs mit einer Normgruppe beispielsweise geeignet sind, die Zuweisung eines Kindes zu einem Förderprogramm zu begründen, sind die eher qualitativ orientierten Interviewverfahren sowie die Verfahren zur kontinuierlichen Beobachtung besser geeignet, Einblicke in die mathematischen Denkweisen und Deutungsmuster eines Kindes zu erhalten. In vielen Fällen ist aufgrund der unterschiedlichen Möglichkeiten und Grenzen der Verfahren auch eine Kombination aus verschiedenen Verfahren zu empfehlen.

Mit dem Ziel der Herstellung von Kontinuität und Kohärenz in den Lernprozessen von Kindern sind die Themen Diagnose und Förderung auch im Rahmen der Kooperation zwischen Elementar- und Primarbereich ein zentrales Thema.

Im Kontext von Förderung wurden in diesem Kapitel verschiedene Konzepte vorgestellt. Während vorliegende Trainings- und Förderprogramme zur gezielten Förderung geeignet sind, ist darüber hinaus vor allem das Nutzen und Schaffen von mathematischen Lerngelegenheiten zentral. Die folgenden Kapitel gehen daher auf die notwendigen Hintergründe sowohl aus fachlicher als auch aus fachdidaktischer und entwicklungspsychologischer Perspektive ein. Zentraler Leitgedanke ist dabei die Orientierung am Fach und gleichzeitig auch am Kind.

Fragen zum Reflektieren und Weiterdenken

1. Welche Verfahren zur Beobachtung und Dokumentation der Lernentwicklung sind Ihnen aus der Praxis bekannt? Welche Informationen lassen sich daraus gewinnen; und für welchen Einsatzzweck eignen sie sich besonders? Wenn es sich um allgemeine Verfahren handelt: Welchen Stellenwert nimmt der Bildungsbereich Mathematik dabei ein?
2. Ein Kollege argumentiert, die frühe Diagnostik mathematischer Kompetenz diene vor allem einer frühen „Etikettierung" und sei daher sehr kritisch zu sehen. Was entgegnen Sie?
3. Welche Argumente sprechen für oder gegen ein „Screening" früher mathematischer Kompetenzen für alle Kinder, das ca. 1 Jahr vor der Einschulung durchgeführt wird. Welche Instrumente halten Sie für diesen Zweck für geeignet?
4. Der Träger Ihrer Kindertagesstätte möchte ein Konzept für die mathematische Förderung entwickeln. Was empfehlen Sie?

3.5 Tipps zum Weiterlesen

Zum Weiterlesen und zur Vertiefung empfehlen wir interessierten Leserinnen und Lesern die folgenden Titel:

Kretschmann, R. (2006). „Pädagnostik" – Optimierung pädagogischer Angebote durch differenzierende Lernstandsdiagnosen. In M. Grüßing & A. Peter-Koop (Hrsg.), *Die Entwicklung mathematischen Denkens in Kindergarten und Grundschule: Beobachten – Fördern – Dokumentieren* (S. 29–54). Offenburg: Mildenberger.

Moser Opitz, E. (2006). Förderdiagnostik: Entstehung – Ziele – Leitlinien – Beispiele. In M. Grüßing & A. Peter-Koop (Hrsg), *Die Entwicklung mathematischen Denkens in Kindergarten und Grundschule: Beobachten – Fördern – Dokumentieren* S. 10–28. Mildenberger, Offenburg.

Die beiden Beiträge aus dem Band *Die Entwicklung mathematischen Denkens in Kindergarten und Grundschule: Beobachten – Fördern – Dokumentieren* diskutieren grundsätzliche Positionen und Begriffe im Themenfeld „Diagnostik und Förderung", auf denen auch das vorliegende Kapitel aufbaut. In beiden Beiträgen werden Diagnostik und Förderung im pädagogischen Handlungsfeld verortet.

Gasteiger, H. (2010). Elementare mathematische Bildung im Alltag der Kindertagesstätte. Grundlegung und Evaluation eines kompetenzorientierten Förderansatzes. Münster: Waxmann.

In der Dissertation von Hedwig Gasteiger wird ein kompetenzorientiertes Förderkonzept entfaltet, das Kinder ausgehend von ihren individuellen Voraussetzungen so fördert, dass sie grundlegende mathematische Kompetenzen erwerben können. Dabei ist die Professionalisierung der pädagogischen Fachkräfte ein zentraler Bestandteil des Konzepts. Im theoretischen Teil dieser Arbeit werden vorliegende Diagnosekonzepte wie auch vorliegende Förder- und Trainingskonzepte sorgfältig und ausführlich analysiert.

Hasselhorn, M., Heinze, A., Schneider, W. & Trautwein, U. (Hrsg.) (2013). *Diagnostik mathematischer Kompetenzen* (Tests und Trends, Jahrbuch der pädagogisch-psychologischen Diagnostik, Band 11). Göttingen: Hogrefe.

Hasselhorn, M. & Schneider, W. (Hrsg.) (2011). *Frühprognose schulischer Kompetenzen* (Tests und Trends – Jahrbuch der pädagogisch-psychologischen Diagnostik, Band 9). Göttingen: Hogrefe.

In der Reihe *Tests und Trends – Jahrbuch der pädagogisch-psychologischen Diagnostik* werden neben neuen Testverfahren auch Trainingsprogramme und Aspekte der Grundlagenforschung mit entsprechenden diagnostischen Implikationen thematisiert. Der Band zur *Frühprognose schulischer Kompetenzen* thematisiert neben Verfahren, die eine frühe Prognose zur Entwicklung mathematischer Kompetenzen ermöglichen, auch Verfahren zur Diagnostik schriftsprachlicher und bereichsübergreifender Kompetenzen. Der neuere Band *Diagnostik mathematischer Kompetenzen* thematisiert die diagnostische Erfassung mathematischer Kompetenzen vom Elementarbereich bis zum Sekundarstufenalter. Fünf Kapitel des Bandes sind dabei dem Bereich der frühen mathematischen Bildung gewidmet. Fünf bzw. vier weitere Kapitel thematisieren vorliegende Verfahren für das Grundschul- bzw. Sekundarstufenalter.

Literatur

Benz, C. (2010). *Minis entdecken Mathematik*. Braunschweig: Westermann.

Bortz, J., & Döring, N. (2006). *Forschungsmethoden und Evaluation für Human- und Sozialwissenschaftler*. Berlin: Springer.

Clarke, D., Cheeseman, J., Clarke, B., Gervasoni, A., Gronn, D., Horne, M., McDonough, A., Montgomery, P., Roche, A., Rowley, G., & Sullivan, P. (2002). *Early Numeracy Research Project, Final Report*. Melbourne: Australian Catholic University, Monash University.

Dehaene, S. (1992). Varieties of numerical abilities. *Cognition, 44*, 1–40.

Dehaene, S. (1999). *Der Zahlensinn oder Warum wir rechnen können*. Basel: Birkhäuser.

Dornheim, D. (2008). *Prädiktion von Rechenleistung und Rechenschwäche: Der Beitrag von Zahlen-Vorwissen und allgemein-kognitiven Fähigkeiten*. Berlin: Logos.

Ennemoser, M., Krajewski, K., & Sinner, D. (in Vorb.). *Testverfahren zur Erfassung mathematischer Basiskompetenzen ab Schuleintritt (MBK-1)*. Göttingen: Hogrefe.

Friedrich, G., & de Galgóczy, V. (2004). *Komm mit ins Zahlenland. Eine spielerische Entdeckungsreise in die Welt der Mathematik*. Freiburg: Christophorus im Verlag Herder.

Fritz, A., & Ricken, G. (2009). Grundlagen des Förderkonzepts „Kalkulie". In A. Fritz, G. Ricken, & S. Schmidt (Hrsg.), *Handbuch Rechenschwäche* (S. 374–395). Weinheim: Beltz.

Gasteiger, H. (2010). *Elementare mathematische Bildung im Alltag der Kindertagesstätte. Grundlegung und Evaluation eines kompetenzorientierten Förderansatzes*. Münster: Waxmann.

Gerlach, M., & Fritz, A. (2011). *Mina und der Maulwurf. Frühförderbox Mathematik*. Berlin: Cornelsen.

Gerlach, M., Fritz, A., & Leutner, D. (2013). *MARKO–T. Trainingsverfahren für mathematische und rechnerische Konzepte im Vorschulalter*. Göttingen: Hogrefe.

Graf, U., & Moser Opitz, E. (2008). Lernprozesse wahrnehmen, deuten und begleiten. In U. Graf, & E. Moser Opitz (Hrsg.), *Diagnostik und Förderung im Elementarbereich und Grundschulunterricht* (S. 5–12). Hohengehren: Schneider Verlag.

Grüßing, M., Heinze, A., Duchhardt, C., Ehmke, T., Knopp, E., & Neumann, I. (2013). KiKi – Kieler Kindergartentest Mathematik zur Erfassung mathematischer Kompetenz von vier- bis sechsjährigen Kindern im Vorschulalter. In M. Hasselhorn, A. Heinze, W. Schneider, & U. Trautwein (Hrsg.), *Diagnostik mathematischer Kompetenzen. Tests und Trends Bd. 11* (S. 67–79). Göttingen: Hogrefe.

Grüßing, M., May, M., & Peter-Koop, A. (2007). Von diagnostischen Befunden zu Förderkonzepten – Mathematische Frühförderung im Übergang vom Kindergarten zur Grundschule. *Sache – Wort – Zahl, 35*(83), 50–55.

Grüßing, M. & Peter-Koop, A. (2008). Effekte vorschulischer mathematischer Förderung am Ende des ersten Schuljahres: Erste Befunde einer Längsschnittstudie. *Zeitschrift für Grundschulforschung,1*, 65-82.

Grüßing, M., & Schmitman gen. Pothmann, A. (2007). „Ohne Zahlen keine Welt und ohne Wörter guckt man sich nur an". Erkenntnisse aus dem Elementarmathematischen Basisinterview bei Kindern mit Migrationshintergrund. *Grundschulunterricht, 2007*(7-8), 28–32.

Hasselhorn, M., Heinze, A., Schneider, W., & Trautwein, U. (Hrsg.). (2013). *Diagnostik mathematischer Kompetenzen. Tests und Trends Bd. 11*. Göttingen: Hogrefe.

Hasselhorn, M., & Schneider, W. (Hrsg.). (2011). *Frühprognose schulischer Kompetenzen. Tests und Trends – Jahrbuch der pädagogisch-psychologischen Diagnostik, Bd. 9*. Göttingen: Hogrefe.

Hoenisch, N., & Niggemeyer, E. (2004). *Mathe-Kings. Junge Kinder fassen Mathematik an*. Weimar: Verlag das netz.

Ingenkamp, K. (1991). Pädagogische Diagnostik. In L. Roth (Hrsg.), *Pädagogik. Handbuch für Studium und Praxis* (S. 760–785). München: Ehrenwirth.

Jacobs, C., & Petermann, F. (2012). *Diagnostik von Rechenstörungen*. Göttingen: Hogrefe.

Kaufmann, S., & Lorenz, J. H. (2009). *Elementar – Erste Grundlagen in Mathematik*. Braunschweig: Westermann.

Kaufmann, L., Nuerk, H.-C., Graf, M., Krinzinger, H., Delazer, M., & Willmes, K. (2009). *Test zur Erfassung numerisch-rechnerischer Fertigkeiten vom Kindergarten bis zur 3. Klasse*. Göttingen: Hogrefe.

Krajewski, K. (2003). *Vorhersage von Rechenschwäche in der Grundschule*. Hamburg: Verlag Dr. Kovač.

Krajewski, K. (2008). Vorschulische Förderung mathematischer Kompetenzen. In F. Petermann, & W. Schneider (Hrsg.), *Angewandte Entwicklungspsychologie Enzyklopädie der Psychologie, Serie Entwicklungspsychologie, Bd. 7* (S. 275–304). Göttingen: Hogrefe.

Krajewski, K. (in Vorb.). *Test mathematischer Basiskompetenzen im Kindergartenalter (MBK-0).* Göttingen: Hogrefe.

Krajewski, K., Küspert, P., & Schneider, W. (2002). *Deutscher Mathematiktest für erste Klassen (DEMAT 1+).* Göttingen: Hogrefe.

Krajewski, K., Liehm, S., & Schneider, W. (2004). *Deutscher Mathematiktest für zweite Klassen (DEMAT 2+).* Göttingen: Hogrefe.

Krajewski, K., Nieding, G., & Schneider, W. (2007). *Mengen, zählen, zahlen. Die Welt der Mathematik verstehen.* Berlin: Cornelsen.

Krajewski, K., Nieding, G. & Schneider, W. (2008). Kurz- und langfristige Effekte mathematischer Frühförderung im Kindergarten durch das Programm „Mengen, zählen, Zahlen". *Zeitschrift für Entwicklungspsychologie und Pädagogische Psychologie, 40,* 135-146.

Krajewski, K., & Schneider, W. (2006). Mathematische Vorläuferfertigkeiten im Vorschulalter und ihre Vorhersagekraft für die Mathematikleistungen bis zum Ende der Grundschulzeit. *Zeitschrift für Psychologie in Erziehung und Unterricht, 53,* 246–262.

Kretschmann, R. (2006). „Pädagnostik" – Optimierung pädagogischer Angebote durch differenzierende Lernstandsdiagnosen. In M. Grüßing, & A. Peter-Koop (Hrsg.), *Die Entwicklung mathematischen Denkens in Kindergarten und Grundschule: Beobachten – Fördern – Dokumentieren* (S. 29–54). Offenburg: Mildenberger.

Langhorst, P., Hildenbrand, C., Ehlert, A., Ricken, G., & Fritz, A. (2013). Mathematische Bildung im Kindergarten – Evaluation des Förderprogramms „Mina und der Maulwurf" und Betrachtung von Fortbildungsvarianten. In M. Hasselhorn, A. Heinze, W. Schneider, & U. Trautwein (Hrsg.), *Diagnostik mathematischer Kompetenzen. Tests und Trends, Bd. 11* (S. 67–79). Göttingen: Hogrefe.

Lorenz, J. H. (2007). *Hamburger Rechentest für die Klassen 1–4 (HaReT).* Hamburg: Behörde für Bildung und Sport.

Lorenz, J. H. (2012). *Kinder begreifen Mathematik. Frühe mathematische Bildung und Förderung.* Stuttgart: Kohlhammer.

Lorenz, J. H. (2013). Der Hamburger Rechentest 1–4 (HaReT 1–4). In M. Hasselhorn, A. Heinze, W. Schneider, & U. Trautwein (Hrsg.), *Diagnostik mathematischer Kompetenzen. Tests und Trends, Bd. 11* (S. 165–183). Göttingen: Hogrefe.

Mann, A., Fischer, U., & Nürk, H.-C. (2013). TEDI-MATH – Test zur Erfassung numerisch-rechnerischer Fertigkeiten vom Kindergarten bis zur 3. Klasse. In M. Hasselhorn, A. Heinze, W. Schneider, & U. Trautwein (Hrsg.), *Diagnostik mathematischer Kompetenzen. Tests und Trends Bd. 11* (S. 97–111). Göttingen: Hogrefe.

Moser Opitz, E. (2006). Förderdiagnostik: Entstehung – Ziele – Leitlinien – Beispiele. In M. Grüßing, & A. Peter-Koop (Hrsg.), *Die Entwicklung mathematischen Denkens in Kindergarten und Grundschule: Beobachten – Fördern – Dokumentieren* (S. 10–28). Offenburg: Mildenberger.

Peter-Koop, A., & Grüßing, M. (2011). *Elementarmathematisches Basisinterview – Kindergarten.* Offenburg: Mildenberger.

Peter-Koop, A., Wollring, B., Spindeler, B., & Grüßing, M. (2007). *ElementarMathematisches Basis-Interview (EMBI).* Offenburg: Mildenberger.

Preiß, G. (2007). *Leitfaden Zahlenland 1. Verlaufspläne für die Lerneinheiten 1 bis 10 der „Entdeckungen im Zahlenland".* Kirchzarten: Klein Druck.

Ricken, G., Fritz, A., & Balzer, L. (2011). MARKO-D: Mathematik und Rechnen – Test zur Erfassung von Konzepten im Vorschulalter. In M. Hasselhorn, & W. Schneider (Hrsg.), *Frühprognose schulischer Kompetenzen. Tests und Trends, Bd. 9* (S. 127–146). Göttingen: Hogrefe.

Ricken, G., Fritz, A., & Balzer, L. (2013). *MARKO-D: Mathematik- und Rechenkonzepte im Vorschulalter – Diagnose (Hogrefe Vorschultests)*. Göttingen: Hogrefe.

Rowley, G. & Horne, M. (2000). *Validation of an interview schedule for identifying growth points in early numeracy*. Paper presented at the Australian Association for Research in Education Annual Conference, University of Sydney, New South Wales. http://www.aare.edu.au/00pap/row00024.htm. Zugegriffen: 23.09.2012

Scherer, P., & Moser Opitz, E. (2010). *Fördern im Mathematikunterricht der Primarstufe*. Heidelberg: Spektrum.

Schipper, W. (2007). Prozessorientierte Diagnostik von Rechenstörungen. In J. H. Lorenz, & W. Schipper (Hrsg.), *Hendrik Radatz. Impulse für den Mathematikunterricht* (S. 105–116). Braunschweig: Schroedel.

Sinner, D., Ennemoser, M., & Krajewski, K. (2011). Entwicklungspsychologische Frühdiagnostik mathematischer Basiskompetenzen im Kindergarten- und frühen Grundschulalter (MBK-0 und MBK-1). In M. Hasselhorn, & W. Schneider (Hrsg.), *Frühprognose schulischer Kompetenzen. Tests und Trends, Bd. 9* (S. 109–126). Göttingen: Hogrefe.

Sommerlatte, A., Lux, M., Meiering, G., & Führlich, S. (2007). *Beobachten – Dokumentieren – Fördern. Lerndokumentation Mathematik und Anregungsmaterialien Mathematik*. Berlin: Senatsverwaltung für Bildung, Wissenschaft und Forschung.

Steinweg, A. S. (2006). *Lerndokumentation Mathematik. Senatsverwaltung für Bildung, Wissenschaft und Forschung Berlin*. http://bildungsserver.berlin-brandenburg.de/fileadmin/user/redakteur/Berlin/Lerndoku_Mathe_druckreif_12.06.pdf. Zugegriffen: 20.6.2013

Steinweg, A. S. (2008). Zwischen Kindergarten und Schule – Mathematische Basiskompetenzen im Übergang. In F. Hellmich, & H. Köster (Hrsg.), *Vorschulische Bildungsprozesse in Mathematik und in den Naturwissenschaften* (S. 143–159). Bad Heilbrunn: Klinkhardt.

van Luit, J. E. H., van de Rjit, B. A. M., & Hasemann, K. (2001). *Osnabrücker Test zur Zahlbegriffsentwicklung*. Göttingen: Hogrefe.

Van Nieuwenhoven, C., Grégorie, J., & Noël, M. P. (2001). *TEDI-MATH. Test Diagnostique des Compétences de Base en Mathématiques*. Paris: ECPA.

von Aster, M. G., Bzufka, M. W., & Horn, R. R. (2009). *Neuropsychologische Testbatterie für Zahlenverarbeitung und Rechnen bei Kindern. Kindergartenversion (ZAREKI–K)*. Frankfurt/Main: Pearson.

Von Aster, M. G., Weinhold Zulauf, M., & Horn, R. (2006). *Testverfahren zur Dyskalkulie (ZAREKI-R)*. Frankfurt: Pearson.

Weißhaupt, S., Peucker, S. & Wirtz, M. (2006). Diagnose mathematischen Vorwissens im Vorschulalter und Vorhersage von Rechenleistungen und Rechenschwierigkeiten in der Grundschule. *Psychologie in Erziehung und Unterricht, 53*, S. 236–245.

Wilson, M. (2005). *Constructing measures: An item response modeling approach*. Mahwah, NJ: Lawrence Erlbaum Associates, Inc.

Wittmann, E. C., & Müller, G. N. (2009). *Das Zahlenbuch. Handbuch zum Frühförderprogramm*. Stuttgart: Klett.

Wollring, Bernd (2006). Welche Zeit zeigt deine Uhr? – Handlungsleitende Diagnostik für den Mathematikunterricht der Grundschule. *Friedrich Jahresheft XXIV: Diagnostizieren und Fördern, Stärken entdecken – Können entwickeln, 24,*64–67.

Wollring, B., Peter-Koop, A., Haberzettl, N., Becker, N., & Spindeler, B. (2011). *Elementarmathematisches Basisinterview – Größen und Messen, Raum und Form.* Offenburg: Mildenberger.

Wollring Peter-Koop, B., & Grüßing, A. M. (2013). Das ElementarMathematische BasisInterview EMBI. In M. Hasselhorn, A. Heinze, W. Schneider, & U. Trautwein (Hrsg.), *Diagnostik mathematischer Kompetenzen. Tests und Trends Bd. 11* (S. 81–96). Göttingen: Hogrefe.

Ziegler, G., Weigand, H. G., & a Campo, A. (2008). *Standards für die Lehrerbildung im Fach Mathematik.* http://madipedia.de/images/2/21/Standards_Lehrerbildung_Mathematik.pdf. Zugegriffen: 01.05.2013

Teil II
Inhalte und Prozesse früher mathematischer Bildung

Im ersten Teil dieses Buches wurde betrachtet, *warum* mathematische Bildungsprozesse im Elementarbereich eine Rolle spielen und *wie* diese gestaltet werden können. Im zweiten Teil liegt der Fokus darauf, *was* im Elementarbereich bei mathematischen Bildungsprozessen gelernt werden kann. Dafür werden mathematische Inhalte und Prozesse näher beleuchtet. Die Kategorisierung der inhalts- und prozessbezogenen Kompetenzen orientiert sich dabei an der Kategorisierung der nationalen Bildungsstandards für die Primarstufe (Kultusministerkonferenz, 2005). Man könnte nun argumentieren, dass der Elementarbereich als eigenständiger Bildungsbereich eine eigene Kategorisierung benötigt. Ein großer Vorteil der Bildungsstandards der weiterführenden Bildungsbereiche Primar- und Sekundarstufe ist das Prinzip der Anschlussfähigkeit. Deswegen wurde aus Gründen der Kontinuität und Kohärenz für die Darstellung in diesem Band die Kategorisierung der Bildungsstandards übernommen, wobei den speziellen Kontextbedingungen, Prinzipien und Zielen des Elementarbereichs Rechnung getragen wird.

Vergleicht man nationale und internationale Bildungsstandards und Curricula für die Primarstufe und auch für den Elementarbereich, findet man eine grundsätzliche Unterscheidung in *prozessbezogene* (bzw. inhaltsübergreifende oder allgemeine) Kompetenzen und *inhaltsbezogene* Kompetenzen.

Bei der Bezeichnung der *inhaltlichen Kompetenzen* werden unterschiedliche Begrifflichkeiten genutzt; sie beziehen sich meist auf die mathematischen Inhaltsbereiche Arithmetik, Geometrie, Größen und Stochastik. Dies äußert sich in den Bildungsstandards in folgenden inhaltlichen Leitideen: *Zahlen und Operationen* (Kap. 4), *Raum und Form* (Kap. 5), *Größen und Messen* (Kap. 6), *Daten, Häufigkeit und Wahrscheinlichkeit* (Kap. 7). Des Weiteren findet sich in den nationalen Bildungsstandards unter den inhaltlichen Leitideen noch der Bereich *Muster und Strukturen* (Kap. 8). Ob diese Leitidee als eigenständiger mathematischer Inhaltsbereich bezeichnet werden sollte oder vielmehr als übergreifender Inhaltsbereich zu verstehen ist, der sich durch alle anderen Inhaltsbereiche zieht, wird unterschiedlich gesehen und in den Abschn. 8.1 und 8.3 ausführlich erörtert.

Bei der Darstellung der Inhalte in den Kap. 4 bis 8 werden die fachlichen, entwicklungspsychologischen und fachdidaktischen Aspekte analysiert, und es wird dargestellt, inwiefern diese Inhalte Bedeutung für die frühe mathematische Bildung im Elementarbereich haben. Abschließend werden in jedem Kapitel Ideen und Beispiele für mathematische Lerngelegenheiten vorgestellt; zudem wird eine Brücke zum Mathematikunterricht in der Grundschule geschlagen.

Versteht man Mathematik als „eine Tätigkeit, eine Verhaltensweise, eine Geistesverfassung" (Freudenthal 1982, S. 140) und nicht nur als fertiges Wissensnetz und Regelwerk, so wird schnell deutlich, dass für mathematische Bildung nicht allein inhaltsbezogene Kompetenzen bedeutsam sein können, sondern auch allgemeine bzw. *prozessbezogene Kompetenzen* einen bedeutenden Anteil am mathematischen Bildungsprozess haben. In sämtlichen Bildungs- und Orientierungsplänen für den Elementarbereich sowie in Bildungsstandards auf nationaler und internationaler Ebene werden daher prozessbezogene Kompetenzen formuliert, wenn auch mit unterschiedlichen Bezeichnungen und Strukturierungen. Zu Beginn von Kap. 9 wird diese Kategorisierung diskutiert. Anschließend wird analysiert, inwiefern die prozessbezogenen Kompetenzen *Problemlösen, Kommunizieren, Argumentieren, Darstellen* und *Modellieren* im Elementarbereich für die mathematische Bildung relevant sind.

Dass es zur mathematischen Grundbildung (*mathematical literacy*) gehört, „sich auf eine Weise mit der Mathematik zu befassen, die den Anforderungen des gegenwärtigen und künftigen Lebens dieser Person als konstruktivem, engagiertem und reflektierendem Bürger entspricht" (Baumert et al. 2001, S. 23) wie es seinerzeit im Kontext der ersten PISA-Studie formuliert wurde, gilt inzwischen weitgehend als Konsens. Im Sinne einer solchen mathematischen Grundbildung werden sowohl für die inhaltlichen als auch für die prozessbezogenen Kompetenzen folgende Fragestellungen analysiert und dargestellt:

- Welche mathematischen Kompetenzen sind in Bezug auf den Elementarbereich für die Kinder relevant?
- Welche Kompetenzen sind für die weitere Entwicklung des mathematischen Denkens relevant?

Literatur

Baumert, J., Stanat, P., & Demmrich, A. (2001). PISA 2000: Untersuchungsgegenstand, theoretische Grundlagen und Durchführung der Studie. In J. Baumert, E. Klieme, M. Neubrand, M. Prenzel, U. Schiefele, W. Schneider, P. Stanat, K.-J. Tillmann, & M. Weiß (Hrsg.), *PISA 2000. Basiskompetenzen von Schülerinnen und Schülern im internationalen Vergleich* (S. 15–68). Opladen: Leske + Budrich.

Freudenthal, H. (1982). Mathematik – Eine Geisteshaltung. *Grundschule, 4,* 140–142.

Kultusministerkonferenz (2005). *Bildungsstandards im Fach Mathematik für den Primarbereich. Beschluss vom 15.10.2004.* München: Luchterhand (auch digital verfügbar unter: www.kmk-org. de).

Zahlen und Operationen

4

Der 5-jährige Jonas ist stolz darauf, dass er schon „ganz weit zählen kann". Er zählt bis 100. Auf die Frage, ob er denn noch weiterzählen kann, sagt er: „Ja, einhundert, zweihundert, dreihundert, vierhundert, immer so weiter, hundertmal bis hundert."

Lisa, 5 Jahre, hat sieben Gummibären vor sich liegen. Sie zählt: „Eins, zwei, drei, vier, fünf, sechs, sieben". Dann isst sie ein Gummibärchen auf. Auf die Frage, wie viele Gummibären sie noch hat, antwortet sie ohne nochmals zu zählen: „Sieben". „Hast du da nicht einen Gummibären vergessen". „Nein", sagt da Lisa, „es sind doch noch sieben da", und zeigt auf das zuletzt gezählte Gummibärchen.

In diesen Situationen dreht sich alles um das Zählen oder das Bestimmen von Anzahlen. Warum Jonas nach hundert mit einhundert, zweihundert und dreihundert weiterzählt, hat mit den Besonderheiten der Konstruktion der deutschen Zahlwortreihe zu tun. Hier müssen Kinder einige Hürden überwinden. Dass Lisa, nachdem sie ein Gummibärchen gegessen hat, der Meinung ist, dass es immer noch sieben Gummibärchen sind, kann an ihrem Verständnis des Auszählens einer Anzahl von Gegenständen liegen. Um in dieser Situation die richtige Anzahl nennen zu können, müssen Kinder Zählprinzipien erworben haben. Der Erwerb der Zahlwortreihe und der Zählprinzipien sind bedeutend für das Bestimmen von Anzahlen.

In Kap. 4 stehen diese und weitere grundlegende Kompetenzen, die sich auf *Zahlen und Operationen* beziehen, im Zentrum. Damit Kinder ein Wissensnetz über Zahlen aufbauen können, auch Zahlverständnis bzw. Zahlbegriff genannt, ist es notwendig, dass sie verschiedene *Aspekte* der Zahlen miteinander verbinden können. Das Kapitel beginnt mit einer sachlichen Auseinandersetzung mit den natürlichen Zahlen (Abschn. 4.1) sowie einer systematischen Darstellung verschiedener Zahlaspekte (Abschn. 4.2), um zu klären, welche Aspekte natürlicher Zahlen Kinder kennenlernen (vgl. das Beispiel von Samira in

C. Benz et al., *Frühe mathematische Bildung*, Mathematik Primarstufe und Sekundarstufe I + II, 117
DOI 10.1007/978-3-8274-2633-8_4, © Springer-Verlag Berlin Heidelberg 2015

Kap. 1). Daran anschließend werden entwicklungs- und kognitionspsychologische und didaktische Theorien zum Erwerb des Zahlbegriffs der natürlichen Zahlen (Abschn. 4.3) und des Operationsverständnisses (Abschn. 4.4) vorgestellt. Dabei werden der Erwerb der Zahlwortreihe, des Zählens und andere Möglichkeiten der Anzahlerfassung, die Bedeutung der Teil-Ganzes-Beziehung sowie die Vorstellungen über Beziehungen von Zahlen und Mengen genauer betrachtet. Darauf aufbauend werden diagnostische Verfahren im Bereich *Zahlen und Operationen* dargestellt. (Abschn. 4.5). In Abschn. 4.6 werden exemplarisch einige Chancen betrachtet, die sich im KiTa-Alltag und beim Spielen zur Förderung des Zahlbegriffs ergeben können. Abschließend wird ein kurzer Ausblick auf den schulischen Mathematikunterricht gegeben (Abschn. 4.7) und ein Fazit gezogen mit Fragen zum Reflektieren und Weiterdenken und Tipps zum Weiterlesen (Abschn. 4.8).

4.1 Mathematische Präzisierung

Was ist eine Zahl? Eine Zahl ist ein abstraktes Konstrukt, das zur Beschreibung verschiedener Aspekte dienen kann, wie bei der Darstellung verschiedener Zahlaspekte deutlich wird.

Es hat in der Menschheitsgeschichte lange gedauert, bis sich die natürlichen Zahlen mit ihren Zahlworten und Zahlzeichen entwickelt haben. Noch heute gibt es Völker, die nur die Zahlen 1, 2, 3 und „viele" besitzen. Versucht man mathematisch zu erklären, was man unter den Zahlen 1, 2, 3 … verstehen kann, gibt es zwei sehr unterschiedliche Wege der mathematischen Präzisierung. Eine Möglichkeit der mathematischen Präzisierung wird dem Mathematiker Giuseppe Peano (1858–1932) zugeschrieben. Bei den Peano-Axiomen werden die natürlichen Zahlen folgendermaßen beschrieben (vgl. Reiss und Schmieder 2005):

(P1) Jedem $n \in \mathbb{N}$ ist genau ein $n' \in \mathbb{N}$ zugeordnet, das der Nachfolger von n heißt.

(P2) Es gibt ein $a \in \mathbb{N}$ (wie „Anfang"), das für kein $n \in \mathbb{N}$ der Nachfolger ist.

(P3) Sind n, $m \in \mathbb{N}$ verschieden, so sind auch die Nachfolger n', m' verschieden (dasselbe wird ausgedrückt durch: Aus n' = m' folgt n = m).

(P4) Ist M eine Teilmenge von $\mathbb{N}$ mit $a \in \mathbb{N}$ und enthält M zu jedem Element auch dessen Nachfolger, so gilt: $M = \mathbb{N}$.

Das bedeutet:

- Die erste Zahl in der Zahlenreihenfolge wird festgelegt.
- Die weiteren Zahlen werden dadurch charakterisiert, dass es für jede natürliche Zahl genau einen Nachfolger gibt.
- Die erste festgelegte Zahl ist kein Nachfolger.
- Jede natürliche Zahl ist Nachfolger höchstens einer natürlichen Zahl.

Es ist also genau festgelegt, dass kein Element zweimal vorkommt. So kann es beim Zählen nicht zu einer Endlosschleife kommen, wie dies bei Sonja der Fall ist: Sie zählt korrekt bis 29, weiß dann nicht mehr weiter und beginnt wieder bei 21, 22, 23, 24, 25, 26, 27, 28, 29 und dann wieder 21, 22, 23, …. Hier ist die Zahl 21 einmal Nachfolger der Zahl 20 und der Zahl 29. Es gibt beim Zählen nur eine Möglichkeit der Weiterführung. Durch die Nachfolger-Beziehung steht bei den Peano-Axiomen der Reihenfolgeaspekt im Vordergrund. Dieser Reihenfolgeaspekt wird auch *Ordinalaspekt* genannt.

Eine andere Möglichkeit der mathematischen Präzisierung ist eine Definition, die auf Georg Cantor (1849–1918) zurückgeht. Ohne die natürlichen Zahlen vorauszusetzen und ohne dass ein Anzahlbegriff bereits existiert, können „Mächtigkeiten" von Mengen verglichen werden. Existiert eine Eins-zu-Eins-Zuordnung zwischen zwei Mengen A und B, also eine Zuordnung, bei der jedem Element der Menge A eindeutig ein Element der Menge B zugeordnet wird und genauso auch jedem Element der Menge B ein Element der Menge A, dann nennt man diese „gleichmächtig". Die Form der Zuordnung nennt man *Bijektion*. Sie kann ganz elementar über Schaubilder dargestellt werden (vgl. Abb. 4.1).

Da es sich bei „gleichmächtig" um eine Äquivalenzrelation (vgl. Abschn. 6.1) handelt, kann man von Klassen gleichmächtiger Mengen sprechen. Cantors Idee war nun, die natürlichen Zahlen als die Äquivalenzklassen endlicher Mengen zu definieren. So entspricht z. B. die „Anzahl 17" der gemeinsamen Eigenschaft aller Mengen, die die gleiche Mächtigkeit wie eine Menge mit 17 Elementen haben. Diese mathematische Präzisierung betont den Anzahlaspekt natürlicher Zahlen. Man nennt diesen Aspekt auch Kardinalzahlaspekt, die Mächtigkeit einer Menge nennt man auch ihre Kardinalität.

Abb. 4.1 Eins-zu-Eins-Zuordnung zur Feststellung der Gleichmächtigkeit

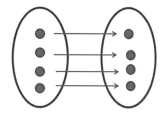

4.2 Verschiedene Zahlaspekte

Zwei verschiedene Aspekte der natürlichen Zahlen, der *Kardinal-* und *Ordinalzahlaspekt*, sind bereits anhand der verschiedenen mathematischen Fundierungen dargestellt worden. Wie im ersten Kapitel am Beispiel von Samira jedoch deutlich wurde, gibt es noch weitere Zahlaspekte (vgl. Krauthausen und Scherer 2007 S. 8; Schipper 2009, S. 90; Padberg und Benz 2011, S. 13 ff.). Der Vollständigkeit halber werden der Kardinal- und Ordinalzahlaspekt hier nochmals mit aufgeführt:

- *Kardinalzahlaspekt*
  Zahlen beschreiben die Mächtigkeit von Mengen bzw. die Anzahl der Elemente. Die Mengen der drei Mäuse und drei Elefanten sind gleich groß – allein die Anzahl ist hier entscheidend.

- *Ordinalzahlaspekt*

  Hier kann man zwischen der *Zählzahl* und der *Ordnungszahl* unterscheiden. Bei der *Zählzahl* steht die Folge der natürlichen Zahlen, die beim Zählen durchlaufen wird, im Vordergrund, z. B. bei der Aussage: „Die Vier kommt vor der Fünf, die Sechs kommt nach der Fünf." Mathematisch ausgedrückt würde es heißen: 4 ist Vorgänger von 5, und 6 ist Nachfolger von 5. Bei der *Ordnungszahl* wird der Rangplatz in einer geordneten Reihe benannt, z. B. die *dritte* Perle ist rot.

- *Maßzahlaspekt*

  Hier bezeichnen die Zahlen, wie häufig eine Maßeinheit vorkommt, z. B. *4 Jahre*, wobei die Angabe aus der Maßzahl *4* und der Maßeinheit *Jahre* besteht. Werden Zahlen als Maßzahlen in Verbindung mit einer Maßeinheit verwendet, kann dies zu einigen Verwirrungen führen, da hier nicht allein die Anzahl eine Rolle spielt, sondern die Maßzahl in Verbindung mit der Maßeinheit die Größe der Angabe darstellt. So sind 2 Meter länger als 20 Zentimeter, obwohl 20 mehr ist als 2. Bei Geld muss unterschieden werden zwischen der Anzahl von Münzen und dem Geldwert. Vierzig 1-Cent-Münzen sind weitaus mehr Münzen als eine einzige 50-Cent-Münze, aber das 50-Cent-Stück ist mehr wert (Abb. 4.2).

Abb. 4.2 Mehr Münzen – aber weniger Wert

- *Operatoraspekt*

  Hier bezeichnet die Zahl die Vielfachheit einer Handlung oder eines Vorgangs, z. B. bei der Aussage: „Ich gehe zweimal in den Keller und hole jeweils 3 Flaschen".

- *Rechenzahlaspekt*

  Beim Rechenzahlaspekt wird zwischen dem algebraischen und dem algorithmischen Aspekt unterschieden. Beim *algebraischen Aspekt* stehen die Verwendung der natürlichen Zahlen und die algebraischen Gesetzmäßigkeiten im Vordergrund. Sie können auch zum Rechnen benutzt werden und haben bestimmte Eigenschaften, z. B. $4 + 5 = 5 + 4 = 9$. Beim *algorithmischen Aspekt* kommt der Aspekt zum Tragen, dass sich mehrstellige Zahlen in Ziffernreihen nach ihren Stellenwerten darstellen lassen und dann beim schriftlichen Rechnen auch nur mit Ziffern gerechnet werden kann, z. B. beim schriftlichen Addieren (vgl. Abb. 4.3).

Abb. 4.3 Schriftliche Addition zweier dreistelliger Zahlen

- *Codierungsaspekt*
  Zahlen können auch zur Bezeichnung von Objekten benutzt werden, z. B. bei Telefon-
  nummern. Es ist fraglich, ob der Codierungsaspekt als Zahlaspekt bezeichnet werden
  kann. Die Zahlen werden hier nicht in ihrer Eigenschaft als Zahlen, sondern eher wie
  Buchstaben verwendet. Sie könnten meist ohne Informationsverlust durch Buchstaben
  ersetzt werden.

Lorenz (2012) erweitert die Zahlaspekte um drei weitere Aspekte:

- *Geometrischer Aspekt*
  Zahlen werden in geometrischen Zusammenhängen verwendet, z. B. Dreieck, Viereck.
- *Narrativer Aspekt*
  Hier geht es um die symbolische Bedeutung von Zahlen in Märchen und fremden Kul-
  turen, z. B. die 13 als Unglückszahl.
- *Relationaler Aspekt*
  Zahlen stehen immer in Beziehung zu anderen Zahlen, so liegt z. B. die 9 nahe an der 10.
  „Zahlen werden hierbei in räumlich-geometrischer Beziehung zu anderen Zahlen ge-
  dacht, d. h. auf einer imaginären Zahlenlinie verwendet" (Lorenz 2012, S. 154).

Der Erwerb des Zahlbegriffs und wie sich im Einzelnen die Konstruktion und die Verzahnung der verschiedenen Zahlaspekte bei der Zahlbegriffsentwicklung bei Kindern voll-
ziehen, steht schon lange im Fokus der entwicklungspsychologischen und mathematikdidaktischen Forschung. Zentrale aktuelle Erkenntnisse zur Zahlbegriffsentwicklung werden
im nächsten Abschnitt vorgestellt.

4.3   Entwicklung des kindlichen Denkens beim Aufbau des Zahlbegriffs

Zur Entwicklung des Zahlverständnisses und Zahlbegriffs wurden in den letzten Jahren zahlreiche Studien durchgeführt. Ein Fokus lag dabei auf einer kritischen Auseinandersetzung mit den Konsequenzen aus den Theorien des Schweizer Entwicklungspsychologen Jean Piaget, der logischen Grundoperationen bei der Zahlbegriffsentwicklung einen großen Stellenwert einräumte (vgl. Lorenz 2012). Ein weiterer Fokus der Forschungsarbeiten lag auf den verschiedenen Möglichkeiten der Anzahlbestimmung: dem Zählen sowie der Simultanauffassung und der Teile-Ganzes-Beziehung. Zunächst werden Piagets Erkenntnisse vor dem Hintergrund des heutigen Forschungsstands diskutiert.

4.3.1   Logische Grundoperationen

Piaget (1896–1980) hat mit seiner ausführlichen Darstellung des Zahlbegriffserwerbs die Entwicklungspsychologie und Mathematikdidaktik lange Zeit maßgeblich geprägt (Piaget und Szeminska 1965). Er legte in seinen Untersuchungen und in seinem Modell besonderen Wert auf logische Operationen. Einige Wesentliche sind:

- *Verständnis von Invarianz:* Hat ein Kind ein Verständnis von Invarianz, so kann es verstehen, dass die Mächtigkeit der Menge bzw. die Anzahl der Elemente gleich bleibt, wenn sich die räumliche Anordnung der Elemente verändert.
- *Eins-zu-Eins-Zuordnung:* Durch die Eins-zu-Eins-Zuordnung können Mengen miteinander verglichen werden, ohne dass jede Menge abgezählt wird. Es wird jedem Gegenstand der einen Menge genau ein Gegenstand der anderen Menge zugeordnet (paarweises Zuordnen). Ein Beispiel: Vivien (30 Monate) entdeckt fasziniert, dass sie sich die Spielfiguren des Mensch-ärgere-dich-nicht-Spiels auf die Finger stecken kann (Abb. 4.4).

Abb. 4.4 Eins-zu-Eins-Zuordnung: Jeder Finger bekommt eine Spielfigur

Systematisch steckt sie auf jeden Finger eine Spielfigur und ist von dem Ergebnis ihrer Bemühungen erkennbar angetan. Ihre ältere Schwester (4;10) argumentiert: „Jetzt hast du zehn Figürchen!". Frage der Mutter: „Woher weißt du das, ohne zu zählen?" Antwort: „Na, weil sie zehn Finger hat", und nach ein paar Sekunden: „Und auf jedem Finger sitzt ein Figürchen!"

- *Klasseninklusion:* Bei der Klasseninklusion[1] geht es nach Piaget um die Beziehung einer Teilmenge zu einer Gesamtmenge. Die Gesamtmenge ist dabei eine Verbindung von Teilen, die man zusammenfassen kann. Meist geht es um die Beziehung einer Unterklasse (z. B. rote Perlen) zu einer Oberklasse (Perlen) bzw. das Eingeschlossensein einer Unterklasse in éine Oberklasse.
- *Klassifikation:* Objekte werden aufgrund von Unterschieden oder Übereinstimmungen zu Klassen oder Unterklassen zusammengefasst (Abb. 4.5).

Abb. 4.5 Anabel (2;8) hat ihr Weingummi nach Form, nicht nach Farbe sortiert

- *Seriation:* Objekte werden nach bestimmten Kriterien geordnet, z. B. von klein nach groß, vom dicksten zum dünnsten Element (Abb. 4.6).

Abb. 4.6 Von klein nach groß und immer ein Klotz mehr

Daran, dass viele Nachfolgeuntersuchungen sich mit Piaget beschäftigen, wird deutlich, dass Piaget eine bedeutende Grundlage gelegt hat. Da Piaget auf die logischen Grundoperationen in seinen Untersuchungen zur Zahlbegriffsentwicklung besonderen Wert legte, wird sein Modell von Clements (1984) auch als *logical foundations model* bezeichnet.

Einige Annahmen Piagets und vor allem unterrichtliche Konsequenzen daraus werden aufgrund neuerer Forschungsergebnisse jedoch kritisch gesehen. Dies beruht z. T. darauf, dass einige Aussagen Piagets verkürzt dargestellt wurden, wie Gasteiger (2010, S. 26) ausführlich analysiert. Freudenthal (1973, S. 662), der selbst einige Versuchsanordnungen und

---

[1] Piaget war von Haus aus Biologe (Fachgebiet Zoologie) und verwendete mathematische Fachbegriffe nicht immer mathematischen Definitionen entsprechend.

Schlussfolgerungen Piagets kritisiert, merkt diesbezüglich an: „It is not Piaget's fault that didacticians and textbook authors have misused Piaget's name as a sacred anointment of their work."

Piaget selbst betont, dass der Zahlbegriff nicht allein aus dem Verstehen logischer Zusammenhänge besteht: „Es ist notwendig, dass es [das Kind] logische Werkzeuge hat, um die Zahl aufzubauen. Andererseits bedeutet dies nicht, dass die Zahl einfach auf Logik rückführbar ist" (Piaget 1958, S. 363). Er wurde jedoch vielfach in der Hinsicht interpretiert, dass die logischen Grundoperationen das Wichtigste und die Grundlage sind, ohne die sich ein Zahlbegriffsverständnis nicht entwickeln kann. Dies kann darauf zurückgeführt werden, dass in seiner Theorie des Zahlbegriffserwerbs die Zählkompetenzen keine tragende Rolle spielen. Piaget verweist darauf, dass man nicht glauben dürfe, „ein Kind besitze die Zahl schon deshalb, weil es verbal zählen gelernt hat" (Piaget und Inhelder 1973, S. 108). Diese Aussage wurde bislang nicht widerlegt. Auch heute stimmen alle Theorien zur Zahlbegriffsentwicklung darin überein, dass verbales Zählen allein nur einen Teil des Verständnisses einer Zahl ausmacht, wenn auch diesem Aspekt nun weitaus mehr Bedeutung zugemessen wird.

Wie bereits oben erwähnt, wird Piagets Theorie zur Zahlbegriffsentwicklung aus der Sicht heutiger Forschungsergebnisse in einigen Aspekten kritisch betrachtet. Zum einen konnte empirisch nicht nachgewiesen werden, dass die Kompetenzen bezüglich Invarianz, Klasseninklusion und Ordnen notwendige *Voraussetzungen* für ein Verständnis von Zahlen und Zählen sind (Baroody 1987b, S. 125). Ebenso wurde festgestellt, dass Kinder ein „partielles Konzept von der Zahl und auch von der Invarianz haben und dass dieses funktioniert, lange bevor es als klare und konsistente Regel artikuliert werden kann" (Moser Opitz 2001, S. 51). Auch wurden einzelne Experimente Piagets aufgrund ihrer sprachlichen Struktur infrage gestellt[2], und in vielen Replikationsstudien konnte festgestellt werden, dass Kinder in einer leicht veränderten Versuchssituation die gestellten Anforderungen doch bewältigen konnten (Freudenthal 1973; Donaldson 1982).

Auch aktuelle Erkenntnisse der Säuglingsforschung widersprechen Piagets Theorie. Denn es konnte festgestellt werden, dass Kinder weitaus früher mathematische Kompetenzen aufweisen, als nach Piagets Theorie zu erwarten wäre. Forschungsergebnisse, dass Kinder ab der Geburt Anzahlen präzise erfassen können (Wynn 1992), konnten nach einer anfänglichen Euphorie über die Kompetenzen der Säuglinge so nicht aufrechterhalten werden. Es existieren jetzt aufgrund vielfältiger Wiederholungsstudien differenziertere Erkenntnisse. Nach zahlreichen Untersuchungen mit z. T. widersprüchlichen Aussagen kann man zurzeit als bestätigt ansehen, dass Säuglinge in ihrem 1. Lebensjahr im Alter von 10 bis 12 Monaten Anzahlen von zwei und drei, aber keine größeren Anzahlen unterscheiden können (für eine zusammenfassende Darstellung s. Dornheim 2008, S. 51). Des Weiteren

---

[2] Bei den Experimenten zur Klasseninklusion wurden den Kindern meist Aufgaben der folgenden Art gestellt: Bei acht runden Plättchen, davon sechs rote und zwei blaue, wurde gefragt: „Sind es mehr rote oder mehr runde Plättchen?" Bei einem Blumenstrauß mit sechs Rosen und zwei Nelken wurde beispielsweise gefragt: „Sind es mehr Nelken oder mehr Blumen?"

gilt als gesichert, dass Säuglinge bereits im 1. Lebensjahr kleine und größere Objektmengen auch aufgrund der räumlichen Ausdehnung unterscheiden können, wobei dies vom relativen Unterschied der beiden Mengen abhängig ist. Mengen, die im Verhältnis 1:2 stehen, können früher erkannt werden als Mengen, die im Verhältnis 2:3 stehen (Xu und Arriaga 2007).

Unterrichtliche Konsequenzen aus Piagets Theorie führten in den 1970er-Jahren dazu, dass die Kinder in vorschulischen Bildungseinrichtungen und am Schulbeginn zuerst mit einem sog. pränumerischen Vorkurs konfrontiert wurden, bevor sie mit dem Zählen und den Zahlen umgehen durften. Unter dem Einfluss der Mengenlehre entstand so ein Kurs *über* die Zahlen, anstatt dass Kinder zu Schulbeginn *mit* Zahlen umgehen konnten (Schipper 2009, S. 78). Wichtig war, dass Kinder aufgrund von Eins-zu-Eins-Zuordnungen Mengen vergleichen sowie Mengen sortieren bzw. klassifizieren sollten.

Trotz der Kritik an einer separaten Förderung der logischen Grundoperationen und Abkoppelung von Zählaktivitäten darf nicht übersehen werden, dass logische Fähigkeiten Bestandteil eines verständnisvollen und flexiblen Einsatzes des Zählens sind, bei dem der kardinale Aspekt der Zahlen eine tragende Rolle spielt. Denn jede Zahl beinhaltet im Zählprozess die vorhergehende Zahl bzw. die vorhergehenden Zahlen (Klasseninklusion; Abb. 4.7).

Abb. 4.7 Veranschaulichung der Klasseninklusion nach Sarama und Clements (2009, S. 30)

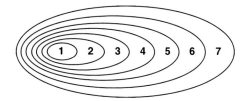

Nach Steffe (1992) wird dieses Zahlverständnis *explicit nested number sequence* (explizit eingebettete Zahlreihe) genannt. Außerdem müssen Kinder beim bedeutungsvollen Zählen verstehen, dass jede Zahl im quantitativen Sinn *eins* mehr ist als die Zahl vorher (Abb. 4.8).

Die logischen Fähigkeiten müssen jedoch nicht unbedingt als erste Kompetenzen erworben werden, sondern können im Umgang mit Zahlen und Zählen entwickelt werden. Clements (1984, S. 775) hat in einer Interventionsstudie festgestellt, dass Kinder beim Zählen und im Umgang mit Zahlen nicht nur Zählfertigkeiten, sondern auch logische Fähigkeiten wie Klassifikation, Seriation und Invarianz entwickeln können.

Er bestätigt durch seine Untersuchung eine Theorie zur Zahlbegriffsentwicklung, die *skills integration model* genannt wird. Dieses Modell geht von folgender Annahme aus: „The development of number concept and skills result from the integration of number skills such as *counting*, *subitizing*, and *comparing*" (ebd., S. 766). Das bedeutet, dass die Entwicklung des Zahlbegriffs aus einer Verknüpfung von Zählen, Simultanerfassung (*subitizing*) und dem Vergleichen von Mengen (d. h. dem Vergleichen von verschiedenen Mengen oder von Teilen einer Menge mit der Gesamtmenge) resultieren. Die logischen Kompetenzen sind wichtige Kompetenzen, aber eben keine notwendigen *Voraussetzungen*, und können durch Zählaktivitäten gefördert werden.

Abb. 4.8 Veranschaulichung
nach Sarama und Clements
(2009, S. 30)

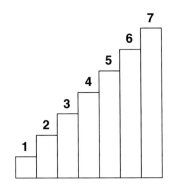

Nach der Darstellung der logischen Grundoperationen werden weitere Komponenten des Zahlbegriffs, das *Zählen*, die *Simultanerfassung* (*subitizing*) und die *Teile-Ganzes-Beziehung* näher beleuchtet und anschließend ein aktuelles Modell zur Zahlbegriffsentwicklung vorgestellt.

4.3.2   Zählen

Beim Zählen kann zwischen dem rein verbalen Zählen (Aufsagen der Zahlwortreihe, *verbal counting*) und dem Auszählen und Abzählen (*object counting*) unterschieden werden.

4.3.2.1   Erwerb der Zahlwortreihe

Um die Zahlwortreihe zu erwerben, müssen die Kinder die ersten Wörter der Zahlwortreihe auswendig lernen. In der deutschen Sprache trifft dies auf die Zahlwörter bis zwölf zu. Die Zehnerzahlen (zehn, zwanzig, dreißig etc.) müssen aufgrund ihrer unregelmäßigen Bildung ebenfalls gelernt werden. Die weiteren Zahlwörter können die Kinder durch Musterbildung und Analogien erschließen, wobei es auch hier einige Ausnahmen gibt:

- In der deutschen Sprache und in einigen anderen europäischen Sprachen ist die dekadische Struktur der Zahlen 11 und 12 nicht anhand der Zahlwörter zu erkennen, da für diese Zahlen eigenständige Zahlwörter existieren. Die Zehn als besondere Bündelungseinheit, auf der unser dekadisches System beruht, wird nicht deutlich, da eben erst ab dreizehn und vierzehn, diese Bündelungseinheit im Zahlwort erwähnt wird. Etymologisch kommt „elf" von „ein-lif", und „zwölf" von „zwei-lif", wobei „lif" althochdeutsch „über" bedeutet. Somit meint „elf" „eins über" und „zwölf" „zwei über" zehn (Wiese 1997, S. 74).
- Die Zahlwortreihe der deutschen Sprache weist darüber hinaus eine weitere Besonderheit auf, da nicht nur die Zahlen von dreizehn bis neunzehn, sondern auch die Zahlen von einundzwanzig bis neunundneunzig invertiert gesprochen werden (geschrieben wird zuerst die Zehnerzahl, gesprochen wird zuerst die Einerzahl).

- Für die Zahlwortbildung von dreizehn bis neunzehn gilt die Regel, dass zuerst die Einer und dann die Zehner gesprochen werden. Ab einundzwanzig gilt zwar auch die Regel „zuerst Einer, dann Zehner", allerdings wird nun bei der Zahlwortbildung ein *und* zwischen Einer und Zehner eingebaut. Bei den Zahlen von dreizehn bis neunzehn fehlt das *und*. Das fehlende *und* deutet hier auf eine additive Struktur hin. Bei den vollen Hundertern deutet das fehlende *und* allerdings auf eine multiplikative Struktur hin (z. B. vierhundert).
- Die Zahlwörter für die Zehnerzahlen *zehn, zwanzig, dreißig* werden nicht nur unregelmäßig gebildet, die Endsilbe *-zig* deutet auch nicht auf die Bündelungseinheit der Zehn hin so wie bei den Hunderterzahlen *zweihundert, dreihundert, vierhundert* (vgl. Wartha und Schulz 2010, S. 6).

Das Lernen der Zahlwortreihe hängt sehr von der Sprache ab, in der sie gelernt wird (Miller et al. 2000; Miller und Stigler 1987). So lernen Kinder in China und Korea die Zahlwortreihe im Vergleich zu englischsprachigen und europäischen Kindern früher, da in der chinesischen Sprache die Zahlwörter von zehn bis zwanzig in einem regelmäßigen Muster gebildet werden, z. B. zehn-eins, zehn-zwei, zehn-drei … (Aunio et al. 2004; Miura et al. 1988, 1993). Ebenso werden im Chinesischen die Zehnerzahlen mit einer Regelmäßigkeit gebildet (zwei-Zehner, drei-Zehner bzw. zwei-zehn, drei-zehn), die andere Sprachen vermissen lassen.

4.3.2.2 Probleme beim Erwerb der Zahlwortreihe

Untersuchungen zum Erwerb der Zahlwortreihe zeigen, dass es typische „fehlerhafte" Auffälligkeiten beim Aufsagen der Zahlwortreihe gibt (vgl. Schmidt 1982, 2009; Scherer 2006, S. 24):

- Manche Kinder kommen in eine sog. Endlosschleife, indem ihre Zahlwortreihe eine Begrenzung aufweist und nach dieser Begrenzung ein Zahlwort genannt wird, das vorher schon gesagt wurde (28, 39, 20, 21, 22, …, 38, 39, 20, 21). Dies geschieht relativ häufig bei den Zehnerzahlen.
- Auch das Überspringen einer Zehnerzahl kann beobachtet werden. Das Auslassen einer Zahl ist ein Zählfehler, den Schmidt (1982) häufig beobachtete. Oft werden auch Zahlen ausgelassen, bei denen Zehner- und Einerstelle übereinstimmen, sog. „Schnapszahlen" (vgl. Schmidt 1982, S. 372). Das Aussprechen des Zahlwortes zwei-und-drei-ßig mit den aufeinander folgenden Zahlen zwei und drei, kann Kinder dazu verleiten, das nächste Zahlwort mit einer vier zu bilden: vierunddreißig.
- Sprachliche Unsicherheiten zeigten sich auch darin, dass -zehn und -zig verwechselt wurden, z. B. „… dreizehn, vierzehn, fünfzig, sechsig, siebzig" (vgl. Scherer 2006, S. 25).
- Die Unregelmäßigkeiten in der Struktur der deutschen Zahlwortbildung führen bei vielen Kindern auch zu neuen Wortschöpfungen wie z. B. zweizehn für 12 oder zweizig für 20 (vgl. Tab. 4.1).

Tab. 4.1 Sprachkonstruktionen von Kindern bei der Zahlwortreihe (Lorenz 2012, S. 50)

Sprachkonstruktion der Kinder	Zugrunde liegende Regel
(10) einszehn	einhundert
nullzehn	dreizehn
(12) zweiundzehn	zweiundzwanzig
(20) zweizig	vierzig
(13) dreiundzehn	dreiundzwanzig
(103) dreihundert	dreizehn
… achtundzwanzig, neunundzwanzig, zehnundzwanzig, elfundzwanzig, zwölfundzwanzig	acht, neun, zehn, elf, zwölf
… achtundneunzig, neunundneunzig, hundert, einhundert, zweihundert, dreihundert	achtundachtzig, neunundachtzig, neunzig, einundneunzig, zweiundneunzig, dreiundneunzig

Viele Kinder übertragen z. B. die Regel „Erst der Zehner, dann der Einer" auf die Konstruktion der Zahlwortreihe nach hundert und zählen dann folgendermaßen weiter: einhundert, zweihundert, dreihundert, vierhundert. Diese Sprachschöpfungen sind ausgesprochen logisch. Sie besitzen nur den einen kleinen Nachteil, dass sie von der üblichen Konvention abweichen (Krauthausen und Scherer 2007, S. 10; Spiegel und Selter 2003, S. 12).

4.3.2.3 Zählprinzipien

Um eine Menge abzählen zu können, genügt es nicht, wenn ein Kind die Zahlwortreihe richtig aufsagen kann. Um hier zu einem Ergebnis zu kommen, müssen einige Prinzipien berücksichtigt werden.

Gelman und Gallistel (1986, S. 77 ff.) beschreiben verschiedene Zählprinzipien, die einem erfolgreichen Zählprozess zugrunde liegen.

1. *Eindeutigkeitsprinzip* (*one-one principle*)
   Beim Zählen wird jedes Element und jedes Zahlwort nur einmal berücksichtigt. Dabei wird jedem Gegenstand genau ein Zahlwort zugeordnet. Kein Zahlwort wird zwei Gegenständen zugeordnet, und keinem Gegenstand werden zwei Zahlworte zugeordnet. Bei der Eins-zu-Eins-Zuordnung stellt das Zahlwort „sie-ben" in der deutschen Sprache als einziges zweisilbiges Zahlwort in der Zahlwortreihe bis zwölf eine Hürde dar. Da einige Kinder jeder Silbe ein Objekt zuordnen, ordnen sie somit dem Zahlwort sieben zwei Gegenstände zu.
2. *Prinzip der stabilen Ordnung* (*stable-order principle*)
   Damit die Kinder zu einem richtigen Zählergebnis kommen, müssen sie die Zahlwortreihe in der richtigen Reihenfolge nutzen. Dabei muss die Zahlwortreihe jederzeit in der gleichen Reihenfolge wiederholbar sein, d. h., die Zahlwortreihe muss eine stabile Ordnung haben.

3. *Kardinalzahlprinzip* (*cardinal principle*)
Das zuletzt genannte Zahlwort ist nicht Eigenschaft des letzten Elements, sondern bezieht sich auf alle bislang gezählten Elemente. Beim Zählen gibt das zuletzt genannte Zahlwort die Anzahl aller gezählten Elemente an. Dieses Prinzip wird in der Literatur auch *last-word response* genannt (vgl. Fuson 1992b), denn ein Kind muss noch nicht ein Verständnis von der Zahl haben, bei dem der Zählzahlaspekt und der Kardinalzahlaspekt integriert sind, um die richtige Antwort geben zu können. Es kann auch gelernt haben, dass es auf die Frage „Wie viele?" das letzte Zahlwort angeben muss.

Diese drei Prinzipien werden *how-to-count principles* (Gelman und Gallistel 1986, S. 80) genannt, da sie angeben, *wie* gezählt werden muss, während das nächste Prinzip sich auf die zu zählenden Gegenstände bezieht und deswegen *what-to-count principle* genannt wird.

4. *Abstraktionsprinzip* (*abstraction principle*)
Das Eindeutigkeitsprinzip, das Prinzip der stabilen Ordnung und das Kardinalzahlprinzip können auf jede Menge angewandt werden. Dabei spielt die Art und Eigenschaft der zu zählenden Objekte keine Rolle. Lediglich die Anzahl ist entscheidend, d. h., es kommt nicht darauf an, von welcher Art die Objekte sind, die gezählt werden. So ist die Menge von drei Elefanten genauso groß wie die Menge von drei Ameisen.

5. *Prinzip von der Irrelevanz der Anordnung* (*order-irrelevance principle*)
Die Anordnung der zu zählenden Objekte spielt für das Zählergebnis keine Rolle. Die Kinder können von rechts nach links bzw. von links nach rechts oder in der Mitte zu zählen beginnen. Die Abstraktionsleistung liegt bei der Anwendung dieses Prinzips darin, dass ein zugeordnetes Zahlwort keine spezifische Eigenschaft des Elements ist und dass sich das Zählergebnis nicht ändert, auch wenn die Elemente in anderer Reihenfolge gezählt werden.

Dieses letzte Prinzip bezieht sich auf alle vorausgehenden Prinzipien.

4.3.2.4 Niveaus beim Einsatz der Zahlwortreihe

Beim Erwerb und beim Einsatz der Zahlwortreihe lassen sich nach Fuson (Fuson und Hall 1983; Fuson 1992b) fünf Niveaus unterscheiden (dt. Übers. der Niveaus nach Gasteiger 2010, S. 42). Dabei wirkt sich die zunehmende Differenzierung der Zahlwortreihe zum einen auf das verbale Zählen, das Ab- und Auszählen sowie auf den Einsatz zur Bewältigung von Additions- und Subtraktionsaufgaben aus.

Niveau 1: Zahlwortreihe als Ganzheit (*string level*)

- *Verbales Zählen:* Die Zahlwortreihe wird hier als Ganzheit *unstrukturiert* wahrgenommen und kann nur als Ganzheit aufgesagt werden. Die Reihe ist für das Kind eine Ganzheit in Form von *einszweidreivierfünfsechs*. Die Zahlwortreihe wird aufgesagt wie ein Gedicht, wobei aber durchaus schon *einzelne* Zahlwörter als eigene Einheit wahrgenommen werden können.

- *Objekte zählen:* Die Zahlwortreihe kann noch nicht zum Zählen von Objekten genutzt werden. Eine Eins-zu-Eins Zuordnung gelingt noch nicht für alle Zahlwörter, da nicht für alle Zahlwörter eine eindeutige paarweise Zuordnung von Zahlwort und gezähltem Objekt vorgenommen werden kann, denn manche Abschnitte der Zahlwortreihe werden noch als Ganzheit verstanden.

Niveau 2: Unflexible Zahlwortreihe (*unbreakable list level* [Fuson 1992b], *unbreakable chain level* [Fuson und Hall 1983])[3]

- *Verbales Zählen:* Die einzelnen Zahlwörter können nun voneinander getrennt werden. Die Zahlwortreihe besteht aus den einzelnen Elementen *eins, zwei, drei, vier, fünf, sechs.* Auf diesem Niveau muss das Kind in der Zahlwortreihe beim Zählen immer von *eins* an beginnen. Weiterzählen von einer bestimmten Zahl ist noch nicht möglich.
- *Objekte zählen:* Weil die Zahlwortreihe nun aus einzelnen Elementen besteht, ist eine Eins-zu-Eins Zuordnung möglich. Die Zahlwortreihe kann also eingesetzt werden, um Anzahlen konkret auszuzählen. Kinder wissen in diesem Stadium, dass das letzte Zahlwort das Ergebnis des Zählvorgangs angibt. Fuson und Hall (1983) sprechen in diesem Zusammenhang von *count-to-cardinal tranisition.* Zunächst wird die Regel „*Das letzte Wort gibt das Ergebnis an*" rein mechanisch und später auch auf Verständnis beruhend als Ergebnis für die Bestimmung der Anzahl einer Menge angewendet. Später entwickeln die Kinder auch die *cardinal-to-count transition* und können somit zu einer gegebenen Zahl die richtige Anzahl an Objekten legen.
- *Additions- und Subtraktionsaufgaben.* Die *cardinal-to-count transition* ist Voraussetzung, um einfache Additions- und Subtraktionsaufgaben durch *Alles Zählen* zu lösen. Die Kinder legen zuerst die Anzahl der Elemente der einen Menge, indem sie von eins an zu zählen beginnen, dann legen sie die zweite Menge auf die gleiche Weise, und anschließend zählen sie alle gelegten Elemente und beginnen dabei wieder mit eins.

Niveau 3: Teilweise flexible Zahlwortreihe (*breakable chain level*)

- *Verbales Zählen:* Die Zahlwortreihe kann jetzt auch schon von *größeren* Zahlen aus – und nicht mehr nur ausschließlich von *eins* als Startpunkt aus – eingesetzt werden. Ferner kann jetzt neben dem Weiter- und Rückwärtszählen von einer natürlichen Zahl *n* aus auch von einer Zahl *n* bis zu einer *größeren* oder *kleineren* Zahl *m vorwärts* bzw. *rückwärts* gezählt werden. Außerdem können die Kinder jetzt auch Aussagen über einige Zahlen *zwischen* zwei gegebenen Zahlen machen. Ebenso können sie Vorgänger und Nachfolger bestimmen. Dies ist die Grundlage, auf der Kinder beginnen, das Rückwärtszählen zu entwickeln. Fuson stellt jedoch eine zeitliche Verzögerung bezüglich der

---

[3] In früheren Veröffentlichungen verwendet Fuson den Begriff *unbreakable chain level*, in späteren Veröffentlichungen wird der Begriff *unbreakable list level* verwendet.

Entwicklung des Rückwärtszählens im Vergleich zur Entwicklung des Vorwärtszählens fest (ca. 2 Jahre).

- *Objekte zählen:* Fuson geht davon aus, dass sich Kinder beim Zählen von einer größeren Startzahl aus des kardinalen Aspekts der Zahl bewusst sind. Wenn das Kind bei 4 mit Zählen beginnt, dann ist es sich bewusst, dass die Vier für eine Menge mit vier Objekten steht. Kardinal- und Zählzahl werden also aufeinander bezogen. Fuson (1992b, S. 248) spricht hier von *embedded-cardinal-to-count transition*.
- *Additions- und Subtraktionsaufgaben:* Da Kinder nun schon von einer Startzahl aus zu zählen beginnen können und sich auch der Kardinalität der Startzahl bewusst sind, können sie Additions- und Subtraktionsaufgaben durch Weiterzählen lösen. Sie können allerdings noch keine Aufgaben lösen nach dem Schema „Wie viele Schritte musst du von 8 bis 13 zählen?", obwohl sie schon von 8 bis 13 zählen können (Fuson 1988, S. 80).

Niveau 4: Flexible Zahlwortreihe (*numerable chain level*)

- *Verbales Zählen:* Jedes Zahlwort in der Reihe wird als gleiche Einheit aufgefasst. Die Zahlwörter sind nun *abstract unit items* oder *verbal unit items*, d. h., die Zahlwörter stellen nun zählbare Einheiten dar. Die Kinder können bei einer gegebenen Zahl starten und um eine vorgegebene Anzahl weiterzählen.
- *Objekte zählen:* Auf diesem Niveau nutzen die Kinder die Zahlwörter nicht nur, um konkrete Objekte zu zählen. Sie zählen erstmalig die Zahlwörter.
- *Additions- und Subtraktionsaufgaben:* Die Kinder können nun bestimmen, um wie viel von einer Zahl bis zu einer größeren Zahl weitergezählt wird. Ebenso beschreibt Fuson, dass die Kinder keine konkreten Objekte mehr benötigen, um Additions- und Subtraktionsaufgaben durch Weiterzählen zu lösen. Allerdings weist Fuson darauf hin, dass in diesem Stadium auch Finger sukzessiv genutzt werden, um beim Prozess des Weiterzählens die Anzahl der Schritte beim Weiterzählen zählen zu können. Fuson et al. (1982, S. 85) sprechen in diesem Zusammenhang von *keeping-track methods*.

Niveau 5: Vollständig reversible Zahlwortreihe (*bidirectional chain level*)

- *Verbales Zählen:* Auf diesem Niveau können die Kinder schnell von jeder Zahl, die ihnen bekannt ist, vorwärts und rückwärts zählen. Sie können auch die Zählrichtung verändern.
- *Objekte zählen:* In dieser Phase geht man auch davon aus, dass die Kinder die Klasseninklusion bei den Zählzahlen verstanden haben: Jede Zahl enthält die vorherige Zahl (vgl. Abb. 4.7).
- *Additions- und Subtraktionsaufgaben:* Da die Kinder nun zügig vorwärts und rückwärts zählen können, sind nun auch Zusammenhänge zwischen Addition und Subtraktion erkennbar.

Hasemann (2007, S. 8 f.) beschreibt ähnliche Entwicklungsphasen der „Zählfertigkeit im Sinne einer prozeduralen Sicherheit der Kinder beim Prozess des Ab- und Auszählens".

Mit prozeduraler Sicherheit ist hier gemeint, wie sicher Kinder bei der Prozedur des Aus- und Abzählens von Objekten sind.

Verbales Zählen Die Beschreibung dieser Stufe ist der ersten Stufe nach Fuson (*string level*) sehr ähnlich. Die Zahlwortreihe wird wie ein Gedicht aufgesagt und kann noch nicht zum Zählen eingesetzt werden. Die einzelnen Zahlwörter werden teilweise noch nicht unterschieden, und die Kinder geben den Zahlwörtern noch keine kardinale Bedeutung.

Asynchrones Zählen Die Zahlwörter werden in der richtigen Reihenfolge genutzt. Jedoch gelingt eine Eins-zu-Eins-Zuordnung nicht immer, da noch ein Objekt übersehen oder das gleiche Objekt zweimal gezählt wird. Ein typischer Zählfehler beim asynchronen Zählen passiert beim Zahlwort sieben, da es das einzige zweisilbige Zahlwort ist (Abb. 4.9).

Ordnen der Objekte während des Zählens In dieser Phase beginnen die Kinder, die Objekte während des Zählens zu ordnen, indem sie z. B. die gezählten zur Seite schieben.

Resultatives Zählen In dieser Phase wissen die Kinder, dass sie beim Zählen mit der Eins anfangen müssen, dass jedes Objekt nur einmal gezählt wird und dass die letztgenannte Zahl die Anzahl der Objekte angibt.

Abkürzendes Zählen In dieser Phase beschreibt Hasemann (ebd.) verschiedene Aspekte. Zum einen können die Kinder jetzt von einer Zahl an aufwärts zählen. Sie können auch in Zweierschritten und rückwärts zählen. Des Weiteren beschreibt Hasemann die Fähigkeit, dass Kinder in mehr oder weniger geordneten Mengen von Objekten Strukturen erkennen oder bilden, z. B. das Zahlbild der Fünf auf einem Würfel. In dieser Phase können die meisten Kinder bereits einfache Additions- und Subtraktionsaufgaben ausführen. Die verschiedenen Prozesse des Wahrnehmens von Anzahlen und daraus resultierenden verschiedenen Möglichkeiten der Anzahlbestimmungen werden unter Abschn. 4.3.3 näher betrachtet.

Weißhaupt und Peucker (2009, S. 58) führen an, dass für unterschiedliche Zahlenräume Kinder in ihrer konzeptuellen Entwicklung unterschiedlich weit sein können. Ein Kind kann z. B. sicher sechs Elemente zählen, aber noch nicht zehn Elemente, obwohl es die Zahlwortreihe bis zehn sicher aufsagen kann.

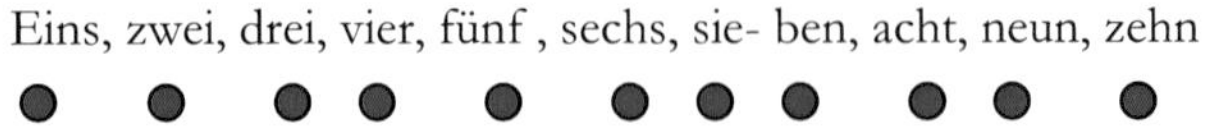

Abb. 4.9 Zählfehler bei der Sieben beim asynchronen Zählen

Eins, zwei, drei, vier, fünf , sechs, sie- ben, acht, neun, zehn

● ● ● ● ● ● ● ● ● ●

4.3.3 (Quasi-)Simultanauffassung

4.3.3.1 Simultanauffassung

Das Phänomen der Simultanauffassung oder -erfassung beschreibt eine andere Art der Wahrnehmung und Bestimmung von Anzahlen. Unter Simultanerfassung versteht man die Fähigkeit, die Anzahl kleiner Mengen auf einen Blick wahrzunehmen und sofort zu bestimmen, ohne die Elemente abzählen zu müssen. Im englischsprachigen Raum wird die Simultanerfassung auch *perceptual subitizing* (Sarama und Clements 2009) oder einfach nur *subitizing* genannt (Leslie und Chen 2007).

Der Begriff *subitizing* ist dem lateinischen Ausdruck *subito* (plötzlich) entlehnt und wurde 1949 erstmalig von einer amerikanischen Forschergruppe benutzt (Kaufman et al. 1949). Man geht davon aus, dass in den meisten Fällen vier bis fünf Objekte simultan erfasst werden können (Mandler und Shebo 1982).

Anfang des 20. Jahrhunderts räumte man der Simultanerfassung einen hohen Stellenwert bei der Zahlbegriffsentwicklung ein (Douglass 1925; Freeman 1912). Simultanerfassung wurde als erste Fähigkeit zur Anzahlbestimmung gesehen, bevor sich die Zählfähigkeit entwickelte. Ob *subitizing* eine andere Art der Anzahlerfassung als Zählen ist und ob sich diese Fähigkeit vor oder nach der Zählfähigkeit entwickelt, wurde lange diskutiert, und es gab immer wieder unterschiedliche Positionen. Gelman und Gallistel (1986) gingen davon aus, dass dem *subitizing* ein schneller Zählprozess zugrunde liegt. Verschiedene Forschergruppen, u. a. Starkey und Cooper (1995), widerlegten diese These. Starkey und Cooper zeigten kleinen Kindern nur sehr kurz (200 ms) ungeordnete Punkte, sodass die Punkte nicht gezählt werden konnten. Sie konnten feststellen, dass 2-jährige Kinder bereits zwei bis drei Elemente simultan erfassen konnten, 3 1/2-jährige Kinder bis zu vier Elemente, 4- bis 5-Jährige ein bis fünf Elemente. Man kann als derzeitigen Forschungsstand festhalten, dass weitere neuere Studien bestätigen, dass es die nichtzählende simultane Zahlauffassung gibt (Hannula et al. 2007; Feigensohn et al. 2004).

Subitizing wird deshalb als eigenständige Kompetenz angesehen, die einen allgemein automatisiert ablaufenden wahrnehmungsbasierten schnellen Verarbeitungsvorgang darstellt. Dabei wird das schnelle Erfassen von Anzahlen und Mengenveränderungen auf der Basis zweier verschiedener Repräsentationssysteme erklärt, dem *object-file representation system* und dem *analog-magnitude representation system*. Mit dem *object-file representation system* können kleine Anzahlen präzise erfasst werden, und mit dem *analog-magnitude representation system* werden Mengen näherungsweise bestimmt (Xu und Spelke 2000). Somit würde die Simultanerfassung mit einer präzisen Anzahlerfassung von bis zu vier Objekten auf das *object-file representation system* zurückgehen (Geary 2006).

4.3.3.2 Quasi-Simultanauffassung

Trotz der Beschränkung der Simultanerfassung auf vier bis fünf Elemente sind viele Kinder und Erwachsene in der Lage, größere Mengen wahrzunehmen und zu bestimmen, ohne diese einzeln zählen zu müssen. Dazu setzen sie zusätzliche Strategien ein. Es werden dabei in der größeren Anzahl Strukturen erkannt oder gebildet und somit die Anzahl in kleinere

Tab. 4.2 Lösungsprozesse bei Anzahlwahrnehmung und Anzahlbestimmung

Schritt 1: Anzahlwahrnehmung	Schritt 2: Anzahlbestimmung
Anzahl als Menge einzelner Elemente wahrnehmen	Jedes einzelne Objekt wird gezählt – Alles Zählen Wissen aufgrund von Simultanerfassung bei Anzahlen bis zu 3 und 4 Elementen
Anzahl als Ganzes wahrnehmen	Wissen aufgrund von Simultanerfassung wegen der Kenntnis einer Figur (Würfelbilder bis 6 oder Fingerbilder bis 5)

Anzahl als Zusammensetzung verschiedener Teilmengen wahrnehmen
Identifizieren der Teilmengen
Strukturieren der Anzahl in verschiedene Teilmengen
  Teilmengen können als einzelne Elemente wahrgenommen werden
  Teilmengen können als Ganzes wahrgenommen werden
	Jedes Objekt einzeln zählen
	Weiterzählen
	Rechnen
	Wissen (Quasi-Simultanerfassung)

Mengen zerlegt bzw. einzelne Objekte zu neuen Einheiten zusammengesetzt. Diese kleinen Einheiten kann man simultan erfassen, und dann wird die Anzahl aller kleinen Einheiten bestimmt. Diesen Prozess der Wahrnehmung und Bestimmung der Anzahl einer Menge nennt man dann Quasi-Simultanauffassung oder auch *conceptual subitizing* (Sarama und Clements 2009, S. 44).

Man kann hier also theoretisch zwischen zwei Schritten unterscheiden (Benz 2011; Steffe und Cobb 1988; s. dazu auch Tab. 4.2):

- Schritt 1: Der Prozess der Wahrnehmung der Anzahl
- Schritt 2: Der Prozess der Bestimmung der Anzahl

Beim ersten Schritt (Anzahlwahrnehmung) können drei verschiedene Möglichkeiten unterschieden werden, die dann wiederum in verschiedenen Prozessen der Anzahlbestimmung resultieren können (Tab. 4.2).

Die Menge kann wahrgenommen werden als eine Menge aus vielen einzelnen Elementen, als Ganzheit oder als Zusammensetzung aus verschiedenen Teilmengen. Wird die Menge als Ansammlung von Einzelelementen wahrgenommen, kann sie auf unterschiedliche Weise bestimmt werden: Jedes einzelne Element kann gezählt oder aufgrund von Simultanerfassung die Anzahl als Wissen abgerufen werden. Simultanerfassung gelingt bei Anzahlen bis zu vier oder fünf Elementen. Wird die Menge als Ganzes auf einmal wahrgenommen, kann sie durch Simultanerfassung bestimmt werden. Auch wenn die Kinder z. B. das Würfelbild auf einmal als ganze Figur wahrnehmen, weil ihnen diese Figur bzw. dieses Bild bekannt ist, wird häufig von Simultanerfassung gesprochen. Man kann sich allerdings hier nicht sicher sein, ob die Kinder sich der Anzahl der einzelnen Elemente dieses Bildes wirklich bewusst sind. Sie könnten auch einfach nur den „Namen" der Figur gelernt haben und sehen nun im Würfelbild der Fünf eher ein Symbol für die Menge fünf (von Glasersfeld 1987, S. 261). Das Bild auf dem Würfel „Punkte über Kreuz" wäre in diesem Fall das Symbol für die Menge fünf.

Werden bei größeren Anzahlen Strukturen erkannt oder gebildet und somit die Anzahl in kleinere Mengen zerlegt bzw. einzelne Objekte zu Einheiten zusammengesetzt, kann man von strukturierter Anzahlwahrnehmung sprechen. Die räumliche Anordnung von Einzelelementen kann dazu führen, dass bestimmte Strukturen wahrgenommen werden. Es ist jedoch zu bedenken, dass dies ein individueller Prozess ist (Söbbeke 2005). Haben die Kinder einzelne Teile der Menge simultan erfasst, können sie in einem zweiten Schritt die Anzahl der Gesamtmenge auf verschiedene Arten bestimmen.

Interessanterweise zeigen Kinder, nachdem sie alle Teilmengen einer Menge simultan erkannt haben, anschließend unterschiedliche Prozesse der Anzahlbestimmung. Dies kann an folgendem Beispiel gut veranschaulicht werden (Benz 2011): Den Kindern werden sieben Eier in einer Zehner-Eierschachtel gezeigt. Drei Eier liegen in der oberen und vier Eier in der unteren Reihe. Manche Kinder erfassen die einzelnen Teilmengen simultan und sagen „vier und drei". Von diesen Kindern können manche aber noch keine Gesamtanzahl bestimmen. Sie antworten auf die Frage nach der Gesamtzahl der Eier „drei und vier". Manche Kinder zählen alle Eier nochmals einzeln bzw. zählen in der unteren Reihe einfach weiter, „vier, fünf, sechs, sieben". Andere wiederum sagen sofort „sieben" und geben an: „Das weiß ich" oder „weil drei plus vier gleich sieben ist".

4.3.4   Das Teile-Ganzes-Verständnis[4]

Bei der strukturierten Anzahlwahrnehmung zerlegen Kinder eine Menge in verschiedene Teilmengen. Auf der visuellen Ebene wird etwas Ganzes in Teile zerlegt.

Das Teile-Ganzes-Verständnis spielt eine tragende Rolle bei einer Zahlvorstellung von Zahlen als Anzahlen bzw. als Kardinalzahl. Dieses Verständnis geht zurück auf Resnick (1983, 1989, 1992). Sie beschreibt das Teile-Ganzes-Verständnis als eine sehr bedeutsame Fähigkeit beim Erwerb des Zahlbegriffs: „Probably the major conceptual achievement of the early school years is the interpretation of numbers in terms of part and whole relationships" (Resnick 1989, S. 114). Das Teile-Ganzes-Verständnis junger Kinder spiegelt das

---

[4] Der Begriff *part-whole relationship* bzw. *part-and-whole relationships* wird in der deutschsprachigen Literatur einerseits als Teil-Ganzes-Beziehung bzw. Teil-Ganzes-Konzept oder Teil-Ganzes-Verständnis (z. B. Peter-Koop und Grüßing 2011; Sinner et al. 2011) übersetzt. Hierbei steht der Begriff „Teil" nicht nur für einen Teil, sondern für alle Teile. Andererseits wird als Übersetzung auch Teile-Ganzes-Beziehung bzw. Teile-Ganzes-Konzept oder Teile-Ganzes-Verständnis (Gerster und Schulz 2004; Fritz und Ricken 2009) und auch Teil-Teil-Ganzes-Beziehung bzw. Teil-Teil-Ganzes-Beziehung (Fritz und Ricken 2009) verwendet und dabei die Beziehung zwischen den verschiedenen Teilen und dem Ganzen betont. In dieser Veröffentlichung werden sowohl die Begriffe Teil-Ganzes als auch Teile-Ganzes verwendet – jeweils mit Bezug auf die einzelnen Autoren. In Kap. 8 wird durchgängig Teil-Ganzes benutzt.

Verständnis über die Zerlegung einer Menge in Teilmengen und die Zusammenfügung dieser Teilmengen zur ganzen Menge. Resnick (1992) beschreibt verschiedene Stadien im Verständnis des Teile-Ganzes-Verständnisses. Kinder entwickeln zuerst ein protoquantitatives Schema des Teile-Ganzes-Verständnisses. Sie nennt es protoquantitativ, weil die Kinder in diesem Stadium über ein Wissen über Mengen (d. h. konzeptuelles Wissen über arithmetische Prinzipien) verfügen, ohne dass dafür eine genaue Anzahlerfassung notwendig ist. Kinder können also über diese Schemata schon verfügen, bevor sie genaue Anzahlen durch Zählen ermitteln können. Dies bedeutet konkret für die protoquantitativen Teile-Ganzes-Schemata, dass sich eine Gesamtmenge auf verschiedene Weise in zwei Teilmengen zerlegen lässt, ohne dass sich etwas an der Gesamtmenge ändert. Wird von einer Teilmenge etwas weggenommen und der anderen Teilmenge hinzugefügt, ändert sich die Gesamtmenge nicht (Kompensation). Wird einer Teilmenge etwas hinzugefügt, wird die Gesamtmenge entsprechend mehr; wird von einer Teilmenge etwas weggenommen, wird die Gesamtmenge weniger (Kovariation).

Wenn Kinder dieses Schema später auf konkrete Anzahlen anwenden können, gelangen sie zu Erkenntnissen über die Beziehungen zwischen der Zerlegung und dem Zusammensetzen von konkreten Anzahlen. Sie wissen also, dass eine Anzahl von sechs Eiern in vier Eier und zwei Eier zerlegt werden bzw. dass man eine Anzahl von sechs Eiern aus vier Eiern und zwei Eiern zusammensetzen kann.

In einem weiteren Schritt entwickeln Kinder diese Schemata weiter, indem die Erkenntnis, die mit konkreten Anzahlen erworben wurde, in abstrakte Zahlen übersetzt wird. Hier wissen die Kinder nun, dass man die Zahl sechs in die Zahlen zwei und vier zerlegen kann bzw. dass man aus zwei und vier die Zahl sechs erhält.

Im Teile-Ganzes-Verständnis werden bereits Aspekte der Addition und Subtraktion deutlich – das Vereinigen oder Zusammenfügen von zwei Mengen zu einer Gesamtmenge bzw. das Zerlegen einer Menge in zwei Teilmengen. Der Aspekt des Vereinigens (*combine*, vgl. Abschn. 4.4.1) kann als eine Grundvorstellung für die Addition bzw. Subtraktion bezeichnet werden. Es gibt noch viele weitere Grundvorstellungen zur Addition und Subtraktion, bezüglich derer Kinder in Spielsituationen vor der Schule Erfahrungen sammeln können; diese werden im Abschn. 4.4 zum Operationsverständnis näher beleuchtet.

4.3.5 Entwicklungsmodelle zur Zahlbegriffsentwicklung

Ein Entwicklungsmodell früher numerischer Kompetenzen (Krajewski 2003, 2008), das auf der Basis des Entwicklungsmodells von Resnick (1983, 1989) weiterentwickelt wurde, beschreibt drei Kompetenzebenen (s. Abb. 4.10), in die die bereits aufgeführten Teilkomponenten integriert sind.

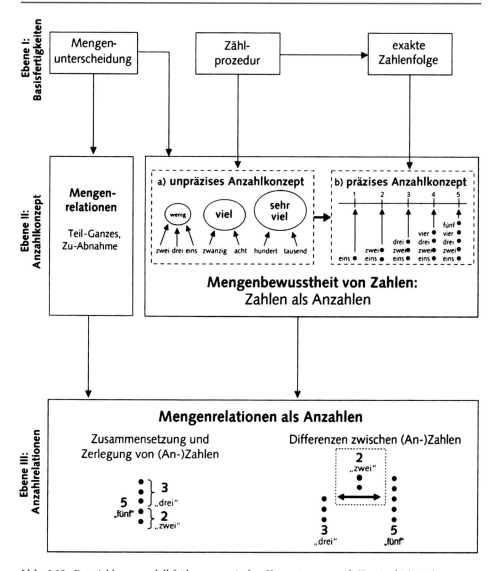

Abb. 4.10 Entwicklungsmodell früher numerischer Kompetenzen nach Krajewski (2008)

Im Zentrum der ersten Kompetenzebene steht die *Ausbildung numerischer Basisfähig-keiten*. Fähigkeiten im Umgang mit Mengen und Zahlen sind noch isoliert voneinander. Von Geburt an können Kinder zwischen Mengen unscharf unterscheiden, d. h., sie kön-nen Mengenunterschiede anhand der Ausdehnung und Fläche erkennen. Zahlen werden allerdings noch nicht mit Mengen in Verbindung gebracht, selbst wenn Kinder im Alter ab ca. 2 Jahren mit dem Aufsagen der Zahlwortreihe beginnen. Erst im Alter von etwa 3 bis 4 Jahren beginnen Kinder damit, Zahlworte mit Mengen zu verbinden.

Im Rahmen der zweiten Kompetenzebene entwickeln sie eine *Mengenbewusstheit von Zahlen* und erkennen, dass Zahlen für Mengen bzw. Anzahlen stehen. Dabei werden in einer ersten Phase die Zahlworte zunächst groben Mengenkategorien wie *wenig* (eins, zwei oder drei), *viel* (acht oder zwanzig) oder *sehr viel* (hundert oder tausend) zugeordnet. Erst in einer zweiten Phase (präzises Anzahlkonzept) können nahe beieinanderliegende Zahlen wie 7 und 8 unterschieden werden, denn Zahlworte werden nun diskreten Mengen durch punktuelle Zuordnung exakt zugeordnet. Ferner entwickelt sich im Rahmen der zweiten Kompetenzebene auch das Verständnis für Mengen weiter, indem Kinder erkennen, dass sich Mengen nur verändern, wenn etwas hinzugefügt oder weggenommen wird (Zahlinvarianz).

Im Rahmen der dritten Kompetenzebene schließlich entwickelt sich das Verständnis für Beziehungen zwischen Zahlen, d. h., Kinder verstehen nun Teil-Ganzes-Beziehungen, indem das Verständnis für Mengenrelationen, das in der zweiten Ebene noch keinen Zahlbezug aufwies, mit dem Verständnis von Zahlen als Anzahlen verknüpft wird.

Die sich bis zum Schulanfang entwickelnden Mengen-Zahlen-Kompetenzen bilden die Grundlage für das Verständnis der Schulmathematik. Krajewski betont allerdings, dass die dargestellten Kompetenzebenen für die verbalen Zählzahlen und die arabischen Ziffern nicht zwangsläufig gleichzeitig durchlaufen werden. Zudem kann es sein, dass ein Kind mit großen Zahlen noch auf der ersten und zweiten Kompetenzebene operiert, für kleinere Zahlen aber bereits die dritte Ebene erreicht hat. Bereits Fuson (1988) hat diesbezüglich herausgearbeitet, dass sich ein Kind für verschiedene Teile der Zahlwortreihe gleichzeitig in verschiedenen Entwicklungsphasen befinden kann. Ferner kann die Beherrschung der dargestellten Kompetenzen auch in Abhängigkeit von der dargebotenen Repräsentationsform variieren. Die im Modell in Abb. 4.10 dargestellten höheren Kompetenzebenen können an realen Darstellungsmitteln erworben und beherrscht werden, sodass ein Kind möglicherweise bereits Aufgaben der dritten Ebene zu lösen vermag, wenn es hierfür auf konkretes Material zurückgreifen kann. Dabei spiegeln die Kompetenzen der dritten Ebene bereits erste Rechenfertigkeiten und damit den Beginn arithmetischen Verständnisses wider.

Krajewski und Ennemoser (2013) erweitern dieses Zahlbegriffsentwicklungsmodell auf ein *Entwicklungsmodell zur Zahl-Größen-Verknüpfung* (ZGV). Allerdings ist diesbezüglich festzustellen, dass die Autorinnen unter dem Begriff „Größe" nicht in erster Linie die in Kap. 6 ausführlich dargestellten mathematischen Größenbereiche verstehen. Vielmehr wird im Rahmen des ZGV-Modells der Begriff „Größe" gewählt, um das Verständnis, „dass Zahlen eine bestimmte Größe oder Menge repräsentieren" zu beschreiben (ebd., S. 227). Der Begriff Größe bezieht sich im Wesentlichen auf den Bereich der Stückzahlen (vgl. Abschn. 6.1), die hinsichtlich ihrer Größe, d. h. Anzahl, verglichen werden. Dies geschieht auf verschiedenen Ebenen. Die Größe einer Zahl ist dabei zunächst unpräzise, d. h., eine Zahl wird lediglich groben verbalen Kategorien zugeordnet (z. B. viel, wenig), „im weiteren Verlauf wird die Zahl-Größenzuordnung immer präziser, bis schließlich eine exakte Eins-zu-Eins-Zuordnung zwischen einer Zahl und der durch sie repräsentierten Größe [gemeint ist hier Menge, Anm. d. Verf.] vorgenommen wird."

Fritz und Ricken (2009) beschreiben ein Modell der mathematischen Kompetenzentwicklung, das in seiner aktuellen Form aus sechs verschiedenen Entwicklungsstufen besteht. Sie weisen darauf hin, dass sich ihr Entwicklungsmodell auf die theoretischen Grundlagen von Fuson (1988), Resnick (1983) und Siegler (1987) stützt. Aufgrund dieser Arbeiten wurde ein Entwicklungsmodell formuliert und in leicht modifizierter Form empirisch bestätigt (Fritz et al. 2007 S. 7; Fritz und Ricken 2009; Fritz et al. 2013). In der Veröffentlichung von 2009 (S. 380 ff.) beschreiben Fritz und Ricken eine Stufe 0, die jedoch in späteren Publikationen nicht mehr aufgenommen wird. Dafür wurde das Modell später um eine sechste Stufe erweitert (vgl. Fritz et al. 2013).

Entwicklungsstufe 0: Isolierte Mengen und Zahlenkenntnis Unspezifische Mengen nach mehr oder weniger vergleichen – Reihenfolgen bilden.

> Konzept/Kompetenz: Kenntnis der Zahlwortreihe, Mengen werden erkannt (ohne exakte Quantifizierung) und können nach mehr/weniger unterschieden werden, Zahlwortfolgen werden aufgezählt. (Fritz und Ricken 2009, S. 380)

Entwicklungsstufe I: Zahlen als Zählzahlen

> Konzept/Kompetenz: Zahlworte werden Objekten zugeordnet, ohne die Mächtigkeit einer Menge zu verstehen, Vergleich zweier Mengen durch Zuordnen (Eins-zu-Eins-Vergleich). (Fritz und Ricken 2009, S. 381)

Entwicklungsstufe II: Ordinaler Zahlenstrahl

> Konzept/Kompetenz: Zahlwortreihe ist mit dem Schema des Vergleichens und dem Schema des Vermehrens verknüpft. Deshalb können Vorgänger und Nachfolger präzise bestimmt und Vorwärts-Operationen (Vermehren) zählend bewältigt werden. (Fritz und Ricken 2009, S. 381)

Entwicklungsstufe III: Integration von Menge und Zahlwortreihe

> Konzept/Kompetenz: Zahlen werden mit der Mächtigkeit der entsprechenden Menge verbunden, wobei diese sukzessiv ansteigt. Addition wird als Zusammenfügen von Teilmenge plus Teilmenge verstanden. Durch die Integration der Schemata *Vermehren* und *Vermindern* sind Additionen durchführbar. Erste Beziehungen zwischen Mengen werden verstanden. (Fritz und Ricken 2009, S. 382)

Entwicklungsstufe IV: Teile-Ganzes-Konzept

> Konzept/Kompetenz: Mengen enthalten jeweils Teilmengen. Damit sind Mengen zerlegbar und zusammensetzbar. Additions- und Subtraktionsaufgaben werden gelöst, indem Teilmengen gebildet werden (Teilmenge-Teilmenge-Gesamtmenge, T-T-G-Konzept). Mengen benachbarter Zahlworte unterscheiden sich um genau ein Element (relationaler Zahlbegriff). (Fritz und Ricken 2009, S. 383)

Entwicklungsstufe V: Verknüpfung des relationalen Zahlbegriffs mit dem T-T-G-Konzept

Konzept/Kompetenz: Vertiefung des relationalen Zahlaspektes, Verknüpfung von relationalem Zahlaspekt mit dem T-T-G-Konzept. Damit können weitere Beziehungen zwischen Mengen wie zum Beispiel Differenzen bestimmt werden. (Fritz und Ricken 2009, S. 384)

Stufe VI: Einheiten in Zahlen (Bündeln und Entbündeln)

Konzept/Kompetenz: Gebündelte Mengen können neue abstrakte zusammengesetzte Einheiten darstellen. Zahlen können auch aus diesen Einheiten zusammengesetzt bzw. zerlegt werden. Die Entwicklung eines Verständnisses von Einheiten ist später für das Stellenwertverständnis und auch für die Multiplikation notwendig (vgl. Fritz et al. 2013).

Trotz leicht unterschiedlicher Bezeichnung der Kompetenzen können zwischen den Entwicklungsmodellen von Krajewski sowie Fritz und Ricken viele Ähnlichkeiten festgestellt werden.

Die Ebene der Basisfertigkeiten im Entwicklungsmodell von Krajewski kann der Stufe 0 und 1 bei Fritz und Ricken (2009) zugeordnet werden. In Stufe 0 (*Isolierte Mengen- und Zahlenkenntnis*) können die Kinder die Zahlwortfolge aufsagen, Mengen nach mehr und weniger vergleichen sowie Reihenfolgen bilden (ebd., S. 380). In Stufe 1 verwenden Kinder Zahlen zwar als Zählzahlen, indem sie Objekten Zahlworte zuordnen, ohne jedoch die Mächtigkeit einer Menge zu verstehen.

Fritz und Ricken (2009, S. 378) gehen unter Rückgriff auf Case (1988) von zwei getrennten kognitiven „Quellen" aus, die sich zunächst unabhängig voneinander entwickeln: „ein räumlich-analoges Schema einerseits und ein verbal, digital-sequentielles andererseits. Gestützt auf diese Quellen werden ordinales und kardinales Verständnis vorbereitet, die erst später auf Stufe 2 und 3 integriert werden" (ebd.). Demzufolge unterscheiden sie zwischen der Entwicklung einer ordinalen und einer kardinalen Vorstellung und weisen diesen eigene Stufen zu, während Krajewski diese beiden Entwicklungen innerhalb einer *Ebene des Anzahlkonzepts* beschreibt. Nach Fritz und Ricken (2009, S. 381) können Zahlen zuerst aufgrund ihrer ordinalen Reihenfolge miteinander verglichen werden (Stufe 2: *Ordinaler Zahlenstrahl*). Die Zahlwortreihe ist nun mit dem Schema des Vergleichens und Vermehrens verbunden. Vorgänger und Nachfolger können bestimmt werden, und das Vermehren kann zählend bewältigt werden. Auf Stufe 3 (*Integration von Menge und Zahlwortreihe*) wird die Zahl mit der entsprechenden Mächtigkeit verbunden. Die Addition wird als Zusammenfügen von zwei Teilmengen verstanden.

Auch die Ebene III der *Anzahlrelationen* beschreiben Fritz und Ricken (2009) in zwei verschiedenen Stufen. Sie ordnen beiden Stufen dem Teile-Ganzes-Konzept und dem relationalen Zahlbegriff zu. Allerdings unterscheiden sie in ein prinzipielles Verständnis der Zerlegbarkeit und des Zusammensetzens von Mengen sowie in das Verständnis um den Unterschied um genau ein Element bei benachbarten Zahlen (Stufe 4: *Teile-Ganzes-Konzept*) und der *Verknüpfung des Teile-Ganzes-Konzepts mit dem relationalen Zahlbegriff* (Stufe 5). „Damit können weitere Beziehungen wie zum Beispiel Differenzen bestimmt werden" (ebd., S. 384).

Bei den Stufen 4, 5 und 6 von Fritz et al. (2013) und bei Stufe III der Anzahlrelationen von Krajewski (2008) wird deutlich, dass ein weit entwickeltes Verständnis des Zahlbegriffs auch ein Verständnis von arithmetischen Operationen wie Addition und Subtraktion mit einschließt. Aus diesem Grund wird das Verständnis dieser Operation im folgenden Abschnitt näher beleuchtet.

4.4 Operationsverständnis

Ziel und Inhalt von mathematischen Spiel- und Erkundungsumgebungen im Elementarbereich ist nicht das Lösen von Rechenaufgaben. Gleichwohl gibt es viele Situationen, in denen Kinder im Kindergartenalltag bereits konkret handelnd Additions- und Subtraktionssituationen meistern. Bei konkreten Handlungen des Hinzufügens, Zusammenlegens, Weggebens, Gewinnens und Verlierens können Kinder verschiedene Grundvorstellungen für die Addition und Subtraktion erwerben[5].

4.4.1 Grundvorstellungen zu den Operationen Addition und Subtraktion

In den ersten Abschnitten dieses Kapitels wurden verschiedene Grundvorstellungen zu Zahlen wie beispielsweise die ordinale und kardinale Zahlvorstellung erörtert. An dieser Stelle geht es nun um verschiedene Grundvorstellungen zu den Rechenoperationen Addition und Subtraktion. Stern (1998, S. 102) berichtet von einer Untersuchung von Riley et al. (1983) mit Kindern der 1. Klasse. Dabei konnte ein interessantes Phänomen beobachtet werden (vgl. auch Schipper 2009, S. 100).

91 % der Kinder konnten eine Aufgabe folgender Art lösen:

Hans hat 8 Murmeln. Peter hat 5 Murmeln. Wie viele Murmeln muss Peter noch bekommen, damit er genauso viele hat wie Hans?

Allerdings konnten nur 28 % derselben Kinder eine Aufgabe folgender Art lösen:

Hans hat 8 Murmeln. Peter hat 5 Murmeln. Wie viele Murmeln hat Peter weniger als Hans?

---

[5] Es gibt auch verschiedene Operationsvorstellungen zu den Grundrechenarten Division und Multiplikation. In Kap. 7 werden im Abschn. 7.3.2 (Kombinatorik) verschiedene Sachsituationen vorgestellt, in denen aufgrund von Zählen festgestellt werden kann, wie viele verschiedene Kombinationsmöglichkeiten es geben kann. Dies kann additiv oder multiplikativ geschehen.

Warum sind die Lösungshäufigkeiten hier so unterschiedlich hoch?

Die verschiedenen Situationen stehen für verschiedene Grundvorstellungen. Bei der ersten Situation geht es um das *Ergänzen* oder um das *Aus- bzw. Angleichen*. Diese Situation beinhaltet eine dynamische Situation und die Frage nach einer Handlungsanweisung (*Wie viele muss Peter noch bekommen?*), mit der die Kinder die Situation leicht lösen können. Die andere Situation, in der sie die beiden Zahlen vergleichen und den Unterschied zwischen ihnen bestimmen sollen, enthält keinen direkten Handlungshinweis. Hierbei geht es um das *Vergleichen*. Die Kinder müssen selbstständig eine Strategie finden, wie sie die beiden Anzahlen vergleichen können. Eine Möglichkeit wäre hier, beide Anzahlen übereinander zu legen. Dann können die Kinder über die Eins-zu-Eins-Zuordnung die Menge bestimmen, die beide Kinder gemeinsam haben, und können anschließend die Mengen an Murmeln bestimmen, die Hans mehr hat (vgl. Fromme et al. 2011).

Diese Situationen *Vergleichen und An- bzw. Ausgleichen*, können immer wieder im Alltag der Kinder auftreten, sei es z. B. beim Spielen, wenn beide Spieler gleich viele Spielsteine benötigen, oder z. B. beim Aufteilen von Gegenständen. Es gibt jedoch noch weit mehr Situationen, die Additions- und Subtraktionskontexte darstellen, als die beiden oben beschriebenen.

In der folgenden Aufzählung werden in Anlehnung an Riley et al. (1983) und Schipper (2009, S. 100) vier verschiedene Situationstypen für die Addition und Subtraktion beschrieben (vgl. auch Carpenter und Moser 1984). Innerhalb der verschiedenen Situationstypen kann dann nochmals unterschieden werden, ob das Ergebnis der Operation a + b = ?, der Anfangszustand ? + b = c oder die Veränderung a + ? = c gesucht wird.

1. Situationen des Veränderns (*change*)
   Hier geht es um eine Menge, die verändert wird, bei der etwas dazukommt oder weggenommen wird, wie z. B.:

> Maria hat 3 Murmeln. Dann gibt Hans ihr 5 Murmeln. Wie viele Murmeln hat Maria jetzt?
>
> Maria hat 6 Murmeln. Dann gibt sie Hans 4 Murmeln. Wie viele hat Maria jetzt?

2. Situationen des Verbindens (*combine*)
   Hier werden zwei Mengen miteinander verbunden bzw. eine Menge wird in zwei Mengen zerlegt, wie z. B.:

> Maria hat 3 Murmeln. Hans hat 5 Murmeln. Wie viele haben beide zusammen?

> Maria und Hans haben zusammen 6 Murmeln. Hans hat 5 Murmeln. Wie viele Murmeln hat Maria?

3. Situationen des Vergleichens (*compare*)
   In dieser Situation werden zwei Mengen bezüglich der Anzahl der Objekte miteinander verglichen, wie z. B.:

> Maria hat 5 Murmeln. Hans hat 8 Murmeln. Wie viele Murmeln hat Hans mehr als Maria?
>
> Maria hat 6 Murmeln. Hans hat 2 Murmeln. Wie viele Murmeln hat Hans weniger als Maria?

4. Situationen des Aus- und Angleichens (*equalizing; join missing addend,* Carpenter und Moser 1984)
   Hier sollen zwei Mengen durch Hinzufügen oder Wegnehmen von Objekten so verändert werden, dass sie anschließend die gleiche Anzahl von Objekten haben.

> Maria hat 5 Murmeln. Hans hat 8 Murmeln. Wie viele Murmeln muss Maria bekommen, damit sie genauso viele Murmeln hat wie Hans?
>
> Maria hat 6 Murmeln. Hans hat 2 Murmeln. Wie viele Murmeln muss Maria abgeben, damit sie genauso viele Murmeln hat wie Hans?

Vergleicht man nun diese Handlungssituationen mit dem Teile-Ganzes-Verständnis (Abschn. 4.3.4), kann man feststellen, dass die Grundvorstellung des Verbindens (*combine*) im Teile-Ganzes-Verständnis zum Tragen kommt. Hier werden Anzahlen und Zahlen in kleinere Anzahlen und Zahlen zerlegt bzw. aus kleineren Zahlen aufgebaut. Die Einsicht, dass eine Anzahl von sechs Eiern in vier Eier und zwei Eier zerlegt werden bzw. dass man eine Anzahl von sechs Eiern aus vier Eiern und zwei Eiern zusammensetzen kann, oder die Einsicht, dass man die Zahl 6 in die Zahlen 2 und 4 zerlegen kann bzw. dass man aus den Zahlen 2 und 4 die Zahl 6 bilden kann, kann man nun zum einen als Teil-Ganzes-Verständnis bezeichnen oder zum anderen als erste Additionskenntnisse in Situationen des Verbindens (*combine*). Krajewski nennt diese Erkenntnis *Zusammensetzen und Zerlegen von (An)zahlen* in ihrem Entwicklungsmodell in ihrer dritten Ebene, Mengen als Anzahlrelationen. Ebenso beschreibt Krajewski auf dieser Ebene die Grundvorstellung des *Vergleichens* mit *Differenzen der (An-)Zahlen.* Dass diese Grundvorstellungen von Addition und Subtraktion wichtige Komponenten in Modellen der Zahlbegriffsentwicklung darstellen, zeigt die enge Verzahnung zwischen Operations- und Zahlverständnis.

4.4.2 Verschiedene Lösungsprozesse

Spielen die Kinder ein Würfelspiel mit zwei Würfeln, z. B. *Wer hat mehr?* (s. auch Abschn. 4.6), bietet es sich an, die Summe beider Würfelaugen zu bestimmen, um herauszufinden, wer mehr hat. Damit bewältigen Kinder Additionssituationen des Verbindens. Das Bestimmen der Summe der Würfelaugen von zwei Würfeln kann auf verschiedene Weisen geschehen:

- Hat ein Kind eine Fünf und eine Vier gewürfelt, kann es die Augensumme bestimmen, indem es alle Würfelpunkte einzeln zählt. Diese Lösungsstrategie wird als Alles Zählen bezeichnet.
- Ebenso kann das Kind auf das Wissen zurückgreifen, was die einzelnen Würfelbilder bedeuten, ohne alle Augen jeden Würfelbildes nochmals extra zählen zu müssen: Es kann z. B. wissen, was eine Augenzahl ist, z. B. die Vier, und zählt dann weiter „fünf, sechs, sieben, acht, neun", oder es weiß, dass eine Augenzahl die Fünf ist und zählt dann vier weiter: „sechs, sieben, acht, neun". Diese Lösungsstrategie wird Weiterzählen genannt.
- Beginnen Kinder bewusst bei der größeren Zahl, weil sie dann weniger Schritte weiterzählen müssen, haben sie schon viele Prinzipien der Addition entdeckt. Das Kind nutzt Weiterzählen vom größeren Summanden.
- Nutzt das Kind bereits Wissen über Zahleigenschaften, z. B. „ich weiß von den Händen, dass fünf und fünf zehn sind, deswegen sind fünf und vier eins weniger und dann sind das neun, das ist eins weniger", werden hier schon erste Rechenstrategien sichtbar.
- Manche Kinder wissen vielleicht gleich, dass sie hier neun Felder weitergehen, weil sie wissen, dass fünf und vier zusammen neun ist.

Die erste natürliche Art der Lösung in diesen Situationen ist das sog. *Alles Zählen.* Auch schon vor der Schule können Impulse dahingehend gegeben werden, dass Kinder weiterführende Strategien entwickeln können, wie z. B. *Kannst du mir, auch ohne alle Punkte zu zählen, sagen, wie viele das sind?* (vgl. auch Impulse bei den Würfelspielen in Abschn. 4.6 und Kap. 8). In Untersuchungen mit Kindern am Ende der Kindergarten- und zu Beginn der Grundschulzeit wurde deutlich, dass viele Kinder schon über verschiedene auch nichtzählende Lösungsstrategien verfügen (vgl. Benz 2011).

4.4.3 Kompetenzen von Kindern am Ende der Kindergartenzeit beim Addieren und Subtrahieren

Neben verschiedenen Situationstypen, hinter denen verschiedene Grundvorstellungen stehen, kann die Art der Darstellung der Additionssituationen verschiedene Anforderungen beinhalten. Zum einen können die Kinder durch Material (bildliche Darstellungen und auch konkrete Materialien) die Möglichkeit haben, die Gesamtanzahl durch Abzählen zu bestimmen. Zum anderen können die Situationen aber auch keine Darstellung und Materialien beinhalten, sodass die Kinder die Additionssituation nicht konkret zählend lösen können (vgl. Abschn. 9.4).

Additionsaufgaben mit Abzählmöglichkeiten finden sich in vielen Untersuchungen mit Schulanfängerinnen und Schulanfängern (Kinder, die erst 4 Wochen in der Schule sind, vgl. Schipper 2009, S. 84; Padberg und Benz 2011, S. 88 ff., 109 ff.). Hier konnten bei vielen Kindern hohe Kompetenzen festgestellt werden. Auch wenn das Ergebnis bei Additions- und Subtraktionsaufgaben nicht durch Material oder bildliche Darstellung abzählbar ist (vgl. Schipper 2009, S. 84), konnte in vielen Untersuchungen nachgewiesen werden, dass Kinder Additionsaufgaben, die in eine Situation eingebunden sind, schon in einem großen Umfang lösen können. Eine Möglichkeit, diese Kompetenz in Kontextaufgaben zu erheben, sind Schachtelaufgaben (vgl. Spiegel 1992). Dabei wird den Kindern zuerst die Anzahl der Steine des ersten Summanden gezeigt. Diese werden unter eine Schachtel gelegt. Danach wird die Anzahl der Steine des zweiten Summanden gezeigt und unter die Schachtel gelegt. Die Kinder konnten jeweils die Anzahlen der einzelnen Summanden sehen, haben jetzt aber nicht mehr die Möglichkeit, das Ergebnis konkret abzuzählen, da die Steine unter der Schachtel nicht sichtbar sind. In einer Untersuchung mit 325 Kindern (Benz 2011) im Alter von 4 bis 6 Jahren zeigten Kinder beachtliche Kompetenzen beim Lösen nicht abzählbarer Additions- und Subtraktionsaufgaben (Tab. 4.3).

Tab. 4.3 Lösungshäufigkeit bei Schachtelaufgaben (nicht zählbare Kontextaufgaben)

Schachtelaufgabe	Alle Kinder N = 325	3;6–4;11 Jahre N = 67	5;0–5;11 Jahre N = 180	6;0–6;10 Jahre N = 78
3 + 3	74 %	51 %	78 %	85 %
5 + 2	66 %	48 %	70 %	72 %
8 − 3	51 %	33 %	56 %	56 %
3 + ? = 5	59 %	42 %	61 %	68 %

Bei diesen Schachteladditions- und -subtraktionsaufgaben, die dem Situationstyp des Veränderns *(change)* entsprechen, kann man feststellen, dass alle Aufgaben schon von mehr als der Hälfte der Kinder gelöst werden können. Die Subtraktionsaufgabe ist dabei die Aufgabe mit den geringsten Lösungshäufigkeiten. Dies könnte darauf zurückgeführt werden, dass viele Kinder die Aufgaben im Kopf zählend lösten. Das Problem bei einer zählenden Lösung von Subtraktionsaufgaben stellen die verschiedenen Zählprozesse in entgegengesetzter Richtung dar. Beim *Rückwärtszählen* müssen die Kinder einerseits in der Zahlwortreihe *rückwärts* zählen (sieben, sechs, fünf) und andererseits die Anzahl der Schritte, die sie rückwärtsgehen sollen, durch *Vorwärts*zählen mitzählen (eins, zwei, drei) (vgl. Baroody 1987a).

Vergleicht man die verschiedenen Altersgruppen, kann festgestellt werden, dass die Kinder diese Aufgaben mit zunehmendem Alter häufiger richtig lösen. Es gab jedoch bei dieser Untersuchung 4-Jährige, die alle Aufgaben korrekt lösen konnten, und 6-Jährige, die bei keiner Aufgabe eine korrekte Lösung erzielten. Diese Heterogenität war in vielfältigen anderen Untersuchungen ebenfalls zu beobachten (vgl. Schipper 2009; Padberg und Benz 2011).

4.5   Verfahren zur Feststellung des Lernstands im Übergang vom Kindergarten zur Grundschule

Wie bereits in Kap. 3 dargestellt, ist die kindliche Denkentwicklung im Bereich *Zahlen und Operationen* detailliert und differenziert erforscht. Es existieren sowohl empirische Studien zu einzelnen Aspekten der Denkentwicklung der Kinder im pränumerischen Bereich, zum Zählen, zur simultanen und quasisimultanen Zahlerfassung, zum Teile-Ganzes-Verständnis, zu Kenntnissen der Addition und Subtraktion (Operationsverständnis und Lösungsstrategien) als auch zur Entwicklung von Kompetenzmodellen zur Beschreibung der Zahlbegriffsentwicklung. Diese differenzierten Beschreibungen können helfen, kindliche Fertigkeiten und Fähigkeiten in diesem Bereich wahrzunehmen, um deren Entwicklung zu unterstützen.

Im Bereich der Zahlbegriffsentwicklung sind zahlreiche Diagnoseverfahren verfügbar, die in Kap. 3 ausführlicher vorgestellt werden. In diesem Kapitel werden sie lediglich zusammenfassend dargestellt. Zum einen sind als Diagnoseverfahren standardisierte Testverfahren zu finden (vgl. Abschn. 3.2.1):

- Der *OTZ* (*Osnabrücker Test zur Zahlbegriffsentwicklung*; van Luit et al. 2001) berücksichtigt zwei große Bereiche. Der erste Bereich bezieht sich auf die logischen Grundoperationen nach Piaget (Vergleichen, Klassifizieren, Eins-zu-Eins-Zuordnen und Seriation). Im zweiten Teil des Tests werden verschiedene Aspekte der Mengenwahrnehmung und -unterscheidung sowie verschiedene Stufen der Zählentwicklung beim Zählen von Objekten untersucht (Zahlwörter benutzen, resultatives und verkürztes Zählen, Anwenden von Zahlenwissen).
- Der *TEDI-MATH* (Kaufmann et al. 2009) ist eine deutschsprachige Adaptation des *Test Diagnostique des Compétences de Base en Mathématiques* von van Nieuwenhoven et al. aus dem Jahr 2001. Er ist bis zur 3. Klasse konzipiert und umfasst auch Untertests, die schon im Kindergartenalter durchgeführt werden können.
- Das Testverfahren *ZAREKI-K* (*Neuropsychologische Testbatterie für Zahlenverarbeitung und Rechnen bei Kindern – Kindergartenversion*; von Aster et al. 2009) ist ein sog. Etikettierungstest für Rechenstörungen (Dyskalkulie) und bereits im Kindergartenalter

einsetzbar. Zu einer kritischen Auseinandersetzung mit einzelnen Testitems und Auswertungskriterien sei auf Rottmann und Huth (2005) verwiesen. Ein weiterer standardisierter Test, der vor allem zur frühen Erfassung von Lernschwierigkeiten im Mathematikunterricht konzipiert wurde, ist der Hamburger Rechentest *HaReT* (Lorenz 2007).

- Mit *MARKO-D* (Ricken et al. 2013) liegt ein standardisiertes Testinstrument vor, das auf der Grundlage des in Abschn. 4.3.5 vorgestellten Entwicklungsmodells (Fritz und Ricken 2009; Fritz et al. 2013) konzipiert wurde. Auch zum Entwicklungsmodell von Krajeweski (Krajewski 2008; Krajewski und Ennemoser 2013) wurden Tests entwickelt: *MBK-0* und *MBK-1*-Tests mathematischer Basiskompetenzen im Kindergarten- und frühen Grundschulalter (Krajewski i. Vorb.; Ennemoser, Krajewski und Sinner, i. Vorb.; vgl. auch Sinner et al. 2011). Ein standardisierter Test, der sich nicht nur auf den Bereich der Zahlen und Operationen bezieht, ist der Kieler Kindergartentest *KiKi* (Grüßing et al. 2013).

Wie am Ende von Abschn. 4.5 angemerkt, ist die Darstellung der standardisierten Testverfahren nicht dahingehend zu verstehen, dass es das Ziel mathematischer Diagnostik im Kindergarten sein soll, Kinder anhand dieser Tests mit Etiketten und Rangplätzen zu versehen. Wie in den folgenden Kapiteln immer wieder aufgezeigt wird, ist Mathematik nicht durch reine Ergebnis- und Produktorientierung gekennzeichnet, sondern vor allem auch durch Prozessorientierung. Diese Prozessorientierung findet in den im Folgenden genannten diagnostischen Verfahren und Konzepten stärkere Berücksichtigung.

Weitere nicht als standardisierte Tests konzipierte Diagnose- und Beobachtungsinstrumente sind:

- die Diagnosebögen des Konzepts *ELEMENTAR* (Kaufmann und Lorenz 2009),
- die Lerndokumentation des Projekts Trans-Kigs (Steinweg 2006) sowie
- das *Elementarmathematische Basisinterview für den Einsatz im Kindergarten* (*EMBI-Kiga*, Peter-Koop und Grüßing 2011).

Da das EMBI-Kiga im Verbund mit dem *EMBI Zahlen und Operationen* (Peter-Koop et al. 2013) sowie dem *EMBI Größen und Messen, Raum und Form* (Wollring et al. 2011) eines der wenigen diagnostischen Verfahren ist, die für verschiedene mathematische Inhaltsbereiche entwickelt wurden, wird es im Folgenden sowie auch in den Kap. 3, 5 und 6 ausführlich behandelt.

Im Rahmen des australischen *Early Numeracy Research Project* (Clarke 2001; Clarke et al. 2002) wurde auf der Basis der Auswertung der psychologischen wie fachdidaktischen Literatur in Verbindung mit empirischen Studien ein Interviewverfahren für die Klassenstufen 0 bis 2, d. h. für Kinder im Alter von 4 bis 8 Jahren, entwickelt, das sich auf verschiedene mathematische Inhaltsbereiche (Zahlen und Operationen, Größen und Messen, Raum und Form) bezieht (Victoria Department of Education, Employment and Training 2001). Im engen Kontakt mit den australischen Kolleginnen und Kollegen wurde eine deutsche Version erarbeitet: das Elementarmathematische Basisinterview, das ebenfalls die o. g. mathematischen Inhaltsbereiche abdeckt. Das deutsche EMBI sowie auch die australische Version unterscheiden sich von anderen Verfahren durch einige innovative Elemente:

- die Erfassung von mathematischen „Vorläuferfähigkeiten" in Form eines speziell für Kindergarten und Vorschulkinder entwickelten Interviewteils,
- eine materialgestützte Interviewführung, um Artikulationen von Aufgaben und ihren Lösungen jenseits von Sprache zu unterstützen,
- klar definierte Abbruchkriterien, um eine Demotivierung bzw. Überforderung zu vermeiden, sowie
- die Beschreibung der sich entwickelnden mathematischen Fähigkeiten in Form von sog. Ausprägungsgraden.

Diese *Ausprägungsgrade* werden anhand entsprechend konzipierter Aufgaben festgestellt, die im Rahmen von Begleitstudien empirisch überprüft und abgesichert wurden. Die Ausprägungsgrade beschreiben erreichte „Meilensteine" in der Entwicklung mathematischen Denkens und verdeutlichen zugleich, welche Meilensteine als nächstes erreicht werden sollen.

Für das EMBI-KiGa (Abb. 4.11) existiert zudem ein Interviewteil V „Vorläuferfähigkeiten", der sich auf folgende Inhalte bezieht:

- Umgang mit Mengen (Sortieren, Zählen kleiner Mengen, Mengenvergleich, Einsicht in Mengeninvarianz)
- Raum-Lage-Beziehungen

Abb. 4.11 Handbuch und Material zum EMBI-Kiga (Peter-Koop und Grüßing 2011)

- Umgang mit Mustern (Muster nachlegen, fortsetzen, erklären)
- Ordinalzahlen
- Simultanes Erfassen
- Zahl-Mengen-Zuordnung
- Anordnung der Zahlsymbole
- Teil-Ganzes-Beziehungen
- Nachfolger/Vorgänger
- Eins-zu-eins-Zuordnung
- Seriation

Anders als für den Teil A („Zählen“) sowie für die Teile B („Stellenwerte“), C („Strategien zur Addition und Subtraktion“) und D („Strategien zur Multiplikation und Division“) des *EMBI Zahlen und Operationen* (Peter-Koop et al. 2013) liegen für den V-Teil keine expliziten Ausprägungsgrade vor. Inwieweit sich die verschiedenen Vorläuferfähigkeiten bedingen und aufeinander aufbauen, ist bislang nur in Ansätzen erforscht. Umfassende Kompetenzmodelle, die eine geeignete Grundlage für die Ableitung von Ausprägungsgraden bieten würden, liegen bislang nicht vor.

Teil A „Zählen“ des *EMBI-KiGa* umfasst Aufgaben zur Anzahlbestimmung, zum Vorwärts- und Rückwärtszählen, zur Bestimmung von Vorgänger und Nachfolger sowie zum Zählen in Schritten (Zweier-, Fünfer- und Zehnerschritte) (s. Tab. 4.4). Da die Entwicklung von Zählkompetenzen umfangreich erforscht ist (vgl. Abschn. 4.3.2), konnten in diesem Bereich relativ einfach Meilensteine der Entwicklung theoretisch abgeleitet und empirisch überprüft werden. Entsprechend wurden für den Teil A „Zählen“ folgende Ausprägungsgrade formuliert. Diese zeigen allerdings einen „Ausblick auf die Entwicklung schwerpunktmäßig schulischer Kompetenzen. (…) Erhebungen in Deutschland wie auch in Australien zeigen, dass schon Kindergarten- und Vorschulkinder in einigen Bereichen bereits entsprechende Kompetenzen entwickelt haben“ (Peter-Koop und Grüßing 2011, S. 47; s. auch Abschn. 4.4.3).

Es soll an dieser Stelle festgehalten werden, dass es nicht Aufgabe von Fachkräften im Elementarbereich ist, die mathematischen Fähigkeiten von Kindern zu diagnostizieren, um sie mit Etiketten wie *rechenschwach* oder *leistungsschwach in Mathematik* oder anderen Leistungsmerkmalen zu versehen. Die diagnostischen Verfahren und Konzeptionen werden hier unter dem Aspekt vorgestellt, dass Fachkräfte kindliche Denkstrategie im Ki-Ta-Alltag wahrnehmen können, um diese aufzugreifen und zu unterstützen. Wachsames Beobachten von kindlichen Strategien und Handlungen im Bereich der Zahlbegriffsentwicklung kann auch aufzeigen, dass einzelne Kinder noch viele Entwicklungsschritte vor sich haben, wobei „beobachtete Lücken im Wissensnetz (…) immer als Hinweis auf die Zukunft und nicht als Mangel der Vergangenheit interpretiert werden“ sollten. (Steinweg 2009, S. 42). Diese Kinder können nun im Alltag vermehrt unterstützt werden diese Entwicklungsschritte zu gehen.

Tab. 4.4 Ausprägungsgrade der Entwicklung mathematischen Denkens bezogen auf den Bereich *Zählen* (Peter-Koop und Grüßing 2011, S. 63)

A.	**Zählen**
0.	**Nicht ersichtlich,** ob das Kind in der Lage ist, die Zahlwörter bis 20 zu benennen.
1.	**Mechanisches Zählen** Das Kind zählt mechanisch bis mindestens 20, ist aber noch nicht in der Lage, eine Menge (von Gegenständen) dieser Größe zuverlässig abzuzählen.
2.	**Zählen von Mengen** Das Kind zählt sicher Mengen mit ca. 20 Elementen.
3a.	**Vorwärts- und Rückwärtszählen in Einerschritten im Zahlenraum bis 20** Das Kind kann im Zahlenraum bis 20 in Einerschritten von verschiedenen Startzahlen aus zählen und Vorgänger und Nachfolger einer gegebenen Zahl benennen.
3b.	**Vorwärts- und Rückwärtszählen in Einerschritten im Zahlenraum bis 100** Das Kind kann im Zahlenraum bis 100 in Einerschritten von verschiedenen Startzahlen aus zählen und Vorgänger und Nachfolger einer gegebenen Zahl benennen.
4.	**Zählen von 0 aus in 2er-, 5er- und 10er-Schritten** Das Kind kann von 0 aus in 2er, 5er und 10er Schritten bis zu einer gegebenen Zielzahl zählen.
5.	**Zählen von Startzahlen x > 0 aus in 2er-, 5er- und 10er-Schritten** Das Kind kann von einer Startzahl (x > 0) in 2er-, 5er- und 10er-Schritten bis zu einer gegebenen Zielzahl zählen.
6.	**Erweiterte Zählfertigkeiten** Das Kind kann von einer Startzahl (x > 0) in beliebigen einstelligen Schritten zählen.

4.6   Kinder entdecken verschiedene Aspekte des Zahlbegriffs

Kinder können beim Entdecken verschiedener Aspekte des Zahlbegriffs auf unterschiedliche Art und Weise unterstützt werden (vgl. auch Bönig 2010b). In Kap. 3 wurden diesbezüglich zunächst inhaltsunabhängig unterschiedliche Konzeptionen und Fördermöglichkeiten vorgestellt. Im folgenden Abschnitt werden nun exemplarisch einige Beispiele aus dem kindlichen Alltag aufgeführt, in denen Kinder verbal zählen und Anzahlen auf verschiedene Weise erfassen sowie zählend oder nichtzählend bestimmen können. Anschließend werden einige ausgewählte angeleitete Spiele vorgestellt, die verschiedene Arten des Zählens und verschiedene Methoden der Anzahlwahrnehmung und -bestimmung anregen können.

4.6.1   Zählaktivitäten oder Aktivitäten zur Eins-zu-Eins-Zuordnung im Kindergartenalltag

Viele Kinder nutzen von sich aus gerne verschiedene Anlässe, um Gegenstände oder andere Dinge (wie z. B. ihr Alter in Form von Jahren) zu zählen. Im KiTa-Alltag bieten sich dazu viele Anlässe, die aufgegriffen und thematisiert werden können:

- Tischdecken: Wenn für jedes Kind ein Becher oder ein Teller auf den Tisch gestellt werden soll, haben die Kinder verschiedene Möglichkeiten, diese Aufgabe zu lösen. Sie können zuerst zählen, wie viele Kinder es sind, und dann die gleiche Anzahl auf den Tisch stellen (Zählen). Sie können aber auch für jedes Kind einen Teller bzw. einen Becher auf den Tisch stellen, d. h., sie können eine *Eins-zu-Eins-Zuordnung* vornehmen.
- Im Alltag, beim Aufräumen, Basteln, gemeinsamen Essen und Kochen bieten sich immer wieder Anlässe, Anzahlen zu bestimmen. Hierbei können die Kinder gut eingebunden werden.
- Kinder im Stuhlkreis oder beim Spaziergang zählen: Wie viele Jungen sind wir? Wie viele Mädchen sind wir? Sind es mehr Jungen als Mädchen? Sind heute alle da? Wie viele fehlen?
- Geburtstag feiern: Wie viele Kerzen benötigen wir? Feststellen, wie viele Kerzen beim ersten Pusten ausgegangen sind, wie viele noch brennen (Abb. 4.12).
- Treppenstufen beim Treppensteigen zählen: Hier kann man später beginnen, strukturiert zu zählen, indem man nur jede zweite Stufe zählt.
- Würfelspiele wie z. B. *Mensch-ärgere-dich-nicht*: Hier können zunehmend die Würfelbilder simultan erfasst werden. Des Weiteren können beim Handeln (Vorgehen auf Feldern, Nehmen von Gegenständen in entsprechender Anzahl) zur entsprechenden Würfelzahl verschiedene zählende und auch nichtzählende Strategien gefördert werden (vgl. Gasteiger 2013).
- Rückwärtszählen beim Raketencountdown (10, 9, 8, 7, 6, 5).
- Zähllieder und Zählreime: Je nach Reim oder Lied werden hier entweder nur verbales Zählen und/oder verbales Rückwärtszählen thematisiert. Finden begleitend zum Reim oder Lied entsprechende Spielhandlungen statt, wird auch das Ab- oder Auszählen gefördert.

Abb. 4.12 Ausblasen der Geburtstagskerzen: Wie viele brennen noch?

Zählreim: Zehn kleine Fische

Zehn kleine Fische, die schwimmen im Meer – blubb blubb blubb blubb,
da sagt der eine, ich kann nicht mehr – blubb blubb blubb blubb,
ich will zurück in meinen schönen kleinen Teich – blubb blubb blubb blubb,
denn hier sind Haie, und die fressen mich gleich – blubb blubb blubb blubb.
Neun kleine Fische, ...

...

Ein kleiner Fisch, der schwimmt im Meer – blubb blubb blubb blubb,
er sagt zu sich, ich kann nicht mehr – blubb blubb blubb blubb,
ich wär viel lieber in einem kleinen Teich – blubb blubb blubb blubb,
hier gibt es Haie, und die fressen mich gleich – blubb blubb blubb blubb.
Null kleine Fische, die schwimmen im Meer – blubb blubb blubb blubb,
da sagt der Hai, ich kann nicht mehr – blubb blubb blubb blubb,
ich wär viel lieber in einem kleinen Teich – blubb blubb blubb blubb,
denn da sind Fische, und die fresse ich gleich – blubb blubb blubb blubb.

Verfasser unbekannt

4.6.2 Spiele

4.6.2.1 Memory-Spiel mit konkreten Gegenständen: Zahlen als Anzahlen darstellen, wahrnehmen und bestimmen

Das Material für das Memory-Spiel besteht aus kleinen Schüsseln und Steinchen o. Ä. Zur Vorbereitung des Spiels werden verschiedene Anzahlen mit Steinchen gelegt und unter Schüsseln verdeckt. Es müssen immer zwei gleiche Anzahlen gelegt werden, damit Paare entstehen können. Ziel ist es, immer ein passendes Paar aufzudecken. Gewinner ist, wer die meisten Paare gefunden hat. Dadurch dass die Mengen nicht nur bildlich vorhanden sind, sondern konkret vorliegen, können die Kinder die Objekte in die Hand nehmen, um abzuzählen. Wenn man bei der Vorbereitung des Spiels die Objekte unter die Schälchen legt, bietet sich ein Gespräch über Darstellung von Mengen an (vgl. Abschn. 4.3.4 sowie Abschn. 8.5).

4.6.2.2 Würfelspiele wie z. B. „Mäuserennen"

Für das Spiel „Mäuserennen" (Klep und Noteboom 2004) benötigt man einen Spielplan mit zwei Spielbahnen, die aus 20 Feldern bestehen (Abb. 4.13). Diesen Spielplan kann man leicht selbst herstellen. Immer nach fünf Feldern ist ein Farbwechsel.

Abb. 4.13 Plan zum Mäuserennen nach Klep und Noteboom (2004)

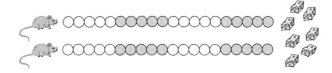

Am Ende der Spielbahnen werden ungefähr zehn kleine Holzwürfel o. Ä. in zwei Mengen mit ungleicher Anzahl aufgeteilt.[6] Die Spielregel ist einfach. Man würfelt und zieht seinen Spielstein entsprechend der Würfelzahl auf den Feldern weiter. Wer als Erstes am Ende seiner Spielbahn angekommen ist, hat das Rennen gewonnen und darf die Menge mit den meisten Käsewürfeln wählen. Hierbei geht es darum, die Würfelanzahl zu bestimmen (dies kann simultan oder zählend geschehen) und die entsprechende Anzahl an Feldern vorzurücken. Die Kinder lernen hierbei zunehmend, die Anzahl der Würfelpunkte simultan zu erfassen und Anzahlen an Feldern abzuzählen (entsprechende Schritte vorwärtsgehen). Durch die Fünferstrukturierung des Spielplans können hier Anzahlen schon in Teilen wahrgenommen werden. Am Ende des Spiels müssen die Kinder feststellen, welche Menge mehr Käsewürfel enthält. Dafür gibt es verschiedene Möglichkeiten. Zum einen können sie bei beiden Mengen die Anzahl durch Zählen feststellen und dann aufgrund der Anzahl entscheiden, welche mehr Käsewürfel enthält (Zahlvergleich). Zum anderen können die Anzahlen auch durch eine Eins-zu-Eins-Zuordnung verglichen werden. Hierfür müssen die Kinder nicht die Zahlwortreihe beherrschen. *Impulse und Fragestellungen*, die über ein Zählen der Würfelpunkte und der Spielfelder hinausführen, sind z. B.:

- Was glaubst du, wer gewinnen wird? Oder: Ich glaube, ich werde gewinnen.
- Glaubst du, dass du mit dem nächsten Wurf schon zum Ziel gelangen kannst?
- Kannst du, auch ohne zu zählen, sagen, was du gewürfelt hast?
- Kannst du, auch ohne jedes Feld einzeln zu zählen, zeigen, auf welches Feld du wohl kommst?

Variiert man die Spielregel so, dass das Zielfeld direkt getroffen werden muss, ist es von Bedeutung, welche Zahl am Ende gewürfelt werden muss, um direkt zum Ziel zu gelangen. Hier können nun folgende Überlegungen angestellt werden: Bei welcher Würfelzahl kann ich noch vorwärtsgehen, bei welcher Würfelzahl muss ich stehen bleiben? Um diese Überlegung beantworten zu können, müssen Kompetenzen zum Tragen kommen, die über das reine Zählen von Feldern und Bestimmen der Würfelzahl hinausgehen.

Es kann auch mit zwei Würfeln gewürfelt werden. Dadurch entstehen neue Herausforderungen, denn nun muss die Summe der beiden gewürfelten Zahlen bestimmt werden (vgl. Abschn. 4.4.1).

---

[6] Tipp: Aus Spülschwämmen lassen sich leicht und kostengünstig kleine „Käsestückchen" herstellen.

4.6.2.3   Kastanienspiel

Beim Kastanienspiel braucht man (je nach Zahl der Mitspieler) lediglich einige Dutzend
Kastanien und einen Spielwürfel. Es wird reihum gewürfelt. Die Mitspielerinnen und Mitspieler müssen die Zahlen in ihrer Reihenfolge erwürfeln. Begonnen wird mit der Eins
(alternativ auch mit der Sechs). Wer eine Eins gewürfelt hat, darf sich eine Kastanie nehmen und hinlegen. Nun muss man so lange würfeln, bis man eine Zwei hat, dann darf man
zwei Kastanien darunterlegen. Dann muss man eine Drei würfeln usw. (Abb. 4.14).

Bei diesem Spiel ist die Reihenfolge der Zahlwortreihe vorwärts und rückwärts von Bedeutung. Des Weiteren müssen den Würfelbildern eine Anzahl von Kastanien zugeordnet
werden, d. h., Würfelbilder müssen erfasst und die dazu passende Menge an Kastanien dargestellt werden. Legt man die Kastanien in dieser Form, entstehen sog. *figurierte Zahlen*,
auf die in Kap. 7 *Muster und Strukturen* noch näher eingegangen wird.

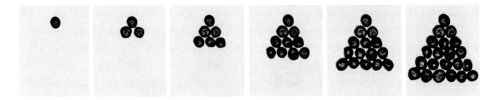

Abb. 4.14   Legemuster beim Kastanienspiel (Start bei der Eins)

4.6.2.4   Wer hat mehr?

Beim Partnerspiel „Wer hat mehr?" (Klep und Noteboom 2004) wird vor Spielbeginn eine Menge von z. B. zehn Kastanien oder Muggelsteinen abgezählt und in die Mitte gelegt.
Das ist die „Kasse". Danach würfeln beide Kinder mit zwei Würfeln. Wer mit seinen beiden Würfeln die meisten Punkte gewürfelt hat, darf sich eine Kastanie (einen Stein) aus
der Mitte nehmen. Haben beide gleich viele Punkte, bekommt jeder eine Kastanie (einen
Stein). Es wird so lange gespielt, bis die „Kasse" leer ist. Wer am Ende am meisten Kastani-
en hat, ist Sieger bzw. Siegerin. Dieses Spiel stellt hohe Anforderungen. Jede Spielerin/jeder
Spieler muss die Summe seiner Würfelzahlen bestimmen, und dann müssen die ermittelten
Summen noch verglichen werden. Die Augensumme kann dabei unterschiedlich bestimmt
werden (vgl. Abschn. 4.4.2). Anstatt beide Summen getrennt zu ermitteln, gibt es noch andere Möglichkeiten, die Würfelsummen zu vergleichen und zu argumentieren, wer mehr
hat:

- *Beispiel 1:* Ein Kind würfelt eine Zwei und eine Drei und das andere Kind eine Fünf
  und eine Sechs. Da beide Würfelzahlen größer sind – das Würfelbild der Fünf hat mehr
  Punkte als die Zwei, und auch das Würfelbild der Sechs hat mehr Punkte als die Drei –,
  braucht die Endsumme nicht bestimmt zu werden.
- *Beispiel 2:* Beide Kinder würfeln eine Vier, das eine Kind würfelt eine Drei und das andere eine Sechs. Dann kann folgendermaßen argumentiert werden: Beide haben eine

Vier gewürfelt und sechs ist mehr als drei. Also hat das Kind gewonnen, das eine Vier und eine Sechs gewürfelt hat.

Auch bei diesem Spiel bieten sich sprachliche *Impulse* sowie *Spielvariationen* an:

- *Kannst du auch sagen, wie viel du gewürfelt hast, ohne alle Punkte einzeln abzuzählen?* Hier werden erste Impulse gesetzt, um nichtzählende Anzahlbestimmungen anzuregen (vgl. auch die Abschn. 4.4.2, 4.3.3, 4.3.4, 8.3).
- *Was glaubst du, wer gewinnt?* Diese Frage ist eine Anregung zum Mengenvergleich der bereits gewonnenen Steine.
- *Können wir die Steine/Kastanien so legen, dass man schnell sehen kann, wer gerade am meisten Kastanien hat?* Hier werden Strategien zum Vergleichen von Mengen angebahnt: Man kann z. B. die Steine in eine Reihe nebeneinander legen, sodass man gleich sehen kann, wer mehr hat.
- *Spielvariation.* Das Spiel kann auch nur mit einem Würfel gespielt werden. Dann sind die Anforderungen nicht so hoch.

Bei der Originalvariation mit zwei Würfeln stellt das Bestimmen einer Summe von zwei Würfelzahlen eine Additionsaufgabe (*combine*) dar. Dies ist eigentlich ein typischer Inhalt des Mathematikunterrichts der Primarstufe. Ziel des mathematischen Anfangsunterrichts ist es, dass Kinder solche Aufgaben lösen können, ohne konkrete Anzahlen abzählen zu müssen. Um diese Herausforderung meistern zu können, ist der Erwerb vieler Aspekte bei der Zahlbegriffsentwicklung notwendig, die in diesem Kapitel ausführlich thematisiert wurden.

4.7   Ausblick auf den Mathematikunterricht

Mathematische Bildungsprozesse im Elementarbereich können einen großen Einfluss auf spätere mathematische schulische Kompetenzen haben, wie in Abschn. 1.1.2 bereits dargestellt wurde. Denn zwischen späteren mathematischen Schulleistungen und mathematischem Wissen konnten engere Zusammenhänge festgestellt werden als zwischen mathematischen Schulleistungen und gemessener Intelligenz. Betrachtet man genauer, welche mathematischen Kompetenzen eine tragende Rolle spielen, kann man feststellen, dass dies vor allem auch Kompetenzen im Bereich *Zahlen und Operationen* trifft. Die einzelnen Aspekte der Zahlbegriffsentwicklung stellen also eine wichtige Grundlage für den mathematischen Kompetenzerwerb in der Schule dar.

Ein notwendiger Entwicklungsschritt für den späteren Erfolg im arithmetischen Mathematikunterricht ist einerseits der Erwerb zählender Strategien für das Rechnen. Viele Kinder entwickeln diese Strategien auf konkreter und auch auf abstrakter Ebene bereits im Elementarbereich. Andererseits ist es im Laufe des 1. Schuljahres jedoch zunehmend notwendig, dass die Kinder sich von rein zählenden Strategien lösen und nichtzählende Strategien des Rechnens erwerben. Darin müssen Kinder in der Primarstufe unterstützt werden.

Eine notwendige Grundlage dafür stellt der Erwerb eines Teile-Ganze-Verständnisses dar. Entwicklungsschritte zum Erwerb eines Teile-Ganzes-Verständnisses können auch schon im Elementarbereich spielerisch und in Alltagssituationen mit konkreten Anzahldarstellungen angeregt werden (vgl. auch Abschn. 8.3), sodass sich zunehmend ein Teile-Ganzes-Verständnis auf abstrakter Zahlenebene entwickelt. Denn auswendig gewusste Zahlzerlegungen sind eine unabdingbare Voraussetzung für die Anwendung von Rechenstrategien.

Neben dem Erwerb von nichtzählenden Lösungsstrategien für Additions- und Subtraktionsaufgaben ist eine weitere wichtige Entwicklungsaufgabe des Mathematikunterrichts der Erwerb eines umfassenden Operationsverständnisses. Wie in Abschn. 4.4 dargestellt, sollen dabei alle Aspekte der Addition und Subtraktion berücksichtigt werden. Vor allem bezüglich der Subtraktion bleibt festzuhalten, dass nicht nur das *Wegnehmen* bzw. *Abziehen* als Grundvorstellung thematisiert werden soll.

Ein zentrales Ergebnis von Studien zu Kompetenzen von Kindern am Schulanfang war die Leistungsheterogenität der Lerngruppen. Insofern wird eine Hauptaufgabe darin bestehen, die Kompetenzen der Kinder am Schulanfang wahrzunehmen, um darauf aufbauend Unterricht zu konzipieren.

4.8   Fazit

Die kindliche Denkentwicklung bezüglich der verschiedenen Aspekte der Zahlbegriffsentwicklung ist im Vergleich zu anderen mathematischen Inhaltsbereichen am ausführlichsten erforscht. Hier existieren zahlreiche Forschungsergebnisse, Kompetenzmodelle und auch Diagnoseinstrumente. Bei einer Befragung von Fachkräften (Benz 2012b) wurde ebenfalls deutlich, dass diese den Bereich *Zahlen und Operationen* am ehesten mit mathematischer Bildung im Elementarbereich verbinden. In jedem KiTa-Alltag begegnen Fachkräfte und Kinder Mengen und Anzahlen. Situationen, in denen Anzahlen bestimmt werden, gehören zum Alltag. Hier können zahlreiche Gelegenheiten aufgegriffen werden. Spiel- und Erkundungsumgebungen können ebenfalls bereitgestellt werden, um Kindern einen Kompetenzerwerb zu ermöglichen und sie darin zu unterstützen. Dies sollte jedoch nicht in einem Lehrgang geschehen, in dem alle Kinder zur gleichen Zeit das Gleiche im gleichen Tempo lernen sollen (vgl. Bönig 2010a, S. 8). Die Rahmenbedingungen des Elementarbereichs stellen gute Voraussetzungen dar, um einzelnen Kindern individuell begegnen zu können (vgl. Kap. 2).

Eines muss allerdings festgehalten werden: Auch wenn der mathematische Inhaltsbereich *Zahlen und Operationen* sowohl im Primar- als auch im Elementarbereich vorherrschend zu sein scheint, ist mathematische Bildung weitaus vielschichtiger und weitreichender und umfasst weitaus mehr als Kenntnisse, Fähigkeiten und Fertigkeiten in diesem Bereich. Deshalb werden in den nächsten Kapiteln weitere mathematische inhaltsbezogene sowie prozessbezogene Kompetenzen thematisiert, deren Grundlagen sich bereits deutlich vor Schulanfang entwickeln.

Fragen zum Reflektieren und Weiterdenken

1. Welche kindlichen Alltagsaktivitäten können im Kindergarten ein sinnvoller Ausgangspunkt für Zählaktivitäten und Anzahlbestimmungen sein?
2. Welche kreativen Zahlwortschöpfungen können Sie bei Kindern beobachten?
3. Können Sie bei den Kindern in Ihrer Gruppe verschiedene Anzahlbestimmungen beobachten?
4. In welchen Situationen bietet es sich an, nicht nur zählende, sondern auch nichtzählende Anzahlbestimmungen zu unterstützen?

4.9 Tipps zum Weiterlesen

Folgende Bücher und Zeitschriftenartikel knüpfen an die Ausführungen in diesem Kapitel an und vertiefen einzelne Aspekte im Schnittfeld von Theorie und Praxis:

Lorenz, J. H. (2012). *Kinder begreifen Mathematik: Frühe mathematische Bildung und Förderung*. Stuttgart: Kohlhammer.

In diesem Buch wird nicht allein der Bereich *Zahlen und Operationen* thematisiert, sondern es ist ein umfassendes Werk zur frühen mathematischen Bildung. Besonders interessant in Bezug auf *Zahlen und Operationen* sind die Kap. 2 bis 4, in denen Lorenz, angefangen bei vorsprachlichen mathematischen Fähigkeiten, das Verhältnis von Sprache und Mathematik beleuchtet und dies insbesondere für das Zählen näher ausführt.

Gasteiger, H., & Benz, C. (2012). Mathematiklernen im Übergang – kindgemäß, sachgemäß und anschlussfähig. In S. Pohlmann-Rother & U. Franz (Hrsg.), *Kooperation von KiTa und Grundschule* (S. 104–120). Köln: Wolters Kluwer

In diesem Artikel wird neben allgemeinen Anregungen zur Gestaltung von Spiel- und Lernumgebungen zur mathematischen Bildung in einem Abschnitt ausführlich analysiert, welche Chancen sich für die frühe mathematische Bildung beim Spielen von *Mensch-ärgere-dich-nicht* ergeben.

Krajewski, K., Grüßing, M., & Peter-Koop, A. (2009). Die Entwicklung mathematischer Kompetenzen bis zum Beginn der Grundschulzeit. In A. Heinze & M. Grüßing (Hrsg.), *Mathematiklernen vom Kindergarten bis zum Studium. Kontinuität und Kohärenz als Herausforderung für den Mathematikunterricht* (S. 17–34). Münster: Waxmann.

Dieser Überblicksartikel liefert eine Zusammenfassung des aktuellen Forschungsstands zur Zahlbegriffsentwicklung im Übergang vom Kindergarten zur Grundschule.

4.10   Bilderbücher und Spiele zum Thema

Die folgenden Bilderbücher und Spiele eigenen sich besonders für Kinder im Alter zwischen 4 und 6 Jahren für erste Erfahrungen im Bereich *Zahlen und Operationen*:

> März, L., & Scholz, B. (2006). *Es fährt ein Boot nach Schangrila*. Stuttgart: Thienemann.

Dieses Buch bietet zahlreiche Zählanlässe. Zum einen spielt die ordinale Reihenfolge der Zahlen (vorwärts und rückwärts) in diesem Buch eine Rolle (Reihenfolge der Piers, Anzahl der einsteigenden Tiere.) Zum anderen wird auch der kardinale Aspekt durch die Anzahl der einsteigenden Tiere verdeutlicht. Zahlzerlegungen der Zehn können bei den Vögeln, die sich entweder auf dem Pier oder auf dem Boot verstecken, entdeckt werden. In Benz (2012a) werden weitere Aktivitäten im Umgang mit dem Buch vorgestellt.

> Carle, E. (1969). *Die Raupe Nimmersatt*. Hildesheim: Gerstenberg.

Die Handlung der Geschichte in diesem bekannten Bilderbuch stellt Anzahlbestimmung im kleineren Zahlenraum und die Abfolge der Wochentage in den Mittelpunkt.

> Jandl, E., & Junge, N. (1997). *Fünfter sein*. Weinheim: Beltz.

Dieses Bilderbuch illustriert das Gedicht von Ernst Jandl. Thematisiert werden die Ordnungswörter „erster", „zweiter", „dritter", „vierter" und „fünfter". Die Illustration gibt weitere Anregungen, über Lagebeziehungen zu sprechen. Ferner lassen sich Anzahlbestimmungen und Teil-Ganzes-Beziehungen thematisieren.

> Shafir, H. (1992). *Halli Galli*. Dietzenbach: Amigo

Bei *Halli Galli* bekommt jedes Kind die gleiche Anzahl Karten. Diese Karten legt es als verdeckten Stapel vor sich hin. Nun deckt jedes Kind die oberste seiner Karten auf und legt sie vor sich hin (wenn schon eine andere Karte offen vor ihm liegt, wird diese durch die neu aufgedeckte Karte wieder verdeckt). Sobald von einer Sorte auf allen offenen sichtbaren Karten genau fünf Früchte zu sehen sind, muss man auf eine Glocke schlagen. Das Kind, das als erstes reagiert, darf sich alle offenen Karten nehmen und unter seinen verdeckten Stapel legen. Es beginnt dann wieder eine neue Runde, indem es die oberste seiner verdeckten Karten aufdeckt. Bei diesem Spiel müssen die Kinder also versuchen, möglichst schnell die Anzahlen auf den einzelnen Karten wahrzunehmen und zu bestimmen und die Anzahl fünf aus den verschiedenen Darstellungen „zusammenzusetzen". Da es sich um kleine Anzahlen handelt, wird hier zum einen die Simultanauffassung und bei der Überlegung „Wann habe ich die Anzahl fünf?" zum anderen die Teil-Ganzes-Beziehung gefördert.

Literatur

Aunio, P., Ee, J., Lim, S., Hautamäki, J., & van Luit, J. E. H. (2004). Young Children's Number Sense in Finland, Hong Kong and Singapore. *International Journal of Early Years Education, 12*, 195–216.

Baroody, A. J. (1987a). The Development of Counting Strategies for Single-Digit Addition. *Journal for Research in Mathematics Education, 18*(2), 141–157.

Baroody, A. J. (1987b). *Children's Mathematical Thinking*. New York: Teachers College Press.

Benz, C. (2011). Den Blick schärfen. In M. Lüken & A. Peter-Koop (Hrsg.), *Mathematischer Anfangsunterricht. Befunde und Konzepte für die Praxis* (S. 7–21). Offenburg: Mildenberger.

Benz, C. (2012a). Es fährt ein Boot nach Schangrila. Förderung arithmetischer Kompetenzen im Elementar- und Primarbereich. *Mathematik differenziert, 3*(1), 40–46.

Benz, C. (2012b). Attitudes of Kindergarten Educators about Math. *Journal für Mathematikdidaktik, 33*(2), 202–232.

Bönig, D. (2010a). Mit Kindern Mathematik entdecken. In D. Bönig, J. Streit-Lehmann, B. Schlag (Hrsg). *Bildungsjournal Frühe Kindheit – Mathematik, Naturwissenschaft und Technik* (S. 6–13). Berlin: Cornelsen.

Bönig, D. (2010b). Zahlendetektive im Kindergarten. In D. Bönig, J. Streit-Lehmann, B. Schlag (Hrsg.), *Bildungsjournal Frühe Kindheit – Mathematik, Naturwissenschaft und Technik* (S. 88–91). Berlin: Cornelsen.

Carle, E. (1969). *Die Raupe Nimmersatt*. Hildesheim: Gerstenberg

Carpenter, T. P., & Moser, J.M. (1984). The Acquisition of Addition and Subtraction Concepts in Grades one through three. *Journal for Research in Mathematics Education, 15*(3), 179–202.

Case, R. (1988). *A Psychological Model of Number Sense and its Development*. Paper presented at the Annual Meeting of the American Educational Research Association. San Diego.

Clarke, D. (2001). Understanding, Assessing and Developing Young Children's Mathematical Thinking: Research as a Powerful Tool for Professional Growth. In J. Bobis, B. Perry & M. Mitchelmore (Hrsg.), *Numeracy and Beyond. Proceedings of the 24th Annual Conference of the Mathematics Education Research Group of Australasia, Vol. 1* (S. 9–26). Sydney: MERGA.

Clarke, D., Cheeseman, J., Clarke, B., Gervasoni, A., Gronn, D., Horne, M., McDonough, A., Montgomery, P., Roche, A., Rowley, G., & Sullivan, P. (2002). *Early Numeracy Research Project, Final Report*. Melbourne: Australian Catholic University, Monash University.

Clements, D. H. (1984). Training Effects on the Development and Generalization of Pigetian Logical Operations and Knowledge of Number. *Journal of Educational Psychology, 76*(5), 766–776.

Donaldson, M. (1982). *Wie Kinder denken*. Bern: Huber.

Dornheim, D. (2008). *Prädiktion von Rechenleistung und Rechenschwäche: Der Beitrag von Zahlen-Vorwissen und allgemein-kognitiven Fähigkeiten*. Berlin: Logos.

Douglass, H. R. (1925). The Development of Number Concept in Children of Preschool and Kindergarten Ages. *Journal of Experimental Psychology, 8*, 443–470.

Feigensohn, L., &. Dehaene, S., & Spelke, E. (2004). Core Systems of Number. *Trends in Cognitive Sciences, 8*(7) 307–314.

Freeman, F. N. (1912). Grouped Objects as a Concrete Basis for Number Ideas. *Elementary School Teacher, 8*, 306–314.

Freudenthal, H. (1973). *Mathematik als pädagogische Aufgabe*. Bd. 2. Stuttgart: Klett.

Fritz, A., & Ricken, G (2009). Grundlagen des Förderkonzepts „Kalkulie". In A. Fritz, G. Ricken & S. Schmidt (Hrsg.), Handbuch Rechenschwäche (S. 374–395). Weinheim: Beltz.

Fritz, A., Ricken, G., & Gerlach, M. (2007). *Kalkulie. Diagnose- und Trainingsprogramm für rechenschwache Kinder: Handreichungen zur Durchführung der Diagnose.* Berlin: Cornelsen.

Fritz, A., Ehlert, A., & Balzer, M. (2013). Development of mathematical concepts as basis for an elaborated mathematical understanding. *South African Journal of Childhood Education* 3(1), 38–67.

Fromme, M., Wartha, S., & Benz, C. (2011). Grundvorstellungen zur Subtraktion. *Grundschulmagazin,* (4), 35–40.

Fuson, K. C. (1988). *Children's Counting and Concepts of Number.* New York: Springer.

Fuson, K. C. (1992b). Research on Whole Number Addition and Subtraction. In D. A. Grouws (Hrsg.), *Handbook of Research on Mathematics Teaching and Learning* (S. 243–275). New York: MacMillan.

Fuson, K. C., &. Hall, J. W. (1983). The Acquisition of Early Number Word Meanings: A Conceptual Analysis and Review. In H. P. Ginsburg (Hrsg.), *The Development of Mathematical Thinking* (S. 49–107). New York: Academic Press.

Fuson, K. C., Richards, J., & Briards, D. J. (1982). The Acquisition of the Number Word Sequence. In C. J. Brainerd (Hrsg.), *Children's Logical and Mathematical Cognition. Progress in Cognitive Development Research* (S. 33–92). New York: Springer.

Gasteiger, H. (2010). *Elementare mathematische Bildung im Alltag der Kindertagesstätte: Grundlegung und Evaluation eines kompetenzorientierten Förderansatzes.* Münster: Waxmann.

Gasteiger, H. (2013). Förderung elementarer mathematischer Kompetenzen durch Würfelspiele – Ergebnisse einer Interventionsstudie. In G. Greefrath, F. Käpnick & M. Stein (Hrsg.), *Beiträge zum Mathematikunterricht 2013* (S. 336–339). Münster: WTM.

Gasteiger, H., & Benz, C. (2012). Mathematiklernen im Übergang – kindgemäß, sachgemäß und anschlussfähig. In S. Pohlmann-Rother & U. Franz (Hrsg.), *Kooperation von KiTa und Grundschule* (S. 104–120). Köln: Wolters Kluwer.

Geary, D. C. (2006). Development of Mathematical Understanding. In D. Kuhn, R. S. Siegler, W. Damon, & R. M. Lerner (Hrsg.), *Handbook of Child Psychology. Volume 2: Cognition, Perception, and Language* (S. 777–810). Hoboken, NJ: Wiley.

Gelman, R., & Gallistel, C. R. (1986). *The Child's Understanding of Number* (2. Auflage). Cambridge, MA: Harvard University Press.

Gerster, H.-D., & Schulz, R. (2004). Schwierigkeiten beim Erwerb mathematischer Konzepte im Anfangsunterricht – Bericht zum Forschungsprojekt Rechenschwäche – Erkennen, Beheben, Vorbeugen. http://opus.bsz-bw.de/phfr/volltexte/2007/16/pdf/gerster.pdf (Zugriff: 05.11.2013).

Grüßing, M., Heinze, A., Duchhardt, C., Ehmke, T, Knopp, E., & Neumann, I. (2013). KiKi – Kieler Kindergartentest Mathematik zur Erfassung mathematischer Kompetenz von vier- bis sechsjährigen Kindern im Vorschulalter. In M. Hasselhorn, A. Heinze, W. Schneider & U. Trautwein (Hrsg.), *Diagnostik mathematischer Kompetenzen* (Tests und Trends Bd. 11, S. 67–79). Göttingen: Hogrefe.

Hannula, M. M., Räsänen, P., & Lehtinen E. (2007). Development of Counting Skills: Role of Spontaneous Focusing on Numerosity and Subitizing-Based Enumeration. *Mathematical Thinking and Learning, 9*(1), 51–57.

Hasemann, K. (2007). *Anfangsunterricht Mathematik.* 2. Auflage. Heidelberg: Spektrum.

Jandl, E., & Junge N. (1997). *Fünfter sein.* Weinheim: Beltz.

Kaufman, E. L., Lord M. W., Reese T. W., & Volkmann, J. (1949). The Discrimination of Visual Number. *American Journal of Psychology, 62,* 498–525.

Kaufmann, S., & Lorenz, J. H. (2009). *Elementar – Erste Grundlagen in Mathematik.* Braunschweig: Westermann.

Kaufmann, L., Nuerk, H.-C., Graf, M., Krinzinger, H., Delazer, M., & Willmes, K. (2009). *Test zur Erfassung numerisch-rechnerischer Fertigkeiten vom Kindergarten bis zur 3. Klasse.* Göttingen: Hogrefe.

Klep, J., & Noteboom, A. (2004). *Beurteilungsaktivitäten mit Kindern im Vorschulalter.* Enschede: SLO.

Krajewski, K. (2003). *Vorhersage von Rechenschwäche in der Grundschule.* Hamburg: Kovač.

Krajewski, K. (2008). Vorschulische Förderung mathematischer Kompetenzen. In F. Petermann & W. Schneider (Hrsg.), *Angewandte Entwicklungspsychologie* (S. 275–304). Göttingen: Hogrefe.

Krajewski, K. (i. V.). *Test mathematischer Basiskompetenzen im Kindergartenalter (MBK-0).* Göttingen: Hogrefe.

Krajewski, K., & Ennemoser, M. (2013). Entwicklung und Diagnostik der Zahl-Größen-Verknüpfung zwischen 3 und 8 Jahren. In M. Hasselhorn, A. Heinze, W. Schneider & U. Trautwein (Hrsg.), *Diagnostik mathematischer Kompetenzen. Tests und Trends.* Bd. 11 (S. 225–240). Göttingen: Hogrefe.

Krajewski, K., Grüßing, M., & Peter-Koop, A. (2009). Die Entwicklung mathematischer Kompetenzen bis zum Beginn der Grundschulzeit. In A. Heinze & M. Grüßing (Hrsg.), *Mathematiklernen vom Kindergarten bis zum Studium. Kontinuität und Kohärenz als Herausforderung für den Mathematikunterricht* (S. 17–34). Münster: Waxmann.

Krauthausen, G., & Scherer, P. (2007). *Einführung in die Mathematikdidaktik* (3. Aufl.). Heidelberg: Spektrum.

Leslie, A., & Chen, M. (2007). Individuation of Pair Objects in Infancy. *Developmental Science, 10,* 423–430.

Lorenz, J. H. (2007). *Hamburger Rechentest für die Klassen 1–4 (HaReT).* Hamburg: Behörde für Bildung und Sport.

Lorenz, J. H. (2012). *Kinder begreifen Mathematik: Frühe mathematische Bildung und Förderung.* Stuttgart: Kohlhammer.

Mandler, G., & Shebo, B. J. (1982). Subitizing: An Analysis of Its Component Processes. *Journal of Experimental Psychology, 111*(1), 1–22.

Mann, A., Fischer, U., & Nürk, H.-Ch. (2013). TEDI-MATH – Test zur Erfassung numerisch-rechnerischer Fertigkeiten vom Kindergarten bis zur 3. Klasse. In M. Hasselhorn, A. Heinze, W. Schneider & U. Trautwein (Hrsg.), *Diagnostik mathematischer Kompetenzen* (Tests und Trends Bd. 11, S. 97–111). Göttingen: Hogrefe.

März, L., & Scholz, B. (2006). *Es fährt ein Boot nach Schangrila.* Stuttgart: Thienemann.

Miller, K., & Stigler, J. W. (1987): Counting in Chinese: Cultural variation in a basic cognitive skill. *Cognitive Development*, 2, 279–305.

Miller, K. F., Major, S. M., Shu, H., & Zhang, H. (2000). Ordinal Knowledge: Number Names and Number Concepts in Chinese and English. *Canadian Journal of Experimental Psychology, 54*(2), 129–139.

Miura, I. T., Kim, C. C., Chang, C., & Okamoto, Y. (1988). Effects of Language Characteristics on Children's Cognitive Representation of Number: Cross-national Comparisons. *Child Development,* 1445–1450.

Miura, I. T., Okamoto, Y., Kim, C. C., Steere, M., & Fayol, M. (1993). First Graders' Cognitive Representations of Number and Understanding of Place Value: Cross-national Comparisons. *Journal of Educational Psychology, 85,* 24–30.

Moser Opitz, E. (2001). *Zählen, Zählbegriff, Rechnen: Theoretische Grundlagen und eine empirische Untersuchung zum mathematischen Erstunterricht in Sonderklassen.* Bern: Haupt.

Padberg, F., & Benz, C. (2011). *Didaktik der Arithmetik.* Heidelberg: Spektrum.

Peter-Koop, A., & Grüßing, M. (2011). *Elementarmathematisches Basisinterview für den Einsatz im Kindergarten.* Offenburg: Mildenberger.

Peter-Koop, A., Wollring, B. Grüßing, M., & Spindeler, B. (2013). *Elementarmathematisches Basisinterview Zahlen und Operationen* (2. überarbeitete Auflage). Offenburg: Mildenberger.

Piaget, J. (1958). Die Genese der Zahl beim Kinde. *Westermanns Pädagogische Beiträge, 10,* 357–367.

Piaget, J., & Inhelder, B. (1973). *Die Psychologie des Kindes.* (2. Auflage.) Freiburg i. B.: Walter.

Piaget, J., & Szeminska, A. (1965). *Die Entwicklung des Zahlbegriffs beim Kinde.* Stuttgart: Klett.

Reiss, K., & Schmieder, G. (2005). *Basiswissen Zahlentheorie.* Heidelberg: Springer.

Resnick, L. B. (1983). A Development Theory of Number Understanding. In H. P. Ginsburg (Hrsg.), *The Development of Mathematical Thinking* (S. 110–151). New York: Academic Press.

Resnick, L. B. (1989). Developing Mathematical Knowledge. *American Psychologist, 44,* 162–169.

Resnick, L. B. (1992). From Protoquantities to Operators: Building Mathematical Competences on a Foundation of Everyday Knowledge. In G. Leinhardt, R. Putnam & R. Hattrup (Hrsg.), *Analysis of Arithmetic for Mathematics Teaching* (S. 373–429). Hillsdale, NJ: Erlbaum.

Ricken, G., Fritz-Stratmann, A., & Balzer, L. (2013). *MARKO-D: Mathematik- und Rechenkonzepte im Vorschulalter – Diagnose (Hogrefe Vorschultests).* Göttingen: Hogrefe.

Riley, M. S., Greeno, J. G., & Heller, J. I. (1983). Development of Children's Problem-Solving Ability in Arithmetic. In H. P. Ginsburg (Hrsg.), *The Development of Mathematical Thinking* (S. 153–196). New York: Academic Press.

Rottmann, T., & Huth, C.(2005). Zareki und OTZ unter der Lupe. *Die Grundschulzeitschrift, 182,* 32–33.

Sarama, J., & Clements, D. (2009). *Early Childhood Mathematics Education Research: Learning Trajectories for Young Children.* New York: Routledge.

Scherer, P. (2006). *Produktives Lernen für Kinder mit Lernschwächen: Fördern durch Fordern.* Horneburg: Persen.

Schipper, W. (2009). *Handbuch für den Mathematikunterricht an Grundschulen.* Braunschweig: Schroedel.

Schmidt, R. (1982). Die Zählfähigkeit der Schulanfänger: Ergebnisse einer Untersuchung. *Sachunterricht und Mathematik in der Primarstufe, 10*(12), 371–376.

Schmidt, S. (2009). Arithmetische Kenntnisse am Schulanfang: Befunde aus mathematikdidaktischer Sicht. In A. Fritz, G. Ricken, & S. Schmidt (Hrsg.), *Rechenschwäche. Lernwege, Schwierigkeiten und Hilfen bei Dyskalkulie.* 2. Auflage (S. 77–97). Weinheim: Beltz.

Shafir, H. (1992). *Halli Galli.* Dietzenbach: Amigo

Siegler, R. S. (1987). The Perils of Averaging Data over Strategies: An Example from Children's Addition. *Journal of Experimental Psychology, 116,* 250–264.

Sinner, D., Ennemoser, M., & Krajewski, K. (2011). Entwicklungspsychologische Frühdiagnostik mathematischer Basiskompetenzen im Kindergarten- und frühen Grundschulalter (MBK-0 und MBK-1). In M. Hasselhorn & W. Schneider (Hrsg.), *Frühprognose schulischer Kompetenzen.* (S. 109–126). Göttingen: Hogrefe.

Söbbeke, E. (2005). *Zur visuellen Strukturierungsfähigkeit von Grundschulkindern: Epistemologische Grundlage und empirische Fallstudie zu kindlichen Strukturierungsprozessen mathematischer Anschauungsmittel.* Hildesheim: Franzbecker.

Spiegel, H. (1992). Was und wie Kinder zu Schulbeginn schon rechnen können: Ein Bericht über Interviews mit Schulanfängern. *Grundschulunterricht* (11), 21–23.

Spiegel, H., & Selter, C. (2003). *Kinder und Mathematik: Was Erwachsene wissen sollten.* Seelze: Kallmeyer.

Starkey, P., & Cooper, R. G. (1995). The Development of Subitizing in Young Children. *British Journal of Developmental Psychology, 13,* 399–420.

Steffe, L. P. (1992). The Constructivist Teaching Experiment: Illustrations ans Implications. In E. von Glasersfeld (Hrsg.), *Radical Constructivism* (S. 174–194). Dordrecht: Kluwer.

Steffe, L. P., & Cobb, P. (1988). *Construction of Arithmetical Meanings and Strategies.* New York: Springer.

Steinweg, A. S. (2006) *Lerndokumentation Mathematik.* Senatsverwaltung für Bildung, Wissenschaft und Forschung Berlin. http://bildungsserver.berlin-brandenburg.de/fileadmin/user/redakteur/ Berlin/Lerndoku_Mathe_druckreif_12.06.pdf (Zugriff: 20.6.2013).

Steinweg, A. S. (2009). Handreichung Schulanfangsphase Mathematik. TransKiGs Berlin. Senatsverwaltung für Bildung, Wissenschaft und Forschung Berlin. http://bildungsserver. berlin-brandenburg.de/fileadmin/user/redakteur/Berlin/Steinweg/Handreichung_SAPh_ TransKiGsBerlin_09_NoRestriction.pdf (Zugriff: 01.08.2014).

Stern, E. (1998). *Die Entwicklung des mathematischen Verständnisses im Kindesalter.* Lengerich: Pabst.

van Luit, J. E. H., van de Rjit, B. A. M., & Hasemann, K. (2001). *Osnabrücker Test zur Zahlbegriffsentwicklung.* Göttingen: Hogrefe.

van Nieuwenhoven, C., Grégoire, J., & Noël, M.-P. (2001). *TEDI-MATH : Test Diagnostique des Compétences de Base en Mathématiques.* Paris: Editions du Centre de Psychologie Appliquée.

von Aster, M. G., Bzufka, M. W., & Horn, R. R. (2009). *Neurologische Testbatterie für Zahlenverarbeitung und Rechnen bei Kindern. Kindergartenversion* (ZAREKI-K). Göttingen: Hogrefe.

Victoria Department of Education, Employment and Training (2001). *Early Numeracy Interview Booklet.* Melbourne: DEET.

von Glasersfeld, E. (1987). *Wissen, Sprache und Wirklichkeit.* Braunschweig: Vieweg.

Wartha, S., & Schulz, A. (2010). *Aufbau von Grundvorstellungen (nicht nur) bei besonderen Schwierigkeiten im Rechnen.* Kiel: IPN. www.sinus-grundschule.de.

Weißhaupt, S., & Peucker, S. (2009). Entwicklung arithmetischen Vorwissens. In A. Fritz, G. Ricken, & S. Schmidt (Hrsg.), *Rechenschwäche. Lernwege, Schwierigkeiten und Hilfen bei Dyskalkulie.* 2. Auflage (S. 52–76). Weinheim: Beltz.

Wiese, H. (1997). *Zahl und Numerale. Eine Untersuchung zur Korrelation konzeptueller und sprachlicher Strukturen.* Dissertation, Humboldt-Universität Berlin. Berlin: Akademie-Verlag.

Wollring, B., Peter-Koop, A., Haberzettl, N., Becker, N., & Spindeler, B. (2011). *Elementarmathematisches Basisinterview – Größen und Messen, Raum und Form.* Offenburg: Mildenberger.

Wynn, K. (1992). Addition and Subtraction by Human Infants. *Nature, 358,* 749–750.

Xu, F., & Arriaga, R. I. (2007). Number Discrimination in 10-Month-Old Infants. *British Journal of Developmental Psychology, 25,* 103–108.

Xu, F., & Spelke, E. (2000). Large Number Discrimination in 6-Month-Old Infants. *Cognition, 74,* 1–11.

Raum und Form

5

Frederik ist 10 Jahre alt und geht in die 4. Klasse einer Grundschule. Er soll bei der folgenden Figur entscheiden, ob die eingezeichnete gestrichelte Linie eine Spiegelachse der Figur darstellt:

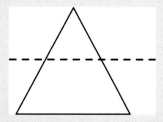

Frederik denkt kurz über den Begriff „Spiegelachse" nach und rekonstruiert dann ein konkretes Vorstellungsbild, das an mathematische Grunderfahrungen aus dem Elementarbereich anknüpft:

„Eine Spiegelachse… da muss ich nachdenken. Ich weiß! Zum Beispiel, wir hatten mal solche Käfer, die auf solchen Ölbildern waren. Die malt man von einer Seite an und stellt dann einen Spiegel in die Mitte. Und dann muss man das von der anderen Seite genauso anmalen. […] Bei dem Dreieck da ist das nämlich keine. Wenn ich da einen Spiegel hinstellen würde, dann müsste das ja wieder das Gleiche sein, aber das geht nicht (vgl. Grüßing 2012).

Bei der Bearbeitung dieser Aufgabe erläutert Frederik laut denkend seine Vorgehensweise. Zum Begriff „Spiegelachse" denkt er zunächst an konkrete Handlungserfahrungen. Diese können beispielsweise auf die Gestaltung von Klecksbildern zurückgehen, bei denen

C. Benz et al., *Frühe mathematische Bildung*, Mathematik Primarstufe und Sekundarstufe I + II, 165
DOI 10.1007/978-3-8274-2633-8_5, © Springer-Verlag Berlin Heidelberg 2015

die noch frische Farbe durch Falten des Papiers auf der gegenüberliegenden Seite einen Abdruck bzw. ein Spiegelbild hinterlässt. In Frederiks Fall wurden die Kinder dazu aufgefordert, die zweite Hälfte des Bildes eines Käfers auszumalen. Durch Anlegen eines Spiegels lässt sich aus der gegebenen Hälfte ein vollständiger achsensymmetrischer Käfer erzeugen. Dieses Bild wird anschließend durch das Zeichnen bzw. Malen der zweiten Hälfte dokumentiert. In dieser Handlungserfahrung mit dem Spiegel lassen sich Beziehungen zwischen der Ursprungsfigur und seinem Spiegelbild erkennen.

Seine anschließenden Erläuterungen zur Bearbeitung der Aufgabe, in der er entscheiden soll, ob eine gegebene Linie eine Spiegelachse eines Dreiecks darstellt, deuten darauf hin, dass er eine ähnliche Handlung in der Vorstellung auch mit der gegebenen Dreiecksfigur durchführt. Er stellt in der Vorstellung einen Spiegel auf die vorgegebene Linie, spiegelt die Teilfigur und gleicht die in der Vorstellung entstandene Figur schließlich mit der gegebenen Dreiecksfigur ab. Auf diese Weise kommt er zu der korrekten Schlussfolgerung, dass die gestrichelte Linie keine Spiegelachse der gegebenen Figur darstellen kann.

Das Beispiel von Frederik zeigt die Bedeutung möglicher vorschulischer Handlungserfahrungen für die Entwicklung tragfähiger mathematischer Begriffe. Eichler (2007, S. 178) fordert daher im Kontext der Formulierung von Zielen für frühe Erfahrungen im Bereich *Raum und Form*, dass die mathematische Bildung im frühpädagogischen Bereich an fundamentalen Ideen des Fachs orientiert sein solle, die immer wieder auf höherem Niveau aufgegriffen werden können und die Vielfalt der Inhalte und Aktivitäten strukturieren.

Im Bereich *Raum und Form* bieten sich vielfältige Anknüpfungsmöglichkeiten. Kinder machen schon vor Schulbeginn verschiedenste Erfahrungen mit Raum und Form in ihrer Umwelt. Erfahrungen in den Bereichen *Raum* und *Form* strukturieren daher auch den Aufbau dieses Kapitels. Erfahrungen mit der Umwelt bedeuten zum einen Erfahrungen mit ihrer Räumlichkeit, der Räumlichkeit von Objekten und ihren Beziehungen untereinander. Eichler (2007, S. 179) fasst diesen Aspekt als die Idee der räumlichen Strukturierung zusammen. Zum anderen sammeln Kinder Erfahrungen mit verschiedenen Objekten und ihren Eigenschaften – von Eichler (ebd.) als Idee der Form zusammengefasst: „Kinder erleben und klassifizieren Objekte wie Verpackungen, Ziegelsteine, Spielwürfel, Walzen, Murmeln, Tischplatten usw. nach deren Formen (z. B. Würfel, …). Sie erfassen an Beispielen die Form als eine Eigenschaft, welche die Verwendung von Dingen im täglichen Gebrauch wesentlich bestimmt." In diesem Kontext spielen weiterhin Erfahrungen mit geometrischen Abbildungen wie z. B. Symmetrieerfahrungen eine Rolle. Das im Eingangsbeispiel benutzte Bild des Käfers steht stellvertretend für viele Formen in der Natur, die Symmetrieeigenschaften aufweisen.

Im Kontext des Inhaltsbereichs *Raum und Form* wird darüber hinaus auch die Bedeutung räumlicher Fähigkeiten für das Mathematiklernen und die Mathematikleistung allgemein diskutiert.

5.1 Bedeutung des Bereichs *Raum und Form* für das Mathematiklernen

Im Bereich der frühen mathematischen Bildung wird häufig zunächst dem Bereich *Zahlen und Operationen* große Bedeutung beigemessen, für den darüber hinaus auch die meisten empirischen Forschungsbefunde sowie Entwicklungsmodelle des mathematischen Denkens vorliegen. Frühe mathematische Bildung darf jedoch nicht auf *Zahlen und Operationen* reduziert werden. Insbesondere kommt im Rahmen der frühen mathematischen Bildung auch dem Bereich *Raum und Form* große Bedeutung zu.

Im Rahmen internationaler Vorschulprojekte entwickelte Konzepte wie z. B. „Building Blocks" (Clements und Sarama 2007) oder „Big Math for Little Kids" (Greenes et al. 2004) enthalten substanzielle Anteile im Bereich *Raum und Form*. Auch die im Rahmen eines Bilderbuchprojekts (Peter-Koop und Grüßing 2006; 2007) von Eltern aufgenommenen Fotos zeigen häufig Situationen, in denen sich Kinder mit Raum und Form beschäftigen. Die Kinder bauen beispielsweise mit Bausteinen, sie legen Figuren mit verschiedenen Gegenständen oder falten Papier.

Zum Bereich *Raum und Form* liegen in der Forschung deutlich weniger Ergebnisse vor als zum Bereich *Zahlen und Operationen*. Dennoch bieten die vorliegenden Arbeiten eine gute Orientierung für die Begleitung von Lernprozessen, indem sie zum einen Ergebnisse darüber bereitstellen, was Kinder im Vorschulalter bereits können, zum anderen aber auch Annahmen dazu treffen, wie die Kompetenzen der Kinder weiterentwickelt werden können.

Die Bedeutung des Bereichs *Raum und Form* soll an dieser Stelle zunächst an drei Aspekten deutlich gemacht werden. Zum einen leistet er einen bedeutenden Beitrag zur Umwelterschließung. Zum anderen kommt ihm aufgrund der vielfältigen Querverbindungen zu anderen mathematischen Inhaltsbereichen auch innerhalb der Mathematik große Bedeutung zu. Schließlich eignet sich der Bereich *Raum und Form* schon bei jüngeren Kindern dazu, selbst mathematisch aktiv zu werden und prozessbezogene mathematische Kompetenzen zu erwerben.

5.1.1 Beitrag zur Umwelterschließung

Der Bereich *Raum und Form* leistet einen bedeutenden Beitrag zur Umwelterschließung, den Schipper (2009) als eine wesentliche Funktion des Geometrieunterrichts in der Grundschule hervorhebt. Ausgehend davon, dass wir in einer „geometrischen Welt voller quader- oder würfelförmiger Gebäude mit Haus- und Kirchturmdächern in Form von Pyramiden oder Kegeln, mit zylinder- oder walzenförmigen Säulen, Kugeln auf diesen Säulen" (Schipper 2009, S. 254) leben, sollte der Geometrieunterricht in der Grundschule Situationen des Alltags aufgreifen und die in ihnen steckenden geometrischen Aspekte herausarbeiten. Diese Forderung lässt sich bereits auf die frühen mathematischen Erfahrungen von Kindern im Elementarbereich übertragen. Auch für jüngere Kinder sind Erfahrungen und

Handlungen mit geometrischen Formen in der alltäglichen Umwelt Ausgangspunkt für die Entwicklung von Begriffen. Sie können beispielsweise dazu angeregt werden, Würfel, Quader, Zylinder etc. in der Umwelt zu finden. Auch ebene Figuren wie Dreiecke, Quadrate und Rechtecke lassen sich finden. Welche Eigenschaften haben diese Objekte? Welche Formen sind beispielsweise besonders zum Bauen geeignet? Welche Gegenstände rollen?

5.1.2 Zusammenhang von räumlichen Fähigkeiten mit Kompetenzen in Bezug auf Zahlen und Operationen sowie mit mathematischer Kompetenz allgemein

Die Entwicklung räumlicher Fähigkeiten gilt als ein bedeutendes Ziel von mathematischer Bildung im Bereich *Raum und Form*. Besondere Relevanz erhält dieses Ziel vor dem Hintergrund der Annahme, dass räumliche Fähigkeiten auch für das Mathematiklernen und die Mathematikleistung allgemein eine bedeutende Rolle spielen.

„Räumliche Fähigkeiten" werden in der Literatur teils synonym und teils in überschneidender Bedeutung auch mit den Begriffen „räumliches Vorstellungsvermögen", „Raumvorstellung" oder als Fähigkeit zum „räumlichen Denken" oder zur „Visualisierung" bezeichnet. Anschaulich lassen sie sich beschreiben als die Fähigkeiten, in der Vorstellung räumlich zu sehen und zu denken. Somit gehen sie über die Wahrnehmung hinaus. Bilder werden nicht nur registriert, sondern weiterverarbeitet. Der Begriff „räumliche Fähigkeiten" umfasst darüber hinaus auch die Fähigkeit, mit diesen Bildern aktiv umzugehen, sie mental umzuordnen und vorstellungsmäßig neue Bilder zu entwickeln (Maier 1999, S. 14).

Ergebnisse empirischer Studien zeigen, dass räumliche Fähigkeiten nicht nur im Bereich *Raum und Form* von Bedeutung sind, sondern auch einen Zusammenhang mit Mathematikleistungen in den anderen mathematischen Inhaltsbereichen aufweisen (vgl. Überblick in Grüßing 2012). Zur Erklärung dieses Zusammenhangs liegen in der Literatur verschiedene Annahmen vor. Zum einen werden hier bereichsübergreifende Modelle der Informationsverarbeitung betrachtet, in denen vor allem eine analog-bildhafte Wissensrepräsentation im Arbeitsgedächtnis eine Rolle spielt (vgl. Souvignier 2000, S. 30). Dornheim (2008, S. 177 f.) weist jedoch darauf hin, dass die Beteiligung dieses visuell-räumlichen Subsystems des Arbeitsgedächtnisses insgesamt noch wenig geklärt ist. Befunde bei jüngeren Kindern weisen darauf hin, dass nonverbale Rechenleistungen unterstützt werden. Es seien jedoch weitere Untersuchungen notwendig.

Zum anderen werden zur Erklärung des Zusammenhangs auch bereichsspezifische Modelle der räumlichen Repräsentation von Wissen über Zahlen diskutiert. Im Rahmen des Triple-Code-Modells (Dehaene 1992) wird angenommen, dass Zahlenverarbeitung in drei Funktionseinheiten stattfindet. Neben einem symbolischen und einem sprachlichen System ist eine analoge Repräsentation in Form eines bildhaften mentalen Zahlenstrahls von Bedeutung. Zahlen werden demnach auf einem mentalen Zahlenstrahl bildhaft repräsentiert und sind damit räumlich lokalisierbar und in ihrem Größenverhältnis zueinander bestimmbar. Modelle der räumlichen Repräsentation von Zahlenwissen wurden im Rahmen der Entwicklungspsychologie und der Mathematikdidaktik vor allem für den Bereich der Zahlbegriffsentwicklung im Kindesalter und den Bereich besonderer Schwierigkeiten beim Mathematiklernen weiterentwickelt (vgl. z. B. Dornheim 2008; Kaufmann 2003; Lorenz 1998, 2005). Lorenz (1998) geht davon aus, dass Zahlen und Rechenoperationen bei Kindern durch bildhaft vorgestellte räumliche Beziehungen repräsentiert werden. Für Zahlen liege eine räumliche Anordnung vor. Grundrechenarten werden anknüpfend an diese Annahme z. B. in Form von räumlichen Bewegungen wie Vorwärts- und Rückwärtsgehen oder Gehen in Sprüngen repräsentiert (Lorenz 1998, S. 183). Vor diesem Hintergrund lassen sich Schwierigkeiten im Umgang mit Zahlen und Operationen durch fehlende Vorstellungsbilder für Zahlen und Zahlbeziehungen sowie über die mangelnde Möglichkeit des mentalen Operierens mit diesen Vorstellungsbildern erklären. Bei der Entstehung dieser internen Vorstellungsbilder wird eine unterstützende Funktion strukturell geeigneter externer Repräsentationen in Form von Veranschaulichungsmitteln angenommen. Diese Veranschaulichungsmittel haben damit die Funktion, als externe Repräsentationen den Aufbau von internen Repräsentationen zu unterstützen. Der Aufbau geeigneter interner Repräsentationen funktioniert jedoch nicht automatisch. Lorenz (1998, S. 2) vertritt die These, dass die Ausbildung visueller Vorstellungsbilder und das mentale visuelle Operieren in der Anschauung mit von Kindern verwendeten Anschauungsmitteln als Zwischenschritte notwendig sind. Externe visuelle Repräsentationen dienen als „Krücken" (vgl. Dornheim 2008), die den Aufbau von flexibel nutzbaren inneren Repräsentationen für mathematische Probleme erleichtern sollen.

Die Zusammenhänge zwischen räumlichen Fähigkeiten und dem Aufbau interner visuell-räumlicher Vorstellungsbilder sind noch unklar (Dornheim 2008). Es ist jedoch anzunehmen, dass räumliche Fähigkeiten eine Voraussetzung für den Aufbau geeigneter Vorstellungsbilder und das Operieren mit ihnen darstellen. Umgekehrt ist jedoch auch die (Weiter-)Entwicklung räumlicher Fähigkeiten durch eine geeignete Auseinandersetzung mit Anschauungsmitteln möglich (Bishop 1981).

Werden die Zusammenhänge zwischen räumlichen Fähigkeiten und Mathematikleistungen über die oben genannten Modelle der Informationsverarbeitung erklärt, ist anzunehmen, dass der Einfluss räumlicher Fähigkeiten vor allem in der Phase des Erwerbs mathematischer Kompetenzen sehr bedeutend ist. Somit ist davon auszugehen, dass räumlichen Fähigkeiten insbesondere schon im Kontext der frühen mathematischen Bildung eine besondere Bedeutung zukommt.

In diesem Kontext betont Radatz (2007) die Bedeutung räumlich-geometrischer Fähigkeiten bei der Entwicklung des Zahlbegriffs und der Erarbeitung der Rechenoperationen. „Dabei denke man nur an die zahlreichen Materialien und entsprechenden Darstellungen mit geometrischen Strukturierungen (Rechenstäbe, Zahlenstrahl, Steckwürfel usw.), die gerade im arithmetischen Anfangsunterricht angeboten werden, im Vertrauen darauf, dass möglichst alle Schüler diese Modelle mit ihren visuell-geometrischen Beziehungen erkennen und arithmetisch interpretieren können." (Radatz 2007, S. 134) Viele auf den Bereich

Zahlen und Operationen bezogene Anforderungen im Mathematikunterricht des 1. Schuljahres setzen geometrisches Wissen sowie räumliches Vorstellen und räumliches Operieren in der Vorstellung voraus. Es sei daher sinnvoll und wichtig, wenn vor Beginn des lehrgangsmäßigen Mathematikunterrichts im 1. Schuljahr ein „ausführliches geometrisches Vorspiel" stattfände, „so dass die Schüler beim rechnerischen Umgang mit den vielen Materialien und Darstellungen keine grundlegenden Verständnisschwierigkeiten haben und auch entsprechende Vorstellungen entwickeln können" (Radatz 2007, S. 136). Dieser Bedarf ist vor allem bei Schülerinnen und Schülern mit einem Risiko für die Entwicklung von Schwierigkeiten im Mathematikunterricht zu sehen, weil diese Schülerinnen und Schüler oft Defizite im Bereich der visuellen Fähigkeiten aufweisen und daher in den Darstellungen die gewünschten Beziehungen nicht „sehen" können.

Darüber hinaus wird sowohl aus mathematikdidaktischer als auch psychologischer Perspektive die Rolle visuell-räumlicher Vorstellungen beim mathematischen Problemlösen untersucht. Studien von Hegarty und Kozhevnikov (1999), Kozhevnikov et al. (2002) und van Garderen (2006) mit älteren Schülerinnen und Schülern deuten darauf hin, dass unterschieden werden muss zwischen Vorstellungsbildern, die den Problemlöseprozess unterstützen, und denen, die ihn eher behindern. Während die Nutzung schematischer räumlicher Repräsentationen positiv mit den Leistungen beim mathematischen Problemlösen korreliert, weist die Nutzung sehr konkret-bildhafter Repräsentationen keinen positiven Zusammenhang auf. Ebenso wie bei der Nutzung von Veranschaulichungsmitteln ist hier also von Bedeutung, dass die aufgebauten Vorstellungen hinreichend schematisch sind und von überflüssigen bildhaften Details abstrahieren, um sie nutzen zu können.

5.1.3 Möglichkeit, selbstständig mathematische Erfahrungen zu machen und prozessbezogene Kompetenzen zu stärken

Schipper (2009) hebt als eine wichtige Funktion des Unterrichts im Bereich *Raum und Form* in der Grundschule hervor, dass Aktivitäten in diesem Bereich in besonderer Weise die prozessbezogenen mathematischen Kompetenzen fordern und fördern (vgl. Kap. 9). Auch diese Funktion kann bereits auf den vorschulischen Bereich übertragen werden. Ein Vorteil dieses Inhaltsbereichs besteht darin, dass Aktivitäten häufig an den Umgang mit konkreten Materialien oder Gegenständen aus der Umwelt geknüpft sind und diese dann Schritt für Schritt zu Abstraktionsprozessen führen. Auf diese Weise können Kinder schon im Elementarbereich eigenständig zu Entdeckungen kommen. Durch spielerisches und zunehmend systematisches Handeln mit geeigneten Materialien wird eine Entdeckerhaltung bei der Lösung mathematischer Probleme gefördert. Dabei müssen die Kinder insbesondere beim gemeinsamen Problemlösen miteinander mathematisch kommunizieren und argumentieren. Sollen Ergebnisse bewahrt werden, kommt auch dem Nutzen und Verstehen von Darstellungen besondere Bedeutung zu.

In den beiden folgenden Abschnitten zu *Raum* (Abschn. 5.2) und *Form* (Abschn. 5.3) werden zum einen die beiden Begriffe, die diesen Inhaltsbereich ausmachen, geklärt und erläutert; zum anderen werden zentrale Befunde entwicklungspsychologischer und mathematikdidaktischer Forschungsarbeiten zusammengefasst und diskutiert. Beide Teile schließen mit Überlegungen dahingehend, was Kinder bereits im Elementarbereich in Bezug auf Raum und Form lernen können und idealerweise auch lernen sollten.

5.2 Raum

Erfahrungen mit dem Raum umfassen Erfahrungen mit der Räumlichkeit der Umwelt, der Räumlichkeit von Objekten sowie mit den räumlichen Beziehungen von Objekten untereinander. Der Begriff „Raum" ist dabei jedoch nicht notwendigerweise nur als der dreidimensionale Anschauungsraum zu verstehen. Gemeint ist ebenso der zweidimensionale Raum, also die Ebene, oder auch eine Gerade oder eine Kugeloberfläche, in der geometrische Objekte unterschieden werden (Wollring und Rinkens 2008, S. 119).

Eng mit der Entwicklung von Kompetenzen im Bereich *Raum* verwoben ist die Entwicklung von „Raumvorstellung" bzw. von „räumlichen Fähigkeiten". Daher steht im Folgenden zunächst dieser Begriff im Fokus. Im Anschluss werden verschiedene Aspekte räumlicher Fähigkeiten differenziert betrachtet. Die visuelle Wahrnehmung wird zum einen als Grundlage für die Entwicklung räumlicher Fähigkeiten angenommen. Zum anderen wird die Entwicklung der visuellen Wahrnehmung im Kindergartenalter auch als wichtige Voraussetzung für verschiedene Bereiche des schulischen Lernens diskutiert.

In vielen Kategorisierungen von einzelnen Bereichen räumlicher Fähigkeiten spielt die räumliche Orientierung eine Rolle. Daher werden diese Facette und die Berücksichtigung von Aspekten der Entwicklung von Fähigkeiten der Perspektivübernahme sowie der Sprache bzw. der Begriffe der Raumlage ebenso thematisiert wie die Entwicklung von Fähigkeiten im Bereich der mentalen Rotation und der räumlichen Visualisierung.

5.2.1 Entwicklung von räumlichen Fähigkeiten

Ein zentrales Ziel bei der Entwicklung von Kompetenzen im Bereich *Raum* ist die Entwicklung von „Raumvorstellung" bzw. von „räumlichen Fähigkeiten".

Mit dem Begriff „räumliche Fähigkeiten" im umfassenden Sinne lassen sich Fähigkeiten zur Lösung von Aufgaben beschreiben, die den Aufbau mentaler Repräsentationen und darüber hinaus auch die mentale Transformation dieser Repräsentationen erfordern. Räumliche Fähigkeiten gehen also über die Wahrnehmung hinaus. Bilder werden registriert und weiterverarbeitet. Außerdem umfassen räumliche Fähigkeiten auch das aktive Umgehen mit diesen Bildern und die Fähigkeit, sie in der Vorstellung umzuordnen und neue Bilder zu entwickeln (vgl. z. B. Maier 1999).

Räumliche Fähigkeiten stellen nicht nur einen Forschungsgegenstand innerhalb der mathematikdidaktischen Forschung dar, sondern sie werden auch aus verschiedenen psychologischen Forschungsperspektiven untersucht. Das Forschungsfeld der psychologischen

Arbeiten lässt sich nach verschiedenen Forschungsperspektiven strukturieren (Linn und Petersen 1985). Im Rahmen der differenziellen Perspektive geht es vor allem um die Beschreibung und Erklärung interindividueller Unterschiede zwischen Personengruppen. Im Bereich der räumlichen Fähigkeiten stehen häufig unterschiedliche Leistungen von männlichen und weiblichen Personen im Vordergrund, die sich je nach Anforderungsbereich auch schon bei Kindern ab dem Grundschulalter zeigen. Im Rahmen der psychometrischen Perspektive, d. h. die Theorie und Methode des psychologischen Messens betreffend, steht die Identifikation von grundlegenden Subfaktoren oder Dimensionen räumlicher Fähigkeiten im Vordergrund. Mithilfe dieser Arbeiten lassen sich zum einen die Fähigkeiten von Personen, zum anderen aber auch die Anforderungen bei der Bearbeitung von Aufgaben zum Bereich räumlicher Fähigkeiten beschreiben und kategorisieren. Die kognitive und die strategische Perspektive fokussieren auf Denkprozesse. Sie lassen sich also einer informationsverarbeitungsorientierten Sichtweise (Lohaus et al. 1999) zuordnen. Auf eine umfassende Darstellung der Studien zu räumlichen Fähigkeiten aus den verschiedenen Perspektiven in Bezug auf Forschungsdesign, Aufgaben und Probanden soll an dieser Stelle allerdings verzichtet werden. Interessierte Leserinnen und Leser finden hierzu einen ausführlichen Überblick bei Grüßing (2012, S. 76 ff.)

Ruwisch (2013, S. 153) weist darauf hin, dass trotz der großen Anzahl von Untersuchungen zur Entwicklung von Raumvorstellung bislang weder eine einheitliche Begriffsdefinition noch ein allgemein akzeptiertes Gesamtmodell räumlicher Fähigkeiten vorliegt. Gleichwohl besteht allgemeiner Konsens dahingehend, dass räumliche Fähigkeiten eine wichtige Komponente der Intelligenz darstellen. Daher sind in Intelligenztests i. d. R. auch Aufgaben mit räumlichen Anforderungen enthalten. Eine grundlegende Arbeit lieferte Thurstone (1938). In seinem Modell von „Primärfaktoren der Intelligenz" interpretiert er einen Faktor „Space". In der zugrunde liegenden umfangreichen Studie wurden verschiedene Tests mit räumlichen Anforderungen eingesetzt, die in ähnlicher Weise auch in spätere Studien eingingen. Allerdings lässt sich feststellen, dass auch bislang noch keine einheitliche Kategorisierung von Subfaktoren räumlicher Fähigkeiten vorliegt, wie Linn und Petersen (1985, S. 1479) bereits Mitte der 1980er-Jahre konstatierten. Die umfangreichen Metaanalysen von Lohman (1979, 1988) sowie Lohman et al. (1987) legen jedoch die Unterscheidung der drei Bereiche *Visualization*, *Mental Rotation* und *Spatial Orientation* nahe.

Aufgabenstellungen zum Bereich *Visualization* lassen sich charakterisieren als Anforderungen, die das mentale Verändern von Figuren wie z. B. das Falten, Drehen oder Zusammensetzen in der Vorstellung erfordern. Diese Anforderungen zeichnen sich i. d. R. durch ihre Komplexität aus. Eine typische Anforderung ist beispielsweise das Vorstellen von Arbeitsschritten beim Basteln wie in Abb. 5.1.

Anforderungen im Bereich *Mental Rotation* umfassen die Drehung von Figuren in der Vorstellung. Testaufgaben zu diesem Bereich unterscheiden sich von Aufgaben zum Bereich *Visualization* durch ihre geringere Komplexität und die hohe Geschwindigkeit, in der diese Aufgaben bearbeitet werden sollen. In der Praxis lassen sich Aufgabenstellungen häufig weniger eindeutig einem der beiden Bereiche zuweisen.

Ein quadratisches Blatt aus dem Zettelkasten wird zweimal gefaltet und an den gestrichelten Linien geschnitten.
Welche Scherenschnitte entstehen? Ordne zu.

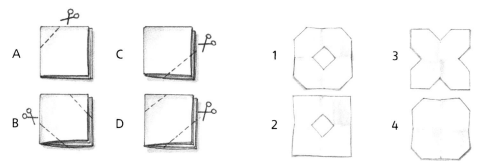

Abb. 5.1 Aufgabenbeispiel zum Bereich Visualization (Brenninger und Studeny 2007, Karte 48 aus: Denken und Rechnen 2, S. 81, © Westermann Braunschweig, 2011)

Der Bereich *Spatial Orientation* wird charakterisiert durch Anforderungen, sich im Raum zu orientieren und sich eine Situation aus einer veränderten Perspektive vorzustellen. Eine typische Anforderung wird in Abb. 5.2 dargestellt. Das Kind wird aufgefordert, in der Vorstellung die Perspektive einer Person einzunehmen, die auf dem abgebildeten Segelboot an verschiedenen Positionen ein Foto macht. Diese Positionen sollen den vorgegebenen Fotos zugeordnet werden. Hier sind somit Prozesse der Perspektivübernahme zentral.

Mathematikdidaktisch orientierte Modelle räumlicher Fähigkeiten (z. B. Besuden 1999; Maier 1999; Pinkernell 2003) knüpfen an die psychometrischen Modelle an, gehen in ihrer Zielsetzung jedoch darüber hinaus. In der mathematikdidaktischen Literatur werden räumliche Fähigkeiten stärker in den Kontext von Lernprozessen im Bereich *Raum und Form* bzw. in den Kontext des Mathematikunterrichts gestellt. Schon in den 1970er-Jahren forderte Besuden (1984, S. 64) eine planmäßige Ausbildung und Förderung räumlicher Fähigkeiten im Mathematikunterricht der Grundschule, indem er sich auf ihre Entwicklung im Elementarbereich bezieht: „Gerade in den ersten Schuljahren müssen die vielfältigen Erfahrungen der Kinder aus der Vorschulzeit aufgegriffen und planmäßig weiterentwickelt werden, weil sonst eine für die Ausbildung des räumlichen Denkens gefährliche Stagnation eintritt, die am Beginn eines lehrplanbestimmten Geometrieunterrichts in den weiterführenden Schulen nicht wieder gutzumachen ist." In den verschiedenen praktischen Vorschlägen zur Förderung räumlicher Fähigkeiten orientiert sich Besuden an den Forschungsarbeiten der Arbeitsgruppe von Jean Piaget (Piaget und Inhelder 1975) und damit an einer konstruktivistischen Perspektive. Ein Kind müsse mit Körpern umgehen, ihre Lage verändern und Operationen damit ausführen, um sich räumlicher Beziehungen bewusst zu werden.

Stelle dir vor: Du segelst die Küste entlang, von Position 1 über 2 und 3 nach
Position 4. An den vier Stellen machst du jeweils ein Foto.
Welches Foto gehört zu welcher Position?

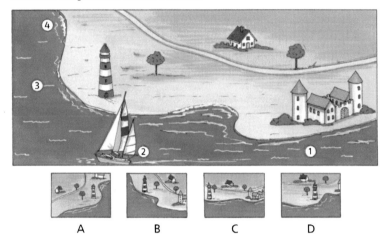

Abb. 5.2 Aufgabenbeispiel zum Bereich Spatial Orientation (Brenninger und Studeny 2007, Karte 41 aus: Denken und Rechnen 2, S. 81, © Westermann Braunschweig, 2011)

An dieser Perspektive ist auch Besudens (1984, S. 65 f.) Definition von Raumvorstellung orientiert: „Raumvorstellung ist ein durch geistige Verarbeitung (Verinnerlichung) von Wahrnehmungen an dinglichen Gegenständen erworbenes Vermögen, das sich der Raumbezüge bewusst geworden ist und diese reproduzieren kann."

Zur Differenzierung verschiedener Komponenten räumlicher Fähigkeiten liegen neben den in der psychologischen Literatur diskutierten Modellen auch daran anknüpfende mathematikdidaktisch orientierte Modelle vor.

Besuden (1999) unterscheidet beispielsweise die *räumliche Orientierung* als Fähigkeit, sich real oder mental in einer Umgebung zu orientieren, von *räumlichem Vorstellungsvermögen* im engeren Sinne als Fähigkeit, aus dem Gedächtnis ein mentales Bild einer Situation zu reproduzieren. Als höchste Stufe beschreibt er das *räumliche Denken*, in dem nicht nur Gegenstände in der Vorstellung präsent sind, sondern in dem auch vorgestellte Handlungen an diesen Vorstellungsbildern durchgeführt werden können. Alle drei Komponenten weisen dabei deutliche Bezüge zueinander auf.

In verschiedenen neueren deutschsprachigen mathematikdidaktischen Arbeiten zu räumlichen Fähigkeiten von Kindern wird ein von Maier (1999) auf Grundlage einer umfassenden Literaturanalyse entwickeltes Modell räumlicher Fähigkeiten zugrunde gelegt (z. B. Lüthje 2010; Berlinger 2011; Plath 2011). Dieses Modell nimmt insbesondere Bezug auf psychologische Arbeiten aus verschiedenen Forschungsperspektiven.

Maier (1999) fasst die vorliegenden Kategorisierungen von Linn und Petersen (1985) sowie Thurstone (1950) zu einem eigenen Modell (Abb. 5.3) zusammen. Dabei stellt er die Komponenten „Räumliche Wahrnehmung", „Veranschaulichung oder Räumliche Visualisierung", „Vorstellungsfähigkeit von Rotationen", „Räumliche Beziehungen" und „Räumliche Orientierung" als „die fünf wesentlichsten Komponenten räumlich-visueller Qualifikationen" (Maier 1999, S. 51) dar. Diese Komponenten weisen wechselseitige Beziehungen und Abhängigkeiten auf. In der Übersichtsdarstellung dieser Subkomponenten nimmt Maier darüber hinaus Bezug auf verschiedene charakterisierende Merkmale. Zum einen ordnet er die Komponenten in Bezug auf die intendierte mentale Position der bearbeitenden Person innerhalb oder außerhalb der Aufgabensituation an. Zum anderen unterscheidet er dahingehend, ob die zugrunde liegenden Denkvorgänge eher dynamischer oder eher statischer Natur sind (vgl. Maier 1999, S. 51 ff.). Schließlich werden die Komponenten noch im Zusammenhang mit der Möglichkeit des Einsatzes analytischer Strategien eingeordnet.

Aufgrund der Bezugnahme auf unterschiedliche psychometrische Modelle sind die einzelnen Komponenten nicht immer trennscharf voneinander abzugrenzen. Insbesondere die Bereiche „Räumliche Beziehungen" und „Mentale Rotation" weisen Überschneidungen auf. Eine Zuordnung von räumlichen Anforderungen für Kinder zu den einzelnen Komponenten erweist sich in der Praxis zudem oft als schwierig. Das sehr komplexe Modell von Maier (1999) ist jedoch geeignet, die Breite der Anforderungen zu beschreiben und ihre unterschiedlichen Facetten zu verdeutlichen.

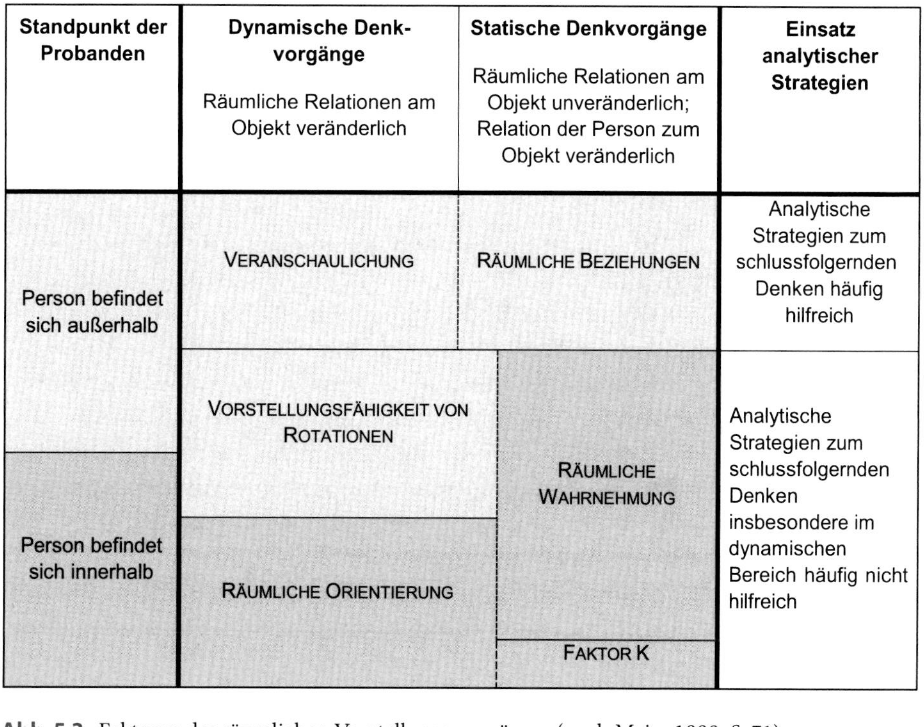

Standpunkt der Probanden	Dynamische Denkvorgänge Räumliche Relationen am Objekt veränderlich	Statische Denkvorgänge Räumliche Relationen am Objekt unveränderlich; Relation der Person zum Objekt veränderlich	Einsatz analytischer Strategien
Person befindet sich außerhalb	VERANSCHAULICHUNG	RÄUMLICHE BEZIEHUNGEN	Analytische Strategien zum schlussfolgernden Denken häufig hilfreich
Person befindet sich innerhalb	VORSTELLUNGSFÄHIGKEIT VON ROTATIONEN RÄUMLICHE ORIENTIERUNG	RÄUMLICHE WAHRNEHMUNG FAKTOR K	Analytische Strategien zum schlussfolgernden Denken insbesondere im dynamischen Bereich häufig nicht hilfreich

Abb. 5.3 Faktoren des räumlichen Vorstellungsvermögens (nach Maier 1999, S. 71)

Neben Modellen räumlicher Fähigkeiten liegen auch aus mathematikdidaktischer Perspektive empirische Studien vor, die vor allem Lernprozesse von Kindern in den Blick nehmen. Ein großer Teil der Studien bezieht sich auf räumliche Fähigkeiten von Kindern ab dem Grundschulalter. Darüber hinaus stehen jedoch auch einige Ergebnisse zu räumlichen Fähigkeiten von Kindern im Elementarbereich zur Verfügung.

Ein zentrales Thema stellen in diesen Arbeiten Zeichnungen dar. Dabei sind zum einen die Prozesse des Codierens räumlicher Information beim Zeichnen und zum anderen die Prozesse des Decodierens, also des Erkennens des dargestellten Objekts, von Bedeutung. Wollring (1998a, 1998b) untersucht zeichnerische Eigenproduktionen von Kindern und stellt dabei den Aspekt der Kommunikation in den Vordergrund. Da das Zeichnen auch für Kinder im Elementarbereich eine relevante Ausdrucksform darstellt, sind diese Arbeiten (obwohl sie sich ursprünglich auf Kinder im Grundschulalter beziehen) sowohl hinsichtlich ihrer Methoden als auch hinsichtlich der Ergebnisse für den Elementarbereich interessant. Zeichnerische Eigenproduktionen von Kindern werden dabei nicht als defizitär, sondern als individueller Ausdruck räumlicher Fähigkeiten angesehen: „Zum einen zeichnen Kinder nicht nur was sie sehen, sondern was sie wissen, des weiteren zeichnen sie nicht nur was sie wissen, sondern von diesem Wissen das, was sie äußern wollen." (Wollring 1998a, S. 138)

In Bezug auf die Entwicklung räumlicher Fähigkeiten ist insbesondere der von Wollring (1998a) beschriebene allmähliche Übergang vom sequenziellen zum simultanen Codieren der räumlichen Tiefe interessant, der häufig in freien Kinderzeichnungen zu beobachten ist. Wollen Kinder ihr Wissen über die räumliche Tiefe eines Hauses in einer Zeichnung codieren, so werden in der Zeichnung häufig zunächst miteinander verknüpfte einzelne Ansichten eines das Objekt umlaufenden Beobachters dargestellt. Die linke Seitenansicht des Hauses findet sich beispielsweise neben der Vorderansicht, an die sich noch die rechte Seitenansicht anschließt. Mit dem allmählichen Übergang von der sequenziellen zur simultanen Codierung räumlicher Tiefe werden zunehmend gleichzeitig sichtbare Merkmale aus der Perspektive eines zum Objekt ruhenden Beobachters berücksichtigt und dargestellt.

Ein weiteres zentrales Thema stellt die Analyse unterschiedlicher Strategien bei der Bearbeitung von Aufgaben mit räumlichen Anforderungen in qualitativ rekonstruktiven Studien dar. In diesem Kontext liegen auch erste Ergebnisse aus dem Elementarbereich vor. Lüthje (2010) setzt sich auf der Grundlage von 65 Einzelinterviews mit den räumlichen Fähigkeiten von Kindern im Vorschulalter, insbesondere mit ihren vielfältigen Lösungsstrategien, auseinander. Er identifiziert dabei vor allem externe, aufgabenspezifische Einflussfaktoren für die Wahl verschiedener Lösungsstrategien.

Insgesamt lässt sich feststellen, dass es sich bei räumlichen Fähigkeiten offenbar um ein komplexes Konstrukt handelt und dass in Bezug auf die Entwicklung räumlicher Fähigkeiten hinsichtlich der zugrunde liegenden Prozesse und Strategien bei jüngeren Kindern noch erheblicher Forschungsbedarf besteht. Weiterhin erscheint nicht nur die Unterscheidung von Teilkomponenten schwierig, auch die Zuordnung von Aufgabenstellungen zu Teilkomponenten birgt diverse Herausforderungen bezüglich der Trennschärfe der Aufgaben. Doch mit Bezug auf die praktische Arbeit im Elementarbereich sind diese Fragen –

anders als in einem expliziten Forschungskontext[1] – auch nicht handlungsleitend. Der Blick in die Forschungsliteratur hilft vielmehr dabei, einen Blick dafür zu bekommen, wie breit sich räumliche Anforderungen auffächern und welche Anforderungen sich in Bezug auf Alltags- und Spielsituationen im Elementarbereich ergeben (s. dazu Abschn. 5.2.3).

Seit den Arbeiten von Piaget und Inhelder (1975) ist bekannt, dass das räumliche Denken von Kindern im Vorschulalter noch Einschränkungen unterworfen ist. Die Fähigkeit, räumliche Beziehungen herzustellen, wird offenbar in einem längeren Prozess erlernt. Bereits Aebli (Piaget und Inhelder 1975, S. 11, Einführung von Hans Aebli) verweist darauf, dass sich räumliche Beziehungen nicht passiv aus der bloßen Wahrnehmung der Dinge im Raum aufbauen, sondern dass das Kind räumliche Beziehungen vielmehr Schritt für Schritt entdeckt und konstruiert. Entsprechend stellt sich im Kontext diesbezüglicher (kindlicher) Lernprozesse auch die Frage nach den Bedingungen der Förderung räumlicher Fähigkeiten. Interventionsstudien zur Förderung liegen jedoch bisher vor allem im schulischen Kontext vor. Im Rahmen dieser Studien werden nicht nur die Möglichkeiten und Grenzen der Förderung oder Trainierbarkeit räumlicher Fähigkeiten thematisiert, sondern auch ein Transfer auf die allgemeinen Mathematikleistungen, der sich durch die angenommene Bedeutung räumlicher Fähigkeiten für das Mathematiklernen allgemein begründet (Hartmann 2000; Hartmann und Reiss 2000). Zusammenfassend kann jedoch festgestellt werden, dass die Rahmenbedingungen für eine erfolgreiche Förderung räumlicher Fähigkeiten noch keineswegs endgültig geklärt sind. Auch in diesem Bereich ist weitere Forschung nötig.

Während nach wie vor weitgehend ungeklärt ist, in welchem Alter und unter welchen Bedingungen sich welche räumlichen Fähigkeiten genau entwickeln, gilt die visuelle Wahrnehmung nicht nur als wichtige Grundlage räumlicher Fähigkeiten (Franke 2007, S. 32 f.), sondern ihre Entwicklung betrifft das Vor- und das frühe Grundschulalter (Frostig und Maslow 1978, S. 108). Daher soll visuelle Wahrnehmung im Folgenden genauer betrachtet werden.

5.2.2 Bedeutung der visuellen Wahrnehmung

Visuelles Wahrnehmen bedeutet nicht nur das Sehen durch das Auge. Der Wahrnehmungsprozess ist eng mit anderen Funktionen (Denken, Gedächtnis, Vorstellungen aber auch Sprache) verbunden. Zu wenige Anregungen und Erfahrungen in der Vorschulzeit beim Erkennen, Operieren und Speichern visueller Informationen können sich sehr verhängnisvoll auf das Verstehen in den verschiedenen Unterrichtsfächern auswirken (Radatz und Rickmeyer 1991, S. 15).

Die räumliche Vorstellung setzt eine intakte visuelle Wahrnehmung voraus. Wie die Vorstellung ist auch die Fähigkeit zur Aufnahme, Verarbeitung und Speicherung visuell

---

[1] Bislang weitgehend ungeklärt sind z. B. die Fragen, welche altersabhängigen Besonderheiten sich beim Lösen von bestimmter Aufgaben beschreiben lassen, mit welchen Aspekten des Raums sich Kinder im Elementarbereich und darüber hinaus beschäftigen und wie Kinder unterschiedlichen Alters räumliche Informationen verarbeiten (vgl. Lohaus et al. 1999, S. 61).

dargebotener Informationen auch in anderen Lernbereichen eine wichtige Voraussetzung für erfolgreiches Lernen. Es wird ein Zusammenhang von unterdurchschnittlichen visuellen Leistungen und Rechenstörungen angenommen (Lorenz 1998; Kaufmann 2003).

Da der visuellen Wahrnehmung bei der Arbeit mit Veranschaulichungsmitteln im Anfangsunterricht der Grundschule eine große Bedeutung zukommt, betonen sowohl Kaufmann (2010) als auch Lorenz (2012) die Bedeutung der Förderung der visuellen Wahrnehmung, Speicherung und Vorstellung im Kindergartenalter. Lorenz beschreibt diesbezüglich unter der Rubrik „Der diagnostische Blick" typische Aktivitäten und Beobachtungssituationen im KiTa-Alltag zur Förderung der visuellen Wahrnehmung (ebd., S. 113 ff).

Eine Pionierin auf dem Gebiet der Erforschung der visuellen Wahrnehmung war Marianne Frostig, die sich in dem von ihr in den 1950er-Jahren in Los Angeles gegründeten *Zentrum für Pädagogische Therapie* der Therapie und Förderung von Kindern mit Lernschwierigkeiten widmete. Ein Schwerpunkt war dabei die visuelle Wahrnehmung, die definiert wurde als „Fähigkeit, visuelle Reize zu erkennen und zu unterscheiden und sie zu deuten, indem sie mit vorausgegangenen Erfahrungen assoziiert werden" (Frostig und Maslow 1978, S. 168). Zusammen mit Kollegen publizierte sie einen vielfach eingesetzten Test, den *Developmental Test of Visual Perception* (DTVP, Frostig et al. 1966). Der DTVP zielte auf die Messung von fünf unterschiedlichen Aspekten der visuellen Wahrnehmung, weil in den 1970er-Jahren sowohl Beobachtungen in der Schule als auch experimentelle Untersuchungen darauf hinwiesen, dass eben diese Fähigkeiten für den späteren Schulerfolg eines Kindes eine wesentliche Rolle spielen (Frostig und Maslow 1978, S. 168):

- Visuomotorische Koordination
- Figur-Grund-Unterscheidung
- Wahrnehmungskonstanz
- Wahrnehmung der Raumlage
- Wahrnehmung räumlicher Beziehungen

Diese fünf Aspekte, die auch Franke (2007) in ihrem Handbuch zur Didaktik der Geometrie in der Grundschule ausführt, sollen im Folgenden mit Blick auf ihre Relevanz für den Elementarbereich näher betrachtet werden.

5.2.2.1 Visuomotorische Koordination

Unter visuomotorischer Koordination (vor allem in älteren Literaturbeiträgen findet man diesbezüglich auch die Bezeichnung „Auge-Hand-Koordination") wird die Fähigkeit verstanden, Sehen und Körperbewegungen zu koordinieren, wie es in Situationen erforderlich ist, die ein Zusammenwirken von Auge und Bewegung erfordern, z. B. beim Werfen und Fangen eines Balls. Versucht ein Kind einen Ball zu fangen, reicht es nicht, wenn es den Ball sieht, denn das bedeutet noch nicht, dass es dieses Sehen mit entsprechend notwendigen Armbewegungen koordinieren kann. Auch beim Papierfalten, beim Ausmalen und beim Ausschneiden von Figuren ist die Koordination von Auge und Hand erforderlich. Weitere typische Beispiele sind auch das Nachzeichnen von Umrissen von Figuren (Abb. 5.4) oder das Zeichnen einer Linie durch ein Labyrinth oder das Ausschneiden von Figuren.

Abb. 5.4 Aufgabenbeispiel
zur visuomotorischen Koordination (Franke 2007, S. 38)

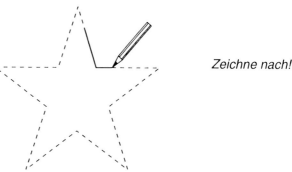

Zeichne nach!

Franke (2007) führt Studien an, in denen gezeigt wurde, dass Kinder im Alter von 6, 8 und 10 Jahren bei visuell geführten Bewegungen kaum Unterschiede hinsichtlich der Genauigkeit und der Reaktionszeit zeigen, und sie folgert daraus, dass „schon mit Vorschulkindern gearbeitet werden muss, um Entwicklungsdefizite aufdecken und überwinden zu können. Defizite können nämlich später nur schwer ausgeglichen werden." (ebd., S. 38)

Eine genaue Beobachtung der Kinder beim Ausmalen, Ausschneiden und Fangen liefert der Erzieherin/dem Erzieher Hinweise, ob und welche Kinder damit noch Schwierigkeiten haben und diesbezüglich bereits im Kindergarten unterstützt werden sollten, indem sie gezielt zu solchen Aktivitäten animiert und dabei begleitet werden.

5.2.2.2 Figur-Grund-Unterscheidung

Gemeint ist die Fähigkeit, Figuren vor einem komplexen optischen Hintergrund bzw. in einer Gesamtfigur eingebettete Teilfiguren zu erkennen und zu isolieren (Abb. 5.5). Aus einer Vielzahl von visuellen Reizen müssen bei Bedarf diejenigen ausgeblendet werden können, die nicht wesentlich sind. Diese Fähigkeit ist z. B. nötig, um einen Gegenstand aus dem Regal holen oder sich auf einer Schulbuchseite oder bei der Betrachtung eines Wimmelbildes zurechtfinden zu können (vgl. Franke 2007, S. 37).

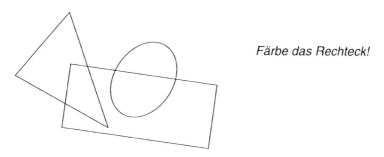

Färbe das Rechteck!

Abb. 5.5 Aufgabenbeispiel zur Figur-Grund-Unterscheidung (Franke 2007, S. 38)

Die Unterscheidung zwischen Figur und Hintergrund ist bereits im frühen Kindesalter möglich, sonst wäre ein Kind nicht in der Lage, Gegenstände zu erkennen und sich im

Raum zu orientieren. Sie wird geprägt durch Konturen, wobei geschlossene Konturen als Form wahrgenommen werden. Die Form kann auch aus einer Vielzahl einzelner Elemente gebildet werden. So setzt sich ein Würfel aus quadratischen Flächen oder aus Strecken zusammen, die in bestimmten Beziehungen zueinander stehen. Auch gelingt das Wahrnehmen von bekannten Figuren besser als von unbekannten Figuren.

Im Elementarbereich kann die Fähigkeit zur Figur-Grund-Unterscheidung gut beobachtet und daran festgemacht werden, ob und wie gut es einem Kind gelingt, sich bei der Betrachtung eines Wimmelbildes zu orientieren. Besonders Wimmelbücher, in denen seitenweise immer die gleichen Protagonisten auftreten, deren Erlebnisse das Kind durch das Buch hinweg verfolgen kann (wie z. B. die Jahreszeiten-Wimmelbücher von Rotraud Susanne Berner aus dem Gerstenberg Verlag), sind dabei hilfreich. So zeigt sich beim gemeinsamen Betrachten schnell, ob das Kind einzelne Charaktere von Seite zu Seite wiederfindet und ihre Erlebnisse auch sprachlich erfassen kann.

5.2.2.3 Wahrnehmungskonstanz

Die Fähigkeit, Objekte relativ stabil wahrzunehmen, obwohl sie sich unseren Sinnesorganen unterschiedlich präsentieren, wird als Wahrnehmungskonstanz bezeichnet. Dabei ist die Wahrnehmung kein einfaches Abbild dessen, was man sieht; vielmehr werden die erfassten Informationen kognitiv weiterverarbeitet, und die Interpretation der Wahrnehmungssituationen wird durch frühere Erfahrungen und das Gedächtnis gesteuert. In der Literatur wird zwischen Größenkonstanz und Formenkonstanz unterschieden.

Größenkonstanz liegt vor, wenn die Objekte unabhängig von ihrem Netzhautbild aus unterschiedlichen Entfernungen gleich groß wahrgenommen werden. So bestehen stabile Relationen zwischen den einzelnen Elementen in unserem Blickfeld. Vergleiche der Größenverhältnisse lassen Informationen über die räumliche Anordnung und Distanz zu, denn je größer die Entfernung eines Objekts, desto kleiner ist das Netzhautbild.

Formenkonstanz meint die Bestimmung der Form eines Objekts aus der Relation zwischen der Form des Netzhautbildes und der räumlichen Orientierung des Gegenstands (Abb. 5.6). Das Netzhautbild ändert sich in Abhängigkeit von der Perspektive bei Bewegung des Betrachters, die Form wird jedoch trotzdem als konstant wahrgenommen. So wird z. B. ein Würfel als Würfel erkannt, wenn er aus unterschiedlichsten Perspektiven gesehen wird oder aus unterschiedlichen Perspektiven gezeichnet ist.

Nach Franke (2007) ist „Wahrnehmungskonstanz die Fähigkeit, Figuren in der Ebene oder im Raum in verschiedenen Größen, Anordnungen, Lagen oder Färbungen wiederzuerkennen und von anderen Figuren zu unterscheiden. Die Wahrnehmungskonstanz zeigt sich beispielsweise auch beim Sortieren von Gegenständen nach der Form, unabhängig von der Größe, oder beim Kennzeichnen von Dingen, die gleich groß sind." (ebd., S. 41 f.)

Im Kindergarten lässt sich diese Fähigkeit beobachten, wenn ein Kind eine bestimmte Figur in verschiedenen Lagen (Orientierungen), Farben oder Materialien wiedererkennt. Eine Frage, der in der Gruppe oder in der Interaktion mit einzelnen Kindern nachgegangen werden kann, ist z. B.: „Wo findest du hier im Raum Rechtecke?" Auch beim Aufräumen, genauer gesagt beim Sortieren, zeigt sich diese Fähigkeit, wenn z. B. Bausteine nach Farben oder Formen sortiert werden sollen.

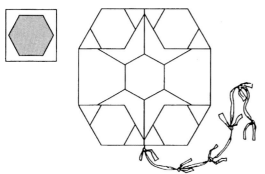

Findest du das kleine Sechseck in der großen Figur? Färbe!

Abb. 5.6 Aufgabenbeispiel zur Formenkonstanz (Franke 2007, S. 41)

Die beiden folgenden Aspekte, Wahrnehmung der Raumlage und Wahrnehmung räumlicher Beziehungen, betreffen Fähigkeiten zur *räumlichen Orientierung*, d. h. die Fähigkeit, den Standort und die räumlichen Beziehungen zwischen verschiedenen Objekten zu erkennen und zu verstehen (Franke 2007, S. 46).

5.2.2.4 Wahrnehmung der Raumlage

Die Wahrnehmung der Raumlage bezieht sich auf die eigene Orientierung im Raum, d. h. die Raum-Lage-Beziehung eines Gegenstands zum Standpunkt der Person, die diesen Gegenstand wahrnimmt. Ein bekanntes Beispiel ist der sog. Drei-Berge-Versuch (Piaget und Inhelder 1975, S. 251), doch auch das weniger komplexe Beispiel in Abb. 5.7 dient der Illustration.

Im Kindergarten kann diese Fähigkeit daran beobachtet werden, ob Kinder im Alltag die Beschreibung der Lage eines Gegenstands verstehen. Der Hinweis einer Erzieherin auf die Frage eines Kindes, wo seine Gummistiefel sind („Schau mal hinter der Tür"), verlangt dabei neben der Einsicht in die Raum-Lage-Beziehung auch sprachliches Verständnis der hier wichtigen Präposition „hinter". Das Kind muss also Wahrnehmung und Sprache assoziieren, wenn es Begriffe räumlicher Beziehungen erlernt (Frostig und Maslow 1978, S. 170).

Abb. 5.7 Aufgabenbeispiel zur Wahrnehmung der Raumlage (Franke 2007, S. 47)

Die Figur im Kasten wird gedreht. Zeichne jeweils das schwarze Dreieck ein!

5.2.2.5   Wahrnehmung räumlicher Beziehungen

Die Wahrnehmung räumlicher Beziehung hingegen erfordert die Fähigkeit, Beziehungen zwischen verschiedenen Objekten im Raum zu erkennen und zu beschreiben (Abb. 5.8). Diese Fähigkeit äußert sich z. B., wenn es darum geht zu erkennen, ob Figuren sich berühren oder überlappen oder ob sich Linien schneiden (vgl. Franke 2007, S. 47).

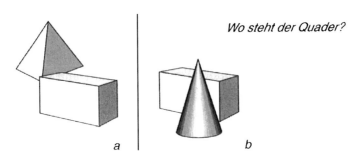

Abb. 5.8 Aufgabenbeispiel zur Wahrnehmung räumlicher Beziehungen (Franke 2007, S. 47)

Auch hier spielt die Verwendung räumlicher Begriffe eine wesentliche Rolle und erfordert die Kenntnis zahlreicher Präpositionen (z. B. an, auf, bei, in, unter, über, neben, zwischen, vor, hinter, rechts, links). Die sichere Unterscheidung von „rechts" und „links" entwickeln viele Kinder erst relativ spät (oft erst nach Schuleintritt), da diese Begriffe – anders als „oben" und „unten" – nicht unabhängig vom Betrachter sind und ggf. einen Perspektivenwechsel erforderlich machen.

Zur Fähigkeit der Perspektivübernahme gehört das Wissen, dass sich eine Ansicht mit dem Standpunkt des Betrachters verändert, sowie die Fähigkeit, sich vorstellen zu können, was aus einer veränderten Perspektive wo in Relation zu anderen Objekten zu sehen ist. Piaget und Inhelder (1975) gingen davon aus, dass bei Kindern bis zu einem Alter von 7 Jahren ein „Egozentrismus" zu beobachten ist und dass sie noch nicht über das Bewusstsein verfügen, dass ein Betrachter mit einem anderen Standpunkt eine andere Ansicht wahrnimmt als sie selbst. Neuere Studien (z. B. Niedermeyer 2013) zeigen jedoch, dass auch jüngere Kinder bereits über Fähigkeiten zur Perspektivübernahme verfügen. Niedermeyer (2013) untersucht dabei den Einfluss der Symmetrie der Objekte. Bei symmetrischen Objekten ergibt sich die Schwierigkeit, dass sich die zueinander symmetrischen gegenüberliegenden Ansichten nur in ihrer Rechts-Links-Relation unterscheiden. Entgegen der Annahme zeigt sich in dieser Studie bei Kindern am Schulanfang jedoch kein Unterschied in den Lösungsraten. Bei der Analyse der Fehlertypen trat jedoch häufiger das Vertauschen der symmetrischen Ansichten auf.

Zusammenfassend lässt sich festhalten, dass die visuelle Wahrnehmung eine wichtige Voraussetzung für die Entwicklung räumlicher Kompetenzen und auch für die intellektuelle (schulische) Entwicklung insgesamt darstellt. Entsprechend sollte sie schon früh gefördert werden, weil ihre Entwicklung offenbar in die Altersspanne des Übergangs vom Kindergarten in die Grundschule fällt. Bei Beobachtungen im häuslichen Umfeld wie auch im Alltag und Spiel in der KiTa, die darauf hindeuten, dass Schwierigkeiten bei der visuellen Wahrnehmung vorliegen könnten, gibt ggf. der Einsatz eines entsprechenden Tests zur visuellen Wahrnehmung Aufschluss. Der DTVP (Frostig et al. 1966) gilt seit den 1970er-Jahren allerdings als überholt, nachdem berechtigte Kritik hinsichtlich der nur unzureichenden Wahrung der Testgütekriterien (s. dazu Abschn. 3.1) laut geworden war. Dennoch gelten Frostigs konzeptionelle Überlegungen in Bezug auf das Konstrukt visuelle Wahrnehmung nach wie vor als grundlegend für die Testentwicklung und fanden Eingang in die Entwicklung von „Frostigs Entwicklungstest der visuellen Wahrnehmung-2", des sog. FEW-2[2] (Büttner et al. 2008). Diverse Hinweise auch schon zur vorschulischen Förderung finden sich im Band „Lernprobleme in der Schule" (Frostig und Maslow 1978).

5.2.3 Kinder entdecken den Raum

Kaufmann (2010) weist darauf hin, dass die Fähigkeit, räumliche Beziehungen zu erfassen, eng mit der Entwicklung des Körperschemas zusammenhängt. „Ausgehend vom eigenen Körper werden von Anfang an erste Raumerfahrungen gemacht, die dann, mit wachsender Mobilität, auf erweiterte Dimensionen ausgerichtet werden" (ebd., S. 76). Entsprechend sollten Kinder in der Kindertagesstätte (und auch noch in der Grundschule) ausreichend Gelegenheiten erhalten, vielseitige Bewegungserfahrungen[3] im Raum zu machen, indem sie z. B. dazu angeregt werden, Objekte im Raum und ihre Beziehungen zueinander zu beobachten. Dabei ist es für die Entwicklung räumlicher Fähigkeiten wichtig, dass diese Handlungen auch reflektiert werden. Die sprachliche Begleitung durch die pädagogischen Fachkräfte und zunehmend auch durch das Kind selbst hilft, die Wahrnehmungen zu integrieren, und unterstützt die Ausbildung des Körperschemas. Diesbezüglich gilt es, die verschiedenen selbstgesteuerten und angeregten Aktivitäten der Kinder schon früh mit Begriffen der Raumrichtung (oben – unten, vorne – hinten, links – rechts, vorwärts, rückwärts, seitwärts), der Raumausdehnung (klein - groß, kurz – lang, hoch – tief, schmal – breit), der Raumwege (gerade, rund, eckig) und der Raumlagen (vor, hinter, zwischen, neben) zu begleiten und zu verknüpfen (Kaufmann 2010, S. 76). Denn erst „wenn die Kinder in der Lage sind, Positions- und Richtungsbegriffe zu verstehen, können sie beschriebene Wege auch gedanklich, in der Vorstellung, nachvollziehen und sich von der konkreten Anschauung mehr und mehr lösen" (ebd.).

Im Zentrum der Arbeit im Elementarbereich stehen also Bewegungserfahrungen und das Handeln mit Objekten, wobei die entsprechenden Aktivitäten der Kinder sprachlich begleitet und reflektiert werden sollten. Mit Blick auf die eingangs benannten Bereiche räumlicher Fähigkeiten sollen hier abschließend Aktivitäten zur Förderung aufgezeigt werden.

---

[2] Hierbei handelt es sich um die deutsche Fassung des *Developmental Test of Visual Perception (2nd ed)* von Hammill et al. (1993).

[3] Auch in Bezug auf das Training visueller Wahrnehmungsfähigkeiten plädieren Frostig und Maslow (1978) dafür, Bewegung in Verbindung mit visueller Wahrnehmung einzusetzen, um die Aufmerksamkeit zu erhalten und zu kanalisieren (S. 170).

In Bezug auf die Fähigkeit zur *räumlichen Orientierung* bieten sich diesbezüglich Aktivitäten an, in denen sich das Kind in die Perspektive eines anderen hineinversetzen muss. Dies ist z. B. der Fall, wenn Kinder Verstecken spielen, denn das potenzielle Versteck muss daraufhin geprüft werden, inwieweit das Kind, das sich verstecken will, aus der Perspektive des suchenden Kindes sichtbar ist. Die gezielte Bewusstmachung und Benennung von Raum-Lage-Beziehungen kann gefördert werden, wenn das Kind z. B. einen Teddy oder eine Puppe nach Aufforderung jeweils vor, hinter, neben, auf oder unter eine Kiste setzen soll. Entsprechende Anregungen finden sich im Bilderbuch *Mit Kindern Mathematik erleben* (Peter-Koop und Grüßing 2007, S. 22–25). Auch wenn mehrere Kinder zusammen mit Bausteinen an einem Bauwerk bauen, müssen sich die Akteure in die Perspektive ihrer Mitbauer versetzen, die das Objekt meist aus einer anderen Perspektive sehen, und dies bei entsprechenden Bauanweisungen berücksichtigen.

5.2.3.1   Mentale Rotation

Eine typische kindliche Aktivität, die die Fähigkeit zur mentalen Drehung verlangt, ist das Puzzlespiel. Gute Puzzler zeichnen sich gerade dadurch aus, dass sie durch reine Betrachtung entscheiden können, ob ein bestimmtes Puzzleteil passt oder eben nicht, wobei die jeweilige Ausrichtung für die Passung entscheidend ist. Kinder, die viele Teile in die Hand nehmen müssen und die Passung jeweils durch Ausprobieren prüfen müssen, brauchen meist sehr lange und verlieren schnell die Lust. Hier gilt es zu helfen, indem die Erzieherin – ggf. auch mithilfe eines erfahrenen Puzzlers – deutlich macht, worauf zu achten ist. Entsprechendes trifft auch auf das Legen von Tangrams zu. Auch hier ist es für diesbezüglich wenig erfahrene Kinder meist hilfreich, wenn thematisiert wird, wie man geschickt an die Sache herangehen kann und nach welchen Kriterien man Teile auswählt.

5.2.3.2   Räumliche Visualisierung

Beim Legen von Tangrams sind jedoch noch weitere räumliche Fähigkeiten gefragt, denn hier geht es auch um das Zusammensetzen von Formen, wenn z. B. zwei kongruente gleichschenklige Dreiecke zu einem Quadrat oder Parallelogramm zusammengesetzt werden müssen. Dies verlangt räumliche Visualisierung. Auch beim Falten muss man sich Bewegungen vorstellen und entsprechend ausführen, wenn man das Ziel hat, konkrete Objekte zu falten, oder wenn man nach verbaler oder bildlicher Anleitung arbeitet. Allgemein lassen sich im Alltag, beim Spielen, Bauen und Basteln vielfältige Situationen finden, in denen eine Aktion im Raum (z. B. eine bestimmte Drehung oder Verschiebung eines Bausteins) vor der tatsächlichen Ausführung im Kopf bereits vorausgedacht wird.

Schon bei den genannten Beispielen wird der Zusammenhang von Raum und Form deutlich. Bei räumlichen Aktivitäten geht es immer um dreidimensionale Objekte im Raum oder ihre zweidimensionalen Ansichten. Damit werden immer auch zwei- oder dreidimensionale Formen thematisiert. Über die Form der zugrunde liegenden Objekte lassen sich viele Aktivitäten, die ultimativ auch der Entwicklung von räumlichen Fähigkeiten dienen, mathematisch konkretisieren und begrifflich präzise fassen. Daher soll dieser Bereich im Folgenden ausführlich betrachtet werden.

5.3 Form

Mit dem Begriff „Form" werden in der Mathematik sowohl ebene Figuren als auch dreidimensionale Körper bezeichnet. Kinder im Kindergartenalter kennen häufig schon einige Formen. Sie haben bereits Erfahrungen mit den Bezeichnungen für ebene Figuren wie Kreis, Dreieck und Viereck gemacht. Mit „Viereck" wird von ihnen jedoch häufig ausschließlich das Quadrat bezeichnet. Auch einige räumliche Formen sind den Kindern bereits bekannt. Einige kennen bereits die Bezeichnungen „Kugel" oder „Würfel", wobei diese Begriffe häufig an die im Alltag genutzten Objekte wie z. B. Spielwürfel gebunden und noch nicht mit den geometrischen Eigenschaften verknüpft sind (Kaufmann 2010, S. 92).

In ihrem Alltag und Spiel sammeln Kinder Erfahrungen mit verschiedenen Objekten und ihren geometrischen Eigenschaften. Sie erfassen Eigenschaften, die die Verwendung dieser Gegenstände mitbestimmen. Ein Baustein eignet sich beispielsweise zum Bauen, ein Ball hingegen nicht. Die kindlichen Erfahrungen mit Objekten und ihren Eigenschaften bestimmen wesentlich die Entwicklung des Wissens über Formen. Allerdings folgt die Begriffsentwicklung keinem Automatismus. Die Fähigkeit, Formen in der Umwelt zu sehen, ist erst das Ergebnis der Entwicklung von Wissen über Formen. Diese Entwicklung kann durch eine geeignete Begleitung unterstützt werden.

Im Folgenden werden daher zunächst einige Modelle und Forschungsergebnisse zur Entwicklung des Wissens über Formen zusammengefasst. Im Anschluss werden exemplarisch Zugänge von Kindern zur Entdeckung dreidimensionaler und zweidimensionaler Formen dargestellt. Dabei werden auch Erfahrungen der Kinder zum Konzept der Symmetrie sowie zum Zerlegen und Zusammensetzen von Formen berücksichtigt.

5.3.1 Entwicklung des Wissens über Formen

Nicht jedes Wort ist ein Begriff. Franke (2007, S. 94) spricht dann von einem Begriff, wenn damit nicht nur ein einzelner Gegenstand bezeichnet wird, sondern wenn damit eine Kategorie bzw. Klasse assoziiert wird, in die sich ein konkreter Gegenstand einordnen lässt. Hinter den Bezeichnungen für Formen stehen somit Begriffe. Der Prozess der Begriffsbildung bzw. des Wissenserwerbs „ist ein langfristiger Prozess, der auf Wahrnehmung von Objekten, subjektiven Erfahrungen im Umgang mit ihnen sowie Vorstellungsbildern und bereits erworbenem Wissen aufbaut und vielleicht nie ganz abgeschlossen wird" (Franke 2007, S. 99). Begriffserwerb geschieht durch den aktiven Umgang mit Objekten in Verbindung mit Sprache (van Hiele 1999, S. 311). Kinder übernehmen häufig zunächst Wörter. Später ordnen sie in die betreffende Kategorie verschiedene Repräsentanten, also verschiedene konkrete Objekte, ein. Leitend sind dabei zunächst Ähnlichkeiten, die an die ganzheitliche Erscheinung gebunden sein können oder aufgrund funktionaler Zusammenhänge (rollende Gegenstände werden z. B. als „Ball" bezeichnet) wahrgenommen werden. Gleichzeitig ist es aber auch möglich, dass Kinder beispielsweise zwischen geometrischen Formen unterscheiden und diese einer Klasse zuordnen können, ohne dass sie über das Begriffswort verfügen.

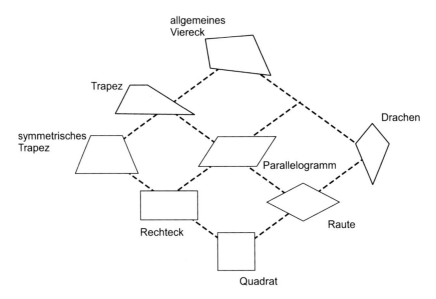

Abb. 5.9 Haus der Vierecke

Für die geometrische Begriffsbildung werden im Elementarbereich wichtige Grundlagen gelegt, an die im Rahmen schulischer Bildungsprozesse immer wieder angeknüpft werden kann. Dabei ist darauf hinzuweisen, dass im Elementarbereich von den Kindern nicht unbedingt ein korrektes Begriffswort benutzt werden muss. Erwachsene sollten jedoch auf ihre Begriffsverwendung achten und korrekte Begriffe verwenden. Die Benutzung von Alltagssprache zur Beschreibung geometrischer Begriffe ist dabei legitim.

Begriffe werden zunächst ohne Definitionen gebildet. Begriffe werden durch konkrete Modelle oder Abbildungen repräsentiert. Die Begriffsbildung erfolgt häufig anhand von typischen Repräsentanten (sog. „Prototypen") wie beispielsweise einem gleichseitigen Dreieck für den Begriff des Dreiecks. Durch Kennenlernen verschiedener weiterer Beispiele (z. B. spitzwinklige, stumpfwinklige, rechtwinklige Dreiecke) und Gegenbeispiele (Vierecke) entwickelt sich die Begriffsbildung weiter. Ein Repräsentant bzw. eine Figur kann durchaus mit verschiedenen Begriffen bezeichnet werden, da Begriffe sich nach verschiedenen Merkmalen ordnen lassen, sodass im Rahmen von Begriffshierarchien Oberbegriffe, nebengeordnete Begriffe und Unterbegriffe entstehen.

Am Beispiel des „Hauses der Vierecke" kann die Begriffshierarchie gut verdeutlicht werden: Die verschiedenen Vierecke lassen sich hinsichtlich der Merkmale „Lage der Seiten", „Länge der Seiten" und „Symmetrie" in der in Abb. 5.9 dargestellten Weise anordnen.

Abbildung 5.9 lässt sich entnehmen, dass der Begriff „Viereck" bzw. „allgemeines Viereck" Oberbegriff zu allen anderen Vierecken ist. Er ist der allgemeinste Begriff. Begriffsbestimmendes Merkmal ist lediglich „Figur mit vier Seiten". Innerhalb der Hierarchie kommen alle Merkmale eines Oberbegriffs auch den untergeordneten Begriffen zu. Der Begriff

„Parallelogramm" ist Oberbegriff zu den Begriffen „Rechteck", „Quadrat" und „Raute", da diese auch die Eigenschaften eines Parallelogramms, in dem gegenüberliegende Seiten parallel zueinander sind, aufweisen. „Rechteck" und „Raute" sind einander nebengeordnete Begriffe. Beide stellen Unterbegriffe zum „Parallelogramm" dar. Sie weisen damit die Merkmale des Oberbegriffs und zusätzlich differenzierende Merkmale auf. In der Raute sind zudem alle Seiten gleich lang. In einem Rechteck sind alle Innenwinkel rechte Winkel. Alle diese Eigenschaften erfüllt das Quadrat, das daher ein sehr spezielles Viereck ist und die meisten begriffsbestimmenden Merkmale aufweist: Es hat vier Seiten, seine gegenüberliegenden Seiten sind parallel, alle Seiten sind gleich lang, und alle vier Innenwinkel sind rechte Winkel. Jedes Quadrat ist damit auch ein Rechteck und eine Raute, ein Trapez, ein Parallelogramm und ein Drachen, und natürlich ist es ein Viereck.

5.3.1.1 Entwicklungsmodelle zur Begriffsbildung

Analog zur Entwicklung seiner Theorie der Zahlbegriffsentwicklung (s. Abschn. 4.3.1) hat Jean Piaget auch zahlreiche Untersuchungen zur Entwicklung des geometrischen Denkens durchgeführt. In Piagets Gesamtwerk nehmen seine Untersuchungen zur „Entwicklung des räumlichen Denkens beim Kinde" (Piaget und Inhelder 1975) und zur „natürlichen Geometrie des Kindes" (Piaget et al. 1975) einen beträchtlichen Stellenwert ein.

Bezüglich der geometrischen Denkentwicklung kann man Piagets Ergebnisse wie folgt zusammenfassen. Piaget ging davon aus, „dass das Kind im Zuge der Entwicklung der Raumvorstellung eine Reihe von Stufen durchläuft, welche durch verschiedene Geometrien gekennzeichnet sind." (Piaget und Inhelder 1975, S. 12) „Die räumlichen Beziehungen, welche das Kind in der Wahrnehmung und in seinem konkreten Tun richtig handhabt, müssen auf der Ebene der Vorstellung rekonstruiert werden, und diese Rekonstruktion beginnt noch einmal bei räumlichen Beziehungen von ungeahnter Einfachheit, bei Beziehungen, die in der Geschichte der Geometrie erst im 19. Jahrhundert überhaupt erkannt und systematisch untersucht worden sind: den topologischen. Erst Jahre später stößt es zur Erfassung projektiver und euklidischer räumlicher Bestimmungen an den Gegenständen vor, zur Erfassung von geraden Linien, von Winkeln und Parallelen, von Strecken und Maßeinheiten." (Piaget und Inhelder 1975, S. 11 f.; Einführung von Hans Aebli) Allerdings kann man bei den von ihm formulierten Stufen erste euklidische Einsichten wie z. B. Anzahl von Seiten, Wahrnehmen verschiedener Winkel, Wahrnehmen von Parallelität auch vor Fähigkeiten der projektiven Geometrie (z. B. Perspektiven sehen) finden.

Nach Piaget (1958) erkennen Kinder zuerst topologische Beziehungen wie z. B. „drinnen – draußen" bzw. „geschlossen – offen". In einem Versuch sollten 3- bis 4-jährige Kinder verschiedene Figuren nachzeichnen (jeweils die links dargestellten Figuren in Abb. 5.10, links). Des Weiteren sollten die Kinder zwei unterschiedlich große geschlossene Formen abzeichnen, bei denen die kleinere der Figuren jeweils innerhalb der großen oder außerhalb, den Rand berührend oder auf dem Rand lag (jeweils die links dargestellten Figuren in Abb. 5.10, rechts). Piaget (1958, S. 366) beobachtete, dass jüngere Kinder beim Abzeichnen des Kreises, Rechtecks und Quadrats noch deutliche Schwierigkeiten haben (Abb. 5.10, links). Die Zeichnung des Quadrats ist der Zeichnung des Kreises sehr ähnlich. Aller-

dings gelingt es ihnen, in ihren Zeichnungen bereits topologische Beziehungen wie „innen"
und „außen" zu unterscheiden. Dies ist in den Zeichnungen der zwei 3-jährigen Kinder
(Abb. 5.10, rechts) zu sehen. Piaget und Inhelder (1975) weisen diese Zeichenfähigkeit
dem Stadium I B zu. Sie unterteilen das Stadium I in zwei unterschiedliche Teilstadien.
„Während des Teilstadiums I A (bis zum Alter von ca. 3;6–3;10) beobachtet man gewisse
Veränderungen des Kritzelns unter dem Einfluß von Modellen; offene und geschlossene
Formen werden differenziert." (ebd., S. 82 f.) „Auf Stufe I B (durchschnittlich von 3½ bis
4 Jahren) kann man bereits von Zeichnungen im eigentlichen Sinne sprechen, aber interessanterweise werden nur die topologischen Relationen genau bezeichnet, die euklidischen
dagegen misslingen [Abb. 5.10, links, Anm. d. Verf.]: So wird der Kreis als geschlossene
Kurve ohne metrische Regelmäßigkeit dargestellt, aber die Quadrate und Dreiecke sind
nicht vom Kreis verschieden, d. h. sie werden ebenfalls durch geschlossene Kurven dargestellt und haben lediglich zuweilen gewisse symbolische Andeutungen (aus dem Kreis
herausführende Striche, die die Winkel andeuten usw.)." (ebd., S. 83)

Abb. 5.10 Zeichenversuch mit
3- und 4-Jährigen (Piaget 1958,
S. 366)

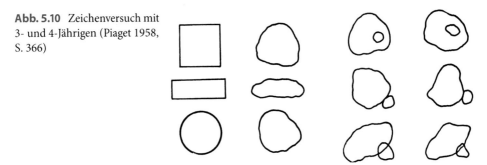

Für Stadium II ist nun nach Piaget und Inhelder die fortschreitende Differenzierung
der euklidischen Formen charakteristisch. „Auf einer Übergangsstufe zwischen den Teilstadien I B und II A beobachtet man eine beginnende Unterscheidung zwischen gebogenen
und geradlinigen Figuren, aber noch ohne Differenzierung der verschiedenen geradlinigen
Formen untereinander (insbesondere Quadrat und Dreieck)" (ebd., S. 84). In Stadium III
können dann Kinder verschiedene Körperformen und Figuren unterscheiden (für eine ausführliche Darstellung vgl. Maier 2015 i. Vorb.).

Wie auch bei der Erforschung der Zahlbegriffsentwicklung gelten einige von Piagets
Behauptungen als widerlegt (vgl. Lehrer et al. 1998). Vor allem die These der topologischen Vorrangigkeit gilt als nicht zutreffend (Freudenthal 1983; Clements und Battista
1992, S. 425). Kinder entwickeln nicht – wie Piaget annahm – zuerst topologische, dann
projektive und schließlich euklidische Ideen und Erkenntnisse. Vielmehr entwickeln sich
die verschiedenen Erkenntnisse in Bezug auf topologische, projektive und euklidische Eigenschaften über die Zeit hinweg und werden zunehmend ineinander integriert (Clements
und Battista 1992, S. 426). Auch muss berücksichtigt werden, dass Piaget und Inhelder die
Begriffe „topologisch", „projektiv" und „euklidisch" nicht im streng mathematischen Sinn
verwenden. Schwierig ist auch die Unterscheidung von Figuren in topologische und eukli-

dische Figuren. Figuren besitzen sowohl topologische als auch euklidische Eigenschaften. Ein weiterer Kritikpunkt ist, dass von der Zeichenfähigkeit der Kinder nicht unmittelbar auf ihr Wissen über Formen geschlossen werden kann (Clements und Battista 1992, S. 424).

Ein Entwicklungsmodell, das auf den Forschungen von Piaget aufbaut und die Entwicklung geometrischen Denkens ebenfalls in Stufen beschreibt, geht auf Dina van Hiele-Geldof und Pierre van Hiele zurück (van Hiele-Geldof 1984, van Hiele 1984a, b; Clements und Battista 1992; Battista 2007). Während Piaget seine Erkenntnisse auf Laborsituationen stützt, basiert van Hieles Theorie auf reflektierter Beobachtung von Schülerinnen und Schülern im Mathematikunterricht. Sie ist also hauptsächlich auf Forschungsarbeiten mit Kindern im Schulalter gegründet. Das Forscherehepaar van Hiele untersuchte zudem vornehmlich Lernprozesse (und nicht in erster Linie Entwicklungsprozesse wie zuvor Piaget) und identifizierte diesbezüglich Niveaustufen, wobei sie betonen, dass auf den einzelnen Niveaustufen Lernprozesse ablaufen. Dina van Hiele-Geldof beschreibt in ihrer Doktorarbeit fünf Phasen zur Unterstützung von Lernprozessen, sog. *phases of instruction* (van Hiele-Geldof 1984, S. 223; van Hiele 1984b, S. 247), damit die nächste Denkstufe erreicht werden kann: die *Phase der Information*, in der die Objekte vorgestellt werden, die *Phase der geleiteten Orientierung*[4] mit ausgewählten Aufgabenstellungen, die *Phase der Verdeutlichung*, in der Zusammenhänge und Beziehungen verdeutlicht werden, die *Phase der freien Orientierung*, in der Fähigkeiten zum Problemlösen genutzt werden (Schoenfeld 1985) und zuletzt die *Phase der Integration*, bei der Schülerinnen und Schüler ihr Wissen konsolidieren.

Das im Folgenden dargestellte Entwicklungsmodell von van Hiele beruht auf einem „Verständnis von Geometrielernen, das an alltagsnahe Erfahrungen anknüpft und sich auf Basis konkreter Aktivitäten allmählich zu mentalen, abstrakten Vorstellungen weiter entwickelt" (Schipper 2009, S. 257). Das Wissen um diese Niveaustufen kann zum einen helfen, angemessene Herausforderungen an die Kinder zu stellen, und zum anderen dazu beitragen, das Denken von Kindern besser zu verstehen. Ein Kind wird beispielsweise zuerst ein Dreieck ausschließlich ganzheitlich anhand seiner Gestalt erkennen (Stufe 1). Die Eigenschaften eines Dreiecks wie z. B. die Anzahl der Ecken und Seiten werden erst später wahrgenommen (Stufe 2). Erst danach können Beziehungen zwischen verschiedenen Figuren erkannt werden (Stufe 3). Ein Kind wird daher anders denken und argumentieren als eine erwachsene Person[5].

Die von van Hiele (1999) beschriebenen Stufen des geometrischen Denkens werden als Niveaustufen bezeichnet und nicht mit konkreten Altersangaben verbunden. Dina und Pierre van Hiele (van Hiele-Geldof 1984; van Hiele 1984a, b) formulierten fünf verschiedene

---

[4] Deutsche Übersetzung der Phasen nach Maier (2015, i. Vorb.).

[5] Dies wird auch in Bezug auf die Begriffe Rechteck und Quadrat deutlich. Während im mathematischen Sinn jedes Quadrat auch ein Rechteck ist, weil es alle Eigenschaften erfüllt, die ein Rechteck kennzeichnen (s. auch das „Haus der Vierecke" in Abb. 5.9), gehen jüngere Kinder allein von der Gestalt aus. Aus ihrer Sicht ist ein Quadrat dann kein Rechteck, weil es anders aussieht, d. h. eine andere Gestalt hat.

Niveaustufen[6], wobei die ersten drei Stufen für den Elementar- und Primarbereich relevant sind und daher hier vorgestellt werden sollen[7]. Da mit diesen drei Stufen das Denken von Kindern im Elementarbereich nicht komplett erfasst werden konnte, fügten Clements und Battista (1992) eine weitere Stufe hinzu, die sie den anderen Stufen voranstellten: die Stufe der *pre-recognition,* d. h. der Vor-Wiedererkennung:

- **Niveaustufe 0**: Partielle Wahrnehmung – Pre-Recognition (Clements und Battista 1992, S. 429)
  In dieser Phase nehmen die Kinder geometrische Formen zwar grundsätzlich wahr, aber nur einige der charakteristischen sichtbaren Eigenschaften. Von der Gestalt her ähnliche Formen können noch nicht sicher unterschieden werden. So unterscheiden die meisten Kinder zwar zwischen Kreisen und Vierecken, jedoch noch nicht zwischen Kreisen und Ellipsen. Mason (1997) beschreibt für diese Stufe auch die Fähigkeit, dass z. T. auch schon zwischen Dreiecken und Vierecken, aber noch nicht zwischen verschiedenen Vierecken unterschieden werden kann.
- **Niveaustufe 1**: *Anschauungsgebundenes Denken* – *Visual* (Clements und Battista 1992, S. 427), *Recognition* (Hoffer 1981, S 16)
  Typisch für diese Stufe ist, dass geometrische Figuren ganzheitlich gesehen werden und auch voneinander unterschieden werden können, ohne dass bestimmte Eigenschaften verglichen werden. Figuren können beispielsweise nach Dreiecken, Kreisen und Rechtecken sortiert werden. Es gelingt Kindern auf diesem Niveau, verschiedene Figuren zu identifizieren, z. B. das Quadrat unter anderen allgemeinen Rechtecken. Dabei stützen sich die Kinder sehr auf verschiedene Prototypen (Battista 2007, S. 847). Außerdem ist es auf dieser Stufe möglich, geometrische Fachausdrücke für diese ganzheitlich aufgefassten Figuren und Körper zu benutzen. Typisch ist allerdings, dass die Figuren verbal beschrieben werden, ohne dass die geometrischen Fachbegriffe genannt werden. Ein Würfel wird dann häufig als Klotz oder ein Dreiecksprisma als Dach bezeichnet. Auf dieser Stufe werden noch keine Beziehungen zwischen den Objekten gesehen (z. B. ist jedes Quadrat ein Rechteck, vgl. Haus der Vierecke, Abb. 5.9).
- **Niveaustufe 2**: *Analysieren geometrischer Figuren und Beziehungen* – *Descriptive/Analytic* (Clements und Battista 1992, S. 427), *Analysis* (Hoffer 1981, S. 16)
  Auf dieser Ebene richtet sich die Aufmerksamkeit auf Eigenschaften geometrischer Objekte. Die Kinder sind jetzt in der Lage, Einzelaspekte der Objekte zu unterscheiden und so feinere Klasseneinteilungen vorzunehmen. Beispielsweise können sie gleichseitige von rechtwinkligen Dreiecken unterscheiden. Beziehungen zwischen geometrischen

---

[6] Die Stufen wurden uneinheitlich als Stufe 0 bis 4 oder 1 bis 5 bezeichnet. Vor allem im angloamerikanischen Raum werden die Stufen von 1 bis 5 nummeriert. Bei der englischen Bezeichnung der Stufen werden Beschreibungen von Hoffer (1981) sowie Clements und Battista (1992) verwendet, die deutschen Übersetzungen gehen auf Radatz und Rickmeyer (1991) zurück.

[7] Auch wenn die Stufen nicht mit konkreten Altersangaben verbunden sind, findet man in vielen Ausführungen zu den Van-Hiele-Stufen eine grobe Zuordnung von Altersbereichen, z. B. Stufe 1 bis 3 als relevante Stufe für den Elementar- und Primarbereich.

Objekten und Eigenschaften sowie Klasseninklusionen (z. B. „Jedes Quadrat ist auch ein Rechteck") werden allerdings auch auf dieser Stufe noch nicht erkannt. Franke (2007, S. 116 f.) beschreibt als Beispiele zum Arbeiten auf diesem Niveau das Sortieren geometrischer Formen nach ihren Eigenschaften, das Prüfen von Objekten auf bestimmte Eigenschaften, das Beschreiben von Figuren, das Erkennen nach Beschreibung mithilfe von Eigenschaften sowie das Erkennen von Figuren, die z. T. verdeckt sind.

* **Niveaustufe 3:** *Erstes Ableiten und Schließen – Abstract/Relational* (Clements und Battista 1992, S. 427), *Ordering* (Hoffer 1981, S. 16)
  Auf dieser Ebene werden jetzt auch Beziehungen zwischen den Eigenschaften verwandter geometrischer Objekte erkannt. Damit werden logische Implikationen und Klasseninklusionen möglich wie beispielsweise: *Jeweils zwei Seiten eines Rechtecks sind parallel zueinander und gleich lang. Es hat vier rechte Winkel. Auch ein Quadrat hat vier rechte Winkel. Jeweils zwei Seiten eines Quadrats sind parallel zueinander, und sogar alle vier Seiten sind gleich lang. Damit ist jedes Quadrat ein (besonderes) Rechteck* (vgl. Haus der Vierecke in Abb. 5.9). Franke (2007, S. 117) beschreibt als Beispiele für das Arbeiten auf dieser Stufe das Vergleichen von Vierecken, das Erarbeiten des „Hauses der Vierecke" und das Klassifizieren von Dreiecksarten. Geometrische Definitionen werden verstanden. Diese Stufe wird von Kindern jedoch erst am Übergang von der Primar- zur Sekundarstufe erreicht.

Die darauf aufbauenden Niveaustufen 4 *Geometrisches Schließen/Deduktion – Formal Deduction* (Clements und Battista 1992, S. 427) oder *Deduction* (Hoffer 1981, S. 16) und 5 *Strenge, abstrakte Geometrie – Rigor/Metamathematical* (Clements und Battista 1992, S. 424), oder *Rigor* (Hoffer 1981, S. 16) spielen im Elementar- und Primarbereich keine Rolle. Hier stehen das Verständnis und die Anwendungen von Schlussfolgerungen als Grundlage eines geometrischen Systems und schließlich die Arbeit in Axiomensystemen sowie der Vergleich verschiedener axiomatischer Systeme im Vordergrund.

Anknüpfend an dieses Modell entstanden in den folgenden Jahren weitere Modelle; beispielsweise wurden die Beschreibungen von ebenen Formen (2D) auf Körper (3D) ausgeweitet (Gutiérrez et al. 1991).

Andere Forscherteams wie Clements und Battista (2001) sowie Lehrer et al. (1998) entwickelten auf der Basis von van Hieles Stufenmodell ein Wellenmodell, in dem sie beschreiben, dass zu verschiedenen Zeitpunkten verschieden Typen bzw. „Wellen" dominant sind und sich auch unterschiedlich stark entwickeln. Diesbezüglich werden folgende drei „Wellen" der Entwicklung geometrischer Wahrnehmung und Überlegungen und Begründungen identifiziert (vgl. Battista 2007, S. 849), die typisch für einzelne Van-Hiele-Stufen sind: visuelle, deskriptiv-analytische und abstrakt-relationale Überlegungen und Begründungen (*reasoning*). Ihr Modell betont wie viele andere Entwicklungsmodelle die Beobachtung, dass Entwicklungen nicht in Stufen ablaufen, sondern dass die Kompetenzen jeweils verschieden stark ausgeprägt sind und sowohl von Reifung als auch Instruktion abhängen. Je nach Inhalt der Aufgaben können sich die Kinder auf verschiedenen Stufen befinden. Aus diesem Grund plädieren Clements und Battista auch dafür, nicht von Stufen zu sprechen, sondern eher von Ebenen, die durchaus inhaltsspezifisch sind. Insgesamt kann also davon ausgegangen werden, dass bestimmte Entwicklungslevels existieren. Diese sind jedoch nicht diskret oder unabhängig voneinander. Kinder können für verschiedene Begriffe oder sogar für verschiedene Aufgabenstellungen verschiedenen Levels zugeordnet werden. Die hierarchische Ordnung kann somit infrage gestellt werden. Die Levels bzw. Ebenen dienen dazu, die Entwicklung der Kinder zu beschreiben, allerdings sind sie nicht trennscharf und unabhängig. Es ist also nicht sinnvoll, ein Kind einem einzigen Level zuzuordnen, da Kinder sich hinsichtlich verschiedener Begriffe und verschiedener Anforderungen auch auf unterschiedlichen Levels befinden können (Battista 2007, S. 849 f.).

5.3.1.2 Untersuchungsergebnisse zur Formenkenntnis von Kindern in Bezug auf ebene Figuren

Neben der Erstellung von Forschungsarbeiten, bei denen die Generierung von Entwicklungsmodellen im Fokus stand, existieren auch Untersuchungen speziell zu Kenntnissen geometrischer Begriffe bei Kindern im Elementarbereich und im Übergang zum Primarbereich.

In einer Studie zu geometrischen Vorkenntnissen von Schulanfängerinnen und Schulanfängern (Eichler 2007) wurden mit rund 2000 Kindern vor Beginn des 1. Schuljahres Interviews zur Erfassung ihrer Vorkenntnisse in Bezug auf den Bereich *Raum und Form* durchgeführt. Das Wort „Dreieck" kennen und verwenden 99 % der Kinder. Allerdings werden von 36 % der Kinder nur rechtwinklig gleichschenklige oder gleichseitige Dreiecke als Dreiecke akzeptiert. Auch das Wort „Viereck" ist 99 % der Kinder bekannt. Von 33 % der Kinder werden allerdings nur Quadrate als Vierecke akzeptiert. Weitere 10 % akzeptierten auch nichtquadratische Rechtecke. Dieses Untersuchungsergebnis zeigt, dass viele Kinder in ihrem Begriffswissen sehr stark an speziellen Prototypen eines Begriffs haften und weitere Beispiele noch nicht in das Begriffswissen integriert haben. Die Beobachtung, dass Kinder einen Begriff an speziellen Prototypen festmachen, wird in weiteren Studien bestätigt. Clements et al. (1999)[8] untersuchten bei 97 Kindern im Alter von 3 bis 6 Jahren, welche Kriterien Kinder verwenden, um Formen einer Klasse (wie z. B. Dreiecke und Kreise) zu identifizieren und von anderen Formen zu unterscheiden. Kreise wurden von 92 % (96 % bzw. 99 %) der 4-Jährigen (5-Jährigen bzw. 6-Jährigen) richtig identifiziert. Quadrate wurden von 82 % (86 % bzw. 91 %) erkannt, Dreiecke von 60 % und Rechtecke von der Hälfte der Kinder über alle Altersgruppen. Ungefähr ein Drittel der Kinder identifizierte ein Quadrat nicht, wenn es nicht horizontal liegende Seiten hatte[9].

---

[8] Ein weiteres Untersuchungsergebnis dieser Studie war die Bestätigung der Existenz einer Vorstufe der Van-Hiele-Stufen. Die Autoren plädieren aufgrund ihrer Untersuchungsergebnisse für eine Umbenennung der Van-Hiele-Stufe 1 „as syncretic (i. e., a synthesis of verbal declarative and imagistic knowledge, each interacting with the other) instead of visual", wobei der Begriff synkretistisch im Sinne einer Vermischung von verbal-deklarativem und bildlich-vorstellungsgebundenem Wissen verwendet wird.

[9] In der Untersuchung wurde der Begriff „Viereck" nicht untersucht. Es wurden die Kenntnisse der Kinder bezüglich der Begriffe „Rechteck" und „Quadrat" erhoben.

Clements und Kollegen veränderten ihre Interviews dahingehend, dass die Kinder nicht zu sehr von einer gegebenen Lage der Formen beeinflusst werden sollten, indem die Formen sowohl auf dem Papier fixiert in rechteckigen oder runden Rahmen als auch anhand von Holzfiguren in verschiedenen Formen identifiziert werden sollten. Clements und Sarama (2000) fassen die Ergebnisse verschiedener Studien mit insgesamt 128 Kindern folgendermaßen zusammen[10]: Es zeigte sich, dass Kinder Kreise recht sicher identifizieren können (nur 4 % nicht korrekte Angaben bei Aufgaben mit Flächen auf Papier). Quadrate können fast so gut wie Kreise identifiziert werden, teilweise wurden auch nichtquadratische Rauten als Quadrate identifiziert. Auch Quadrate, deren Grundseite nicht horizontal zum Papierrand liegt, wurden teilweise schon als Quadrate erkannt (87 % korrekt bei den Papieraufgaben). Dreiecke zeigten sich als schwieriger zu identifizieren (60 % korrekt). Es wurden auch Formen mit drei Ecken, aber gekrümmten Seiten als Dreiecke identifiziert, wohingegen spitzwinklige Dreiecke auch als „zu lange" Dreiecke bezeichnet und somit nicht als Dreiecke identifiziert wurden. Dies war auch bei Dreiecken der Fall, bei denen nach Aussage der Kinder „die Spitze nicht in der Mitte" bzw. die Dreiecke „umgekehrt" oder „die Spitze unten" gezeichnet war. Einige 3-Jährige identifizierten jede Figur mit einer „Spitze" als Dreieck. Bei den Rechtecken war die Anzahl der korrekten Antworten ähnlich wie bei den Dreiecken (54 %). Die Kinder identifizierten „lange" Parallelogramme oder Trapeze mit rechtem Winkel auch als Rechtecke. Des Weiteren stellen Clements und Sarama (2000) fest, dass die Identifikation von Formen von den Rahmenbedingungen abhängig ist. Wenn offensichtliche Gegenbeispiele vorhanden sind (z. B. Kreise, wenn es darum geht, Dreiecke zu identifizieren), werden mehr Dreiecke tatsächlich als Dreieck akzeptiert, aber auch mehr eckige andere Formen. Das Identifizieren von Formen hängt somit stark von den Figuren ab, die zum Vergleich vorhanden sind. Auch die Präsentation der Figuren beeinflusste die Aufgabenbearbeitung. Wurden die Figuren beispielsweise in einen Reifen gelegt, ließen sich Kinder weniger davon beeinflussen, ob eine Figur „besonders lang" oder „falsch herum" ist. Ebenso führte die Aufforderung zur Begründung dazu, dass sich die Leistungen der Kinder verbessern. Viele Kinder änderten ihre ursprünglichen Angaben hin zu einer korrekten Entscheidung. Zudem zeigte sich, dass – auch wenn das Sprechen über die Formen sich oft als hilfreich erwies – das Wissen in diesem Alter doch noch begrenzt ist. So wissen junge Kinder häufig noch nicht, was eine „Seite" oder eine „Ecke" ist (Clements und Sarama 2000, S. 484).

Ähnliche Tendenzen weisen die Ergebnisse von Maier und Benz (2014) auf. In dieser Studie wurde die Formenkenntnis unter der Berücksichtigung der Besonderheiten bzw. Unterschiede der deutschen bzw. englischen Sprache sowie eines möglichen Einflusses der unterschiedlichen institutionellen Gestaltung mathematischer Bildung im Elementarbereich untersucht. Die englischen Kinder, die an der Untersuchung teilnahmen, besuchten die *reception class*, d. h. eine Vorschulklasse, die an die Grundschule angegliedert ist, während die deutschen Kinder einen Kindergarten besuchten. In England existierte zum Untersuchungszeitpunkt für die *reception class* ein nationales Curriculum mit klaren Lernzielen

---

[10] An den verschiedenen Untersuchungen bzw. Aufgaben nahmen nicht alle 128 Kinder teil.

auch im geometrischen Bereich, während in Deutschland keine einheitlichen bildungspolitischen Anforderungen bestehen, sondern diese von Bundesland zu Bundesland deutlich
verschieden sind (vgl. Abschn. 1.3.1 sowie Peter-Koop 2009). Anhand von 80 klinischen
Interviews wurden 4- bis 6-jährige Kinder in England und Deutschland am Anfang und am
Ende eines Schul- bzw. Kindergartenjahres befragt. Für das Benennen der Formen wurden
anhand der Kinderantworten verschiedene Kategorien generiert, die die Vielfalt der Art
der Bezeichnungen für Formen widerspiegeln:

- Es wird nicht der korrekte Begriffsname verwendet, sondern ein Vergleich mit einem
  Gegenstand: „wie ein Ball" statt Kreis, „wie ein Schrank" statt Rechteck.
- Anstelle der korrekten Namen für zweidimensionale Figuren werden Begriffsnamen für
  dreidimensionale Körper verwendet, z. B. Würfel statt Quadrat.
- Begriffe werden verwechselt, wobei der falsche Begriffsname für eine zweidimensionale
  Figur zugeordnet wird, z. B. Quadrat statt Dreieck oder Dreieck statt Rechteck.
- Anstelle der korrekten Begriffe werden Eigenschaften genannt, z. B. „rund" für Kreis
  und „spitz" für Dreieck.
- Der allgemeinere Begriff wird anstelle des spezielleren verwendet, z. B. Viereck statt
  Quadrat oder Rechteck.
- Der korrekte geometrische Begriff wird benutzt.

Zusammenfassend können folgende Tendenzen festgestellt werden:
Die vergleichenden Begriffe wurden nur von den deutschen Kindern verwendet; die
englischen Kinder nennen häufiger den korrekten Begriffsnamen; allgemeinere Begriffe
werden nur von deutschen Kindern genannt. Dies ist darauf zurückzuführen, dass der
englische Begriffsname für „Viereck" *quadrangle* oder *quadrilateral* in der englischen Um-
gangssprache nicht geläufig ist. Englische Kinder geben zudem häufiger eine formale Erklärung (wie z. B. „Ein Dreieck ist eine Form mit drei geraden Seiten und drei Ecken") für
den von ihnen benutzen Begriffsnamen, während deutsche Kinder häufiger Gesten und
Vergleiche verwenden. Sie versuchten eher auf informelle Art und Weise zu erklären. Dabei fehlen ihnen jedoch Begriffe wie beispielsweise „Seite" oder „Ecke". Interessanterweise
konnte beobachtet werden, dass englische Kinder, wenn sie den korrekten geometrischen
Begriff nicht wussten, nicht versuchten, diesen anderweitig zu erklären, und eher sagten,
dass sie es nicht wissen. Bei der Aufforderung, verschiedene Dreiecke zu zeichnen, konnte
man bei Kindern aus beiden Ländern eine starke Orientierung am Prototyp „gleichseitiges
Dreieck" feststellen. Die Dreiecke unterschieden sich häufig in ihrem Flächeninhalt, aber
waren häufig alle gleichseitig und mit der Spitze nach oben gezeichnet.
Des Weiteren sollten die Kinder in dieser Untersuchung auf Papier gezeichnete Formen
identifizieren. Bei den Dreiecken zeigten sich keine wesentlichen Unterschiede zwischen
den Kindergruppen. Dreiecke mit Spitze nach unten wurden oft nicht als Dreiecke identifiziert, dafür aber wohl dreieckige Formen mit nach innen oder außen gekrümmten Seiten.
Obwohl die englischen Kinder korrekte verbale Beschreibungen liefern, konnte festgestellt
werden, dass sie die Beschreibungen beim Zeichnen von Dreiecken nicht alle korrekt an-

wenden konnten. Die korrekte Bezeichnung sowie eine korrekte Erklärung geometrischer Begriffe ist in England explizit als Zielvorgabe im Curriculum formuliert. Beim Identifizieren von Kreisen zeigte sich, dass die englischen Kinder die Kreise richtig identifizieren konnten, während bei den deutschen Kindern, die in diesem Bereich noch keine Instruktionen erhalten hatten, einige wenige Kinder auch Ellipsen als Kreis identifizierten. Bei den Quadraten konnten die deutschen Kinder allerdings deutlich mehr Formen als Quadrate identifizieren als ihre englischen Peers. Die englischen Kinder akzeptierten häufig nur Quadrate mit horizontaler Grundseite. Ein Kind erklärte diesbezüglich: „If you turn a square, it becomes a diamond" (Raute). Ein Grund könnte darin liegen, dass bei den englischen Kindern im Klassenzimmer ein Poster mit Formen hing, auf dem das Quadrat horizontal liegt und die Raute auf der Ecke steht. Auf dem Poster sind nur prototypische Formen wie das gleichseitige Dreieck zu sehen. Die Lage des Quadrats und der Raute kann dazu führen, dass Quadrate in genau dieser Lage als Quadrate und andere als Raute benannt werden. Ein isoliertes Auswendiglernen von Begriffsnamen und Definitionen ist deshalb kritisch zu sehen. Es gibt Befunde, die darauf hindeuten, dass Kinder über eine korrekte verbale Beschreibung und ein spezifisches Vorstellungsbild eines Begriffs verfügen und dennoch Schwierigkeiten dabei zeigen, die Beschreibung richtig anzuwenden (vgl. auch Sarama und Clements 2009, S. 213).

5.3.1.3 Konsequenzen aus den Untersuchungsergebnissen über die Unterstützung von Lernprozessen

Aus ihren Untersuchungsergebnissen leiten Clements und Sarama (2000, S. 485) folgende Leitlinien für eine Lernbegleitung bei der Begriffsentwicklung ab:

Werden Formen immer nur anhand von prototypischen Spezialfällen repräsentiert, kann dies dazu führen, dass Kinder ein sehr eingeschränktes Begriffswissen aufbauen. Aus diesem Grund ist es wichtig, dass den Kindern nicht nur Materialien mit prototypischen Beispielen zur Verfügung gestellt werden, wie dies häufig bei speziellen pädagogischen Materialien (Bilderbücher, Legeformen) der Fall ist. Dreiecke werden hier beispielsweise oft nur gleichseitig mit horizontaler Basis oder gleichschenklig repräsentiert; Rechtecke sind i. d. R. horizontal oder vertikal und zwei- bis dreimal so lang wie breit, wobei Quadrate meist horizontal positioniert sind. Deshalb sollten bei Materialien Größe, Material und Farbe variiert und nicht allein prototypische Beispiele in der Umwelt thematisiert werden. Durch Finden von Beispielen und Gegenbeispielen kann die Aufmerksamkeit auf die wesentlichen Eigenschaften gelenkt werden. Auch das dynamische Verändern einer Figur (beispielsweise eines Dreiecks) mit geeigneter Software auf einem Computer oder Tablet kann dazu beitragen, dass Kinder ein umfangreiches Begriffswissen aufbauen.

Thematisiert man Figuren auf Papier, sollte eine Variation bei der Orientierung und Seitenverhältnissen berücksichtigt werden. Auch Beziehungen zwischen Figuren können thematisiert werden (z. B. das Quadrat als besonderes Rechteck). Clements und Sarama (2000) weisen darauf hin, dass die Fähigkeit von Erwachsenen, überall in der Umwelt Formen zu sehen, nicht der Ursprung geometrischen Wissens ist, sondern die Grundlage vielmehr in der frühen und aktiven Manipulation unserer Welt besteht: „An adult's ability to instantly 'see' shapes in the world is the result not the origin of geometric knowledge. The origin is our early active manipulation of our world." (S. 487)

Aus diesem Grund werden nun in den folgenden Abschnitten verschiedene Aktivitäten zum Umgang mit geometrischen Formen vorgestellt.

5.3.2   Kinder entdecken Formen

Kinder müssen vor Schulbeginn nicht alle Formen richtig benennen können. Sie sollten vorschulisch vielmehr Gelegenheit haben, konkrete Erfahrungen bei Handlungen mit Formen zu machen, die sie ihre Eigenschaften entdecken, untersuchen, beschreiben und vergleichen lassen.

Doch auch wenn von Kindergartenkindern noch nicht die korrekten Bezeichnungen verwendet werden müssen, sollten Erwachsene immer möglichst die korrekten Begriffe verwenden. Schwierig ist dabei, dass man die Formen ebener Figuren eigentlich nicht in die Hand nehmen kann, sondern dass sie streng genommen in der Wirklichkeit nur als Fläche eines Körpers existent sind. Wenn man bei den Pattern Blocks und Legeplättchen also vom Dreieck spricht, ist es eigentlich ein Körper in Form eines Prismas mit dreieckiger Grundfläche (vgl. Kaufmann 2010, S. 92).

5.3.2.1   Dreidimensionale Formen erkennen

Kinder sind von einer dreidimensionalen Umwelt umgeben, daher begegnen sie in ihrem Alltag und Spiel auch zunächst dreidimensionalen Formen (Pohle und Reiss 1999) und entdecken bei Aktivitäten wie z. B. dem Kartoffeldruck zunehmend auch den Zusammenhang zwischen Körpern (dreidimensionalen Formen) und Flächen (zweidimensionalen Formen). Im Elementarbereich stehen daher das Handeln mit Objekten verschiedener Form und die Versprachlichung diesbezüglicher Handlungserfahrungen im Mittelpunkt. Ziel ist es dabei nicht, wie oben bereits gesagt wurde, dass Körper und Formen formal korrekt benannt werden, sondern vielmehr, dass ihre Eigenschaften erfahren und reflektiert werden. Gleichwohl sind Erzieherinnen und Erzieher, auch was die zunehmende Begriffsbildung angeht, jederzeit Sprachvorbilder für die Kinder.

Im KiTa-Alltag ergeben sich vielfältige Aktivitäten mit dreidimensionalen Körpern, die im Folgenden vorgestellt werden.

5.3.2.1.1   Freies Bauen mit homogenem und heterogenem Material

In der Regel bauen die Kinder im Kindergarten mit heterogenem Material in Form von Bauklötzen in verschiedenen Formen. Beim freien Bauen mit heterogenem Material können die Kinder Eigenschaften einzelner Körperformen entdecken, z. B. welche Körperformen sich gut stapeln lassen, welche Körperformen rollen (Kugeln, Zylinder, Kegel) oder welche Formen sich aus kleineren Körpern wie Würfeln oder Quadern zusammensetzen lassen. Schon junge Kinder nutzen beim Bauen häufig intuitiv das Prinzip der Symmetrie, wenn sie „schöne" Gebäude bauen.

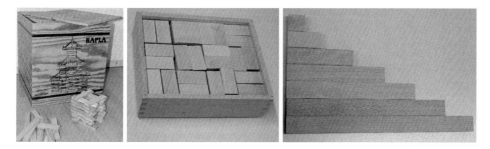

Abb. 5.11 Kapla- und Uhl-Bausteine

Abb. 5.12 Bauwerke aus gleichgroßen Holzwürfeln

In einigen KiTas existiert auch homogenes Material zum Bauen, z. B. in Form von Kapla-Steinen (vgl. Abb. 5.11, links). Die Uhl-Bausteine, die Christine Uhl ausgehend von den Fröbelkästen entwickelt hat, bestehen aus gleichgroßen Quadern (Abb. 5.11, Mitte). Der Zusatzkasten enthält Quader unterschiedlicher Länge (halbe Länge sowie 2-, 3-, 4-, 5- und 6-fache Länge) (Abb. 5.11, rechts).

Verfolgt man den Ansatz, „gleiches Material in großer Menge" einzusetzen (vgl. Lee Hülswitt 2006), können Kinder geometrische Erfahrungen mit homogenem Material sammeln. Beim Bauen mit Holzwürfeln entstehen häufig symmetrische Bauwerke (Abb. 5.12, links). Ebenso werden hier Zerlegungen sichtbar. Beim Turm wird sichtbar, dass jede Ebene aus 6×7 Würfeln besteht (Abb. 5.12, rechts).

Des Weiteren lassen sich die folgenden Aktivitäten beschreiben:

5.3.2.1.2 Bauen nach Vorgaben

Beim Bauen nach Vorgaben ergeben sich verschiedene Anforderungen an die Kinder. Die Kinder können konkrete Modelle nachbauen, etwa die Bauwerke anderer Kinder. Ist das gebaute Bauwerk nicht mehr sichtbar, weil es z. B. hinter einem Regal versteckt ist oder zerstört wurde, sind verbale Beschreibungen notwendig. Hierbei ist das Benennen der Bauklotzformen sowie eine Beschreibung der räumlichen Beziehungen erforderlich.

Betätigen sich die Kinder als „Baumeister" und bauen nach Architektenvorlagen bzw. Bildvorlagen in Form von Fotos und Zeichnungen, müssen zweidimensionale Darstellungen räumlich interpretiert werden. Eine besondere Herausforderung stellt dabei die eigene Zeichnung eines Gebäudes dar (Zeichnung als Eigenproduktion – Wollring 1998a).

5.3.2.1.3   Sortieren von Körpern

Nicht nur beim Aufräumen ergeben sich Gelegenheiten zum Sortieren von Körpern. Alltagsgegenstände (wie z. B. Murmeln, Bälle, Perlen, Spielwürfel, würfel- und quaderförmige Verpackungen, Bauklötze, Bücher, Schachteln, Rollen von Haushaltspapier, Konservendosen, Cremetöpfchen etc.) können nach ihrer Form, aber auch nach Farbe, Material oder Verwendungszweck sortiert werden. „Einzelnen Kindern wird vielleicht die geometrische Form als Klassifizierungsmerkmal ins Auge stechen, häufiger werden jedoch wohl einzelne geometrische Merkmale zur Einteilung in zwei Gruppen führen (z. B. Spitze/keine Spitze; rollt/rollt nicht; quadratische Grundfläche/keine quadratische Grundfläche). Diese Kriterien sind ein guter Ausgangspunkt für die weitere Ausdifferenzierung" (Kaufmann 2010, S. 96). Neben dem eigenen Finden von Kategorien ist auch kategoriengeleitetes Vorgehen möglich, bei dem ein Modell als Prototyp (plus evtl. klassenbildende Merkmale) vorgegeben wird (Franke 2007). Bei den Sortierungsvorgängen ergeben sich zahlreiche Lernchancen, wenn Kinder nach ihren Begründungen gefragt werden und sie die Merkmale, die leitend für ihren Sortiervorgang waren, benennen sollen.

5.3.2.1.4   Beschreiben von Körpern

Beim Beschreiben dreidimensionaler Formen werden die Eigenschaften und Merkmale der Körper in den Fokus gerückt. Hierbei kann es (muss es aber nicht wie später in der Grundschule) um die Anzahl der Flächen, Kanten und Ecken gehen. Beachtet werden muss im Umgang mit Körperformen jedoch, dass bei den Körperformen unsere Alltagssprache nicht immer den mathematischen Bezeichnungen entspricht. Der Spielwürfel, der im alltäglichen Sprachgebrauch als Würfel bezeichnet wird, ist im mathematischen Sinn kein Würfel, da hier keine Ecken vorhanden sind, sondern Rundungen, damit er gut beim Würfeln rollt. Den Unterschied formuliert Johanna (5 Jahre) recht deutlich. Sie spielt mit ihrer Kindergruppe „Ich fühle was, was du nicht siehst" und versucht den Spielwürfel zu beschreiben, der im Fühlsäckchen ist. Damit die Kinder die Gegenstände leichter erraten können, liegen viele andere weitere Gegenstände in der Kreismitte; Johanna sagt: „Das ist so wie der Würfel." Sie zeigt auf einen Holzwürfel mit richtigen Ecken. „Nur nicht echt eckig, sondern mit runden Ecken". Die Kinder können bei diesem Spiel den Gegenstand im Fühlsäckchen oder in der Fühlschachtel nicht nur anhand von Merkmalen, sondern auch anhand von Aussagen zum Roll- und Stapelverhalten sowie von Aussagen bezüglich ihrer Eignung als Verpackung beschreiben. Neben der möglichen Hilfestellung, dass andere konkrete Gegenstände bereits zum Vergleich vorgegeben werden, können auch Bilder von den Körpern in den Stuhlkreis gelegt werden. Dann ist allerdings bereits eine Übertragung von dreidimensionalen Gegenständen in zweidimensionale Darstellungen gefordert.

Abb. 5.13 Kantenmodell aus
Magnetstäben und -kugeln

5.3.2.1.5 Körper in der Umgebung suchen

Körper können im Rahmen eines Bauprojekts auch in der Umgebung gesucht werden. Die Fragestellung, z. B. bei einem Spaziergang, ist dann: *Wo finden wir die gleichen Formen wie bei unseren Bausteinen?*

In der Grundschule wird die Kenntnis über Körperformen weiter ausgebaut. Hier werden mit den Kindern Körpermodelle auf verschiedene Arten gebaut – zum einen als Vollmodelle (z. B. aus Knetmasse, kleinen Würfeln), als Kantenmodelle (z. B. aus Strohalmen und Knetkugeln) und als Flächenmodelle (Körpernetze entstehen durch Auffalten von Flächenmodellen). Beim freien Bauen mit Magnetstäben und Magnetkugeln können allerdings auch bereits im Elementarbereich schon Kantenmodelle entstehen (Abb. 5.13).

5.3.2.2 Zweidimensionale Formen erkennen

Ebene Figuren existieren nicht als Gegenstände in unserer räumlichen Wirklichkeit, sondern lediglich als Ansichten dreidimensionaler Objekte. Daher ist es sinnvoll, ausgehend von räumlichen Objekten den Fokus auf die Form der Flächen zu richten (Kaufmann 2010, S. 98; Pohle und Reiss 1999). In Materialien angloamerikanischer Vorschulcurricula und auch in vielen typischen Formen-Bilderbüchern ist der Fokus dagegen stark auf ebene Figuren gerichtet.

Kinder machen erste Erfahrungen zur Beziehung zwischen Körpern und ebenen Formen, wenn sie beispielsweise mit Materialien spielen, bei denen Körper durch eine Öffnung hineingeworfen werden sollen, wie dies bei einigen typischen Kinderspielzeugen der Fall ist (Abb. 5.14, links). Auch wenn Kinder Abdrücke von Körpern betrachten, wie etwa beim Spielen im Sand oder beim Stempeln mit Körpern, werden Beziehungen zwischen Körpern und Flächen deutlich, ebenso in Zeichnungen von Kindern. (Abb. 5.14, rechts)

Abb. 5.14 Erkundung und Zeichnung von zweidimensionalen Formen

Streng genommen sind Materialien wie Legeplättchen, die meist für Aktivitäten genutzt werden, in denen ebene Formen thematisiert werden, Körper. Die ebenen Formen stellen dabei jeweils die Grundfläche der Körper dar. Im KiTa-Alltag ergeben sich mit Legeplättchen vielfältige Aktivitäten.

5.3.2.2.1   Freies Legen mit homogenem und heterogenem Material

Beim Legen mit Formenplättchen können Kinder verschiedene Erfahrungen mit ebenen Formen machen. Ein gängiges Material sind sog. *Pattern Blocks*. Sie bestehen aus sechs verschiedenen geometrischen Grundformen (Dreieck, Quadrat, Sechseck, Raute, Trapez und Parallelogramm) und haben den Vorteil, dass die einzelnen Seiten der Formen gleich lang sind und so gut aneinander gelegt werden können. Kinder können beim Legen mit den Formen Muster, Bandornamente und Parkettierungen (Abb. 5.15) herstellen und dabei Formeigenschaften untersuchen. Hierbei können die Kinder auch die Flächengleichheit entdecken. Im Muster in Abb. 5.15 (links) besteht das gelbe Sechseck aus einer Sechseckform; die roten Sechsecke im Bandornament (Abb. 5.15, Mitte) wurden aus zwei roten Trapezen gelegt, und bei den Blumen (Abb. 5.15, rechts) wurde das blaue Sechseck aus drei Parallelogrammen gelegt.

Abb. 5.15   Legemöglichkeiten mit Pattern Blocks

Bei Bandornamenten (Abb. 5.15, Mitte) können die Kinder das Muster sowohl nach links als auch nach rechts fortsetzen. Kinder empfinden Regelmäßigkeiten und Symmetrien i. d. R. als „schön" und nutzen sie entsprechend häufig beim Legen. Mit Legeplättchen können Kinder auch erste Erfahrungen zu Parkettierungen machen, indem sie feststellen können, mit welchen Grundformen und Mustern eine Fläche lückenlos ausgelegt bzw. wie ein Muster nach allen Seiten fortgesetzt werden kann (vgl. auch Abschn. 8.2.1).

Ein weiteres Material mit verschiedenen Formen ist das Tangram, bei dem aus den verschiedenen Formenplättchen neue Formen und Figuren gelegt werden können (s. unten den Abschnitt „Zerlegen und Zusammensetzen von zwei- und dreidimensionalen Figuren").

5.3.2.2.2   Ebene Figuren unterscheiden

Beim Aufräumen und Sortieren von Legeplättchen mit verschiedenen Formen nutzen die meisten Kinder die Form als Kategorie zum Sortieren und sortieren in Kreis, Dreieck, Viereck. Hier können Gespräche über unterschiedliche Dreiecke und Vierecke die Begriffsbildung unterstützen, wobei hier beachtet werden muss, dass bei Legeplättchen meist nur Prototypen der Formen wie beispielsweise gleichseitige oder gleichschenklige Dreiecke verwendet werden und deshalb die Betrachtung von Formen nicht allein auf diese Materialien beschränkt bleiben sollte. Im Alltag treten die Formen nicht nur in ihrer prototypischen Form auf. Allerdings ist es schwieriger, die Formen an Alltagsgegenständen zu entdecken, da es hier notwendig ist, den Gegenstand in den Hintergrund treten zu lassen und lediglich eine bestimmte Fläche zu fokussieren. Bei Abbildungen in der Ebene sind die Flächen z. T. einfacher zu erkennen, z. B. bei Fotos oder gemalten Kunstwerken. Im Bilderbuch *Kunst aufräumen* von Urs Wehrli findet man eine interessante Art, Kunstwerke zu betrachten. Hier werden beispielsweise die einzelnen Figuren eines Kunstwerks sortiert nach Formen dargestellt.

Ebene Formen können nicht nur mit Legeplättchen gelegt, sondern auch mit den Kindern dargestellt werden. Bei Kreisspielen stellen die Kinder als Gesamtgruppe einen Kreis dar. Manchmal ist es bei Spielen wichtig, dass jede Ecke des Raums von einem Kind besetzt wird. Hier stellen die Kinder dann die Eckpunkte eines Vierecks dar. Wollring (2006, S. 93) weist auf die Beziehungen zwischen Formen beim Tanzen hin und gibt zahlreiche Anregungen für Kindermuster und ihre Dokumentation.

Figuren können auch mit Seilen und Stäben gelegt werden (Abb. 5.16, links). Anstatt Figuren zu legen, können diese auch mit Seilen oder einem Gummiband gespannt werden (die Kinder bilden die Ecken). Hierbei können Eigenschaften der Formen thematisiert werden: *Wie viele Kinder haben wir für ein Viereck benötigt? Wie muss man sich aufstellen, damit aus einem (allgemeinen) Viereck ein Quadrat oder ein Rechteck wird? Was müssen wir machen, um ein Dreieck zu spannen?*

Die Idee des Verbindens der Eckpunkte durch Spannen von Gummibändern wird auch am Geobrett aufgegriffen, das in der Primarstufe sehr verbreitet ist (Abb. 5.16, Mitte), wobei in der Schule meist Geobretter verwendet werden, die nicht nur am äußeren Rand Spannmöglichkeiten bieten (Abb. 5.16, rechts).

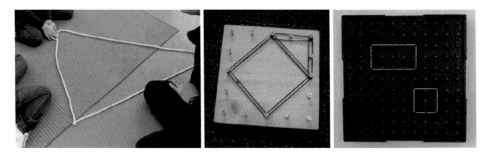

Abb. 5.16 Formen spannen

5.3.2.3   Kongruenz und Symmetrie

Objekte mit symmetrischen Eigenschaften sprechen unser ästhetisches Empfinden stärker an als asymmetrische. Wir sind umgeben von symmetrischen Figuren und Körpern: z. B. in der Natur (bei Menschen, Tieren, Blättern, Blüten) oder in der Architektur. Symmetrische Figuren werden schneller analysiert und gespeichert als asymmetrische (Franke 2007, S. 201). Die Ästhetik der Symmetrie wird auch schon von sehr jungen Kindern wahrgenommen, und man kann sie oft in ihren Bau- und Kunstwerken entdecken (Abb. 5.17). Meist wird von Kindern dabei die Achsensymmetrie oder Drehsymmetrie verwendet.

Eine Figur heißt *achsensymmetrisch*, wenn sie durch eine Geradenspiegelung auf sich selbst abgebildet werden kann. Von der Gerade, der Symmetrieachse, stimmt jede Entfernung eines beliebigen Punktes der Figur mit der entsprechenden Entfernung des Bildpunktes überein.

Bei einer achsensymmetrischen Figur kann man also einen Spiegel so an die Hälfte der Figur – an die Symmetrieachse – stellen, dass ihr Spiegelbild und die andere Hälfte zur Deckung kommen. Dies ist bei allen drei Figuren in Abb. 5.17 der Fall.

Eine *drehsymmetrische* Figur kommt nach einer Drehung mit einem Winkel zwischen 0° und 360° mit sich selbst zur Deckung (Abb. 5.17, rechts). Eine Verschiebungssymmetrie liegt vor, wenn sich in einem Bandornament ein Grundmuster periodisch oder in einem Parkett flächig wiederholt wird (Abb. 5.15, Mitte).

Abb. 5.17 Kinder erstellen symmetrische Figuren

Schipper (2009, S. 266) beschreibt allgemein eine ebene symmetrische Figur wie folgt: „Eine ebene Figur ist genau dann symmetrisch, wenn sie sich durch eine von der Identität unterschiedliche Kongruenzabbildung auf sich selber abbilden lässt.".

Kongruenzabbildungen in der Ebene sind: Achsenspiegelung, Drehung, Punktspiegelung (als Spezialfall der Drehung), Verschiebung, Schubspiegelung. Alle Kongruenzabbildungen können auf Achsenspiegelungen zurückgeführt werden. Eine *Drehung* ist eine Verkettung von zwei Spiegelungen an sich schneidenden Achsen. Eine *Punktspiegelung* ist eine Verkettung von zwei Spiegelungen an sich senkrecht schneidenden Achsen. Eine *Verschiebung* ist eine Verkettung von zwei Spiegelungen an zueinander parallelen Achsen, und eine *Schubspiegelung* ist eine Verkettung einer Verschiebung mit einer Achsenspiegelung. Ein Quadrat wird beispielsweise durch Spiegelung an den Mittelsenkrechten der Seiten oder an den Diagonalen auf sich selbst abgebildet. Ebenso wird es durch Drehungen um 90°, 180° oder 270° auf sich selbst abgebildet.

Bei verschiedenen Aktivitäten im Elementarbereich können Kinder erste Erfahrungen mit Symmetrie machen. Bei Klecksbildern können sie anhand der Faltlinie die Spiegelachse der Achsensymmetrie entdecken. Mit Kindern kann gemeinsam über verschiedene Aspekte reflektiert werden: *An welcher Stelle ist das Papier gefaltet worden? Hat sich die Farbe überall abgedrückt? Gibt es fehlende Stellen?* (vgl. Schipper 2009, S. 267). Durch Zerschneiden der Klecksbilder entlang der Faltlinie kann ein Klecksbilder-Memory hergestellt werden.

Auch wenn sich Kinder selbst im Spiegel, in einer Pfütze oder z. B. einem Löffel betrachten, können sie verschiedene Eigenschaften der Achsensymmetrie entdecken. Entfernen sie sich vom Spiegel, entfernt sich auch ihr Spiegelbild. Alle Bewegungen können zudem spiegelbildlich nachverfolgt werden.

Das Papierfalten bietet neben zahlreichen Erkenntnissen über Formen auch Erfahrungen zur Symmetrie. Faltet man ein Quadrat von einer Seite zur anderen Seite, entsteht ein Rechteck, und die Spiegelachse geht von der Mitte einer Seite zur anderen Seitenmitte. Beide gefalteten Teile liegen genau aufeinander; sie sind also deckungsgleich. Die Faltlinie stellt hier die Spiegelachse dar, an der das Quadrat auf sich selbst abgebildet wird. Faltet man von Ecke zu Ecke, entsteht ein Dreieck und als Faltlinie bzw. Spiegelachse eine Diagonale. Wichtig beim Falten ist die sprachliche Begleitung des Tuns. Begriffe wie Ecke, Seite, Faltlinie, Mittellinie, innen/außen, rechts/links, oben/unten, benachbart/gegenüberliegend unterstützen die Verständigung über Faltvorgänge und Faltergebnisse bzw. Faltprodukte.

Beim Papierfalten können auch erste Zerlegungen und Zusammensetzungen von Figuren entdeckt werden, z. B. dass ein Quadrat aus zwei Dreiecken bzw. vier Dreiecken oder aus zwei Rechtecken bzw. vier Quadraten besteht.

5.3.2.4 Zerlegen und Zusammensetzen von zwei- und dreidimensionalen Figuren

Wie in den Ausführungen in den vorherigen Abschnitten deutlich wurde, sammeln Kinder beim Legen und Bauen mit zwei- und dreidimensionalen Formen sowie bei Aktivitäten zu Kongruenz und Symmetrie (z. B. beim Papierfalten) Erfahrungen mit dem Zerlegen und Zusammensetzen von Figuren. So können verschiedene Zerlegungen eines Quadrats (s. den Abschnitt „Kongruenz und Symmetrie") oder eines Sechsecks deutlich werden (s. den Abschnitt „Zweidimensionale Formen erkennen"). Werden die Erfahrungen hierbei von der Erzieherin/dem Erzieher sprachlich angemessen begleitet, werden Kindern ihre Beobachtungen und Erfahrungen bewusst und leichter reflektierbar. Weiterführende Reflexionen können sich durch Dokumentationen wie beispielsweise Zeichnungen oder das Ausschneiden und Aufkleben von Formen ergeben. Weitere Möglichkeiten ergeben sich beim Einsatz von Formenpuzzles. Dabei sehen die Kinder nur den Umriss einer Figur und sollen diese mit gegebenen Teilen verschiedener oder gleicher Form auslegen. Derartige, durchaus kindgemäße Aktivitäten dienen der Förderung der Vorstellungsfähigkeit (*visualization*).

Auf die besondere Bedeutung des Bewusstmachens und der intellektuellen Verarbeitung von Handlungserfahrungen verweist Wollring (2006). Er entwickelt geometrische „Spielräume" für geometrisches Lernen im Übergang vom Kindergarten zur Grundschule. Grundlegend ist das Paradigma, dass Mathematik in erster Linie im Kopf entsteht. Das Handeln mit Material ist lediglich eine Voraussetzung, aber nicht hinreichend für die Ausbildung von Begriffen. Entscheidend für den Lernprozess ist die Reflexion der Handlungserfahrungen.

Mit der von Wollring (2001) für die Grundschule vorgeschlagenen Lernumgebung „Tangram-Zauberer" lassen sich aufgrund ihres spielerischen und handlungsorientierten Ansatzes auch bereits im Vorschulalter Erfahrungen mit verschiedenen geometrischen Formen sowie mit den mathematischen Konzepten der *Kongruenz* und der *Ähnlichkeit* anbahnen.

Die *Kongruenz* ebener Figuren ist definiert über Bewegungen. Zwei ebene Figuren sind kongruent, d. h. deckungsgleich, wenn sie durch eine Kongruenzabbildung (Bewegung) ineinander überführt werden können. Als *Kongruenzabbildungen* bzw. Bewegungen stehen dabei die Parallelverschiebung, die Drehung und die Spiegelung sowie Verknüpfungen aus diesen Abbildungen – wie beispielsweise die Hintereinanderausführung einer Drehung und einer Parallelverschiebung – zur Verfügung. Die Kongruenz zweier Figuren würde also beispielsweise anschaulich bedeuten, dass eine Figur durch Drehen und Verschieben so auf die andere Figur gelegt werden kann, dass sich diese exakt überdecken, dass sie also deckungsgleich sind.

Die *Ähnlichkeit* ebener Figuren wird definiert über zentrische Streckungen oder deren Komposition mit Bewegungen. Zwei ebene Figuren heißen ähnlich, wenn sie durch Ähnlichkeitsabbildungen ineinander überführt werden können. Als *Ähnlichkeitsabbildungen* stehen zentrische Streckungen zur Verfügung, die ggf. mit Kongruenzabbildungen kombiniert werden können (vgl. Wollring 2001, S. 307).

Die von Wollring konzipierte Lern- und Spielumgebung „Tangram-Zauberer" geht zurück auf das Bilderbuch *The Tangram Magician* (Campbell Ernst und Ernst 2005; s. auch den Abschnitt „Bilderbücher und Spiele zum Thema" am Ende dieses Kapitels). Der Protagonist in diesem Buch ist der Tangram-Zauberer, der sich träumend in verschiedene Gestalten verwandelt, z. B. in einen Vogel, einen Schwan, ein Kamel, einen Hasen, ein Schiff oder ein Haus. Dem Bilderbuch liegt ein Tangram bei, mit dem die in der Geschichte vorkommenden Gestalten ausgelegt werden können. Dabei unterstützt die Sichtbarkeit der einzelnen Tangram-Teile das Auslegen.

Abb. 5.18 Die sieben Formen des klassischen chinesischen Tangrams (links) und die neun Formen des sog. D-Tangrams (rechts), bei dem Quadrat und Parallelogramm in zwei kongruente Dreiecke zerlegt werden

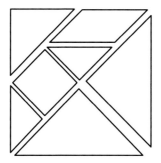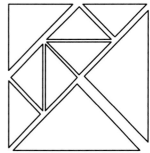

Die Lernumgebung von Wollring nimmt diese Idee auf. Zur Einführung wird kurz die Geschichte vom Tangram-Zauberer erzählt, der sich in verschiedene Wesen verwandelt, die die Kinder mit den Tangram-Formen legen sollen. Grundlage sind selbstgefaltete Tangram-Teile, die entweder im Vorfeld von Erzieherinnen/Erziehern und Eltern hergestellt oder gemeinsam mit den Kindern gefaltet werden. Grundlage ist das vielfach bekannte Tangram, ein traditionelles aus China stammendes Legespiel., das aus einem in sieben Teile zerlegten Quadrat besteht (Abb. 5.18, links). Das Tangram umfasst zwei große, ein mittleres und zwei kleinere gleichschenklig rechtwinklige Dreiecke, die in absteigender Reihenfolge jeweils den halben Flächeninhalt aufweisen, außerdem ein Parallelogramm und ein Quadrat, beide flächengleich mit dem mittleren Dreieck. Alle Dreiecke sind zueinander ähnlich. Beim Legen stellt das Parallelogramm eine besondere Schwierigkeit dar, da sich ein gespiegeltes – im Falle des Legespiels „umgedrehtes" – Parallelogramm nicht durch Verschieben und Drehen auf das Urbild zurückbewegen lässt. Wollring (2001) nutzt daher für die von ihm vorgeschlagene Lern- und Spielumgebung zum „Tangram-Zauberer" sog. D-Tangrams, die nur aus Dreiecken bestehen. Dabei werden das Quadrat und das Parallelogramm in zwei Dreiecke zerlegt, sodass ein vollständiger Tangram-Satz aus zwei großen, einem mittleren und sechs kleinen Dreiecken besteht (Abb. 5.18, rechts). Das D-Tangram besteht nur aus symmetrischen, zueinander ähnlichen Dreiecken und unterstützt daher das Legen symmetrischer und ähnlicher Figuren (Wollring 2001).

Neben der Nutzung eines solchen Tangrams aus Holz oder Moosgummi (wie in der kanadischen Originalversion) ist auch die Herstellung eines Tangrams aus farbigem Papier sinnvoll. Wollring (2001) beschreibt, wie ein solches nur aus ähnlichen Dreiecken bestehendes Tangram aus einem einzigen, geeignet zerlegten DIN-Papierbogen gefaltet werden kann. So können aus einem DIN-A3- oder DIN-A4-Bogen schnell und kostengünstig Tangram-Sätze in den passenden Größen und Mengen hergestellt werden, die es erlauben, dass die Kinder die von ihnen erfundenen Figuren aufkleben und sie so bewahren können. Dazu wird ein DIN-A4-Papierbogen so zerlegt, dass die beiden großen Dreiecke aus zwei Teilen im Format DIN A6, das mittlere aus einem Teil im Format DIN A7 und die sechs kleinen Dreiecke aus Teilen im Format DIN A8 gefaltet werden können (Abb. 5.19).

Abb. 5.19 Zerlegung eines
DIN-Bogens in Rechtecke

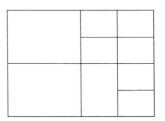

Hier lässt sich ausnutzen, dass der Faktor, mit dem sich die Dreiecke verkleinern, identisch ist zu dem Faktor, mit dem sich die Größen aufeinander folgender DIN-Papierformate
verkleinern (Wollring 2001). Aus den verschieden großen Rechtecken lässt sich dann mithilfe der in Abb. 5.20 dargestellten Faltanleitung jeweils ein Tangram-Dreieck falten, das
sich durch seine Eigenschaften als „Papierkissen" auch sehr gut zum Legen eignet. Das
Falten der Tangram-Teile gelingt i. d. R. bereits Kindern im Grundschulalter. Jüngeren Kindern sollten sie jedoch bereitgestellt werden.

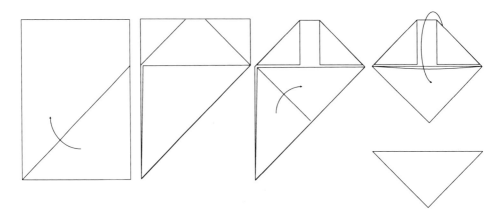

Abb. 5.20 Faltanleitung für das Dreieck im D-Tangram

Auch bei Verwendung des englischsprachigen Original-Bilderbuchs[11] im Kindergarten
bietet es sich an, Szenen der Geschichte nachzulegen. Darüber hinaus können die Kinder
jedoch auch ermuntert werden, selbst eine Geschichte zu erfinden und diese durch das
Legen von Tangram-Figuren zu illustrieren. Umgekehrt ist es auch möglich, zunächst im
freien Legen Figuren aus den Tangram-Teilen zu erfinden und dazu anschließend eine Geschichte zu erzählen. Der Vorteil der Nutzung des selbstgefalteten Tangrams liegt darin,
dass die erfundenen Tangram-Figuren aufgeklebt und so eigene Bücher hergestellt werden
können. Darüber hinaus können durch Umfahren der Teile mit einem Stift die Umrisse
gezeichnet werden. Wird nur der Umriss der Gesamtfigur gezeichnet, entsteht ein „Rätsel-

---

[11] Beispielsweise beim Einsatz in zweisprachig arbeitenden Einrichtungen oder indem die Erziehe-
rin/der Erzieher die kurzen Geschichten ins Deutsche übersetzt

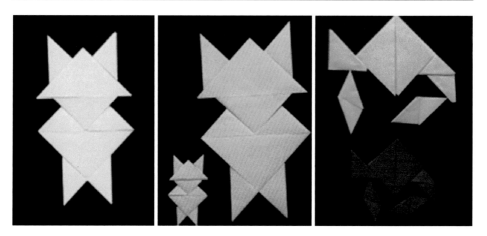

Abb. 5.21 Verwandlungen des Tangram-Zauberers

bogen" bzw. ein Rätselbuch, das der Originalvorlage ähnelt. Die Darstellung der Umrisse der einzelnen Tangram-Teile ergibt einen „Lösungsbogen".

Mithilfe mehrerer Tangrams ist das Legen von kongruenten Figuren möglich. Wollring (2001) beschreibt, dass Kinder vorwiegend parallel verschobene Serien (d. h. mehrere gleiche Figuren neben- oder übereinander) von kongruenten Figuren herstellen, darüber hinaus jedoch auch gespiegelte. Diese werden beispielsweise in Geschichten, in denen ein Schwan einen anderen trifft, ausgedrückt. Substanzielle mathematische Aufgabenstellungen für ältere Kinder können darin bestehen, dass systematisch Aufgaben zur Kongruenz (z. B. „Der Zauberer sieht sich im Spiegel") und zur Ähnlichkeit (z. B. „Der Zauberer kann sich verkleinern und vergrößern") gestellt werden. Beim Legen von ähnlichen Figuren spielt das Zusammensetzen aus kongruenten und ähnlichen Teilfiguren eine Rolle. Die Beispiele in Abb. 5.21 stammen aus einem von Andrea Peter-Koop und Peter Sorger durchgeführten Projekt mit mathematisch begabten Grundschulkindern an der Universität Münster im Sommersemester 2001, welche die für eine Verkleinerung bzw. Vergrößerung benötigen Rechtecke bzw. Dreiecke in den verschiedenen Größen selbst hergestellt haben.

Wie Kinder durch Aktivitäten mit einem solchen Material in der Entwicklung ihres geometrischen Denkens unterstützt werden können, beschreibt auch van Hiele (1999). Anhand eines Mosaik-Puzzles, das deutliche Bezüge zum Tangram aufweist, stellt van Hiele dar, wie Kinder im Übergang von einer Niveaustufe des Van-Hiele-Modells (vgl. Abschn. 5.3.1) zur nächsten gefördert werden können. Diese Aktivitäten reichen vom offenen Spielen mit dem Material und dem kreativen Legen von Figuren über gezielte Anregungen wie das Zusammensetzen einer größeren Figur aus zwei kleineren oder das Auslegen von Umrissen bis hin zum Verkleinern und Vergrößern von Figuren. Dabei spielt die sprachliche Begleitung, das Gestalten von Lern- und Spielumgebungen, die die Aufmerksamkeit auf die geometrischen Eigenschaften der Formen lenken, und das Ermutigen der Kinder, ihre geometrischen Einsichten zum Lösen von Problemen zu nutzen, eine bedeutende Rolle. Zusammenfassend fordert van Hiele (1999, S. 316):

> Remember, geometry begins with play. Keep materials like the seven-piece mosaic handy. Play with them yourself. Reflect on what geometry topics they embody and how to sequence activities that develop children's levels of thinking about the topics.

5.4   Die diagnostische Perspektive

Viele diagnostische Instrumente für den Elementarbereich beziehen sich schwerpunktmäßig auf den Inhaltsbereich *Zahlen und Operationen*. Trotz der Bedeutung, die dem Bereich *Raum und Form* für die Entwicklung mathematischer Kompetenzen beigemessen wird, ist dieser Bereich vor allem in standardisierten Tests eher unterrepräsentiert.

Zur differenzierten Erfassung von Kompetenzen im Bereich *Raum und Form* stehen darüber hinaus das „Elementarmathematische Basisinterview (EMBI) Größen und Messen, Raum und Form" (Wollring et al. 2011) sowie der „GI-Schuleingangstest Geometrie" (Deutscher 2012b) zur Verfügung. Beide Verfahren sollen an dieser Stelle dargestellt werden.

Mithilfe des „EMBI Größen und Messen, Raum und Form" (Wollring et al. 2011) können Kompetenzen in diesem Bereich sehr differenziert erfasst werden. Es umfasst die beiden Inhaltsbereiche *Größen und Messen* (ausführlich s. Abschn. 6.4.2) sowie *Raum und Form* und ergänzt das „EMBI Zahlen und Operationen" (Peter-Koop et al. 2013; ausführlich s. Abschn. 4.5), sodass mit beiden Interviewteilen mit Ausnahme des Bereichs *Daten, Häufigkeit und Wahrscheinlichkeit* alle mathematischen Inhaltsbereiche der Bildungsstandards erfasst werden. Ein Teil zu geometrischen Mustern und Strukturen ist in den Teil zu *Raum und Form* integriert.

Das gesamte Interview basiert auf einem im Rahmen des australischen *Early Numeracy Research Project* (Clarke 2001; Clarke et al. 2002) entwickelten Interviewleitfadens für den Einsatz in den Klassenstufen 0 bis 2 (für Kinder im Alter von 5 bis 8 Jahren). Dem Interview liegt ein Modell von Ausprägungsgraden der Entwicklung mathematischen Denkens zugrunde. Diese Ausprägungsgrade basieren auf der Auswertung der psychologischen und der fachdidaktischen Literatur und beschreiben erreichte Meilensteine in der Entwicklung. Gleichzeitig geben sie Hinweise darauf, welche Meilensteine als nächstes erreicht werden sollten. Während die Interviewteile zu *Zahlen und Operationen* in der deutschen und australischen Fassung weitgehend kohärent sind, wurde der Teil zu *Raum und Form* in der deutschen Bearbeitung stärker an den länderübergreifenden Bildungsstandards in Deutschland orientiert. Damit hat die deutsche Bearbeitung einen stärker normativen Charakter als die auf empirischen Befunden basierenden Ausprägungsgrade im Bereich *Zahlen und Operationen*. Sie entsprechen keinen empirischen Kompetenzstufen, sondern beschreiben theoriebasiert, inwieweit die in den Bildungsstandards für die Jahrgangsstufe 4 geforderten Kompetenzen zum Zeitpunkt des Interviews bei jüngeren

Kindern angebahnt sind. Es lässt sich wie auch die anderen Interviewteile bereits im letzten Kindergartenjahr vor der Einschulung einsetzen.

Die Leistungen werden differenziert in einzelnen Teilbereichen erfasst. Jedem der Teilbereiche sind Ausprägungsgrade der Entwicklung des mathematischen Denkens in diesem Bereich zugeordnet. Die jeweils höchsten Ausprägungsgrade in jedem Teilbereich sind dabei nicht als Regelstandards für das Ende der Klassenstufe 2 anzusehen. Sie eignen sich vielmehr auch dafür, die Kompetenzentwicklung leistungsstärkerer Kinder zu erfassen. Festgelegte Abbruchkriterien sorgen im Verlauf des Interviews dafür, dass die Kinder nicht überfordert werden und dass sich der Interviewablauf an den Leistungsstand eines Kindes anpasst. Die ersten drei Teilbereiche greifen die Aspekte „Raum", „Form" und „geometrische Abbildungen" wieder auf.

G: Sich im Raum orientieren (2D- und 3D-Raum) In diesem Interviewteil bestehen die Anforderungen beispielsweise darin, verschiedenfarbige Bären nach Anweisung auf, unter sowie links und rechts neben eine Brücke zu stellen (Abb. 5.22, links). Weitere Anforderungen beziehen sich auf Bewegungen einer Figur auf einem Straßenplan (Abb. 5.22, rechts) sowie Zuordnungen von Bauwerken und seinen Seitenansichten bzw. das Nachbauen eines Bauwerks. Im diesem Teilbereich werden die in Tab. 5.1 dargestellten Ausprägungsgrade ausgewiesen.

Tab. 5.1 Ausprägungsgrade zu Teil G (Wollring et al. 2011 S. 59)

G:	Sich im Raum orientieren (2D- und 3-D-Raum)
0.	**Nicht ersichtlich,** ob das Kind einfache Lagebezeichnungen erkennt
1.	**Lagebeziehungen umsetzen** Das Kind setzt die Lagebeziehungen „oben", „unten", „links", „rechts", „vor" und „hinter" in räumlichen Anordnungen um und stellt damit Positionen von Objekten aus seiner Perspektive dar.
2.	**Räumliche Beziehungen erkennen und beschreiben** Das Kind nimmt einen mentalen Perspektivwechsel vor und gibt Bewegungsanweisungen unabhängig von seiner eigenen Person. Es kennt einfache Lagebeziehungen und ordnet einem einfachen Bauwerk die passenden Seitenansichten zu.
3.	**Räumliche Orientierung** Das Kind folgt mental einer komplexen Wegbeschreibung und rekonstruiert ein Bauwerk, indem es einen komplexen Bauplan liest.

H: Geometrische Figuren erkennen, benennen und darstellen Die Aufgabenstellungen in diesem Interviewteil umfassen beispielsweise das Finden und Beschreiben einer Sortierung für Körper und ebene Figuren nach geometrischen Gesichtspunkten (vgl. Abb. 5.23) sowie das Auslegen von ebenen Figuren mit Puzzleteilen.

Auf der Grundlage dieser Aufgabenstellungen werden die in Tab. 5.2 dargestellten Ausprägungsgrade zugewiesen.

Abb. 5.22 EMBI-Aufgabenitems aus Teil G: Sich im Raum orientieren

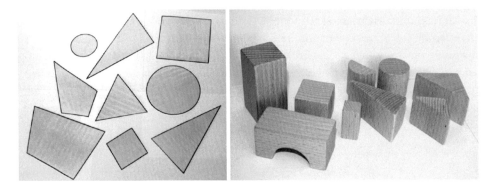

Abb. 5.23 EMBI-Aufgabenitems aus Teil H: Geometrische Figuren erkennen, benennen und darstellen

J: Geometrische Abbildungen erkennen, benennen und darstellen Dieser Teilbereich thematisiert verschiedene geometrische Abbildungen wie Drehungen, Verschiebungen und Geradenspiegelungen sowie das Verkleinern und Vergrößern von Figuren. Mithilfe von Handlungen an einem Geobrett (s. oben den Abschnitt „Zweidimensionale Formen erkennen") soll beispielsweise eine Verschiebung eines Dreiecks erkannt und dargestellt, ein Quadrat verkleinert oder vergrößert oder eine Figur gespiegelt werden. Darüber hinaus sollen Symmetrieachsen in ebenen Figuren erkannt und ggf. das Nichtvorhandensein von Symmetrieachsen begründet werden. Auf der Grundlage der Performanz der Kinder wird schließlich auf die in Tab. 5.3 dargestellten Ausprägungsgrade geschlossen.

Ein weiterer Teilbereich greift mit Flächen- und Rauminhalten einen Aspekt auf, der sich auf der Schnittfläche vor allem zwischen den Bereichen *Raum und Form* und *Größen und Messen* befindet:

K: Flächen- und Rauminhalte vergleichen und messen Vor allem in der angloamerikanischen Fachliteratur werden diese Bereiche häufig unter der Überschrift *geometric measurement* gefasst, weil das Messen als Brücke zwischen den Bereichen Geometrie und Arithmetik gesehen wird (vgl. auch Abschn. 6.2). In Tab. 5.4 sind die diesbezüglichen Ausprägungsgrade dargestellt.

Tab. 5.2 Ausprägungsgrade zum Teil H (Wollring et al. 2011, S. 59)

H:	Geometrische Figuren erkennen, benennen und darstellen
0.	**Nicht ersichtlich,** ob das Kind in der Lage ist, geometrische Figuren zu unterscheiden.
1.	**Geometrische Figuren sortieren** Das Kind erkennt einige einfache Formen und Körper und sortiert diese nach geometrischen Gesichtspunkten, ohne Bezeichnungen oder spezielle Eigenschaften zu kennen.
2.	**Geometrische Figuren benennen** Das Kind benennt Namen und Eigenschaften zu einzelnen einfachen Formen und Körpern mit Bezug auf bereits vorhandene Formen und Körper (etwa Anzahl der Ecken oder Gestalt der Flächen).
3.	**Geometrische Figuren zerlegen und zusammenfügen** Das Kind kennt einfache Formen und wählt aus gegebenen Formenteilen einzelne aus, um damit eine Fläche auszulegen oder zusammenzusetzen.
4.	**Passen** Das Kind kennt einfach Formen und Körper, trifft zunächst mental eine Auswahl aus gegebenen Flächenstücken und legt dann damit eine gegebene Fläche aus oder setzt eine Fläche zusammen.

Tab. 5.3 Ausprägungsgrade zum Teil J: Einfache geometrische Abbildungen (Wollring et al. 2011, S. 59 f.)

J:	Einfache geometrische Abbildungen erkennen, benennen und darstellen
0.	**Nicht ersichtlich,** ob das Kind einfache geometrische Abbildungen in Handlungen oder Worten darstellen kann.
1.	**Abbildung erkennen** Das Kind erkennt und beschreibt eine Drehung als Beziehung zwischen gegebenen Figuren.
2.	**Abbildungen darstellen** Das Kind erkennt einfache geometrische Abbildungen und stellt diese an gegebenem Material handelnd dar.
3.	**Abbildungen identifizieren und erläutern** Das Kind identifiziert Achsensymmetrie in ebenen symmetrischen Figuren, stellt zu Figuren Spiegelfiguren her und erläutert Abbildungen.
4.	**Abbildungen und Symmetrieachsen begründen** Das Kind kennt einfache geometrische Abbildungen, identifiziert alle möglichen Symmetrieachsen und begründet gegebenenfalls das Nichtvorhandensein von Symmetrieachsen in ebenen Figuren.
5.	**Abbildungen visualisieren (mentale Aktivität)** Das Kind ist sicher im Umgang mit geometrischen Abbildungen, stellt sich Drehungen, Verschiebungen und Spiegelungen von Formen vor und bewegt ebene Formen mental.

Schließlich folgt ein weiterer Interviewteil zum Teilbereich *Geometrische Muster und Strukturen*, der sich im Schnittfeld der Bereiche *Raum und Form* und *Muster und Strukturen* (vgl. auch Abschn. 8.2 und 8.4) befindet.

Tab. 5.4 Ausprägungsgrade zum Teil K: Flächen- und Rauminhalte (Wollring et al. 2011, S. 60)

K:	Flächen- und Rauminhalte vergleichen und messen
0.	**Nicht ersichtlich,** ob das Kind in der Lage ist, geometrische Formen und Körper direkt oder indirekt zu vergleichen.
1.	**Vergleichen** Das Kind ordnet mindestens zwei geometrischen Formen die passenden Hälften zu, sortiert Flächen nach ihrem Flächeninhalt, ermittelt dies durch Anlegen, Umlegen oder Aufeinanderlegen und verwendet dabei die Begriffe „größer" und „kleiner" passend.
2.	**Messen mit gegebener Vergleichsgröße** Das Kind bestimmt den Flächeninhalt von Flächen im indirekten Vergleich durch Verwenden einer gegebenen Vergleichsgröße.
3.	**Messen mit eigener Vergleichsgröße** Das Kind bestimmt den Umfang und den Flächeninhalt durch indirekten Vergleich, indem es eine eigene Vergleichsgröße wählt und richtig verwendet.
4.	**Übertragen und Anwenden** Das Kind besitzt eine hohe Vorstellungskraft, verbunden mit Kenntnissen über Eigenschaften von Formen und Körpern, und nutzt diese zum Messen und Vergleichen komplexer Formen und Körper.

Tab. 5.5 Ausprägungsgrade zum Teil L: Geometrische Muster und Strukturen (Wollring et al. 2011, S. 60)

L:	Geometrische Muster und Strukturen: Gesetzmäßigkeiten erkennen, benennen und darstellen
0.	**Nicht ersichtlich,** ob das Kind fähig ist, geometrische Muster zu erkennen.
1.	**Muster fort- und zusammensetzen** Das Kind erkennt ein „einfaches" Muster und setzt es passend fort.
2.	**Muster überprüfen** Das Kind erkennt Regelmäßigkeit im Aufbau eines flächigen Musters und identifiziert Unregelmäßigkeiten.
3.	**Fortsetzen und verorten** Das Kind erkennt Regelmäßigkeit im Aufbau eines flächigen Muster, identifiziert Ausschnitte aus dem Muster und erkennt Teile, die nicht in das Muster passen.

L: Gesetzmäßigkeiten in Mustern erkennen, beschreiben und darstellen Die dazu gehörigen Ausprägungsgrade (vgl. Tab. 5.5) greifen Anforderungen auf, die in Kap. 8 ausführlicher thematisiert werden.

Das EMBI wird in einer Eins-zu-Eins-Interviewsituation durchgeführt. Diese Situation ermöglicht es, dass Kinder sowohl über verbale Äußerungen als auch über Handlungen mit unterstützenden Materialien Einblicke in ihr mathematisches Denken geben können. Gerade im Bereich *Raum und Form* bietet das Handeln am Material die Gelegenheit, Bereiche zu erschließen, die insbesondere von jüngeren Kindern noch nicht leicht zu verbalisieren sind. Gleichzeitig ist ein solches Verfahren jedoch mit einem gewissen Zeitaufwand verbunden.

Bei der Entwicklung des „mathe 2000-Geometrietests" (Waldow und Wittmann 2001) wurden daher zunächst die Einschränkungen, denen ein Paper-Pencil-Test unterliegt, bewusst in Kauf genommen, da ein solcher Test sehr ökonomisch in einer größeren Gruppe eingesetzt werden kann. Als Antwortformate werden hier vor allem das Verbinden von Figuren, das Einkreisen und Einfärben sowie das Zeichnen genutzt. Der darauf basierende „Grundideen-Eingangstest" (Deutscher 2012b) wird jedoch ebenfalls in Form von klinischen Einzelinterviews durchgeführt. Das Ziel dieses Tests ist die Erfassung geometrischer Vorkenntnisse bei Schulanfängerinnen und Schulanfängern.

Der „GI-Eingangstest Geometrie" ist explizit auf die sieben Grundideen der Elementargeometrie nach Wittmann (1999; Wittmann und Müller 2012) bezogen und damit stark im Fach verankert.

Grundidee 1: Geometrische Formen und ihre Konstruktion Diese Grundidee umfasst die Konstruktion und Definition geometrischer Formen sowie ihrer Eigenschaften. Im „mathe 2000-Geometrietest" wird diese Grundidee durch die Aufgabenformate „Stempel", „Ähnliche Dreiecke" und „Ähnliche Rechtecke" umgesetzt. Auf dem Testblatt der Aufgabe „Stempel" sind sechs verschiedene geometrische Formen sowie zehn Stempel abgebildet. Die Kinder sollen jede Form mit dem Stempel verbinden, mit dem sie gedruckt worden sein könnte. Bei den Aufgaben „Ähnliche Dreiecke" und „Ähnliche Rechtecke" sind ein großes gleichseitiges Dreieck bzw. ein großes Rechteck vorgegeben. Die Kinder sollen auf ihrem Aufgabenblatt schließlich alle Dreiecke bzw. Rechtecke einkreisen, die den vorgegebenen Figuren ähnlich sind, bei den Dreiecken also beispielsweise alle gleichseitigen Dreiecke.

Der als Einzelinterview durchgeführte „GI-Eingangstest Geometrie" umfasst neben der Aufgabe „Stempel" eine Aufgabe zum genauen Abzeichnen von Mustern.

Grundidee 2: Operieren mit Formen Diese Grundidee umfasst verschiedene Operationen mit geometrischen Formen wie z. B. das Bewegen (Verschieben, Drehen, Spiegeln, …) das Verkleinern und Vergrößern, das Zerlegen und Zusammensetzen und wird in drei verschiedenen Aufgaben erfasst. Die Aufgabe „Tangram" zeigt die sieben Tangram-Formen sowie eine aus den sieben Teilen zusammengesetzte Figur. Die Tangram-Formen sollen den Formen in der abgebildeten Figur zugeordnet werden. In der Aufgabe „Haus" soll ein vorgegebenes Haus möglichst genau abgezeichnet werden. Die Aufgabe „Spiegelbilder" zeigt halbe Männchen, die sich in ihren Einzelteilen geometrisch voneinander unterscheiden. Jeweils zwei halbe Männchen sollen so miteinander verbunden werden, dass sie zusammen ein symmetrisches Männchen bilden.

Neben dieser Aufgabe zur Symmetrie wird die Grundidee „Operieren mit Formen" im „GI-Eingangstest Geometrie" durch eine Aufgabe zum Finden von ähnlichen Dreiecken und zum Verkleinern und Vergrößern operationalisiert.

Grundidee 3: Koordinaten Koordinatensysteme dienen der Lagebeschreibung von Punkten auf Linien, Flächen und im Raum. Sie bilden im weiterführenden Mathematikunterricht die Grundlage für die analytische Geometrie und die grafische Darstellung von Funktionen. Diese Grundidee wird im „mathe 2000-Geometrietest" durch die Aufgabe „Koordinaten" erfasst, bei der zwei wie ein Schachbrett bezeichnete 8 × 8-Koordinatengitter dargestellt sind, bei dem jeweils ein Feld eingefärbt ist. Die Muster in diesen Rastern sollen in die daneben stehenden leeren Raster übertragen werden. Diese Anforderung wird in ähnlicher Form auch im Einzelinterview eingesetzt.

Grundidee 4: Maße Längen, Flächen, Rauminhalte und Winkel lassen sich mithilfe von Maßeinheiten messen. Diese Grundidee wird durch zwei Aufgaben erfasst. In der Aufgabe „Bohrer" sind fünf Bohrer neben einem Kasten abgebildet. Die Kinder sollen die Bohrer entsprechend ihrer Größe einordnen. Bei der Aufgabe „Messen" kommt mit einem Lineal ein standardisiertes Messinstrument zum Einsatz. Die Kinder sollen in dieser Aufgabe mit einem Lineal die Länge einer Rechteckseite bestimmen. Im Einzelinterview wird neben einer Aufgabe, die den Anforderungen der Aufgabe „Bohrer" entspricht, jeweils eine Aufgabe zum Vergleichen von Längen und von Flächeninhalten eingesetzt.

Grundidee 5: Geometrische Gesetzmäßigkeiten und Muster Geometrische Formen können in vielfältiger Weise in Beziehung gesetzt werden. Dabei entstehen Gesetzmäßigkeiten und Muster, deren Zusammenhänge schließlich in geometrischen Theorien systematisch entwickelt werden. Im „mathe 2000-Geometrietest" werden zu dieser Grundidee verschiedene „Muster"-Aufgaben entwickelt, bei denen es um das Fortsetzen bzw. Kopieren von geometrischen Mustern geht. Gegenüber der Paper-Pencil-Variante wurden die Anforderungen im „GI-Eingangstest Geometrie" leicht verändert. Hier wird jedoch ebenfalls das Ergänzen von vorgegebenen geometrischen Mustern gefordert.

Grundidee 6: Formen in der Umwelt Reale Gegenstände in der Umwelt können durch geometrische Begriffe angenähert beschrieben werden. In der Aufgabe „Formen in der Umwelt" werden den Kindern eine gelbe Kugel, ein blauer Zylinder und ein roter Quader präsentiert. Diese Gegenstände sollen die Kinder schließlich in einem Bild finden und entsprechend einfärben. Diese Aufgabenstellung wird ebenfalls im Einzelinterview eingesetzt.

Grundidee 7: Übersetzung in die Sprache der Geometrie/Kleine Sachsituationen Sachsituationen lassen sich mithilfe geometrischer Begriffe in die Sprache der Geometrie übersetzen und mithilfe geometrischer Verfahren bearbeiten. Die Aufgabe „Sitzplan" zeigt eine Klassensituation sowie einen schematischen Sitzplan dieser Klasse. Die Kinder sollen in der abgebildeten Klassensituation einen freien Stuhl finden und auf dem Sitzplan den Namen des Kindes einkreisen, das fehlt. Der Aufgabenblock „Kleine Sachsituationen" im Einzelinterview umfasst darüber hinaus eine Aufgabe zum Zuordnen von Seitenansichten einer Situation sowie die Anforderung, eine Situation aus einer veränderten Perspektive einzuschätzen (*Was denkst du: Kann das Mädchen den Wetterhahn sehen?*).

Waldow und Wittmann (2001) setzen diesen Test in einer Stichprobe mit 83 Kindern ein. Jede richtig gelöste Aufgabe wird mit 2 Punkten bewertet, eine teilweise richtige Lösung mit 1 Punkt. Bei den 16 Aufgaben im Test können also maximal 32 Punkte erreicht werden. Die Stichprobe der 83 Schulanfängerinnen und Schulanfänger erreicht einen Mittelwert von 16 Punkten bei einer Standardabweichung von 5,10 Punkten. Am besten werden die Aufgaben „Bohrer", „Formen in der Umwelt" und eine der „Muster"-Aufgaben gelöst. Diese werden von 70 bis 80 % der Kinder richtig bearbeitet. Die Aufgaben „Spiegelbilder", „Tangram" und „Koordinaten" werden von 50 bis 65 % der Kinder richtig gelöst. Schwieriger sind die Aufgaben „Ähnliche Dreiecke" und „Ähnliche Rechtecke", die nur 20 bis 30 % richtig lösen. Mit nur 8 % richtigen Lösungen ist die Aufgabe „Sitzplan" die schwierigste Aufgabe. Bei den Aufgaben „Stempel", „Haus" und weiteren „Muster"-Aufgaben kam immerhin über die Hälfte der untersuchten Kinder zu einer teilweise richtigen Lösung.

Wittmann und Waldow schlussfolgern, dass die Vorkenntnisse von Schulanfängerinnen und Schulanfängern mit Ausnahme der Begriffe „Ähnlichkeit" und „Plan" gute Voraussetzungen für einen breit über die Grundideen der Elementargeometrie hinweg angelegten Geometrieunterricht bieten (vgl. Waldow und Wittmann 2001, S. 260).

In einer weiteren Studie in Schweizer Kindergärten (Moser Opitz et al. 2008) wurde zur Erfassung des räumlichen bzw. geometrischen Denkens von 89 Kindern im Alter von 4 bis 7 Jahren ebenfalls Aufgaben aus dem „mathe 2000-Geometrietest" eingesetzt. Die Bewertung der Lösungen erfolgte jedoch nach einem anderen Schema, sodass die Ergebnisse nur bedingt mit den Ergebnissen von Waldow und Wittmann (2001) zu vergleichen sind. Beim Vergleich zweier Altersgruppen zeigen sich für den Gesamttest signifikant höhere Leistungen der 6- bis 7-Jährigen gegenüber den 4- bis 5-Jährigen. Am besten gelöst wurden die Aufgaben „Tangram", „Stempel" und „Ähnliche Dreiecke" sowie „Ähnliche Rechtecke". Bei diesen Aufgaben ergaben sich zwischen den Altersgruppen keine signifikanten Unterschiede. Wie in der Studie von Waldow und Wittmann (2001) war auch in der Untersuchung von Moser Opitz et al. (2008) die Aufgabe „Sitzplan" am schwierigsten. Hier ergaben sich ebenfalls keine signifikanten Unterschiede in Bezug auf das Alter.

Für den „GI-Eingangstest Geometrie" (Deutscher 2012b) liegt neben der etwa 30 Minuten umfassenden Langversion des Tests auch eine Kurzversion vor, die etwa 10 Minuten in Anspruch nimmt und sich auf besonders elementare Fähigkeiten der Kinder zu ausgewählten Grundideen bezieht. Ebenso wie beim „EMBI Größen und Messen, Raum und Form" werden die Lösungen der Kinder während der Durchführung dokumentiert. Als Vergleichswerte dienen die Ergebnisse einer Studie von Deutscher (2012a) mit 108 Schulanfängerinnen und Schulanfängern.

5.5 Ausblick auf den Mathematikunterricht

Im Mathematikunterricht der Grundschule ist zwar immer noch eine Dominanz der Arithmetik festzustellen (vgl. Schipper 2009, S. 248). Trotz allem nimmt der geometrische Bereich in allen bildungspolitischen Dokumenten und Schulbüchern einen bedeutenden Anteil ein. Dabei soll nicht das isolierte Lernen von Begriffen im Vordergrund stehen, sondern „das Lernen des Geometrisierens, das Lernen von Verfahren, von Einstellungen und Haltungen und der Aufbau von Interessen" (Schipper 2009, S. 256). Dabei seien Methoden oft wichtiger als die Inhalte. Selbstständiges Handeln, miteinander Reden und gemeinsames Reflektieren über die durchgeführten Handlungen sollten im Mittelpunkt stehen. Auch im Primarbereich sollen geometrische Lernprozesse so gestaltet werden, dass an alltagsnahe Erfahrungen angeknüpft wird und so auf der Basis konkreter Aktivitäten allmählich mentale, abstrakte Vorstellungen weiterentwickelt werden können. Wollring nimmt diese Forderung in seiner Beschreibung der Ziele und Gestaltung des Geometrieunterrichts auf und beschreibt dies treffend: „Worum geht es in der Geometrie in der Grundschule? Punkt 3 der Bildungsstandards zu „Raum und Form" beschreibt das ganze Programm: Es geht darum, sich mit Formen auseinanderzusetzen, sie einander zuzuordnen und sie zu verändern und das so, dass diese Prozesse sich nach und nach von der materiellen Handlung lösen und im Sinne Piagets verinnerlicht werden. Es geht darum vom materiellen Operieren mit Formen zum mentalen Operieren zu kommen und auf diese Weise Raumvorstellung und Formvorstellungen zu entwickeln" (Wollring 2011, S. 11).

5.6   Fazit

Zusammenfassend lässt sich festhalten, dass der Aus- und Aufbau von Kompetenzen im Bereich *Raum und Form* im Elementarbereich häufig zu kurz kommt – wohl auch deshalb, weil frühe Mathematik in erster Linie mit Zahlen, Zählprozessen und Mengen verbunden wird. Gleichwohl machen Kindergartenkinder in ihrem Alltag und Spiel vielfältige Erkundungen und Entdeckungen zu zwei- und dreidimensionalen Formen, aber auch in Bezug auf das Raumerleben. Hier gilt es anzusetzen und Kindern im Elementarbereich vielfältige Möglichkeiten für geometrische Erfahrungen zu eröffnen. Durch Handlungserfahrungen im Umgang mit Legespielen und Faltaktivitäten sowie beim Verstecken werden kind- und altersgemäß Fertigkeiten und Wissen zu Raum und Form angebahnt und vertieft. Die Aufgabe der Erzieherin bzw. des Erziehers besteht darin, solche Spiel- und Alltagssituationen bewusst zu inszenieren, indem die Kinder eingeladen werden, bei einem bestimmten Spiel mitzuspielen oder in Vorbereitung auf das Weihnachtsfest für die Dekoration der Fenster im Gruppenraum beim Falten von Papiersternen mitzuwirken. Sie sollten aber zugleich auch das von den Kindern selbst gestaltete Spiel und die Auswahl der von ihnen gewählten Spiele aufmerksam verfolgen und die Kinder bei ihren Aktivitäten intensiv beobachten, um sie bei der Bewusstmachung ihrer Erfahrungen unterstützen zu können. Dies geschieht, indem die Aktivitäten der Kinder und diesbezügliche Ergebnisse und Schwierigkeiten sprachlich gefasst werden. So vermitteln sie Kindern zunehmend ein geeignetes Vokabular zur Kommunikation und Reflexion ihrer Erfahrungen und Erkenntnisse inklusive entsprechender Begrifflichkeiten zur Beschreibung von Figuren anhand ihrer Formen sowie von Raum-Lage-Beziehungen.

Fragen zum Reflektieren und Weiterdenken

1. Welche kindlichen Alltagsaktivitäten zu Hause oder im Kindergarten erfordern und fördern Wissen und Fähigkeiten in Bezug auf Raum und Form?
2. Welche Begriffe bilden den Grundwortschatz für die Kommunikation über Erfahrungen und Entdeckungen in Bezug auf diesen Inhaltsbereich? Welche Begriffe sollten Kindergartenkinder sukzessive kennenlernen und warum?
3. Warum sind frühe geometrische Erfahrungen wichtig für Lernprozesse in Bezug auf Zahlen und Operationen im Übergang vom Kindergarten zur Grundschule?
4. Bei welchen Aktivitäten im Jahreslauf bieten sich Faltübungen an? Welche Objekte können Sie mit den Kindern falten? Was lernen die Kinder dabei in Bezug auf Raum und Form?
5. Welche Bücher, Spiele oder weiteren Materialien in Ihrer Einrichtung thematisieren Raum und Form? Werden sie von den Kindern regelmäßig zum Spielen ausgewählt? Falls nicht, was könnten Sie tun, um das ggf. zu ändern?

5.7 Tipps zum Weiterlesen

Folgende Bücher, Buchkapitel und Zeitschriftenartikel knüpfen an die Ausführungen in diesem Kapitel an und vertiefen einzelne Aspekte im Schnittfeld von Theorie und Praxis:

Wollring, B., Peter-Koop, A., Haberzettl, N., Becker, N., & Spindeler, B. (2011). *Elementarmathematisches Basisinterview – Größen und Messen, Raum und Form*. Offenburg: Mildenberger.

Das Handbuch zum „Elementarmathematischen Basisinterview Größen und Messen, Raum und Form" liefert neben gezielten Handlungsanweisungen zur Vorbereitung, Durchführung und Auswertung des Interviews und sämtlichen Kopiervorlagen auch Informationen zu seinen konzeptionellen Grundlagen und seinen Einsatzmöglichkeiten in Bezug auf Raum und Form.

Wollring, B. (2001). Der Tangram-Zauberer. In W. Weiser, & B. Wollring (Hrsg.), *Beiträge zur Mathematik in der Primarstufe* (S. 307–321). Hamburg: Dr. Kovac.

Dieser Beitrag nimmt die Idee des Tangram-Zauberers aus dem Buch von Lisa Campbell Ernst und Lee Campbell (s. unten) auf und überträgt sie in den Kontext Papierfalten. So lassen sich schnell und kostengünstig Tangram-Sätze für alle Kinder einer Gruppe herstellen, mit denen die Kinder dann zum einen eigene Figuren legen und erfinden und zum anderen vorgegebene Formen auslegen können. Auch für einen Eltern-Kind-Nachmittag ist die Idee gut geeignet: Die Eltern können zusammen mit ihren Kindern den Tangram-Satz und die Umrissformen für die Figuren herstellen, die sich ihre Kinder ausgedacht haben. Auch die Verbindung von Mathematik und Sprache bietet sich an, indem zu den Figuren Geschichten von den Kindern erzählt und vielleicht von den Eltern aufgeschrieben werden. So ergibt dann die Sammlung der individuellen Seiten ein eigenes Tangram-Buch für die Gruppe. Die Idee ist auch auf die Gestaltung der angehenden Schulkinder in der Grundschule übertragbar. Dritt- oder Viertklässler können hier die oben beschriebene Rolle der Eltern übernehmen. Das fertige Tangram-Buch erinnert die Kindergartenkinder dann auch noch Wochen später an den Besuch in der Schule.

Lee Hülswitt, K. (2006). Mit Fantasie zur Mathematik – Freie Eigenproduktionen mit gleichem Material in großer Menge. In M. Grüßing, & A. Peter-Koop (Hrsg.), *Die Entwicklung mathematischen Denkens in Kindergarten und Grundschule: Beobachten – Fördern – Dokumentieren* (S. 103–121). Offenburg: Mildenberger.

Die Autorin nimmt bei dem von ihr entwickelten Konzept des Bereitstellens von gleichem Material in großer Menge Ideen des französischen Mathematiklehrers Paul Le Bohec auf, der wiederum seinerseits Inspiration in der Freinet-Pädagogik fand. Dabei löst die Verfügbarkeit einer hinreichend großen, aber gleichzeitig noch zu bewältigenden Menge gleicher Objekte bei Kindern (wie übrigens auch bei Erwachsenen) den Reiz aus, diese im wahrsten Sinne des Wortes zu begreifen und im eigenen Sinn zu strukturieren und zu gestalten. Es entstehen vielfältige Formen und Muster und mathematisch reichhaltige Herausforderungen im Schnittfeld von Arithmetik und Geometrie, die dann gemeinsam in der Gruppe wertgeschätzt und reflektiert werden. Die Verantwortung bei der Arbeit mit dem Material liegt dabei bei den Kindern, die Lernbegleiterin unterstützt sie durch sehr behutsames Eingreifen im Sinne Montessoris im Wesentlichen darin, „es selbst zu tun". So sind die entstehenden Produkte automatisch kindgemäß und reflektieren mathematische Erfahrungen und Einsichten der Kinder.

Wollring, B. (2006). Kindermuster und Pläne dazu – Lernumgebungen zur frühen geometrischen Förderung. In M. Grüßing, & A. Peter-Koop (Hrsg.), *Die Entwicklung mathematischen Denkens in Kindergarten und Grundschule: Beobachten – Fördern – Dokumentieren* (S. 80–102). Offenburg: Mildenberger.

Einführend geht der Autor auf die Rolle der Geometrie in der frühen mathematischen Bildung ein und liefert Argumente und Konzeptionselemente aus fachdidaktischer Sicht. Der Charme der von Bernd Wollring entwickelten und wunderbar bebilderten Lernumgebungen zu Kindermustern besteht in der Verbindung zwischen Mathematik und Bewegung sowie Mathematik und Kunst/Gestaltung. Auch wenn die Aktivitäten erkennbar im Anfangsunterricht angesiedelt sind, ist eine Übertragbarkeit in den Kindergarten gut möglich, vor allem in Bezug auf die Quadrat-Collagen und die Kindermuster. Der Beitrag bietet auch konkrete Ansatzpunkte für die fachliche Gestaltung eines Besuchs der angehenden Schulkinder in der Grundschule, der Neugier und Vorfreude auf das Fach Mathematik weckt und die häufig zu beobachtende verkürzende Gleichsetzung des Fachs mit Rechnen aufbricht.

5.8 Bilderbücher und Spiele zum Thema

Die folgenden Bilderbücher und Spiele eignen sich besonders für Kinder im Alter zwischen 3 und 6 Jahren und bieten geeignete Gesprächsanlässe und Handlungsanregungen bei der Entwicklung von Wissen, Fertigkeiten und Wortschatz in Bezug auf Raum und Form. Wir stellen bewusst gängige Kinderbücher und Gesellschaftsspiele in den Mittelpunkt und weniger spezielle Lernspiele, um die enge Verbindung des Inhaltsbereichs *Raum und Form* zur Lebens- und Fantasiewelt von Kindergartenkindern und Schulanfängern zu betonen.

Maar, P. (2007). *Paulas Reisen*. Berlin: Tulipan.

In diesem Buch geht es um die Erfahrung eines kleinen Mädchens in verschiedenen (geometrischen) Welten. Sie entdeckt dabei u. a. das Land der Kreise und Kugeln, das Land der Ecken und Spitzen sowie das Land, in dem alles auf dem Kopf steht. Zu diesem Bilderbuch gibt es im Internet eine Handreichung von Dagmar Bönig und Jochen Hering zur Förderung von sprachlichem Ausdruck und mathematischen Fähigkeiten in der Arbeit mit dem Bilderbuch, die sich speziell an Elementarpädagoginnen und -pädagogen richtet (www.fruehpaedagogik.uni-bremen.de/handreichungen/ B05Mathematik+Literatur(DB+JH).pdf).

Carle E (1998) *Das Geheimnis der acht Zeichen*. Gerstenberg, Hildesheim

Dieses Spielbilderbuch mit gestanzten Seiten ist ein Kinderbuch-Klassiker. Grundidee ist die Verwendung von Formen im Sinne einer Geheimschrift. So steht z. B. der Halbkreis für den Mond, das Oval für einen Stein und das Rechteck für ein Fenster. Das Buch regt Kinder dazu an, Figuren und Formen in ihrer Umwelt zu erkunden: Wo finden sich Vierecke, Dreiecke oder Kreise bzw. ihre dreidimensionalen Entsprechungen?

Heine, H. (2004). *Das schönste Ei der Welt*. Weinheim: Beltz & Gelberg.

Besonders in der Osterzeit liefert das Buch von Helme Heine auch mathematische Gesprächsanlässe. Drei Hühner streiten sich, wer von ihnen das Schönste sei, doch der König betont, dass es auf die inneren Werte ankomme. Daher soll dasjenige Huhn gewinnen, welches das schönste Ei legt. Doch was ist schön? Ein makelloses Oval, ein besonders großes Ei oder ein quadratisches Ei? Automatisch ergeben sich Diskussionen über Eigenschaften von Formen und Figuren.

Campbell Ernst, L., & Ernst, L. (2005). *Tangram Magician*. Maplewood, NJ: Blue Apple Books.

Beim englischsprachigen Original des Tangram-Zauberers geht es um eine Serie klassischer Metamorphose-Aufgaben. Die Umrisse gegebener Gestalten sind jeweils mit einem kompletten Tangram-Satz auszulegen. Erzählt wird die Geschichte des kleinen Zauberers und seiner vielfältigen Verwandlungen. Dabei wird das Lösen durch das Unterteilen der gegebenen Gestalten in die einzelnen Tangram-Stücke unterstützt. Das macht die Lösung auch schon für jüngere Kinder möglich. Jede Seite ist mit einer Textzeile versehen, die aber für das Verständnis nicht zwingend nötig ist bzw. leicht übersetzt werden kann. Das Buch ist vor allem auch in der Aus- und Weiterbildung – insbesondere im Zusammenhang mit dem o. g. Text von Bernd Wollring – eine gute Grundlage für eigene Erkundungen zum Tangram und Überlegungen dahingehend, wie und warum das Tangram auch als Spielmaterial im Kindergarten sinnvoll ist.

Lohnend und kostengünstig ist auch die Anschaffung eines fertigen Tangrams mit Vorlagen, wie es bei verschiedenen Spieleherstellern im Programm zu finden ist. Empfehlenswert sind besonders zwei Produkte:

Tangram. (2008). München: Schmidt Spiele.

In einer praktischen Metalldose finden sich hier das klassische chinesische Tangram sowie zahlreiche (leider recht schwierige) Umrissfiguren, die für junge Kinder weniger geeignet sind. Gut handhabbar sind hingegen die Tangram-Teile aus Holz.

Picon, D. (2012). *Tangram.* Potsdam: Ullmann.

Dieses Buch liefert sortiert nach Oberbegriffen wie Bauwerke, Menschen, Natur, Tiere, Schiffe über 1000 Vorlagen zum Auslegen und enthält auch gleich das Legespiel. Hier finden sich besonders für die Aus- und Weiterbildung zahlreiche Anregungen für Legefiguren, wenn individuelles Material wie der Tangram-Zauberer in Bezug auf andere Kontexte erstellt werden soll.

Knapstein, K., Spiegel, H., & Thöne, B. (2005). *Spiegel-Tangram.* Seelze: Kallmeyer.

Basierend auf den klassischen Tangram-Formen ist es Ziel des Spiegel-Tangrams, die Formen so vor dem beiliegenden Spiegel zu platzieren, dass zusammen mit der Figur im Spiegel das auf einer Spielkarte vorgegebene Bild erscheint.

Des Weiteren gibt es zu beliebten Gesellschaftsspielen inzwischen Varianten für jüngere Kinder, die für den Einsatz im Kindergarten und für Freiarbeitsphasen im Anfangsunterricht geeignet sind – gerade auch für multilinguale Lerngruppen, denn ähnlich wie beim Auslegen mit den Tangram-Formen sind für ein erfolgreiches Spiel keine elaborierten Sprachkenntnisse erforderlich:

Lawson, A., & Lawson, J. (2010). *Make n Break Junior.* Ravensburg: Ravensburger.

Die Spieler versuchen gleichzeitig, die auf den Spielkarten abgebildeten Bauwerke mit ihren Bausteinen nachzubauen. Das Spiel spricht vorrangig die Wahrnehmung von Raum-Lage-Beziehungen an, außerdem die Erfassung der Anzahl und die relative Anordnung der Bausteine sowie die Figur-Grund-Diskrimination. Weiterhin werden Differenzierungsmöglichkeiten angeboten (fortgeschrittene Baumeister können beispielsweise mit nur einer Hand bauen). Sind die Spielregeln bekannt, können die Kinder selbstständig ohne erwachsenen Begleiter spielen.

Rejchtman, G. (2007). *Ubongo Junior*. Stuttgart: Kosmos.

Bei diesem Spiel soll eine auf einer Spielkarte abgebildete Tierform mit Legeteilen ausgefüllt werden. Ziel des Spiels ist es, am schnellsten die richtigen Legeteile zu finden und passend in die vorgegebene Legefläche zu legen – eine kniffelige Aufgabe, bei deren Bewältigung – ähnlich wie beim Tangram – neben Figur-Grund-Diskrimination und Wahrnehmungskonstanz auch die visuelle Vorstellungskraft spielerisch geschult wird. Eine Differenzierung der Spielschwierigkeit wird über die Wahl der Anzahl von Legeteilen ermöglicht.

Last but not least soll abschließend noch eine Lernumgebung zum Falten Erwähnung finden, die bereits seit Jahrzehnten im Grundschulkontext bekannt ist und die sich leicht für den Einsatz im Kindergarten anpassen lässt.

Autor unbekannt (1994). Das kleine blaue Quadrat. *Grundschulzeitschrift*, *74*, 55–59.

Hierbei handelt es sich um ein „Falt-, Bastel- und Lesebuch für LehrerInnenfortbildung, den Elternabend, das Studienseminar … und nicht zuletzt fürs Klassenzimmer" (S. 55) und die Kindergartengruppe. Basis ist ein quadratisches Stück farbiges Papier (fertiges Origamipapier mit der Seitenlänge 15 cm ist ideal) und die Metamorphose-Idee, die auch dem Tangram-Zauberer zugrunde liegt. Denn das Quadrat, dem seine Form absolut nicht gefällt, verwandelt sich von Seite zu Seite in eine andere Form, die jeweils durch Falten aus dem Ursprungsquadrat entsteht. Die zugehörige Geschichte ist im Beitrag ebenso abgedruckt wie die Faltanleitungen; beides kann leicht erweitert bzw. ergänzt oder auch verändert werden.

Literatur

Battista, M. T. (2007). The Development of Geometric and Spatial Thinking. In F. K. Lester (Hrsg.), *Second Handbook of Research on Mathematics Teaching and Learning* (S. 843–908). New York: Information Age Publishing.

Berlinger, N. (2011). Untersuchungen zum räumlichen Vorstellungsvermögen mathematisch begabter Dritt- und Viertklässler. In R. Haug, & L. Holzäpfel (Hrsg.), *Beiträge zum Mathematikunterricht 2011* (S. 95–98). Münster: WTM.

Besuden, H. (1984). *Knoten, Würfel, Ornamente: Aufsätze zur Geometrie in Grund- und Hauptschule.* Stuttgart: Klett.

Besuden, H. (1999). *Raumvorstellung und Geometrieverständnis – Unterrichtsbeispiele. Oldenburger Vor-Drucke.* Didaktisches Zentrum: Oldenburg.

Bishop, A. J. (1981). Visuelle Mathematik. In H. G. Steiner, & B. Winkelmann (Hrsg.), *Fragen des Geometrieunterrichts* Untersuchungen zum Mathematikunterricht, Schriftenreihe des IDM, (Bd. 1, S. 166–184). Köln: Aulis.

Brenninger, A., & Studeny, G. (2007). *Kartei zur Kopfgeometrie. 1. – 4. Schuljahr*. Braunschweig: Westermann.

Büttner, G., Dacheneder, W., Schneider, W., & Weyer, K. (2008). *Frostigs Entwicklungstest der visuellen Wahrnehmung-2*. Göttingen: Hogrefe.

Campbell Ernst, L., & Ernst, L. (2005). *Tangram Magician*. Maplewood, NJ: Blue Apple Books.

Clarke, D. M. (2001). Understanding, assessing and developing young children's mathematical thinking: Research as powerful tool for professional growth. In J. Bobis, B. Perry, & M. Mitchelmore (Hrsg.), *Numeracy and Beyond. Proceedings of the 24th Annual Conference of the Mathematics Education Research Group of Australasia* (Bd. 1, S. 9–26). Sydney: MERGA.

Clarke, D., Cheeseman, J., Clarke, B., Gervasoni, A., Gronn, D., Horne, M., McDonough, A., Montgomery, P., Roche, A., Rowley, G., & Sullivan, P. (2002). *Early Numeracy Research Project, Final Report*. Melbourne: Australian Catholic University, Monash University.

Clements, D. H., & Battista, M. T. (1992). Geometry and Spatial Reasoning. In D. Grouws (Hrsg.), *Handbook of Research on Mathematics Teaching and Learning* (S. 420–464). New York: Macmillan.

Clements, D. H., & Battista, M. T. (2001). Logo and geometry. *Journal for Research in Mathematics Education Monograph Series*, 10.

Clements, D. H., & Sarama, J. (2000). Young Children's Ideas about Geometric Shapes. *Teaching Children Mathematics*, 6(8), 482–488.

Clements, D. H., & Sarama, J. (2007). Effects of a Preschool Mathematics Curriculum: Summative Research on the Building Blocks Project. *Journal for Research in Mathematics Education*, 38(2), 136–163.

Clements, D. H., Swaminathan, S., Zeitler Hannibal, M. A., & Sarama, J. (1999). Young Children's Concepts of Shape. *Journal for Research in Mathematics Education*, 30(2), 192–212.

Dehaene, S. (1992). Varieties of numerical abilities. *Cognition*, 44, 1–40.

Deutscher, T. (2012a). *Arithmetische und geometrische Fähigkeiten von Schulanfängern. Eine empirische Untersuchung unter besonderer Berücksichtigung des Bereichs Muster und Strukturen*. Wiesbaden: Vieweg.

Deutscher, T. (2012). *Die GI-Schuleingangstests Mathematik: Vorkenntnisse feststellen und nutzen*. Stuttgart: Klett. Herausgegeben von G. N. Müller & E. Ch. Wittmann

Dornheim, D. (2008). *Prädiktion von Rechenleistung und Rechenschwäche: Der Beitrag von Zahlen-Vorwissen und allgemein-kognitiven Fähigkeiten*. Berlin: Logos.

Eichler, K.-P. (2007). Ziele hinsichtlich vorschulischer geometrischer Erfahrungen. In J. H. Lorenz, & W. Schipper (Hrsg.), *Hendrik Radatz – Impulse für den Mathematikunterricht* (S. 176–185). Braunschweig: Schroedel.

Franke, M. (2007). *Didaktik der Geometrie*. Heidelberg: Spektrum Akademischer Verlag.

Freudenthal, H. (1983). *Didactical Phenomenology of Mathematical Structures*. Dordrecht: Reidel.

Frostig, M., Lefever, D. W., & Whittlesey, J. R. B. (1966). *The Marianne Frostig Developement Test of Visual Perception*. Palo Alto, CA: Consulting Psychologists

Frostig, M., & Maslow, P. (1978). *Lernprobleme in der Schule*. Stuttgart: Hippokrates.

Greenes, C., Ginsburg, H. P., & Balfanz, R. (2004). Big Math for Little Kids. *Early Childhood Quarterly*, 19, 159–166.

Grüßing, M. (2012). *Räumliche Fähigkeiten und Mathematikleistung. Eine empirische Studie mit Kindern im 4. Schuljahr*. Münster: Waxmann.

Gutiérrez, A., Jaime, A., & Fortuny, J. M. (1991). An Alternative Paradigm to Evaluate the Acquisition of the van Hiele Levels. *Journal for Research in Mathematics Education, 22*(3), 237–251.

Hammill, D. D., Person, N. A., & Voress, J. K. (1993). *Developmental Test of Visual Perception* (2. Aufl.). Austin, TX: PRO-ED.

Hartmann, J. (2000). Räumlich geometrisches Training und Transfer auf Leistungen im Geometrieunterricht der Grundschule. In M. Neubrand (Hrsg.), *Beiträge zum Mathematikunterricht* (S. 245–248). Hildesheim: Franzbecker.

Hartmann, J., & Reiss, K. (2000). Auswirkungen der Bearbeitung räumlich-geometrischer Aufgaben auf das Raumvorstellungsvermögen. In D. Leutner, & R. Brünken (Hrsg.), *Neue Medien in Unterricht, Aus- und Weiterbildung. Aktuelle Ergebnisse empirischer pädagogischer Forschung* (S. 85–94). Münster: Waxmann.

Hegarty, M., & Kozhevnikov, M. (1999). Types of Visual-Spatial Representations and Mathematical Problem Solving. *Journal of Educational Psychology, 91*(4), 684–689.

Hoffer, A. (1981). Geometry is More than Proof. *Mathematics Teacher, 74*(1), 11–18.

Kaufmann, S. (2003). *Früherkennung von Rechenstörungen in der Eingangsklasse der Grundschule und darauf abgestimmte remediale Maßnahmen.* Frankfurt am Main: Lang.

Kaufmann, S. (2010). *Handbuch für die frühe mathematische Bildung.* Braunschweig: Schroedel.

Kozhevnikov, M., Hegarty, M., & Mayer, R. E. (2002). Revisiting the Visualizer-Verbalizer Dimension: Evidence for Two Types of Visualizers. *Cognition and Instruction, 20*(1), 47–77.

Lee Hülswitt, K. (2006). Mit Fantasie zur Mathematik – Freie Eigenproduktionen mit gleichem Material in großer Menge. In M. Grüßing, & A. Peter-Koop (Hrsg.), *Die Entwicklung des mathematischen Denkens in Kindergarten und Grundschule: Beobachten – Fördern – Dokumentieren* (S. 103–121). Offenburg: Mildenberger.

Lehrer, R., Jenkins, M., & Osana, H. (1998). Longitudinal Study of Children's Reasoning about Space and Geometry. In R. Lehrer, & D. Chazan (Hrsg.), *Designing Learning Environments for Developing Understanding of Geometry and Space* (S. 137–167). Mahwah, NJ: Erlbaum.

Linn, M. C., & Petersen, A. C. (1985). Emergence and Characterization of Sex Differences in Spatial Ability: A Meta-Analysis. *Child Development, 56,* 1479–1498.

Lohaus, A., Schumann-Hengsteler, R., & Kessler, T. (1999). *Räumliches Denken im Kindesalter.* Göttingen: Hogrefe.

Lohman, D. F. (1979). *Spatial Ability: A Review and Reanalysis of the Correlational Literature. Technical Report* Bd. 8. Stanford: Stanford University.

Lohman, D. F. (1988). Spatial Abilities as Traits, Processes, and Knowledge. In R. J. Sternberg (Hrsg.), *Advances in the Psychology of Human Intelligence* (Bd. 4, S. 181–248). Hillsdale, NJ: Erlbaum.

Lohman, D. F., Pellegrino, J. W., Alderton, D. L., & Regian, J. W. (1987). Dimensions and Components of Individual Differences in Spatial Abilities. In S. H. Irvine, & S. E. Newstead) (Hrsg.), *Intelligence and Cognition: Contemporary Frames of Reference* (S. 253–312). Dordrecht: Martinus Nijhoff.

Lorenz, J. H. (1998). *Anschauung und Veranschaulichungsmittel im Mathematikunterricht: Mentales visuelles Operieren und Rechenleistung.* Göttingen: Hogrefe.

Lorenz, J. H. (2005). Grundlagen der Förderung und Therapie: Wege und Irrwege. In M.von Aster, & J. H. Lorenz (Hrsg.), *Rechenstörungen bei Kindern. Neurowissenschaft, Psychologie, Pädagogik* (S. 165–177). Göttingen: Vandenhoeck & Ruprecht.

Lorenz, J. H. (2012). *Kinder begreifen Mathematik. Frühe mathematische Bildung und Förderung.* Stuttgart: Kohlhammer.

Lüthje, T. (2010). *Das räumliche Vorstellungsvermögen von Kindern im Vorschulalter: Ergebnisse einer Interviewstudie.* Hildesheim, Berlin: eDISSion.

Maier, A. S. (2015, i. Vorb.) *Geometrisches Begriffsverständnis bei 4- bis 6-jährigen Kindern.* Dissertation PH Karlsruhe.

Maier, A. S., & Benz, C. (2014). Children's Constructions in the Domain of Geometric Competencies in Two Different Instructional Settings. In U. Kortenkamp, B. Brandt, C. Benz, G. Krummheuer, S. Ladel, & R. Vogel (Hrsg.), *Early Mathematics Learning. Selected Papers of the POEM 2012 Conference* (S. 173–188). New York: Springer.

Maier, P. H. (1999). *Räumliches Vorstellungsvermögen. Ein theoretischer Abriss des Phänomens räumliches Vorstellungsvermögen. Mit didaktischen Hinweisen für den Unterricht.* Donauwörth: Auer.

Mason, M. M. (1997). The van Hiele Model of Geometric Understanding and Mathematically Talented Students. *Journal for the Education of the Gifted, 21*(1), 39–53.

Moser Opitz, E., Christen, U., & Vonlanthen Perler, R. (2008). Räumliches und geometrisches Denken von Kindern im Übergang vom Elementar- zum Primarbereich beobachten. In U. Graf, & E. Moser Opitz (Hrsg.), *Diagnostik und Förderung im Elementarbereich und Grundschulunterricht. Lernprozesse wahrnehmen, deuten und begleiten* (S. 133–149). Baltmannsweiler: Schneider Verlag Hohengehren.

Niedermeyer, I. (2013). Räumliche Perspektivübernahme mit symmetrischen und unsymmetrischen Gegenständen. Eine Interviewstudie mit Kindern am Schulanfang. *mathematica didactica, 36,* 221–241.

Peter-Koop, A. (2009). Orientierungspläne Mathematik für den Elementarbereich – ein Überblick. In A. Heinze, & M. Grüßing (Hrsg.), *Mathematiklernen vom Kindergarten bis zum Studium. Kontinuität und Kohärenz als Herausforderung für den Mathematikunterricht* (S. 47–52). Münster: Waxmann.

Peter-Koop, A., & Grüßing, M. (2006). Eltern und Kinder entdecken die Mathematik. *Grundschulzeitschrift, 20*(195/196), 10–11.

Peter-Koop, A., & Grüßing, M. (2007). *Mit Kindern Mathematik erleben.* Seelze: Kallmeyer.

Peter-Koop, A., Wollring, B., Grüßing, M., & Spindeler, B. (2013). *Das Elementarmathematische Basisinterview Zahlen und Operationen* (2. Aufl.). Offenburg: Mildenberger. überarbeitete Auflage

Piaget, J. (1958). Die Genese der Zahl beim Kinde. *Westermanns Pädagogische Beiträge, 10,* 357–367.

Piaget, J., & Inhelder, B. (1975). *Die Entwicklung des räumlichen Denkens beim Kinde.* Stuttgart: Klett.

Piaget, J., Inhelder, B., & Szeminska, A. (1975). *Die natürliche Geometrie des Kindes.* Stuttgart: Klett.

Pinkernell, G. (2003). *Räumliches Vorstellungsvermögen im Geometrieunterricht: Eine didaktische Analyse mit Fallstudien.* Hildesheim: Franzbecker.

Plath, M. (2011). Aufgaben in unterschiedlichen Präsentationsformen zum räumlichen Vorstellungsvermögen von Kindern im vierten Schuljahr. In R. Haug, & L. Holzäpfel (Hrsg.), *Beiträge zum Mathematikunterricht 2011* (S. 631–634). Münster: WTM.

Pohle, E., & Reiss, K. (1999). Handlungserfahrungen mit dem Raum als Basis der Grundschulgeometrie. *Sache – Wort – Zahl, 27*(23), 22–24, 28

Radatz, H. (2007). Die Geometrie nicht vernachlässigen!. In J. H. Lorenz, & W. Schipper (Hrsg.), *Hendrik Radatz – Impulse für den Mathematikunterricht* (S. 133–137). Braunschweig: Schroedel.. Nachdruck eines Aufsatzes mit gleichem Titel in Grundschule 21(12), 17–19 aus dem Jahr 1989

Radatz, H., & Rickmeyer, K. (1991). *Handbuch für den Geometrieunterricht an Grundschulen.* Hannover: Schroedel.

Ruwisch, S. (2013). Räumliches Vorstellungsvermögen. Studien im Vor- und Grundschulalter. *mathematca didactica, 36*, 153–155.

Sarama, J., & Clements, D. H. (2009). *Early Childhood Mathematics Education Research. Learning Trajectories for Young Children*. New York: Routledge.

Schipper, W. (2009). *Handbuch für den Mathematikunterricht an Grundschulen*. Braunschweig: Schroedel.

Schoenfeld, A. (1985). *Mathematical Problem Solving*. Orlando, FL: Academic Press.

Souvignier, E. (2000). *Förderung räumlicher Fähigkeiten. Trainingsstudien mit lernbeeinträchtigten Schülern. Pädagogische Psychologie und Entwicklungspsychologie*. Münster: Waxmann.

Thurstone, L. L. (1938). *Primary Mental Abilities*. Chicago, IL: The University of Chicago Press.

Thurstone, L. L. (1950). Some Primary Abilities in Visual Thinking. *Proceedings of the American Psychological Society, 94*(6), 517–521.

van Garderen, D. (2006). Spatial Visualization, Visual Imagery, and Mathematical Problem Solving of Students with Varying Abilities. *Journal of Learning Disabilities, 39*(6), 496–506.

van Hiele, P. M. (1984a). Summary of Pierre van Hieles Dissertatioen Entitled "The Problem of Insight in Connection with School Children's Insight into the Subject-Matter of Geometry". In D. Fuys, D. Geddes, & R. Tischler (Hrsg.), *English Translation of Selected Writings of Dina van Hiele-Geldof and Pierre van Hiele* (S. 237–243). Brooklyn: Brooklyn College.

van Hiele, P. M. (1984b). A Child's Thought and Geometry. In D. Fuys, D. Geddes, & R. Tischler (Hrsg.), *English Translation of Selected Writings of Dina van Hiele-Geldof and Pierre van Hiele* (S. 243–253). Brooklyn: Brooklyn College.

van Hiele, P. M. (1999). Developing Geometric Thinking through Activities That Begin with Play. *Teaching Children Mathematics, 6*(2), 310–316.

van Hiele-Geldof, D. (1984). The Didactic of Geomtery in the Lowest Class of Secondary School. In D. Fuys, D. Geddes, & R. Tischler (Hrsg.), *English Translation of Selected Writings of Dina van Hiele-Geldof and Pierre van Hiele* (S. 1–214). Brooklyn: Brooklyn College.

Waldow, N., & Wittmann, E. C. (2001). Ein Blick auf die geometrischen Vorkenntnisse von Schulanfängern mit dem mathe 2000-Geometrietest. In W. Weiser, & B. Wollring (Hrsg.), *Beiträge zur Didaktik der Mathematik für die Primarstufe* (S. 247–261). Hamburg: Dr. Kovac.

Wittmann, E. C. (1999). Konstruktion eines Geometriecurriculums ausgehend von Grundideen der Elementargeometrie. In H. Henning (Hrsg.), *Mathematik lernen durch Handeln und Erfahrung. Festschrift zum 75. Geburtstag von Heinrich Besuden* (S. 205–223). Oldenburg: Bueltmann und Gerriets.

Wittmann, E. C., & Müller, G. N. (2012). *Das Zahlenbuch 1. Begleitband*. Stuttgart: Klett.

Wollring, B. (1998a). Beispiele zu raumgeometrischen Eigenproduktionen in Zeichnungen von Grundschulkindern. In H. R. Becher, & J. Bennack (Hrsg.), *Taschenbuch Grundschule* (S. 126–141). Baltmannsweiler: Schneider-Verlag Hohengehren.

Wollring, B. (1998b). Eigenproduktionen von Grundschülern zur Raumgeometrie – Positionen zur Mathematikdidaktik für die Grundschule. In M. Neubrand (Hrsg.), *Beiträge zum Mathematikunterricht 1998* (S. 58–66). Hildesheim: Franzbecker.

Wollring, B. (2001). „Der Tangram-Zauberer". Eine fächerverbindende computerbezogene Lernumgebung zur Geometrie in der Grundschule. In W. Weiser, & B. Wollring (Hrsg.), *Beiträge zur Didaktik der Mathematik für die Primarstufe* (S. 307–321). Hamburg: Dr. Kovac.

Wollring, B. (2006). Kindermuster und Pläne dazu – Lernumgebungen zur frühen geometrischen Förderung. In M. Grüßing, & A. Peter-Koop (Hrsg.), *Die Entwicklung mathematischen Denkens in Kindergarten und Grundschule: Beobachten – Fördern – Dokumentieren* (S. 80–102). Offenburg: Mildenberger.

Wollring, B. (2011). Raum- und Formvorstellung. *Mathematik differenziert, 2*(1), 9–11.

Wollring, B., & Rinkens, H.-D. (2008). Raum und Form. In G. Walther, M.van den Heuvel-Panhuizen, D. Granzer, & O. Köller (Hrsg.), *Bildungsstandards für die Grundschule: Mathematik konkret* (S. 87–115). Berlin: Cornelsen Scriptor.

Wollring, B., Peter-Koop, A., Haberzettl, N., Becker, N., & Spindeler, B. (2011). *Elementarmathematisches Basisinterview. Größen und Messen, Raum und Form.* Offenburg: Mildenberger.

Größen und Messen

6

Sabrina, 4 Jahre, steht abends im Schlafanzug auf der Körperwaage im Badezimmer. Die Waage zeigt 17,1 kg. Ihre 2-jährige Schwester stellt sich zu ihr auf die Waage, die nun 29,5 kg anzeigt. Sabrina kommentiert: „Zusammen sind wir schwerer. Zusammen wiegen wir 500 kg."

Leo, 5 Jahre, hat eine Messlatte in seinem Zimmer hängen. Alle 6 Monate misst er gemeinsam mit seinen Eltern seine Größe, bringt eine Markierung an der Messlatte an, und die Eltern schreiben das Datum dazu. Im Kindergarten am nächsten Morgen beschreibt Leo, wie man seine Körperlänge misst: „Da muss man sich ganz gerade hinstellen, mit den Füßen an die Wand, und dann sehen, wo der Kopf aufhört. So groß ist man dann. Ich bin jetzt einen Meter und zwölf."

Lange bevor Kinder in die Schule kommen, machen sie Erfahrungen mit Größen, lernen entsprechende Maßeinheiten kennen und entwickeln Einsichten in Messprozesse und den Einsatz von Messinstrumenten.

Sabrina weiß z. B., dass das Körpergewicht i. d. R. in Kilogramm angegeben wird – auch wenn das angegebene gemeinsame Gewicht sicher unrealistisch ist. Vermutlich will sie zum Ausdruck bringen, dass die Maßzahl ziemlich groß sein muss, wenn das gemeinsame Gewicht von zwei Kindern angegeben wird. Vielleicht geht sie bei der Maßzahl auch von der Fünf aus, die als letzte Stelle vor ihr auf dem Display steht.

Ähnlich wie Leo werden viele Kindergartenkinder gemessen – beim Kinderarzt ist das Messen der Körperlänge (genauso wie das Wiegen) Bestandteil aller Vorsorgeuntersuchungen, und viele Familien messen zudem die zunehmende Körperlänge ihrer Kinder in regelmäßigen Abständen und notieren, um wie viele Zentimeter das Kind gewachsen ist. Kinder lernen so schon früh, was man tun muss, um eine möglichst akkurate Messung zu bekom-

C. Benz et al., *Frühe mathematische Bildung*, Mathematik Primarstufe und Sekundarstufe I + II, 227
DOI 10.1007/978-3-8274-2633-8_6, © Springer-Verlag Berlin Heidelberg 2015

men (mit geschlossenen Beinen und den Fersen genau an der Wand gerade stehen und vor allem auch den Kopf gerade halten).

Das Wissen über Größen und Messen hilft Kindern, sich in ihrer Welt zu orientieren – man denke nur an den Größenbereich Zeit und seine Strukturierung in Jahre, Monate, Wochen, Tage, Stunden, Minuten und Sekunden. Zudem beobachten sie in ihrem Alltag Erwachsene und ältere Kinder beim Umgang mit Messinstrumenten und setzen diese Beobachtungen wiederum in ihrem eigenen Spiel und ihrer Auseinandersetzung mit der Umwelt um. Wohl jede(r) Erwachsene hat schon einmal ein Kind beobachtet, das in der Badewanne oder im Sandkasten tief versunken Wasser oder Sand von einem Gefäß in ein anderes schüttet und wieder zurück. Entsprechend stehen diese fünf Größenbereiche im Folgenden im Mittelpunkt der Betrachtung.

In der Grundschule wird darüber hinaus auch der Größenbereich Geldwerte behandelt. Mit Bezug auf die vorschulische Bildung im Kindergarten wird jedoch an dieser Stelle bewusst auf die Einbeziehung dieses Größenbereichs verzichtet. Zwar kommen Kinder in ihrem Alltag mit Erwachsenen sicherlich mit Geld in Berührung, doch bis auf wenige Ausnahmen bauen Kinder vorschulisch i. d. R. noch keine Größenvorstellungen zu Geldwerten auf. Das Wissen über Geld ist eng mit dem Verständnis und dem Aufbau von Zahlen verbunden. Gerade die Dezimalstruktur bei der Unterteilung von Euro in Cent wird von jüngeren Kindern noch nicht erfasst. Trotzdem spielen jüngere Kinder hingebungsvoll mit dem Kaufladen, doch der Fokus ist dabei meist ein anderer. Es geht darum, wie viel von einer Ware man kaufen möchte, und natürlich auch darum, aus einem (möglichst reichhaltigen) Angebot eine Auswahl treffen zu können. Zwar bezahlen Kinder in der Kaufmannsladensituation auch bereitwillig bzw. fordern in der Rolle des Verkäufers die Bezahlung der Ware ein, doch das ist in den allermeisten Fällen noch nicht mit Größenvorstellungen von Geldwerten verbunden. Hier geht es vielmehr um die Einübung eines Rituals: Man bezahlt für seine Ware und bekommt ggf. Wechselgeld zurück. Allerdings ergeben sich im Spiel diesbezüglich häufig Situationen, die eben nicht an Größen- und Preisvorstellungen gebunden sind. So ist es für die Kinder kein Problem, für 3 Äpfel 40 € (z. B. zwei Zwanzigerscheine) zu bezahlen und ggf. 50 € Wechselgeld (aber eben nur einen Geldschein) zurückzubekommen. Das heißt nicht, dass Erzieherinnen und Erzieher nicht darauf eingehen sollten, wenn sich (Vorschul-)Kinder von sich aus für Geldwerte und ihre Denomination in Form von Scheinen und Münzen interessieren und vielleicht auch schon das erste Taschengeld bekommen. Und natürlich schmälert es überhaupt nicht den Wert des Kaufladenspiels – Erzieherinnen und Erzieher sollten sich nur bewusst sein, dass diesbezüglich im vorschulischen Bereich zumeist andere (mathematische) Kompetenzen entwickelt werden als konkrete Größenvorstellungen und das Wissen über Aussehen und Wert von Geldscheinen und Münzen.

Zunächst geht es in Abschn. 6.1 darum, die mathematische Struktur eines Größenbereichs zu fassen und die entsprechenden fachlichen Grundlagen zu legen. In Abschn. 6.2 wird daran anschließend die besondere Rolle dieses Inhaltsbereichs als Bindeglied zwischen Arithmetik und Geometrie betrachtet, bevor in Abschn. 6.3 Mess-Systeme und Messinstrumente im Mittelpunkt stehen werden. Nachdem die mathematischen und historischen Grundlagen des Messens und des Umgangs mit Größen gelegt sind, behandelt Abschn. 6.4 ausführlich die Entwicklung von Größenvorstellungen und Messfertigkeiten aus fachdidaktischer und entwicklungspsychologischer Perspektive. Daraus ergeben sich dann in Abschn. 6.5 konkrete Hinweise darauf, was und wie Kindergartenkinder über Größen und Messen lernen können und sollten. Das Kapitel schließt mit einem Ausblick auf den Mathematikunterricht der Grundschule und thematisiert den Übergang aus fachlicher Sicht (Abschn. 6.6).

6.1 Mathematische Struktur von Größenbereichen

Die Erstellung eines mathematischen Modells „Größe" basiert auf Vereinfachungen, durch die mehreren Objekten die gleiche Größe zugeschrieben wird (vgl. Greefrath 2010, S. 108 ff). In der Regel existieren mehrere unterschiedliche reale Objekte für dieselbe Größe. So haben mehrere Gegenstände oder Lebewesen (Türen, Schränke, Giraffenkinder etc.) die gleiche Länge, hier nämlich 2 Meter, oder das gleiche Gewicht, z. B. 100 Kilogramm. Verschiedene Vorgänge dauern die gleiche Zeit – eine Fernsehsendung dauert 1 Stunde, und auch ein Kuchen muss entsprechend lange backen. Die Länge 1 Meter, das Gewicht 100 Kilogramm oder die Zeitspanne 1 Stunde ist dann die gemeinsame Eigenschaft aller Objekte oder Handlungen mit gleicher Länge, gleichem Gewicht oder gleicher Zeitdauer. Entsprechend lassen sich Objekte/Vorgänge mit gleicher Länge, gleichem Gewicht oder gleicher Zeitdauer zu einer Klasse von Objekten zusammenfassen, die mathematisch gleich behandelt werden können. Bezüglich einer Größe, z. B. einer Länge, kann ein bestimmtes Objekt nur zu genau einer Klasse gehören: So kann ein Kind z. B. nicht gleichzeitig 30 kg und 50 kg wiegen.

Zu einer Größe kann es hingegen unendlich viele Klassen geben, z. B. die Klasse der Objekte mit 1 m, 1/3 m oder $\sqrt{2}$ m. Diese Aufteilung in elementfremde (disjunkte) Klassen, die sich aus der Realität ergibt, definiert aus mathematischer Sicht eine Äquivalenzrelation (Tab. 6.1). Jede Äquivalenzrelation ist reflexiv, symmetrisch und transitiv[1].

Doch zwischen Repräsentanten von Größen können nicht nur Äquivalenzrelationen bestehen. Wenn man zwei Repräsentanten, z. B. zwei (oder mehr) Stäbe, der Länge nach ordnet, müssen sie nicht zwingend gleich lang sein. Häufig ist ein Stab länger oder kürzer

---

[1] Eigenschaften von Relationen:

Reflexiv: Jedes Element einer Menge steht zu sich selbst in Bezug. Im Pfeildiagramm trägt jedes Element einen Ringpfeil, d. h., jeder Geldwert ist zu sich selbst gleichwertig.

Symmetrisch: Die Beziehung zwischen zwei Elementen besteht auch in umgekehrter Richtung. Im Pfeildiagramm existiert zu jedem Pfeil ein Umkehrpfeil, d. h., ist ein Geldwert x gleichwertig zu einem Geldwert y, so ist auch y gleichwertig zu x.

Transitiv: Für drei Elemente a, b und c gilt: Steht a in Relation zu b und b in Relation zu c, dann steht auch a zu c in Relation. Im Pfeildiagramm lassen sich die beiden Pfeile durch einen Pfeil von a nach c überbrücken, d. h., ist ein Geldwert x gleichwertig zu einem Geldwert y und der Geldwert y gleichwertig zu einem Geldwert z, so ist auch x gleichwertig zu z.

als ein anderer. Entsprechend bestehen zwischen Repräsentanten von Größen Ordnungsrelationen. Tabelle 6.2 veranschaulicht dabei die Relation kleiner „<".

Die Relation „<" ist irreflexiv (d. h., kein Element steht zu sich selbst in Bezug), antisymmetrisch bzw. identitiv (d. h., eine Beziehung zwischen zwei Elementen besteht *nicht*
in umgekehrter Richtung) und transitiv (s. FN 1). Man nennt sie eine strenge Ordnungsrelation oder Ordnungsrelation 2. Ordnung, denn kein Element steht in Bezug zu sich selbst
(d. h., eine Länge kann nicht kleiner sein als sie selbst). Jedoch sind nicht alle Ordnungsrelationen zwischen den Repräsentanten von Größen strenge Ordnungsrelationen. Nimmt
man die Relation „… ist Vielfaches von …" (ist z. B. ein Stab doppelt so lang wie ein anderer), so ist diese Relation reflexiv, antisymmetrisch und transitiv. Man bezeichnet sie als
Ordnungsrelation 1. Ordnung, denn ein Element kann durchaus in Bezug zu sich selbst
stehen (d. h., eine Länge ist ihr eigenes einfaches Vielfaches).

Tab. 6.1 Äquivalenzrelationen zwischen Repräsentanten von Größen

Größen	Repräsentanten	Äquivalenzrelation
Längen	Stäbe, Wegstrecken …	ist so lang wie
Gewichte	Gegenstände, Körper von Menschen/Tieren	hat dasselbe Gewicht wie (feststellbar z B. mit einer Balkenwaage)
Zeitspannen	Abläufe, Vorgänge …	dauert so lange wie
Flächeninhalte	ebene Formen, Flächen, Grundstücke …	ist deckungsgleich zu/hat denselben Flächeninhalt wie
Volumina	Gefäße, Körper …	fasst genauso viel wie/ist volumengleich zu
Geldwerte	Mengen von Geldstücken und Geldscheinen	ist so viel wert wie

Tab. 6.2 Ordnungsrelationen zwischen Repräsentanten von Größen

Größen	Repräsentanten	Ordnungsrelation	Kehrrelation der Ordnungsrelation
Längen	Stäbe, Wegstrecken …	ist kürzer als	ist länger als
Gewichte	Gegenstände, Körper von Menschen/Tieren	ist leichter als	ist schwerer als
Zeitspannen	Abläufe, Vorgänge …	dauert kürzer als	dauert länger als
Flächeninhalte	ebene Formen, Flächen, Grundstücke …	hat weniger Fläche als/hat einen kleineren Flächeninhalt als	hat mehr Fläche als/hat einen größeren Flächeninhalt als
Volumina	Gefäße, Körper …	fasst weniger Volumen als	fasst mehr Volumen als
Geldwerte	Mengen von Geldstücken und Geldscheinen	ist weniger wert als	ist mehr wert als

Eine Menge **G** mit der Verknüpfung „+" und einer Relation „<" nennt man einen *Größenbereich*, wenn folgende Axiome erfüllt sind:

(A1) Die Verknüpfung „+" ist in **G** abgeschlossen, d. h., für je zwei Elemente a, b ∈ **G** gilt: a + b ∈ **G**.

(A2) Die Verknüpfung „+" ist assoziativ, d. h., für je drei Elemente a, b, c ∈ **G** gilt: (a + b) + c = a + (b + c).

(A3) Die Verknüpfung „+" ist kommutativ, d. h., für je zwei Elemente a, b ∈ **G** gilt: a + b = b + a.

(A4) Die Relation „<" erfüllt die Trichotomie, d. h., für je zwei Elemente a, b ∈ **G** gilt: *entweder* a < b *oder* a = b *oder* b < a.

(A5) Die Verknüpfung „+" und die Relation „<" sind verbunden durch: a < b ⇔ Es gibt ein x ∈ **G** mit a + x = b.

Alle uns bekannten Größenbereiche wie *Längen*, *Zeitspannen*, *Gewichte*, *Geldwerte*, *Flächeninhalte* und *Volumina* erfüllen die obigen Axiome. Auch die Menge der natürlichen Zahlen (Bereich der Stückzahlen) mit der Addition und der Relation „<" ist ein Größenbereich in diesem Sinne.

Man könnte nun Gesetzmäßigkeiten und Rechenregeln, die für alle Größenbereiche gelten, herleiten. Darauf soll jedoch an dieser Stelle verzichtet werden, denn das Rechnen mit Größen ist sicherlich nicht Bestandteil der vorschulischen mathematischen Bildung. Es ging in diesem Abschnitt vielmehr darum, einen Größenbereich mathematisch zu definieren und Relationen zwischen den Repräsentanten von Größen zu beschreiben.

Weiterhin sollte deutlich werden, welche Terminologie diesbezüglich von Bedeutung ist. Um die Eigenaktivitäten von Kindern angemessen deuten und (sprachlich) begleiten und vom Kindergarten aus den Übergang in die Grundschule auch fachlich gestalten zu können, sollten Erzieherinnen und Erzieher wissen, was man unter Größenbereichen versteht, und begrifflich Repräsentanten und Einheiten unterscheiden. Tabelle 6.3 stellt diesen Zusammenhang für die gängigen Größenbereiche dar. Dabei wird bei den Bezeichnungen zwischen *qualitativ* (Terminologie zur Erfassung von Eigenschaften von Repräsentanten) und *quantitativ* (gängige Maßeinheiten) unterschieden. Im Kindergartenalter steht im Wesentlichen die qualitative Terminologie im Mittelpunkt des kindlichen Tuns und seiner sprachlichen Begleitung; in der Grundschule stehen dann zunehmend auch die gängigen Maßeinheiten und ihre Zusammenhänge sowie der Messprozess selbst im Mittelpunkt.

Tab. 6.3 Größenbereiche und die damit verbundene Terminologie

Größen	Repräsentanten	Qualitative Bezeichnungen	Einheiten/quantitative Bezeichnungen
Längen	Stäbe, Wegstrecken …	lang, kurz	Kilometer, Meter, Zentimeter, Millimeter Fuß, Handspanne …
Gewichte	Gegenstände, Körper von Menschen/Tieren	leicht, schwer	Tonne, Kilogramm, Gramm Zentner, Pfund …
Zeitspannen	Abläufe, Vorgänge …	lang, kurz	Jahr, Monat, Woche, Tag, Stunde, Minute, Sekunde Klatschen …
Flächeninhalte	ebene Formen, Flächen, Grundstücke …	groß, klein	Quadratmeter, Quadratzentimeter Einheitsquadrate
Volumina	Gefäße, Körper …	wenig, viel, (fast) leer, voll	Liter, Kubikmeter, Kubikdezimeter, Kubikzentimeter Becher, Eimer
Werte	Mengen von Geldstücken und - scheinen	viel, wenig, billig, teuer	Euro, Cent

6.2 Größen und Messen als Bindeglied zu „Zahlen und Operationen" und „Raum und Form"

Mathematisch wie auch bezogen auf die Lebenswelt von Kindern und Erwachsenen hat der Kompetenzbereich *Größen und Messen* eine besondere Rolle in Bezug auf die Verbindung von arithmetischen und geometrischen Inhalten und Kompetenzen. Besonders das Messen ist ein wichtiges Bindeglied zwischen Arithmetik, d. h. dem Inhaltsbereich *Zahlen und Operationen*, und Geometrie, d. h. dem Inhaltsbereich *Raum und Form* (Abb. 6.1).

Abb. 6.1 Messen als Bindeglied zwischen Arithmetik und
Geometrie

Zahlen werden im Kontext von Größen zu Maßzahlen (vgl. Abschn. 4.2) und dienen somit zur Beschreibung von Sachverhalten, z. B. der Länge des Schwimmbeckens, die für das Seepferdchen-Abzeichen durchschwommen werden muss, oder dem Gewicht eines Kindes bei der Vorsorgeuntersuchung. In geometrischen Kontexten kommen Messprozesse bei der Bestimmung von und beim Umgang mit ebenen und räumlichen Figuren zum Tragen, z. B. bei der Bestimmung eines 90°-Winkels oder bei der Ermittlung des Umfangs einer Fläche, wenn z. B. ein Zaun aufgestellt werden soll. Grundsätzlich ist es wichtig, dass ein Verständnis von Maßzahlen aufgebaut wird und Maßzahlen von Rechenzahlen unterschieden werden können. Dieses Verständnis wird im Kindergarten angebahnt und in der (Grund-)Schule weiter ausgebaut.

Beim späteren Rechnen mit Maßzahlen ergeben sich Besonderheiten. Während beim Addieren und Subtrahieren von Größen, d. h. beim Aneinanderfügen bzw. Abtrennen von Repräsentanten einer Größe, Maßzahlen verrechnet werden (z. B. bei der rechnerischen Bestimmung des Größenunterschieds von zwei Kindern), werden Größen i. d. R. nicht mit Größen, sondern mit Zahlen multipliziert und dividiert[2] (z. B. bei der Ermittlung des Gesamtgewichts von drei Stück Butter à 250 g oder dem Umfang eines rechteckigen Grundstücks, das 10 m lang und 8 m breit ist). Auch bei der Umwandlung von einer Einheit in eine andere (Wie viele Minuten sind 3½ Stunden?) wird mit der Rechenzahl operiert.

Zahlen sind zudem in der mentalen Vorstellung häufig mit Längen verbunden. Viele Menschen stellen sich Zahlen, d. h. abstrakte mentale Konstrukte, häufig in Verbindung mit Abständen vor, z. B. anhand des Zahlenstrahls[3], auf dem die einzelnen Zahlen linear angeordnet sind. Lorenz (2012, S. 64) betont, dass eine solche lineare Anordnung in Form einer Zahlengerade auch plausibel sei, „denn Zahlen haben im menschlichen Denken keine absolute Größe, denn Hundert ist nicht mit einer bestimmten Länge (Größe) in unserem Denken versehen, aber wenn wir Hundert denken, dann ist die Hälfte von dieser Länge/Ausdehnung Fünfzig, und 99 liegt sehr nahe bei der Hundert".

Im Gegensatz zu anderen Größenbereichen sind Längen bereits von Geburt an wichtig und werden bereits von Kleinkindern wahrgenommen. Längen können eine Denkform für andere mathematische Inhalte sein, z. B. bezogen auf die Zeit („es dauert nicht mehr lange", „lange Zeit", „der Frühling ist noch weit") oder – bei älteren Kindern – bezogen auf Zahlbeziehungen (man kann sich „die Hälfte einer Zahl" als Mitte zwischen der Null und der Zahl vorstellen). Die Bedeutung der Länge wird auch daran deutlich, dass sie in Form der Skalierung bei den Messinstrumenten anderer Größen verwendet wird, z. B. bei analogen Uhren oder Waagen, beim Thermometer und Tachometer (vgl. Peter-Koop und Nührenbörger 2008). Allerdings kann eine naive Übertragung des arithmetischen Verständnisses des Zählens auf das Messen zu erheblichen (schulischen) Schwierigkeiten führen. Messen ist nicht gleichzusetzen mit Zählen, sondern folgt drei zentralen Kernideen, wie im folgenden Abschnitt erläutert wird.

---

[2] Ausnahmen bilden hier z. B. Geschwindigkeiten sowie Flächen- und Rauminhalte.

[3] In zahlreichen Lehrgängen und Schulbuchwerken für die Grundschule wird auf den Zahlenstrahl als Veranschaulichungs- und Arbeitsmittel zurückgegriffen. Beginnt er in der Grundschule bei null und umfasst nach rechts ausgerichtet die *Natürlichen Zahlen*, so lässt er sich in der Sekundarstufe problemlos nach links erweitern, um auch die *Negativen Zahlen* einzubeziehen. Im Folgenden werden dann die Abstände zwischen den *Ganzen Zahlen* betrachtet und dort die *Rationalen* und die *Irrationalen Zahlen* verortet. Mit der systematischen Zahlbereichserweiterung lässt sich auch das Veranschaulichungs- und Arbeitsmittel entsprechend erweitern.

6.3 Mess-Systeme und Messinstrumente

Das Wissen über Größen und die Einsicht in Messprozesse ermöglichen Kindern zunehmend das Verstehen und den kritisch-reflektiven Umgang mit ihrer physikalischen Umwelt und diesbezüglichen Daten mit Mitteln der Mathematik. Dieser unmittelbare Bezug zur Lebenswelt macht die Bedeutung dieses Inhaltsbereichs für die mathematische Grundbildung und die Entwicklung mathematischer Mündigkeit aus (vgl. Winter und Walter 2006). John Holt (1999, S. 89) verweist darauf, dass der Mensch „das Messen von Dingen nicht in Angriff [nahm], um gut im Rechnen zu werden, er maß Dinge, weil er bestimmte Sachverhalte herausfinden oder sich einprägen wollte oder musste, und er wurde im Rechnen immer besser, weil er es dazu verwendete, seine Messungen auszuführen, und feststellte, dass es ihm dabei half. Aber die Hauptsache war das Messen, nicht das Rechnen".

6.3.1 Kernideen des Messens

Unabhängig von den verschiedenen Größenbereichen folgt jedes Mess-System einer einheitlichen Grundstruktur:

1. Es muss eine Einheit gefunden werden, die unabhängig von Zeit und Raum ist.
2. Diese Einheit muss wiederholt benutzt und dabei gezählt werden, wenn das zu Messende größer ist als die Maßeinheit.
3. Die Einheit muss systematisch untergliedert werden, wenn keine natürliche Maßzahl das zu Messende völlig erfassen kann.

Am Beispiel des Größenbereichs Längen sollen diese für ein Verständnis des Messvorgangs grundlegenden Kernideen erläutert werden (vgl. Peter-Koop und Nührenbörger 2008):

- *Auswahl einer Einheit:* Grundlage eines jeden Messprozesses sind geeignete und passende Einheiten. Beim Messen von Längen sind dies Strecken oder Objekte, die konstant gleich groß bleiben und linear gedeutet werden können. Grundsätzlich lassen sich standardisierte Einheiten (s. dazu auch Abschn. 6.3.2) wie z. B. Meter und Zentimeter von willkürlich gewählten, sog. nichtstandardisierten Einheiten wie z. B. Schrittlängen oder Stäben unterscheiden.
- *Vervielfachen bzw. Zerlegen von Einheiten:* Die ausgewählte Einheit, z. B. Zentimeter, muss ohne Zwischenräume und Überlappungen hintereinander abgetragen werden. Dabei verlangt der Messkontext im Hinblick auf die Präzision einerseits feinere Einheiten (wenn das zu messenden Objekt z. B. länger als 3 cm und kürzer als 4 cm ist), und andererseits ein situatives Verständnis und konventionelle Entscheidungen über die Grenzen der Präzision.

- *Zählen der Anzahl von Einheiten und Untereinheiten:* Jeder Messprozess ist dadurch gekennzeichnet, dass die abgetragenen Einheiten mitgezählt bzw. bei verschiedenen Einheiten verrechnet werden. Anders als bei der geläufigen kardinalen Interpretation der Null als „nichts" muss die Null beim Messen als Startpunkt erkannt werden. Wenn keine natürliche Maßzahl das zu Messende vollständig erfassen kann, muss die Einheit systematisch untergliedert werden können. Durch die Verwendung standardisierter Einheiten wird sichergestellt, dass das Messergebnis unabhängig von (den Körpermaßen oder Schrittlängen) der messenden Person ist und dass kleinere bzw. größere Einheiten in systematischer Beziehung zur Basiseinheit stehen. Der Prozess des Messens erfordert die Verbindung von Raum- und Zahlvorstellungen (s. auch Abschn. 6.2) mit der Idee von beliebig oft wiederholbaren, zerlegbaren und zählbaren Einheiten. Längen sind aufgrund ihrer besonderen Zugänglichkeit – man sieht vielfach schon die Länge bzw. den Längenunterschied zwischen zwei Objekten oder zwei Personen, während das Gewicht bzw. ein Gewichtsunterschied mit bloßem Auge allein häufig nicht erkennbar ist – i. d. R. der erste Größenbereich, den schon junge Kinder systematisch erkunden, wenn sie z. B. wissen wollen, ob sie größer sind als der Freund oder die Freundin, wer den höheren Turm gebaut hat und welcher Papierflieger am weitesten geflogen ist. Weil dieser Größenbereich zudem die Kernideen des Messens besonders einsichtig widerspiegelt, kommt ihm auch in der Grundschule eine besondere Bedeutung zu. Längen sind i. d. R. der erste Größenbereich, der im Unterricht systematisch erarbeitet wird.

6.3.2 Entwicklung und Klassifizierung von Messinstrumenten

Die beim Messen eingesetzten Messinstrumente lassen sich dahingehend unterscheiden, ob sie auf standardisierten (d. h. normierten) oder willkürlichen (d. h. nichtnormierten) Einheiten basieren. Tabelle 6.4 veranschaulicht am Beispiel des Größenbereichs *Längen* eine Klassifizierung von Messinstrumenten, wie sie Kindern zunächst in ihrem Lebensalltag und später zunehmend auch im Unterricht begegnen.

Konventionelle Messwerkzeuge sind dabei die Mittler in der Wechselbeziehung zwischen dem Bereich der abstrakten Zeichen, den *Maßzahlen*, und dem Bereich der konkreten Instrumente und Objekte, den *Messgegenständen* (vgl. Peter-Koop und Nührenbörger 2008).

Die Tatsache, dass wir heute Längen in Zentimetern, Metern oder Kilometern messen und Gewichte in Gramm oder Kilogramm angeben und auch keine Zweifel an der Sinnhaftigkeit der Wahl dieser Einheiten haben, ergibt sich aus dem 1960 eingeführten *Internationalen Einheitensystem*. Es basiert auf sieben Basiseinheiten zu entsprechenden Basisgrößen (Länge, Masse/Gewicht, Zeit, Stromstärke, Temperatur, Stoffmenge und Lichtstärke), die per Konvention festgelegt wurden und in den meisten Ländern auch verwendet werden. Ausnahmen bilden z. B. die USA oder Großbritannien, wo vor allem im Alltag der Menschen nach wie vor noch die traditionellen Längenmaße *inch* (Zoll), *foot* (Fuß), *yard* (Schritt) und *mile* (Meile) verwendet werden. Auch diese nichtmetrischen Längenmaße

Tab. 6.4 Klassifizierung von Messinstrumenten (nach Peter-Koop und Nührenbörger 2008, S. 93)

Repräsentation nicht-normierter Einheiten	
gegenständliche, zweckentfremdete Messwerkzeuge	körpereigene, intuitiv-historische Messwerkzeuge
Strohhalm, Stift　　　　　*Baustein, Buch*	*Elle, Handspanne*　　　　　*Schritt, Fuß*

Repräsentation normierter Einheiten		
Repräsentation einzelner Einheiten	Konventionelle Messwerkzeuge	Veranschaulichung des linearen Messprozesses
Maßstäbe (z. B. ein Meterstab)	*Geodreieck, Messrad*	*Maßband, Zollstock, Lineal*

sind normiert – so entspricht z. B. ein *foot* immer 30,48 cm oder eine Meile (*mile*) 1,61 km. Auch traditionelle Hohlmaße sind in diesen Ländern nach wie vor in Gebrauch. So fasst ein Glas Wein (*glass*) in einem britischen Pub immer 7 cl, und ein Pint Bier (*pint*) entspricht 5,68 dl. Der Ölpreis wird weltweit in US-$ angegeben und ist immer bezogen auf ein *barrel* (Fass) mit einem Fassungsvermögen von genau 1,59 hl. Entsprechend beziehen sich Preisangaben an amerikanischen Tankstellen immer auf eine Gallone (*gallon*) Benzin oder Diesel; dies sind 4,55 l.

An den traditionellen angloamerikanischen Längenmaßen ist ihre Entstehungsgeschichte noch leicht erkennbar. Zoll, Fuß und Schritt gehen klar auf körpereigene Maße zurück, die am Beginn der kulturgeschichtlichen Entwicklung des Messens standen. Bereits die alten Ägypter und Griechen verwendeten vor mehreren tausend Jahren zum Messen ihre individuellen Körpermaße. Allerdings wurde schnell klar, dass die spezielle Fußlänge eines Menschen nur sinnvoll eingesetzt werden konnte, wenn zwei oder mehr zu messende Objekte mit dem gleichen Maß, nämlich genau dieser Fußlänge, gemessen werden konnten. War dies nicht möglich, weil sich die zu messenden Gegenstände nicht an einem Ort befanden, waren weder ein direkter noch ein indirekter Vergleich (d. h. mithilfe einer – hier nichtnormierten – Einheit) möglich.

Einen ersten Versuch zur Vereinheitlichung des Messwesens unternahm Kaiser Karl der Große. Er definierte in seinem Reich die Einheit Fuß mit seiner eigenen Schuhgröße. Während der folgenden 1000 Jahre war es dann gängige Praxis der Herrscher, Längenmaße willkürlich anhand der Abmessungen ihrer eigenen Gliedmaßen festzulegen. So geht die Maßeinheit *inch* z. B. auf Henry I. von England zurück, der diesbezüglich die Breite seines Daumens zugrunde legte. Doch die Tatsache, dass jedes Königreich oder Herzogtum nun seine eigenen Maße hatte, machte eine vergleichende Längenmessung über Ländergrenzen hinweg weitgehend unmöglich. Erst Ende des 18. Jahrhunderts kam es zu einem entscheidenden Durchbruch. 1793 verfügte Louis XVI. von Frankreich eine neue Längeneinheit: Der Meter wurde als der 40-millionste Teil der Länge des Erdmeridians, der durch Paris verläuft, festgelegt. Möglich wurde dies durch die Vermessung des Meridianbogens zwischen Barcelona und Dünkirchen durch die beiden Astronomen Jean-Baptiste Delambre und Pierre Méchain. Das Urmeter wurde als Referenzgröße schließlich 1799 in Platin gegossen und seitdem als Urmeterstab in Paris aufbewahrt.

Seit 1983 wird der Meter jedoch als die Strecke definiert, die das Licht innerhalb von 1/299.792.458 Sekunde zurücklegt. Diese neuerliche Festlegung ergab sich aus dem Umstand, dass Zeit mithilfe von Atomuhren inzwischen erheblich genauer messbar ist als Längen. Im Alltag wäre es allerdings äußerst unpraktisch, wenn man bezüglich der Längenmessung nur die Einheit Meter verwenden könnte, denn so käme es, abhängig vom zu messenden Gegenstand oder Abstand, zu sehr großen Zahlenwerten oder sehr kleinen Bruchteilen. Um Zahlenwerte mit vielen (Dezimal-)Stellen zu vermeiden, dienen Einheitenvorsätze bezogen auf alle metrischen Größen dazu, Vielfache oder Teile von Maßeinheiten zu bilden: Kilo-, Dezi-, Zenti- und Millimeter.

Nachdem die mathematischen und sachlichen Grundlagen des Inhaltsbereichs *Größen und Messen* geklärt wurden, richtet sich der Blick im Folgenden auf die lernpsychologischen und fachdidaktischen Aspekte, die für eine Thematisierung im Kindergarten wichtig sind, bevor abschließend Ideen für die Praxis im Kindergarten entwickelt werden.

6.4 Entwicklung von Größenvorstellungen und Messfertigkeiten

Die Entwicklung von Größenvorstellungen und Messfertigkeiten hat Wissenschaftlerinnen und Wissenschaftler, ausgehend von Piagets Arbeiten, zunächst aus entwicklungspsychologischer und später (ca. seit den 1980er-Jahren) zunehmend auch aus fachdidaktischer Perspektive beschäftigt. Die Entwicklung und der Stand der internationalen Diskussion sollen daher an dieser Stelle in verdichteter Form bezogen auf die frühe mathematische Bildung dargestellt werden (s. Abschn. 6.4.1). Mit dem neuen Jahrtausend kam eine weitere Perspektive hinzu, die sowohl entwicklungspsychologische als auch fachdidaktische Befunde aufgreift, deren Fokus jedoch auf der Diagnose und Förderung von Kompetenzen im Umgang mit Größen und Messinstrumenten liegt und die somit die Brücke zwischen Wissenschaft und praktischer Arbeit in Kindergarten und Grundschule schlägt. Exemplarisch soll diese diagnostische Perspektive anhand der Interviewteile zu den Größenbereichen *Längen* und *Zeit* des „Elementarmathetisches Basisinterview – Größen und Messen, Raum und Form" (Wollring et al. 2011) vorgestellt werden (s. Abschn. 6.4.2), mit dem Ziel, abschließend die Frage zu beantworten, was Kinder bereits vorschulisch zu Größen und Messen lernen können und sollten.

6.4.1   Die psychologische und fachdidaktische Perspektive

Pionier auf dem Gebiet der Theorieentwicklung zu kindlichen Größenvorstellungen und Messfertigkeiten war Jean Piaget. Basierend auf seinen Arbeiten zur Beschreibung der kognitiven Entwicklung von Kindern in Form der sog. Stufentheorie (vgl. Piaget 1974) widmete er sich in seinen Untersuchungen auch der Messfähigkeit und dem Messverhalten von Kindern (vgl. Piaget 1967; Piaget et al. 1974).

Allerdings gilt Piagets homogenes Stufenkonzept der kindlichen Entwicklung inzwischen als überholt und wird aus diesem Grund hier nicht ausführlich vorgestellt, wenngleich seine Einflüsse auf aktuelle Vorstellungen und Theorien kindlichen Lernens unbestritten sind. Die von ihm angewandte *klinische Methode* hat die moderne Entwicklungspsychologie nachhaltig dahingehend beeinflusst, dass „den Kindern erstmalig *zugehört* wurde" (Wittmann 1981, S. 70).

> Während das Denken des Kindes früher gewöhnlich nur negativ durch Fehler, Mängel und Minderleistungen bestimmt wurde [...], hat Piaget versucht, die qualitative Eigenart des kindlichen Denkens *positiv* zu charakterisieren. Früher interessierte man sich *dafür, was das Kind nicht hat*, und man definierte die Eigenarten des kindlichen Denkens als seine Unfähigkeit zur Abstraktion, zur Begriffsbildung, zur Verbindung von Urteilen, zur Schlussfolgerung usw. Nun wurde dasjenige in den Mittelpunkt der Aufmerksamkeit gerückt, *was das Kind hat*, was sein Denken durch spezifische Eigenschaften auszeichnet (Vygotskij 1969, S. 17 f.).

Spätere Untersuchungen zeigten allerdings, dass eine Reihe der Schlussfolgerungen, die Piaget und auch andere Wissenschaftler und Lehrende (s. dazu auch Abschn. 4.3.1) aus seinen Experimenten ableiteten, sehr wahrscheinlich nicht richtig waren (für eine Zusammenfassung des Diskussionsstandes vgl. Peter-Koop und Grüßing 2007a).

In seinen Experimenten zu Messfähigkeiten und zum Messverhalten von Kindern hat Piaget den Blick auf drei zentrale Aspekte gelenkt, die auch in theoretischen Modellen seiner Nachfolger noch eine zentrale Rolle spielen (Piaget 1967).

* *Längeninvarianz:* Eine zentrale Bedingung für das Verstehen von Messprozessen ist nach Piaget das Prinzip der Erhaltung. Ohne die Einsicht, dass z. B. ein Seil unabhängig von seiner Lage (z. B. gestreckt, wellen- oder bogenförmig) immer dieselbe Länge hat oder dass eine Entfernung zwischen zwei Punkten bezogen auf ihre Länge gleich bleibt (auch wenn ich dazwischen Hindernisse wie eine Mauer errichte), ist kein Verständnis von Längenmessung möglich.
* *Transitivität:* Das Wissen über Eigenschaften eines Objekts muss auf andere Objekte übertragen werden können. Dahinter steht folgende Einsicht: Wenn ein Gegenstand A genauso lang oder schwer (bzw. länger oder kürzer/leichter oder schwerer) ist wie (bzw. als) ein Gegenstand B und B genauso lang oder schwer ist wie ein Gegenstand C, dann ist auch A so lang oder so schwer wie C. Ein Beispiel: Wenn Lisa kleiner ist als Gitte und Gitte wiederum kleiner ist als Anna, dann ist Lisa auch kleiner als Anna.

- *Einheiten eines Ganzen bilden*: Eine weitere grundlegende Fähigkeit für die Entwicklung von Messverständnis ist es, Einheiten eines Ganzen bilden zu können. Das heißt, die Länge, das Gewicht oder die Fläche eines Gegenstands muss durch die eines anderen Gegenstands dargestellt werden können. Das gelingt, wenn Kinder erkennen, dass man mit 20 cm langen Strohhalmen die Länge eines 100 cm langen Seils darstellen kann. Nach Piaget erwirbt das Kind den mit diesem Konzept verbundenen Maßbegriff später als den Zahlbegriff, „da es schwieriger ist, sich ein Ganzes vorzustellen, das in gleiche Teile geteilt ist, als sich mit Elementen zu beschäftigen, die schon getrennt sind" (Stendler-Lavatelli 1976, S. 108).

Entsprechend seiner allgemeinen vierstufigen Entwicklungstheorie (s. oben) stellten Piaget und seine Mitarbeiterinnen Bärbel Inhelder und Alina Szeminska (Piaget et al. 1974) auch die Entwicklung des Messverhaltens in drei Stadien dar. Allerdings zeigte sich in der Folge, dass diese drei Stadien nicht für alle Kinder als eine Art Stufenfolge allgemeingültig sind (vgl. Looft und Svoboda 1975).

Messen und der Umgang mit Maßzahlen können nach van den Heuvel-Panhuizen und Buys (2005) als das Ordnen und Strukturieren der Umwelt mithilfe von Zahlen verstanden werden. Die unterschiedlichen Methoden und Messinstrumente haben sich, wie in Abschn. 6.3 beschrieben, im Laufe der Zeit immer weiter entwickelt. Gegenwärtig spielen Maßzahlen und Mess-Systeme in vielen Bereichen des Lebens eine wichtige Rolle. Entsprechend kommt auch dem Messen von Größen innerhalb der mathematischen Bildung von Kindergarten- und Schulkindern zunehmend Bedeutung zu und ist in den meisten vorschulischen Bildungsplänen verankert. Wie eingangs bereits betont, steht in engem Zusammenhang mit der Frage, was Kinder im Kindergarten bezogen auf Mathematik schon lernen *sollen*, die Frage, was sie bereits in jungen Jahren lernen *können*. In diesem Zusammenhang sind Forschungen zur kognitiven Entwicklung bezogen auf Größen- und Messverständnis interessant. Anknüpfend an die Arbeiten Piagets finden sich seit den 1970er-Jahren in der Fachliteratur entsprechende Arbeiten.

Erste Einsichten zum Messen entwickeln Kinder nach Clements und Sarama (2007) bereits im Alter von ungefähr 3 Jahren. Ab dann erkennen sie zunehmend, dass Dinge und Lebewesen Eigenschaften haben, die Längen, Gewichte, Zeitspanne, Flächen oder Rauminhalte betreffen. Hat ein 3-jähriges Kind Pudding in seinem Schälchen und nimmt sich noch etwas dazu, dann weiß es zwar, dass es nun mehr Pudding hat als vorher, doch es kann Größen (hier Gewicht) noch nicht genau messen und quantifizieren. Auch Vergleiche und Abschätzungen, ob etwas größer oder kleiner, leichter oder schwerer ist, basieren allein auf der Wahrnehmung. Junge Kinder beurteilen die Frage, ob ein Gegenstand leichter oder kürzer ist und mehr oder weniger Inhalt fasst, allein aufgrund ihrer Sinneseindrücke (vgl. Clements und Sarama 2004).

Halford (1993) hat mentale Modelle junger Kinder untersucht und beschreibt vier Ebenen der Anordnung von kognitiven Strukturen und ihrer Vernetzung bezogen auf das Lebensalter der Kinder, die auch Einsichten in die Entwicklung von Größenvorstellungen erlauben.

1. *Analogical Mapping:* Im Alter von ungefähr 1 bis 2 Jahren übertragen Kinder einzelne Erkenntnisse oder Elemente auf eine andere Struktur. Durch das Bilden von Analogien können Wissensbausteine aus einer Struktur dazu beitragen, eine andere Struktur auszubilden. Mit *analogical mapping* bezeichnet Halford die Abbildung eines Teils der Umwelt in Form eines kognitiven Gebildes. Kinder haben auf dieser Entwicklungsebene z. B. den Begriff „kurz" als Bezeichnung für die Länge eines Objekts erlernt und können dieses Attribut auf andere Objekte übertragen.

2. *Relational Mapping.* Kinder im Alter von 2 bis 5 Jahren können zwei Objekte in Beziehung setzen und zu einer neuen Struktur verknüpfen. Auf dieser Entwicklungsebene gelingt es ihnen, zwei Objekte, z. B. zwei Buntstifte, direkt miteinander zu vergleichen und zu bestimmen, ob ein Objekt kürzer ist als das andere oder ob beide Objekte gleich lang sind.

3. *System Mapping:* Ungefähr ab dem 4. Lebensjahr gelingt es Kindern, drei Objekte und die Beziehungen zwischen ihnen auf neue Strukturen zu übertragen. Kinder auf dieser Entwicklungsebene können z. B. die Konstanz der Länge eines Objekts (Längeninvarianz) trotz ablenkender Faktoren erkennen. Sie wissen nun, dass ein Gegenstand, auch wenn er an einen anderen Ort gebracht oder versteckt wird, noch genauso lang ist wie zuvor.

4. *Multiple System Mapping:* Ab dem 5. Lebensjahr gelingt es vielen Kindern, vier oder mehr Objekte und ihre Beziehungen untereinander auf andere gedankliche Konstrukte zu übertragen. Sie sind nun in der Lage, Messprozesse in elementarer Weise zu verstehen, d. h., sie können eine Länge mit der Anzahl der Einheiten in Beziehung setzen und nun Messungen mit normierten wie auch nichtnormierten Einheiten durchführen[4].

Konkret bezogen auf Längenkonzepte unterscheidet Battista (2006) zwei qualitativ grundlegend unterschiedliche Denkstrukturen, die sich nicht linear nacheinander, sondern vielmehr parallel entwickeln und die grundlegend andere kognitive Zugangsweisen darstellen – *nonmeasurement* und *measurement reasoning*[5].

Beim sog. *nonmeasurement reasoning* werden keine Zahlen eingesetzt. Vielmehr basiert es auf visuellen Beurteilungen, direkten Vergleichen und dem Nutzen von Eigenschaften von Teilen von Objekten, die zueinander in Beziehung gesetzt werden. *Measurement reasoning* hingegen bezeichnet das Messen von Größen mit Maßeinheiten. Die Länge eines Objekts wird mit Maßzahl und zugehöriger Einheit bestimmt, im Sinne des Feststellens

---

[4] Beispiele und authentische Fotos zum Bereich „Wiegen, Messen und Vergleichen" finden sich in dem Band „Mathe-Kings" (Hoenisch & Niggemeyer 2004).

[5] Der englische Begriff *reasoning* bedeutet eigentlich Argumentation, Schlussfolgerung oder auch logisches Denken. In diesem Kontext jedoch ist er wohl am geeignetsten mit den Begriffen Denkfähigkeit oder auch Denkstruktur zu übersetzen. In Verbindung mit dem Vorsatz *measurement* bzw. *nonmeasurement* ist die Qualität des Denkens bezogen auf Messprozesse gemeint, nämlich zum einen mit und ohne die konkrete Verbindung des Messens bzw. des Messvorgangs mit Maßzahlen und Einheiten. Da eine wörtliche deutsche Übersetzung sprachlich eher sperrig wäre, werden im Text die englischen Begriffe übernommen.

Tab. 6.5 Entwicklungsstufen von Längenkonzepten (Battista 2006, S. 141)

Nonmeasurement Reasoning			Measurement Reasoning	
N0	Holistischer visueller Vergleich		M0	Verwendung von Zahlen unabhängig von einer konstanten Einheit
N1	Vergleich durch Zerlegen oder Zusammensetzen einzelner Teile		M1	Fehlerhafte Wiederholung der Einheit
	1.1	Direkter Vergleich durch das Umstrukturieren einzelner Teile	M2	Korrekter Gebrauch der Einheit
	1.2	Eins-zu-eins-Zuordnung einzelner Teile	M3	Nutzen von logischen oder operativen Beziehungen
N2	Vergleich basierend auf Drehungen oder Verschiebungen einzelner Teile		M4	Verknüpfung von N2 mit numerischen Messungen

der Anzahl von Einheitslängen, die aneinandergereiht – ohne Lücken und Überlappung – der Länge des zu messenden Objekts entsprechen. Für beide Denkstrukturen ergeben sich laut Battista (ebd., S. 141) verschiedene Stufen (sog. „kognitive Plateaus") im Rahmen der Entwicklung eines tragfähigen und umfassenden Verständnisses der Längenmessung, die in Tab. 6.5 dargestellt sind.

Die Ausführungen von Battista basieren im Wesentlichen auf Experimenten mit Schülerinnen und Schülern der Klassenstufen 1 bis 5. Besonders interessant für die Entwicklung des mathematischen Denkens im vorschulischen Bereich sind jeweils die Grundstufen beider Denkstrukturen. Hierbei ergeben sich auch Parallelen zu den vier Ebenen der Anordnung von kognitiven Strukturen nach Halford (s. oben). Daher soll dies im Folgenden genauer ausgeführt werden[6].

Die Einsicht in Messprozesse und das Verständnis von Größen ist auf der untersten Ebene (N0) zunächst rein visuell basiert. Junge Kinder orientieren sich allein daran, wie Dinge aussehen. Sie ist zudem ganzheitlich basiert, denn die Kinder betrachten und fokussieren stets das gesamte Objekt und nicht systematisch einzelne Aspekte oder Teile. Zeigt man z. B. jungen Kindern die beiden zwei Seile so angeordnet wie in Abb. 6.2, so argumentieren sie i. d. R., dass beide Seile gleich lang sind, weil sie bei ihrem Vergleich allein von den Endpunkten ausgehen.

Abb. 6.2 Item zum holistischen visuellen Vergleich

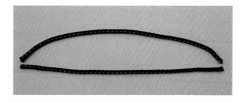

---

[6] Die Entwicklungsstufen N1 und N2 beziehen sich eher auf die Fähigkeiten älterer Kinder. Sie werden bei Battista ausführlich mit Bezug auf Beispielaufgaben und entsprechende Schülerlösungen erläutert.

Wenn Kinder beginnen, sich mit der Länge von Objekten auseinanderzusetzen, verwenden sie verschiedene holistische Strategien. Beim *direkten Vergleich* vergleichen sie die Längen von zwei Objekten, indem sie diese direkt nebeneinander legen. Schon etwas einsichtsvoller ist der *indirekte Vergleich*, bei dem zwei Objekte mithilfe eines dritten Objekts, z. B. eines Fadens oder der Fingerspanne, verglichen werden, indem die Länge eines Objekts z. B. mithilfe des Fadens erfasst und dann direkt mit dem zweiten Objekt verglichen wird. Kinder auf dieser Entwicklungsstufe verwenden in verschiedenen Messkontexten des Weiteren folgende Strategien: Beim Vergleich zweier gerader Gegenstände werden nur die Anfangs- oder Endpunkte betrachtet und verglichen (ohne zu berücksichtigen, dass beide Objekte eine gleiche Basis haben); beim Vergleich zweier gekrümmter Objekte (z. B. Seile) werden nur Anfangs- und Endpunkte betrachtet, ohne zu berücksichtigen, was dazwischen liegt, d. h., wie stark und häufig die Krümmungen sind, oder das Kind versucht sich vorzustellen, welches Objekt länger wäre, wenn man es gerade zieht.

Auf der Ebene des *measurement reasoning* ist laut Battista (ebd., S. 143 ff.) der Ausgangspunkt für weitere Einsichten das *Zählen* von Einheiten (M0). Hier wird z. B. auf zeichnerischer Ebene allerdings noch nicht darauf geachtet, dass die Einheit eine konstante Größe ist. Entsprechend variiert die Länge der Einheit, während sich die Kinder auf das Zählen (hier ihrer zeichnerischen Objekte) konzentrieren. Grundlegend für die nächste Stufe (M1) ist zwar der Versuch, wiederholt eine Einheit zu verwenden, doch es wird noch nicht darauf geachtet, dass keine Lücken oder Überlappungen entstehen, oder die Kinder verlieren die Konstanz der Einheit aus dem Blick. Erst ab Stufe M2 werden Einheiten korrekt verwendet und mit Maßzahlen verknüpft (auf den beiden folgenden Stufen zunehmend unter Nutzung logischer und rechnerischer Beziehungen). Battista (ebd., S. 145) betont, dass auf der insgesamt höchsten Entwicklungsstufe M4 eine Verbindung der höchsten nichtnumerischen Stufe N2 mit Maßzahlen erfolgt. Allerdings gelingt dies der überwiegenden Mehrheit der Kinder sicherlich erst in der zweiten Hälfte der Grundschule.

Battista betont weiterhin, dass die meisten Kinder zunächst nichtnumerische Messstrategien entwickeln und dass sich diese Kompetenzen mit dem Erwerb numerischer Messkompetenz auch noch weiter entwickeln. Seiner Meinung nach besteht die größte Herausforderung und Leistung in der Integration beider Denkstrukturen (ebd., S. 141).

Auch Clements und Sarama (2007) thematisieren in ihrem Überblicksartikel zum frühen mathematischen Lernen, in dem sie die internationale Forschungsliteratur auswerten, ausführlich die Entwicklung von Größen- und Messvorstellungen[7] (siehe Abb. 6.3).

Da der Größenbereich *Länge* Kindern von frühem Alter an über visuelle Längenvergleiche unmittelbar zugänglich ist, haben sie nach Clements und Sarama ein intuitives Verständnis von Längen (ebd., S. 520). Das umfassende Verständnis der Längenmessung verlangt aber die Entwicklung von mindestens acht verschiedenen Vorstellungen und Einsichten, die in Abb. 6.3 genauer beschrieben werden.

---

[7] In der angloamerikanischen Fachliteratur wird der Inhaltsbereich *Größen und Messen* häufig unter der Überschrift *geometric measurement* gefasst, weil das Messen als Brücke zwischen den Bereichen Geometrie und Arithmetik gesehen wird (vgl. auch Abschn. 6.2).

Verständnis des Attributes Länge
Grundsätzlich muss verstanden werden, dass eine Länge die Distanz zwischen zwei Punkten im euklidischen Raum bedeutet.

Längeninvarianz
Die Länge eines Objektes ist unabhängig von seiner Lage oder Ausrichtung im Raum (vgl. auch *system mapping* nach Halford (1993) siehe oben).

Transitivität
Das Wissen über die Länge eines Objektes kann als Referenzmaß zum Längenvergleich mit anderen Objekten genutzt werden (vgl. Piagets (1967) Experimente zu Messfähigkeiten und zum Messverhalten in Abschnitt 2.3.4).

Aufteilen in gleichlange Teile
Hierunter wird die Fähigkeit verstanden, ein Objekt in der Vorstellung in gleichlange Stücke teilen zu können. Das ist für Kinder nicht unbedingt offensichtlich. Aufschluss über das Vorhandensein dieser Fähigkeit bekommt man z. B. wenn man Kinder fragt, wozu die Striche auf einem Lineal da sind (vgl. Clements & Barrett, 1996 sowie Lehrer, 2003).

Wiederholung der Einheit
Grundlegend für das Messen ist zudem die Einsicht, dass die Länge eines Objekts mit Hilfe eines kleineren Objektes gemessen werden kann (engl. *unit iteration*), das wiederholt ohne Lücken und Überlappungen angelegt und dabei gezählt wird (vgl. auch Kamii & Clark, 1997).

Akkumulation von Abständen
Eng verbunden mit der Wiederholung der Einheit ist die Erkenntnis, dass die Zahlwörter, die das wiederholte Abtragen einer Einheit entlang der Länge eines Objektes begleiten, jeweils angeben, welche Gesamtlänge bislang erfasst wurde. Piaget, Inhelder und Szeminska (1974) haben als erste das Messverhalten von Kindern als Akkumulation von Abständen (engl. *accumulation of distance*) charakterisiert. Damit verbunden ist das Verständnis, dass z. B. die Länge von drei Einheiten einen Teil der (Gesamt-) Länge von vier Einheiten bildet. Wichtig ist dabei das Augenmerk auf die Zahl der Abstände, die die abgetragenen Einheiten markieren, nicht das Zählen der Objekte, die als Einheiten verwendet werden.

Ausgangspunkt der Messung (Nullpunkt)
Für ein umfassendes Verständnis der Längenmessung ist ferner die Einsicht erforderlich, dass grundsätzlich jeder Punkt auf einer Skala als Anfangspunkt der Messung dienen kann. Junge Kinder beginnen bei ihren Messaktivitäten (analog zum Zählen) häufig bei der 1 und nicht bei Null.

Beziehung zwischen Maßzahl und Größe der Einheit
Schließlich ist für ein erfolgreiches Messen wichtig, dass der Zusammenhang zwischen der Zahl der Einheiten (die wiederholt angelegt oder abgetragen werden) und dem Messergebnis nicht absolut gesehen wird, sondern dass vielmehr erkannt wird, dass die gemessene Länge in enger Beziehung zur Wahl der Einheit steht.

Abb. 6.3 Grundlegende Einsichten in die Messung von Längen (Clements und Sarama 2007, S. 519)

Während weitgehend Einigkeit über die zentralen Einsichten in den Messprozess besteht (vgl. dazu auch Lehrer 2003, S. 181, der eine ähnliche achtgliedrige konzeptionelle Grundlage beschreibt wie Clements und Sarama 2007), wird die Reihenfolge, in der Kinder diese Einsichten erwerben, nach wie vor diskutiert und richtet sich sicher nach den individuellen Erfahrungen der Kinder. Auch wenn die o. g. Reihenfolge sicher weitgehend mit der kindlichen Entwicklung korrespondiert, ist es von den individuell unterschiedlichen Erfahrungshorizonten und dem Zugang zu frühkindlichen Bildungsangeboten abhängig, in welchem Alter Kinder eine Fähigkeit oder Einsicht entwickeln. Auch ist davon auszugehen, dass sich die o. g. Konzepte nicht ausschließlich hierarchisch entwickeln, sondern teilweise parallel gebildet werden.

6.4.2 Die diagnostische Perspektive

Im Rahmen des australischen *Early Numeracy Research Project* (Clarke 2001; Clarke et al. 2002) wurde auf der Basis der Auswertung der psychologischen wie fachdidaktischen Literatur in Verbindung mit empirischen Studien ein Interviewverfahren für die Klassenstufen 0 bis 2, d. h. für Kinder im Alter von 4 bis 8 Jahren, entwickelt, das auch einen inhaltlichen Teil zu Größen einschließt (vgl. dazu Abschn. 3.2.2). Basierend auf dem australischen Originalinterview (Clarke et al. 2003) ist in engem Kontakt mit den australischen Kolleginnen und Kollegen eine deutsche Bearbeitung entstanden (vgl. Becker 2009), die als *Elementarmathematisches Basisinterview – Größen und Messen, Raum und Form* (Wollring et al. 2011) veröffentlicht wurde, das bereits im letzten Kindergartenjahr vor der Einschulung eingesetzt werden kann. Im Handbuch werden vielfältige Einsatzmöglichkeiten im Detail beschrieben. Interessant ist im Kontext der Entwicklung von Größenvorstellungen und Messeinsichten das Rahmenkonzept der *Ausprägungsgrade* der Entwicklung mathematischen Denkens (s. dazu Wollring et al. 2011, S. 8 ff. sowie Abschn. 3.2.2). Diese Ausprägungsgrade werden anhand entsprechend konzipierter Aufgaben festgestellt, die im Rahmen von Begleitstudien empirisch überprüft und abgesichert wurden. Die Ausprägungsgrade beschreiben erreichte „Meilensteine" (engl. *growth points*) in der Entwicklung mathematischen Denkens und verdeutlichen zugleich, welche Meilensteine als nächstes erreicht werden sollen.

Für das deutschsprachige Interview wurden aus den sechs Größenbereichen, die im Mathematikunterricht der Grundschule behandelt werden, exemplarisch zwei Bereiche ausgewählt. Der Größenbereich *Länge* wurde gewählt, weil er Kindern am unmittelbarsten zugänglich ist und ihnen vielfältige eigene Erfahrungen und Anlässe zum Messen bietet. Der Bereich *Zeit* hingegen wurde aufgenommen, weil er als einziger Größenbereich von der dezimalen Struktur abweicht und somit besondere Einsichten, Kenntnisse und Fähigkeiten erfordert. Das Elementarmathematische Basisinterview (EMBI) setzt, bezogen auf den Inhaltsbereich *Größen und Messen,* an der Erhebung des Vorwissens von Kindern an. So wird zunächst begriffliches Vorwissen zu entsprechenden längen- und zeitbezogenen Fachtermini, Repräsentanten und Einheiten erhoben. Daran schließt sich das Ermitteln von Strategien zum Darstellen, Vergleichen und Messen von Größen an. Während dieser Bereich in den Bildungsstandards für die Grundschule (Kultusministerkonferenz 2005) nicht weiter unterschieden wird, ist es gerade am Schulanfang wichtig, hier genauer zu differenzieren und Teilkompetenzen festzustellen. Darauf liegt der Schwerpunkt dieser beiden Interviewteile. Es wird auf der Strategieebene erhoben, wie Kinder Größen vergleichen. Dabei wird unterschieden zwischen dem *direkten Vergleich*, d. h., zwei Objekte werden durch Nebeneinanderlegen visuell anhand ihrer Länge verglichen, und dem *indirekten Vergleich* mithilfe eines dritten Objekts (s. auch Abschn. 6.4.1). Im Teilbereich *Zeit* bieten sich direkte Vergleiche von Zeitspannen weniger an, daher steht die Kenntnis von Standardeinheiten wie Wochentag und Monat sowie das Darstellen, Lesen und In-Beziehung-Setzen von analogen und digitalen Uhrzeiten im Mittelpunkt. Mithilfe von Uhr- und Linealbildern (Peter-Koop und Nührenbörger 2008) wird zudem die Einsicht in den Aufbau von konventionellen Messinstrumenten aus der kindlichen Lebenswelt untersucht. Abschließend werden in beiden Interviewteilen längen- und zeitbezogene Kompetenzen in Sachsituationen erhoben, in dem unterschiedliche Aufgaben unter Nutzung von Größenverständnis gelöst werden müssen.

Für die beiden Interviewteile *E: Zeit* und *F: Länge* werden theoretisch wie empirisch fundiert jeweils sechs Ausprägungsgrade der Entwicklung mathematischen Denkens formuliert (Tab. 6.6). Diese Ausprägungsgrade sind im Wesentlichen hierarchisch geordnet, d. h., höhere Werte indizieren zunehmend komplexes Denken und Verstehen. Im Rahmen der empirischen Validierung des Interviews wurden auch 32 zufällig ausgewählte Kindergartenkinder im letzten Kindergartenjahr mit beiden Interviewteilen befragt (Becker 2009, S. 128 ff). Bezogen auf den Größenbereich *Zeit* konnten 60 % dieser Kinder typische Tätigkeiten im Tageslauf nennen und rund 35 % verwendeten dabei auch zeitbezogene Begrifflichkeiten wie z. B. „morgens", „mittags", „später". Fast alle Kinder (97 %) konnten die Wochentage der Reihe nach nennen. Die Frage nach den Monaten beantworteten noch 66 %, wobei die Aufzählungen nicht immer vollständig und chronologisch korrekt waren, was allerdings bei Ausprägungsgrad 1 auch nicht gefordert war.

Für das Erreichen von Ausprägungsgrad 2 mussten mindestens vier Wochentage und sieben Monatsnamen gewusst werden. Beim Umgang mit dem Kalender (gezeigt wurde das Kalenderblatt des Monats Juni) gelang es rund 60 % der Kinder, den 18. Juni zu zeigen, und die Hälfte der Befragten konnte auch den letzten Tag des Monats zeigen. Bei der Feststellung der Wochentage hingegen sank die Lösungshäufigkeit deutlich auf 25 bzw. 31 %. Zudem konnten drei der 32 Kinder auch noch den Monat nach Juni und den Wochentag nennen, auf den der 1. Juli fällt (diese Information war dem Kalenderblatt direkt nicht zu entnehmen und musste erschlossen werden). Diese Kinder erreichten somit auch Ausprägungsgrad 3. Bei den Items zur Erreichung der Ausprägungsgrade 4 bis 6 wurden seitens der Kindergartenkinder nur noch vereinzelt richtige Antworten gegeben (Details s. Becker 2009, S. 136 ff.).

Tab. 6.6 Ausprägungsgrade der Entwicklung mathematischen Denkens bezogen auf die Größenbereiche Zeit und Längen (Wollring et al. 2011, S. 58)

E: Zeit
0.	**Nicht ersichtlich,** ob und inwiefern das Kind bereits Einsichten bezüglich zeitbezogener Terminologie und/oder der Charakteristika des Ziffernblatts gewonnen hat.
1.	**Zeitbezogene Terminologie kennen** Das Kind verwendet passende Terminologie bezogen auf den Größenbereich „Zeit" und kann einen Tagesablauf der Reihenfolge nach beschreiben.
2.	**Einheiten zur Zeitmessung benennen** Das Kind kennt (einige) Wochentage und Monate.
3.	**Konventionelles Messgerät benutzen** Das Kind kann ein Datum auf dem Kalender korrekt bestimmen und Uhrzeiten ablesen. Ein Zeitpunkt wird mit Maßzahl und Einheit benannt.
4.	**Standardisierte Einheiten kennen und gebrauchen** Das Kind zeigt grundlegende Einsichten in den Aufbau einer analogen Uhr bezüglich der verwendeten Intervalle und der Funktion der Uhrzeiger.
5.	**Uhrzeiten auf der analogen Uhr lesen und Beziehungen zwischen verschiedenen Uhrdarstellungen herstellen** Das Kind kann Uhrzeiten auf analogen und digitalen Ziffernblättern lesen/darstellen.
6.	**Zeitdauer und Zeitpunkt berechnen** Das Kind kann mit Angabe von Anfangs- und Endzeitpunkt eine Zeitdauer bzw. mit Angabe von Anfangspunkt und Zeitdauer den Endzeitpunkt berechnen.
F: Länge
0.	**Nicht ersichtlich,** ob das Kind bereits Einsichten in das Konzept „Länge" entwickelt hat bzw. längenbezogene Terminologie kennt.
1.	**Längenattribut kennen und passende Terminologien verwenden** Das Kind hat Einblicke in das Attribut der Länge gewonnen und benutzt passende Terminologie.
2.	**Längen von Objekten direkt vergleichen** Das Kind vergleicht, ordnet und sortiert Objekte der Länge nach und nutzt dazu den direkten Vergleich. Es weiß um die Konstanz von Längen.
3.	**Längen von Objekten indirekt vergleichen** Mithilfe eines dritten Objekts vergleicht, sortiert und misst das Kind Objekte der Länge nach.
4.	**Standardisierte Maßeinheiten und konventionelle Messgeräte kennen** Das Kind hat grundlegende Einblicke in den Aufbau eines Lineals und seiner Intervalle.
5.	**Konventionelles Messgerät benutzen** Das Kind verwendet ein Lineal korrekt und benennt das Messergebnis als Maßzahl und Einheit.
6.	**Wissen und Erfahrungen in Bezug auf Längen anwenden** Das Kind kann unterschiedliche Aufgaben und Probleme bezogen auf den Größenbereich „Länge" lösen und nutzt dazu ein Längenkonzept. Es weiß um die Bedeutung des Nullpunkts beim Messen.

Abb. 6.4 Versuchsdesign zur
Erhebung der Einsicht in die
Längenkonstanz (Wollring
et al. 2011, S. 36)

In Bezug auf die Interviewitems zum Größenbereich *Länge* ergaben sich ähnliche Hinweise auf Vorkenntnisse von Kindergartenkindern im letzten Jahr vor der Einschulung (vgl. dazu Becker 2009, S. 148 ff.). Knapp 90 % der untersuchten 32 Vorschulkinder gelang es beim *direkten Vergleich*, drei Stifte der Länge nach zu ordnen. Differenzierter fallen die Befunde zur Einsicht in *Längenkonstanz* aus. Während nur rund 20 % der Vorschulkinder ohne Berührung feststellen konnten, dass ein gekrümmt liegendes Seil insgesamt länger ist als ein gestreckt liegendes (Abb. 6.4), konnte die Überprüfung über den direkten Vergleich von 80 % der Kinder erfolgreich durchgeführt und eine Begründung für das Ergebnis ihrer Überprüfung angegeben werden. Die Einsicht in die Konstanz einer Länge ist nach Lehrer (2003, S. 181 f.) Grundvoraussetzung für den Aufbau einer Längenvorstellung und liegt offenbar bei einem Großteil der Vorschulkinder bereits vor.

Weiterhin wurde in der Untersuchung von Becker (ebd.) überprüft, inwiefern junge Kinder einen indirekten Längenvergleich vornehmen können und inwiefern sie über Wissen bezüglich der *Transitivität von Längen* verfügen. Dazu wurden die Kinder gebeten abzuschätzen, welche der beiden Balken des „großen T" (Abb. 6.5) länger ist. Seitens der Kindergartenkinder vermuteten bereits nahezu 80 %, dass Linie B länger sei, doch die Überprüfung durch Ausmessen mithilfe eines Cuisenaire-Stabs mit der Länge 5 cm gelang nur rund 20 % der Kinder (im Vergleich zu 40 % der Erstklässlerinnen und Erstklässler sowie rund 65 % der Zweitklässlerinnen und Zweitklässler). Von diesen Kindern gelang es dann fast allen, eine sinnvolle mathematische Erklärung ihres Handelns zu geben. Hatten die Kinder nicht nur einen, sondern fünf Cuisenaire-Stäbe gleicher Länge zur Verfügung, so gelang es knapp 90 % der untersuchten Vorschulkinder, die beiden Längen zu messen und zu vergleichen. Allerdings muss hier berücksichtigt werden, dass allein aus der Tatsache, dass Kinder mit entsprechend vielen Objekten eine Länge auslegen können, noch nicht auf das Vorhandensein eines rudimentären Messverständnisses geschlossen werden kann.

Abb. 6.5 Versuchsdesign
zur Transitivität von Längen
(Wollring et al. 2011, S. 37)

Clements und Sarama (2007) verweisen auf die Beziehung zwischen Zählen und Messen und stellen fest, dass Kinder, die mehrere Objekte gleicher Länge benötigen, um eine Länge auszumessen (und eben noch nicht mit nur einem Messobjekt messen können, das wiederholt angelegt wird), häufig nicht zwischen Messen und Zählen unterscheiden können, d. h., sie setzten die *Anzahl* der Einheiten gleich mit der *Maßzahl*, ohne dabei die Einheit zu berücksichtigen (ebd., S. 517). Bei der Überprüfung, inwieweit die untersuchten Vorschulkinder eine Beziehung zwischen Maßzahl und Einheit herstellen können, zeigte sich, dass 23 von 32 Kindern eine Beziehung zwischen Zahl und Einheit im Sinne einer Maßzahl herstellen konnten.

Auch wenn die Anzahl und Ausrichtung der Items für die endgültige Interviewfassung aufgrund der Befunde der Pilotierung in diesem Bereich noch leicht verändert wurden und sich somit keine direkten Zahlen ablesen lassen, ist festzustellen, dass ungefähr zwei Drittel der zufällig ausgewählten Vorschulkinder bereits Ausprägungsgrad 3 erreichten. Ferner wurde anhand der Analysen der von den Kindern gezeichneten Linealbilder[8] und ihrer Erläuterungen deutlich, dass die meisten Vorschulkinder bereits Zahlen und Markierungen (Striche) eingezeichnet hatten und dazu auch sinnvolle Erklärungen geben konnten. Bei den meisten von ihnen konnte Ausprägungsgrad 4, d. h. im Wesentlichen die Kenntnis standardisierter Maßeinheiten, jedoch noch nicht nachgewiesen werden.

Die Untersuchung ist insgesamt ein Hinweis auf schon erhebliche Vorkenntnisse vor Schulanfang – zumindest für einen Teil der Kinder. Eine parallele Untersuchung in Australien mit den gleichen Interviewitems kam dabei zu ähnlichen Befunden, die als Pilotierungsstudie jedoch nicht explizit veröffentlicht wurden.

Das Erreichen der nächsthöheren Stufe, in der Kinder ihr bisheriges Wissen mit neuen Erfahrungen verknüpfen, ist zum einen durch ihre kognitiven Möglichkeiten, logische Schlussfolgerungen zu ziehen, bedingt. Zum anderen verlangt es die Gelegenheit, möglichst viele praktische Erfahrungen selbst zu sammeln. Lowrie und Owens (2000) resümieren ihre Analyse verschiedener Untersuchungen zur Kompetenzentwicklung in den Bereichen *space* (dt. Raum und Form) und *measurement* (dt. Größen und Messen) mit der Feststellung, dass bedeutende Entwicklungsschritte immer dann auftreten, wenn Kinder verschiedene Strategien erkunden und prüfen. Das Entwickeln und Erkunden von Strategien sowie die Erprobung verschiedener Verfahren führt zur Bildung neuen Wissens. Entsprechend ist es Aufgabe des Kindergartens und der Schule, geeignete Erlebnis- und Entdeckungsräume zu schaffen, in denen Kinder sich mit Aufgaben/Erkundungen befassen, die zum einen für sie bedeutungsvoll sind und zum anderen ihrem kognitiven Entwicklungsniveau entsprechen (vgl. Bobrowski 1992).

Entsprechend soll im folgenden Abschnitt die Frage im Mittelpunkt stehen, was Kinder bereits vorschulisch über Größen und Messen lernen können (und sollten), um ihren bildungspolitischen Anspruch auf Zugang zu kindlichen mathematischen Bildungsprozessen gerecht zu werden.

---

[8] Dazu wurde den Kindern ein rund 20 cm langer Papierstreifen mit dem Hinweis gegeben, dass dies ein Lineal sein soll und dass das Kind bitte einzeichnen soll, was noch fehle, damit man mit dem Lineal auch messen könne.

6.5   Kinder entdecken Größen und Messstrategien

Während man bis ins 19. Jahrhundert hinein keine standardisierten Einheiten kannte, begegnen Standardeinheiten heutzutage bereits Kindergartenkindern, z. B. im Zusammenhang mit Messlatten zur Bestimmung der eigenen Körperlänge, Küchen- und Körperwaagen, Messbechern beim Kochen sowie auf digitalen und analogen Uhren. Boulton-Lewis (1987) hat in Untersuchungen zum Längenverständnis von australischen Vor- und Grundschulkindern festgestellt, dass junge Kinder bereits erfolgreich (wenn auch in erster Linie rein prozessbezogen) mit einem Lineal arbeiten können, bevor sie in der Lage sind, sich Strategien für den Einsatz nichtkonventioneller Messwerkzeuge (z. B. Holzstäbe) zu überlegen. Im Wesentlichen wurde noch ein rein instrumentelles Verständnis des Messgeräts beobachtet, d. h., die Kinder hatten gelernt, wo man das Lineal, den Zollstock oder das Maßband anlegt und dass die Zahl auf der Skalierung, die am Ende des Objekts liegt, die Länge angibt, ohne zwingend schon Einsichten in Invarianz oder Transitivität von Längen entwickelt zu haben. Beobachtet wurde ferner, dass Kinder der ersten, zweiten und dritten Klassenstufe sogar häufig den Einsatz eines konventionellen Messinstruments vorziehen, selbst wenn sie seinen Gebrauch noch nicht richtig verstanden haben (Boulton-Lewis et al. 1996). Zu ähnlichen Erkenntnissen kamen auch Nunes et al. (1993) bei einer Untersuchung mit britischen Zweitklässlerinnen und Zweitklässlern. Die Kinder waren beim Messen mit standardisierten Messwerkzeugen erfolgreicher als beim Umgang mit willkürlichen Einheiten wie einem Stück Bindfaden, obwohl laut landesweit geltendem Curriculum für den Mathematikunterricht in der 2. Klasse der Einsatz nichtstandardisierter Einheiten geübt werden sollte.

Worin liegt also die Attraktivität standardisierter Messinstrumente für junge Kinder bzw. was bedingt ihre offensichtlich bereits außerschulisch erworbenen Kompetenzen? Grundlage sind sicherlich ihre individuellen Vorerfahrungen. So sind die meisten Kinder bereits mehrfach selbst gemessen oder gewogen worden, sie kennen die Anfangszeiten ihrer Lieblingssendungen im Fernsehen oder vielleicht den Preis ihres Lieblingsschokoriegels. An diesen individuellen Erfahrungen setzt die Arbeit im Kindergarten an. Zum einen gilt es, Kindern Raum und Zeit zu geben, um über ihre vielfältigen Erfahrungen zu berichten und auch ihre individuellen Theorien zum Einsatz von Messwerkzeugen zu äußern und zu demonstrieren. Zum anderen ist es eine wichtige Aufgabe, Kindern Erfahrungsräume mit verschiedenen Größen und Messwerkzeugen zu eröffnen (vgl. die Befunde von Lowrie und Owens 2000 in Abschn. 6.4.2). Abschließend sollen daher zu den einzelnen oben bereits behandelten Größenbereichen Aktivitäten für die Arbeit im Kindergarten aufgezeigt werden, die das „Kind als Messender aller Dinge" (Miller 1984) ernst nehmen.

Generell gilt diesbezüglich für alle Größenbereiche, dass ein wichtiger erster Schritt in der Entwicklung des benötigten Vokabulars liegt (s. auch Tab. 6.3 in Abschn. 6.1): ohne die Kenntnis der Bedeutung von Wörtern wie *lang*, *hoch*, *schwer*, *Dauer* und von Fachtermini wie z. B. den Zahlwörtern (besonders in Bezug auf die Unregelmäßigkeiten bei ihrer Bildung), Monatsnamen, Wochentagen, Einheitensowie Bezeichnungen für Messwerkzeuge und ihre Bestandteile (z. B. Ziffernblatt, Zeiger, Lineal, Zollstock, Balkenwaage etc.). Ohne Kenntnis dieses Vokabulars ist eine Verständigung über individuelle Beobachtungen, Einsichten, Ideen sowie die Beurteilung von Fähigkeiten und Wissen nur schwer möglich. Montague-Smith (1997) stellt diesbezüglich ein Begriffsnetz für Maße auf, in dem sie zwischen *beschreibenden* Begriffen (z. B. groß, klein, lang, kurz, breit, schmal, leicht, schwer, hoch, niedrig, leer, voll, winzig) und *vergleichenden* Begriffen (z. B. größer, kleiner, länger, kürzer, breiter, schmaler, leichter, schwerer, höher, niedriger, ungefähr gleich, mehr als, weniger als, zu klein, nicht groß genug) unterscheidet und dies mit Hinweisen auf entsprechende Aktivitäten und Beobachtungskriterien verbindet (ebd., S. 116, vgl. dazu auch die Adaptation von Lorenz 2012, S. 145 f.).

Bei der Behandlung von Größen im Kindergarten geht es ferner explizit nicht darum, den Schulstoff vorwegnehmend bereits im Kindergarten zu behandeln. Maximen für die frühe mathematische Bildung sind vielmehr die Orientierung an Alltags- und Spielsituationen, wie in Kap. 2 ausführlich dargelegt wurde, und im Sinne des Gedankens der *mathematical literacy* die Fragen, was für das Kind im Hier und Jetzt relevant und was für die weitere Entwicklung mathematischen Denkens grundlegend ist. Mit anderen Worten: Ausgehend von den konkreten Interessen und Lebenssituationen der Kinder soll Raum für eigene Entdeckungen und Erkundungen gegeben werden, die dann in der (Klein-)Gruppe oder auch individuell im Diskurs mit der begleitenden Erzieherin/dem begleitenden Erzieher reflektiert und sprachlich konsolidiert werden.

6.5.1 Längen

Der Größenbereich der Längen ist schon jungen Kindern unmittelbar zugänglich, weil man Längenunterschiede häufig schon ohne gezielte Messaktivitäten sieht bzw. ein direkter Vergleich oft leicht möglich ist. Die Zunahme der eigenen Körperlänge ist vielen Kindern schon früh bewusst, und sie demonstrieren gern und häufig, wie „groß" sie schon sind, indem sie die eigene Körperlänge mit den Körperlängen von Eltern, Geschwistern, Nachbarskindern etc. vergleichen. Hier ist der Ansatzpunkt für die Thematisierung im Kindergarten. Gerade in altersgemischten Gruppen ist es interessant zu sehen, ob die kleinsten Kinder auch die jüngsten Kinder sind, und es ist eine einsichtsvolle und durchaus anspruchsvolle Aufgabe, wenn sich alle Kinder der Gruppe der Größe nach (vom kleinsten zum größten Kind) aufstellen sollen, nachdem das vorher schon in kleineren (Teil-)Gruppen praktiziert wurde. Ein Foto dokumentiert ggf. ergänzend die aktuelle Reihenfolge und dient für einen späteren Zeitpunkt zum Vergleich. Grundsätzlich kann die Frage „Was ist länger?" bzw. „Was ist am längsten?" die Kinder bei vielen Bau- und Spielaktivitäten begleiten und sollte immer wieder gestellt und hinsichtlich des strategischen Vorgehens thematisiert werden. So ergeben sich auch Situationen, in denen ein direkter Vergleich nicht möglich ist, weil Dinge fest montiert (wenn z. B. die Breite des Fensters mit der der Tür zum Gruppenraum verglichen werden soll) oder nur schwer so nebeneinander arrangiert werden können, dass ein direkter Vergleich möglich ist, wie die beiden Fotos aus dem

Buch *Mathe-Kings* von Nancy Hoenisch und Elisabeth Niggemeyer aus dem Jahr 2004 zeigen (Abb. 6.6). Für das Messen und ggf. den anschließenden indirekten Vergleich muss ein drittes Objekt – hier ein Stück Schnur – verwendet werden. Der Vergleich der Längen von zwei Schnüren oder der Markierungen, falls nur eine Schnur zum Einsatz kommt, ermöglicht dann die Antwort auf die Frage: „Was ist größer: der Kopf oder die Melone?"

Abb. 6.6   Wiegen, Messen und Vergleichen (Hoenisch und Niggemeyer 2004, S. 118–119)

Interessant wird gerade in diesem Kontext auch die Frage, was man alles zum Messen verwenden kann und welche Objekte bestimmte Messwerkzeuge erfordern. Mit einem Maßband kann dann noch quantitativ jeweils die Länge des Kopfumfangs und des Umfangs der Melone bestimmt werden – ein Vorschlag, den sicherlich Kinder einbringen werden, die Erwachsene oder ältere Kinder schon beim Messen mit einem Maßband beobachtet haben. Denn in vielen internationalen Untersuchungen fiel immer auf, dass von authentischen Messwerkzeugen, deren Gebrauch Kinder im Alltag in der Familie, beim Arzt, im Supermarkt oder in der KiTa erleben, eine große Faszination ausgeht sowie der Wunsch, selbst mit diesen Messinstrumenten zu messen und ihren Gebrauch zu erlernen. Hier liegt sicherlich der Übergang zur schulischen Behandlung von Längen, doch auch im Kindergarten sollten Kinder, für die das ein Thema ist, die Möglichkeit haben, mit standardisierten Messinstrumenten erste Messerfahrungen zu machen und diese im Gespräch mit anderen zu reflektieren.

Auch der eingangs dargestellte direkte Vergleich der Körperlängen der Kinder bietet eine Ausweitung des Messverständnisses im Hinblick auf einen indirekten Vergleich an. Mithilfe von Papierstreifen zu den Körperlängen aller Kinder einer Gruppe (hierfür eignen sich gut Tapetenreste, die in ca. 5 cm breite Streifen geschnitten, dann auf die passende Länge gekürzt und mit Namen beschriftet werden) ist nach 6 oder 12 Monaten leicht der Größenvergleich bezogen auf jedes einzelne Kind möglich – eine Messung, die im direkten Vergleich nicht möglich wäre. Mithilfe der Streifen wird nun auch der indirekte Vergleich der Längen aller Kinder der Gruppe möglich.

Abb. 6.7 Illustration aus „Das
kleine Krokodil und die große
Liebe" (Kulot 2003, S. 4, ©
Thienemann Verlag, Stutt-
gart/Wien)

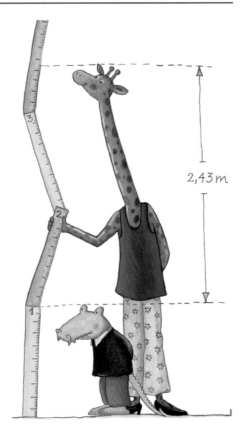

Auch Bilderbücher[9] sind ein kindgemäßer Zugang zur Erkundung von Längen und ihrer Messung. In den Büchern über Krokodil und Giraffe von Daniela Kulot geht es um
die Schwierigkeiten, die sich für Giraffe und Krokodil ergeben, die zwar eine große Liebe
verbindet, aber ein erheblicher Größenunterschied trennt (Abb. 6.7): „Das ist Giraffe. Sie
ist sehr groß. Und das ist Krokodil. Krokodil ist sehr klein. Dazwischen liegen genau zwei
Meter dreiundvierzig. Trotzdem sind die beiden ein Paar." (Kulot 2003, S. 4)

Schon beim Vorlesen und gemeinsamen Betrachten der Bilder ergeben sich zahlreiche
Gesprächsanlässe zu der Frage, wie und warum man Längen misst. So werden zu dem obigen Bild sicherlich einige Kinder anmerken, dass der Zollstock nicht gerade gehalten wird
und die Messung daher ungenau ist. Hier könnten Aktivitäten ansetzen, die dieser Beobachtung nachgehen, auch die Fortführung der Geschichte anhand von eigenen Bildern, die
Vor- und Nachteile des Größenunterschieds thematisieren, ist denkbar und bietet zahlreiche Reflexions- und Gesprächsanlässe zum Vergleich von Längen und der Ermittlung von
Längenunterschieden.

---

[9] Hinweise auf weitere Bilderbücher und Spiele finden sich am Ende dieses Kapitels.

Sinnvoll sind alle Aktivitäten, die unmittelbar die Fragen von Kindern aufnehmen und ihnen helfen, Dinge, die sie interessieren, zu klären. Für eine Kindergartengruppe ergab sich beim Besuch der örtlichen Kirche die Frage: „Wie hoch ist die Kirchendecke?" Sicher höher als 2 Meter, wusste ein Junge zu berichten, denn so groß sei sein Vater, und die Decke sei noch sehr viel höher. Der Einsatz eines Heliumballons mit einer langen Schnur daran führte schließlich zur Antwort 22 Meter (Bostelmann 2009, S. 33 f.).

Zusammenfassend bleibt festzuhalten, dass neben der Entwicklung der längenbezogenen Terminologie der Kindergarten der richtige Ort für ausführliche Erkundungen von direkten und indirekten Längenvergleichen ist, denn so machen die Kinder wichtige Vorerfahrungen für den schulischen Aufbau von Größenverständnis, die sowohl altersangemessen wie auch perspektivisch mit Blick auf das schulische Weiterlernen sinnvoll und wichtig sind und in den meisten Fällen sicher auch dem natürlichen Erkenntnisinteresse der Kinder entsprechen.

6.5.2   Flächeninhalte und Volumina

Die drei Größenbereiche Längen, Flächeninhalte und Volumina stehen in engem Zusammenhang, denn sie ergeben den Dreischritt von der Eindimensionalität (Längen) über die Zweidimensionalität (Flächen) zur Dreidimensionalität (Volumina). Für das weitere Verständnis der Schulmathematik ist es wichtig, dass Schülerinnen und Schüler um die besonderen Eigenschaften dieser drei Größenbereiche und ihrer Beziehungen wissen[10]. Sonst ist es in der Sekundarstufe nicht möglich, den Flächeninhalt und den Umfang einer Fläche zu unterscheiden bzw. über die Kenntnis der Berechnung des Flächeninhalts die Oberfläche von Körpern zu bestimmen. Geht es bei der Längenmessung in erster Linie um die Veranschaulichung und Betonung der Linearität, betonen frühe mathematische Aktivitäten im Umgang mit Flächen eben gerade die Flächigkeit ebener Formen. Dies wird für junge Kinder am besten über das Auslegen von Flächen erfahrbar. Der Umgang mit dem Tangram oder das Legen von Puzzles sind Aktivitäten, die das Auslegen einer Fläche verlangen. Hierzu finden sich zahlreiche, für die verschiedenen Altersgruppen geeignete Gesellschaftsspiele und Puzzlespiele.

Das Auslegen von Flächen mit Einheitsquadraten ist die Grundlage für den Vergleich von Flächen unterschiedlicher Gestalt und bereitet das schulische Verständnis von Flä-

---

[10] Hier setzt auch das Programm Count Me into Measurement an, das von einer Forschungsgruppe in Sydney für die Klassen 0 bis 2 entwickelt wurde (Outhred et al. 2003). Es basiert auf drei Phasen: (1) Einsicht in das Attribut der Länge (direkter Vergleich, Konstanz der Länge); (2) indirekter Vergleich von Längen mithilfe mehrerer gleich langer Einheiten durch Auslegen; (3) wiederholtes Anlegen einer Einheit, verbunden mit der Einsicht: Je länger die Einheit, desto weniger oft muss angelegt werden. Auch wenn das beschriebene Vorgehen klar auf den Schulunterricht bezogen und so sicherlich nicht direkt auf die Arbeit im Kindergarten übertragbar ist, liefert es wertvolle Ansatzpunkte für Aktivitäten im Elementarbereich und verweist auf die Bedeutung von Handlungserfahrungen bezogen auf die beiden ersten Stufen, während Stufe 3 eher im Anfangsunterricht zu verorten ist.

cheninhalt in geeigneter Form vor. Nach unserer Erfahrung sind die Vorlieben von Kindern beim Spielen nicht nur geschlechtsbezogen, sondern generell individuell unterschiedlich. Bei Kindern, die sich von selbst nicht mit Puzzles oder ähnlichen Aktivitäten beschäftigen, sollte überprüft werden, ob die Kinder dies durchaus können, aber nicht unbedingt großen Gefallen daran finden oder ob sie diese Art von Spielen und Aktivitäten vermeiden, weil sie diesbezüglich kaum Erfolgserlebnisse haben. Hier kann ein motivierender Zugang darin bestehen, mit dem betreffenden Kind ein (zunächst leichtes) eigenes Puzzle eines Bildes[11] herzustellen, das dann wieder zusammengesetzt wird. Dabei sollte besprochen werden, wie man beim Zusammensetzen vorgehen kann und worauf man bei den Einzelteilen achten muss, um Gemeinsamkeiten und entsprechende Passungen zu finden. Motivierend sind auch große Bodenpuzzles, die von mehreren Kindern gemeinsam gelegt werden und die allein schon aufgrund ihrer Größe eine besondere Motivation darstellen. Entscheidend ist, dass Kinder lernen, Flächen und Längen hinsichtlich ihrer Dimension zu unterscheiden.

Allerdings ist zu berücksichtigen, dass die Welt, die uns umgibt, dreidimensional ist. Daher ist der mathematisch komplexeste der drei Größenbereiche – Volumina – zugleich der Bereich, der Kindern schon vom frühesten Alter an zugänglich ist. Bereits kleine Kinder beschäftigen sich beim Baden oder beim Spielen im Sandkasten mit dem Umschütten von Wasser oder Sand in Gefäße verschiedener Größe und/oder Gestalt. Daher geht der spielerische Umgang mit Volumina wohl i. d. R. der Erkundung von Längen und Flächen voraus. Seit Piaget in seinen Arbeiten zur Entwicklung der Messfähigkeit von Kindern auf die Bedeutung der Einsicht in die Invarianz von Längen, Flächen und Volumina (s. Abschn. 6.4.1) hingewiesen hat, haben u. a. seine Umschüttversuche die Kindergartenpraxis nachhaltig beeinflusst. In den meisten Kindertagesstätten finden sich sog. Experimentier-, Schätz- und Messtische (vgl. Entdeckungskiste 2010, S. 44 f.). Durch das eigene Handeln beim Umschütten von Sand oder Wasser aus einem hohen und schmalen in ein breites und dafür niedriges Gefäß und wieder zurück und die Reflexion der Beobachtungen entwickelt sich langsam die Einsicht in die Invarianz von diskreten Mengen wie Wasser oder Sand, d. h., die Kinder erkennen, dass sich die Menge an sich nicht ändert und der Inhalt nur auf den ersten Blick mehr oder weniger zu werden scheint, wenn sich der Durchmesser des Gefäßes ändert.

Geschichten und Bilderbücher können auch bezogen auf Volumina ein geeigneter Ausgangspunkt für mathematische Aktivitäten und Überlegungen sein. So beschreiben Clarke et al. (2003) die folgende Episode ausgehend von der Geschichte „Alexander's Outing" der bekannten australischen Kinderbuchautorin Pamela Allen (1994), die jedoch leicht auch auf Deutsch nacherzählt werden kann:

---

[11] Der Bildinhalt sollte ein Thema aufgreifen, für das sich das Kind interessiert, z. B. eine Tierpostkarte, das Bild einer Puppe aus einem Katalog oder das Foto eines Baggers.

Der Protagonist dieser Geschichte, das kleine Entenküken Alexander, lebt mit seiner Mutter und seinen vier Geschwistern in einem hübschen Teich in einem kleinen Park. Eines Tages macht die Familie einen Ausflug, und Alexander, der ein kleiner Träumer ist, verliert den Anschluss und fällt in ein tiefes Loch. Die Verzweiflung seiner Mutter und seiner Geschwister wächst, je mehr Leute vergeblich versuchen, Alexander zu befreien. Dann kommt ein kleiner Junge vorbei und schüttet so lange Wasser in das Loch, bis der Wasserspiegel so weit nach oben steigt, dass Alexander an die Oberfläche des so entstandenen kleinen Sees schwimmen und zurück zu seiner Familie gelangen kann.

Clarke und seine Kolleginnen (ebd.) beschreiben, wie der Kontext der Geschichte in einer Vorschulklasse als Ausgangspunkt für eigene Experimente genutzt wurde. Dabei ging es darum, eine kleine Gummiente, die in einer Wanne saß, an den Rand des Gefäßes schwimmen zu lassen, indem Wasser eingefüllt wurde. Dazu standen Becher verschiedener Größen zur Verfügung, und die Kinder konnten entdecken, dass zwischen der Größe des Gefäßes und der Anzahl nötiger Füllungen ein antiproportionaler Zusammenhang besteht. Mit anderen Worten: Je größer der Becher, d. h., je mehr Volumen erfasst wird, desto weniger Füllungen braucht man, um die Ente an den oberen Rand der Wanne schwimmen zu lassen.

Analog zur Auslegung von (rechtwinkligen) Flächen mit Einheitsquadraten und diesbezüglichen Strategien zum Vergleich der Flächeninhalte bietet sich bezogen auf Volumina das Ausfüllen von quaderförmigen Behältern mit Einheitswürfeln an. Geeignet sind Holzwürfel mit der Kantenlänge 2 cm, wie sie im pädagogischen Fachhandel in größeren Stückzahlen zu beziehen sind. Diese sind für Kinderhände gut handhabbar und regen außerdem zum eigenen Bauen von dreidimensionalen Objekten an, die dann wieder über die Ermittlung der Anzahl der verbauten Einheitswürfel hinsichtlich ihrer Volumina miteinander verglichen werden können.

Zusammenfassend lässt sich festhalten, dass neben der Entwicklung eines größenbezogenen Wortschatzes vor allem eigene Handlungserfahrungen beim Auslegen bzw. Ausfüllen von zwei- und dreidimensionalen Formen und die klassischen Umschüttversuche nach Piaget grundlegende Einsichten in Flächeninhalte und Volumina erlauben, die zum einen der natürlichen Neugier von jungen Kindern Raum geben und zum anderen das Fundament für das schulische Weiterlernen bilden.

6.5.3   Gewichte

Anders als Längen, Flächeninhalte und Volumina sind Gewichte jungen Kindern (wie auch noch vielen älteren Kindern und Erwachsenen) nur wenig zugänglich. Das liegt zum einen daran, dass Gewichtsunterschiede meist nicht über visuelle Eindrücke erfassbar sind und das Erspüren des Gewichts oft nicht ausreicht, um zu beurteilen, ob ein Objekt leichter oder schwerer ist als ein anderes – besonders wenn der Gewichtsunterschied nur wenige Gramm beträgt. Das Schätzen von Längen fällt Kindern wie Erwachsenen leichter als das Schätzen von Gewichten. Kaufmann (2010, S. 122) verweist in diesem Zusammenhang darauf, „dass das Auge, das wichtigste Sinnesorgan des Menschen, den größten Anteil von Sinneseindrücken aufnimmt. Vorstellungsbilder und Vergleichsgrößen werden gespeichert und können beim Schätzen von Längen leicht herangezogen werden. Anders ist es mit dem Fühlsinn, der für das Gewichtsempfinden zuständig ist. Dieser wird eher selten bewusst aktiviert". Außerdem hängt unsere Gewichtseinschätzung von der Handhabbarkeit des zu schätzenden Objekts ab. Kaufmann führt diesbezüglich das Beispiel eines 20 kg schweren Kindes an, das uns beim Tragen vielfach leichter erscheint als ein gleich schwerer Kartoffelsack oder Koffer, weil es sich an uns festhält. Direkte Vergleiche allein über den Fühlsinn sind daher häufig unzuverlässig und verlangen den Einsatz von Messwerkzeugen wie z. B. den klassischen Balkenwaagen, die zwar heute im Alltag i. d. R. nicht mehr gebräuchlich sind, doch aus gutem Grund noch zur Ausstattung von Kinderzimmern, Kindergärten und Grundschulen gehören (Abb. 6.8). Denn die in Haushalten und Geschäften verwendeten (meist digitalen) Personen-, Küchen-, Brief- und Obstwaagen liefern keinen erkennbaren Hinweis mehr auf das zugrunde liegende Prinzip des Wiegens, nämlich den Vergleich mit einer Einheit.

Abb. 6.8 „Bausteine wiegen" (Fotos aus dem Projekt „Mathe-Bilderbuch" von Peter-Koop und Grüßing 2005, in dieser Form unveröffentlicht)

Balkenwaagen haben einen unmittelbaren Aufforderungscharakter und motivieren zum Experimentieren. Der Junge in Abb. 6.8 hat erkannt, dass gleiche Anzahlen gleich großer Bausteine auch gleich schwer sind (Foto links) und entsprechend ein Ungleichgewicht entsteht, wenn ungleichmäßig Steine entfernt werden (Foto rechts), wobei die Vergleichseinheit hier ein spezieller Lego-Baustein ist. Eine geeignete Begleitung eines solchen kindlichen Tuns besteht in der Versprachlichung. Das heißt, das Kind sollte angeregt werden, seine Beobachtungen sprachlich zu formulieren. Gelingt dieses noch nicht oder nur ansatzweise, helfen Beschreibungen seitens der Erzieherin/des Erziehers dem Kind, seine Beobachtungen bewusst und reflektierbar zu machen. Bezogen auf das obige Beispiel, könnte z. B. ein Baustein anderer Größe als Referenzstein (also als Einheit) gewählt werden. Wählt man beispielsweise einen Stein, der genau halb so groß ist wie ein anderer Bausteintyp, lassen sich die Erfahrungen ausbauen, denn nun wird besonders deutlich, dass die Anzahl der Steine in direktem Zusammenhang zu ihrer Größe steht – so wiegen z. B. zwei

„Vierersteine" genauso viel wie ein „Achterstein". Diese stark spielgebundene Ebene ist Kindergartenkindern sicherlich zugänglicher als der Einsatz von Gewichtsstückchen, wie sie später in der Schule verwendet werden.

Ergänzend zum Experimentieren mit Balkenwaagen ist auch die Erkundung von Waagen anderen Typs denkbar. Beim gemeinsamen Backen wird wahrscheinlich früher oder später die Frage aufkommen, wie die (digitale) Küchenwaage funktioniert und warum man beim Backen keine Balkenwaage mehr benutzt. Kinderwaagen, wie sie im Spielkontext Kaufladen gern von Kindern verwendet werden, helfen dabei, das Gewicht verschiedener Waren zu ermitteln und zu vergleichen – gerade weil der direkte Vergleich über den Fühlsinn eher schwierig ist, wenn sich das Gewicht nur geringfügig unterscheidet (Abb. 6.9).

Abb. 6.9 Fühlen oder Wiegen – was ist besser?

Auch wenn schon viele Kinder durchaus wissen, dass Kilogramm und Gramm Maßeinheiten für die Angabe von Gewichten sind, geht es in der frühen mathematischen Bildung nicht darum, standardisierte Einheiten einzuführen. Ziel ist es vielmehr, vielfältige Handlungsmöglichkeiten zu eröffnen und Handlungserfahrungen beim Messen und Vergleichen von Gewichten zu versprachlichen, d. h., Beobachtungen zu beschreiben, zu vergleichen und zu hinterfragen.

6.5.4   Zeit bzw. Zeitspannen

Auch mit dem Größenbereich *Zeit* kommen Kinder lange vor der Schule in Berührung. Wiederkehrende Zeitpunkte, verbunden mit einem festen Datum wie dem eigenen Geburtstag oder dem Weihnachtsfest, sind ebenso wichtige Anhaltspunkte bei der Orientierung im Jahresverlauf wie der regelmäßige Wechsel der Jahreszeiten, Monate und Wochentage. Kinder erfahren den sichtbaren Wechsel zwischen Tag und Nacht und sehen an den verschiedensten Orten Uhren, Kalender und Fahrpläne.

Anders als bei Längen oder Gewichten ist ein direkter Vergleich vom Zeitspannen nicht möglich, und auch die standardisierte Zeitmessung in Form von Uhren ist Vorschulkindern i. d. R. nur ansatzweise zugänglich. Ihre Vermittlung ist Aufgabe der Grundschule und findet sich in den meisten Schulbüchern am Ende von Klasse 1 bzw. ab Klasse 2.

Bei der vorschulischen Thematisierung dieses Größenbereichs geht es vielmehr zum einen darum, Kindern durch das bewusste Erleben der Jahreszeiten, Monate, Wochen und Tage einen Orientierungsrahmen zu bieten. In diesem Rahmen können z. B. jeden Morgen bei der Begrüßung im Morgenkreis der aktuelle Wochentag und das Datum genannt werden. Auf einem Kalender sind zudem die Geburtstage der Kinder sowie die Termine für Feste und Veranstaltungen sowie die Ferientage notiert, und auf einem solchen Kalender kann z. B. das aktuelle Datum mit einer Heftklammer o. Ä. markiert werden. Diese wandert jeden Tag einen Tag weiter. Nach Wochenenden, Feiertagen und Ferien gibt es entsprechend größere Sprünge, die dann thematisiert werden können. Dabei können auch der Wechsel von Monaten und der kalendarische Wechsel der Jahreszeiten besonders betont und im Gespräch aufgenommen werden. Bilderbücher, Spiele, Lieder und Gedichte zum Jahreslauf unterstützen die Einprägung der Monatsnamen und Wochentage und ihrer Reihenfolgen. Eine analoge Wanduhr hilft bei der Orientierung im Tagesablauf: Frühstück ist um 9 Uhr, dann steht der kleine Zeiger auf der Neun und der große Zeiger auf der Zwölf. Gartenzeit ist dann ab 10 Uhr, also in einer Stunde, wenn der große Zeiger einmal ganz im Kreis gelaufen und der kleine Zeiger auf die Zehn vorgerückt ist. So bekommen Kinder einen ersten Eindruck davon, wie Zeit mithilfe einer Uhr gemessen werden kann, ohne dass erwartet wird, dass sie Uhrzeiten minutengerecht ablesen können.

Zum anderen sollte weder im Kindergarten noch in der Schule das Thema Zeit auf den Umgang mit der Uhr und das Berechnen von Zeitspannen reduziert werden, weist dieser Größenbereich doch einige Besonderheiten auf (Ruwisch 2007). So ist das Zeitempfinden individuell geprägt. Der letzte Tag vor dem Geburtstag kann sich für das Geburtstagskind gefühlt unendlich in die Länge ziehen, während die Feier des Kindergeburtstags vergleichsweise wie im Flug vergeht. Kinder, die im Urlaub im Ausland waren, berichten vielleicht von einer geografisch bedingten Zeitumstellung, der Wechsel der Jahreszeiten ist unmittelbar naturbezogen, und mit dem Glauben an das ewige Leben verbunden ist eine religiöse Rahmung (zu den verschiedenen Dimensionen von Zeit vgl. auch Sundermann et al. 2001, S. 192).

Bezogen auf diesen Größenbereich spielt auch die Sprache eine zentrale Rolle. Kaufmann (2010, S. 118) weist darauf hin, dass es eine Vielzahl von Begriffen gibt, „um Zeitpunkte, Zeiträume, zeitliche Regelmäßigkeiten und Abfolgen auszudrücken, die zwar im Alltag häufig benutzt werden, für die Kinder jedoch nicht ganz einfach sind: letzte Woche, vorgestern, gestern, heute, morgen, übermorgen, nächste Woche, am Abend, abends, jeden Abend, den ganzen Abend, zuerst, dann, danach, zum Schluss, später, vorher, nachher, wieder, noch einmal, manchmal, immer, selten, nie, häufig." Kaufmann betont zudem, dass besonders die in die Zukunft weisenden Begrifflichkeiten wie „nachher", „morgen" wichtig sind, da die Kinder (und Erwachsene auch) das Futur bei der Bildung von Verben häufig nicht verwenden und stattdessen auch zukünftig geplante Aktivitäten im Präsens formulieren („Montag gehe ich zum Kindergeburtstag!").

6.6 Ausblick auf den Mathematikunterricht

Bei der schulischen Kompetenzentwicklung in Bezug auf *Größen und Messen* bilden vor- bzw. außerschulische Erfahrungen wichtige und tragfähige Grundlagen – besonders im Hinblick auf den Umgang mit standardisierten (Längen-) Messinstrumenten. Traditionelle Unterrichtsansätze nehmen diese Vorerfahrungen jedoch häufig nicht auf, sondern folgen vielmehr der *didaktischen Stufenfolge* (vgl. Radatz et al. 1998, S. 170). Diese entspricht Piagets Vorstellung von einer strukturgenetischen Entwicklung des kindlichen Geistes in hierarchischen Stufen, die die historische Entwicklung menschlichen Wissens im Laufe der Menschheitsgeschichte widerspiegelt. Die hierarchisch strukturierten Stufen folgen dabei einer aus der Perspektive von Erwachsenen vorgenommenen Analyse des Mess-Systems. Entsprechend sollen die Kinder im Unterricht verschiedene Phasen der Längenmessung vom direkten und indirekten Vergleich über das Messen mit nichtstandardisierten Einheiten bis hin zum Messen mit standardisierten Einheiten (erst Zentimeter und Meter, später Millimeter und Kilometer) selbst durchlaufen, nachvollziehen und verstehen.

Die Vorstellung, nichts sei natürlicher als mit dem eigenen Körper zu messen, betont zwar zu Recht die Bedeutung von Körpermaßen und Körpermesserfahrungen, lässt aber den kindlichen Zugang zum Messen mithilfe konventioneller Messinstrumente außer Acht (vgl. Abschn. 6.5). Der schulische Kompetenzaufbau in Bezug auf Größen und Messen kann hingegen am besten gelingen, wenn im Unterricht

- das *Vorwissen* der Kinder im Hinblick auf standardisierte Maßeinheiten und Messinstrumente einbezogen wird,
- der Zusammenhang zwischen *Einheiten und ihren Untereinheiten* ebenso explizit thematisiert wird wie der Aufbaus einer *Skalierung*,
- beim Messen im Unterricht *bedeutsame* Situationen gewählt werden, die eine aktive Auseinandersetzung mit *Vergleichs-, Mess- und Schätzaktivitäten* sowie die Reflexion der eigenen konkreten Handlungserfahrungen im Umgang mit verschiedenen *konventionellen und nichtstandardisierten Messwerkzeugen* anregen und erfordern,
- alltagstaugliche *Stützpunktvorstellungen* und wechselseitige Bezüge zwischen verschiedenen Größen, die das Vorstellen und Behalten stützen, aufgebaut und genutzt werden (Peter-Koop und Nührenbörger 2008, S. 98 f.).

6.7 Fazit

Mit Blick auf den Beginn dieses Kapitels, in dem zunächst die mathematische Fundierung eines Größenbereichs behandelt wurde, sowie den sich daran anschließenden Ausführungen, Überlegungen und Beispielen ist deutlich geworden, warum die Auseinandersetzung mit Größen auch in der akademischen Ausbildung von Elementarpädagoginnen und -pädagogen von Bedeutung ist. In der Mathematik ist der Größenbegriff viel weiter gefasst als im alltäglichen Sprachgebrauch, in dem sich der Begriff Größe häufig auf die Größe einer

Zahl im Sinne von Stückzahlen oder Anzahlen bezieht. Während Stück- und Anzahlen sowie Geldwerte *gezählt* werden, werden Längen, Gewichte, Volumina, Flächeninhalte und Zeitspannen *gemessen*. Hierfür sind je nach Größenbereich spezifische Messinstrumente nötig. Die Erkenntnis, dass zwischen Größen und ihrer Messung bzw. den einschlägigen Messinstrumenten ein Zusammenhang besteht, beginnt sicherlich schon im Kindergartenalter und setzt nicht erst mit dem schulischen Mathematikunterricht ein.

Doch wie in diesem Buch an verschiedenen Stellen schon betont wurde, gibt es bislang seitens der Forschung keine Hinweise darauf, dass bereits im Elementarbereich ein systematisches und strukturiertes (eben verschultes) Vorgehen bei der Thematisierung mathematischer Inhalte von Vorteil ist. Dies gilt sicherlich auch für den Umgang mit Größen – auch wenn sich in der Literatur nach wie vor Publikationen finden, die ein stark am Schulunterricht orientiertes Lernen propagieren, wie z. B. der Band *Mathematik – zählen, ordnen, messen* (Taylor 2006), der im Wesentlichen die deutsche Übersetzung eines Handbuchs aus Großbritannien ist.

Stattdessen sollten sinnvolle vorschulische mathematische Lerngelegenheiten bezogen auf Größen methodisch anders angelegt sein und das Kind und seine Interessen in den Mittelpunkt stellen. Und Kinder interessieren sich für das, was Erwachsene tun, und eifern ihnen nach – auch im Umgang mit standardisierten Messinstrumenten. Entsprechend sollten Erzieherinnen und Erzieher als Lernbegleiter und Ansprechpartner zur Verfügung stehen, die behutsam diesbezügliche kindliche Aktivitäten wahr- und aufnehmen, sie sprachlich begleiten und die Kinder zu weiteren Entdeckungen und Aktivitäten animieren. Gerade die Längenmessung ist ein Bereich, in dem Kinder schon früh standardisierten Einheiten begegnen.

> Children are tacit measures of nearly everything. Early and repeated experiences with cultural artifacts like rulers, and with the general epistemology of quantification that is characteristic of many contemporary societies, provides a fertile ground for developing mathematical understanding of measure (Lehrer 2003, S. 189).

Wie ein konsequent am Kind orientiertes Vorgehen in der Praxis aussehen kann, wird im Kontext der Reggio Pädagogik sehr eindrücklich und anschaulich in dem Band *Schuh und Meter* (Reggio Children 2002) beschrieben.

Für den Umgang mit Längen wie auch für die anderen Größenbereiche gilt es, den Kinder ausgehend von ihren Interessen, ihrem Spiel und ihren Aktivitäten Handlungserfahrungen zum Vergleichen und Messen zu ermöglichen und diesbezügliche Erfahrungen bewusst zu machen, indem sie im wahrsten Sinne des Wortes zur Sprache gebracht werden.

Fragen zum Reflektieren und Weiterdenken

1. Welche kindlichen Alltagsaktivitäten zu Hause (oder im Kindergarten) erfordern und fördern Wissen und Fähigkeiten bezogen auf Größen und Messen?
2. Welche beschreibenden und vergleichenden Begriffe bilden jeweils den Grundwortschatz bezogen auf die einzelnen Größenbereiche?

3. Welche Argumente stützen die Anschaffung bzw. Einrichtung eines Kaufladens in der KiTa? Was spricht evtl. dagegen?

4. Eine Erzieherin möchte für ihre Gruppe eine Balkenwaage anschaffen. Ihre Kollegin argumentiert, dass das wenig sinnvoll sei, weil Balkenwaagen im Alltag nicht mehr gebräuchlich seien, und schlägt vielmehr eine digitale Küchenwaage vor. Was spricht für die Anschaffung einer Balkenwaage, was für die Anschaffung einer digitalen Waage?

5. Welche Bücher, Spiele oder weiteren Materialien in Ihrer Einrichtung thematisieren Größen und das Messen? Werden sie von den Kindern regelmäßig zum Spielen ausgewählt? Falls nicht, was könnten Sie tun, um das ggf. zu ändern?

6.8 Tipps zum Weiterlesen

Folgende Bücher und Zeitschriftenartikel knüpfen an die Ausführungen in diesem Kapitel an und vertiefen einzelne Aspekte im Schnittfeld von Theorie und Praxis:

Wollring, B., Peter-Koop, A., Haberzettl, N., Becker, N., & Spindeler, B. (2011). *Elementarmathematisches Basisinterview – Größen und Messen, Raum und Form*. Offenburg: Mildenberger.

Das Handbuch zum *Elementarmathematischen Basisinterview Größen Messen, Raum und Form* liefert neben gezielten Handlungsanweisungen zur Vorbereitung, Durchführung und Auswertung des Interviews und sämtlichen Kopiervorlagen auch Informationen zu seinen konzeptionellen Grundlagen und seinen Einsatzmöglichkeiten.

Hoenisch N., & Niggemeyer, E. (2004). *Mathe-Kings. Junge Kinder fassen Mathematik an*. Weimar/Berlin: verlag das netz.

Der Wert dieses Bandes liegt weniger in seiner stark an Piaget orientierten theoretischen Fundierung, die aus mathematikdidaktischer und entwicklungspsychologischer Sicht zumindest bezogen auf die Zahlbegriffsentwicklung weitgehend als überholt gilt, sondern vielmehr in der gelungenen Sammlung ausdrucksstarker Fotos von Kindern in der Auseinandersetzung mit Mathematik. Die mathematischen Inhaltsbereiche, die behandelt werden, bilden im Gesamtkonzept die Pfeiler einer Brücke, die von den Kindern individuell gebaut wird. Hierin liegt der Charme des Konzepts: Mathematik wird nicht als fertiges Produkt präsentiert, das schon im vorschulischen Bereich im Sinne eines Lehrgangs zu vermitteln ist. Das Ziel sind vielmehr eigene Erkundungen und der Bau von „Brücke[n] zwischen Dingen und Begriffen" (ebd., S. 15 f.). Zum Pfeiler „Wiegen, Messen und Vergleichen" (S. 103–126) finden sich anregende Fotos kindlicher Aktivitäten mit starkem Aufforderungscharakter, zusammen mit Kindern Größen und Messen zu entdecken.

Förster, M. (2006). „Stimmt das echt, dass ein Mensch in einen Kreis passt?". *Die Kindergartenzeitschrift* (4), 18–21.

In diesem Aufsatz geht es darum, wie Kinder einer Kindergartengruppe das Geheimnis von Leonardo da Vincis bekannter Proportionszeichnung erforschen. Ausgangspunkt ist das Bilderbuch *Leonardo da Vinci – Ein Genie für alle Fälle* von Heinz Kähne (1999), in dem einige Kinder der Gruppe die Zeichnung des sog. vitruvianischen Menschen von *Leonardo da Vinci* aus dem 15. Jahrhundert entdeckten, bei der ein Mann mit ausgestreckten Armen und Beinen in zwei sich überlagernden Positionen gezeichnet ist. Mit den Fußsohlen und Fingerspitzen berührt der Mann einen ihn umgebenden Kreis und ein ihn umgebendes Quadrat. Die Erzieherin nimmt die sich aus der Betrachtung des Bildes ergebenden (eher ungläubigen) Fragen auf und regt an, „das mal auszuprobieren". Der Beitrag ist ein überzeugendes Beispiel dafür, wie Erzieherinnen und Erzieher Kinder beim Nachgehen ihrer Fragen geeignet unterstützen und leiten können – ohne ihnen dabei die Fäden aus der Hand zu nehmen.

Dacey, L., Cavanagh, M., Findell, C., Greenes C., Jensen Sheffied, L., & Small, M. (2003). *Navigating through Measurement in Prekindergarten – Grade 2*. Reston, VA: NCTM.

Dieser amerikanische Band ist eher für die Aus-, Fort- und Weiterbildung von Erzieherinnen sowie für den Anfangsunterricht interessant. Nach einer thematischen Einführung finden sich zahlreiche Aktivitäten zum Umgang mit Größen und zum Messen mit Einheiten und Werkzeugen. Allerdings sind die konkreten Beispiele eher lehrerzentriert angelegt und bilden daher interessante Ideen für konkrete Unterrichtsaktivitäten in der Grundschule. Erzieherinnen und Erziehern dienen die Beispiele eher als Referenzrahmen für Entdeckungen, die Kinder machen, und liefern Ideen, wie man diese geeignet aufnehmen und ggf. im Elementarbereich umsetzen kann.

6.9 Bilderbücher und Spiele zum Thema

Die folgenden Bilderbücher und Spiele eignen sich besonders für Kinder im Alter zwischen 4 und 6 Jahren und bieten geeignete Gesprächsanlässe und Handlungsanregungen bei der Entwicklung von Größen- und Messverständnis sowie zugehörigem Wortschatz:

Janisch, H., & Bansch, H. (2004). *Katzensprung*. Wien: Jungbrunnen.

In diesem Buch geht es um die Verbindung zwischen Längen und Sprache. Der kleine Leo soll einem älteren Herrn die Milch bringen. Der wohnt nur einen Katzensprung entfernt – wie man so schön sagt. Doch wie weit springt eigentlich eine Katze?

Kulot, D. (2010). *Krokodil und Giraffe – eine ganz normale Familie*. Stuttgart: Thienemann.

Dass unterschiedliche Körpermaße zwar der Liebe nicht unbedingt Abbruch tun, aber im Alltag etliche Herausforderungen heraufbeschwören – nicht nur als Liebespaar, sondern erst Recht als Familie mit zwei Kindern – davon wird in diesem Buch erzählt (s. auch Abschn. 6.5.1). Doch auch vermeintlich kreative Lösungen wie das Wohnen in einem Schwimmbad haben ihre Tücken. Da ist es gut, wenn die Familie zusammenhält.

Olten, M. (2007). *Der 99-Zentimeter-Peter*. Zürich: Bajazzo.

Hier geht es um die Ambivalenz von Größenangaben. Peters Mutter sagt, er sei schon ziemlich groß, doch Peter findet sich hingegen manchmal noch ziemlich klein. Das Kleinsein und das Großwerden beschäftigt gerade Kinder im Übergang vom Kindergarten zur Grundschule – nicht nur, aber auch in Bezug auf das Messen und Vergleichen ihrer Körperlängen.

Peter-Koop, A., & Grüßing, M. (2007). *Mit Kindern Mathematik erleben*. Seelze: Kallmeyer.

Mit Kindern Mathematik erleben ist ein mathematisches Foto-Bilderbuch für Kinder im Alter von 4 bis 7 Jahren, das in Zusammenarbeit mit Kindern, Eltern und Erzieherinnen eines Oldenburger Kindergartens entstanden ist. Ausgangspunkt sind Fotos, welche die Eltern oder die Erzieherinnen von den Kindern gemacht haben, wenn sich die Kinder aus der Sicht der begleitenden Erwachsenen in ihrem Alltag oder Spiel mit mathematischen Inhalten beschäftigten. Das Buch eignet sich zum gemeinsamen Anschauen und Besprechen mit einzelnen Kindern oder kleinen Gruppen. Die Fotos haben einen hohen Aufforderungscharakter für Kinder und regen zu eigenen mathematischen Aktivitäten an – auch im Bereich Größen und Messen. Ein beiliegendes Leporello liefert der erwachsenen Begleitperson Hintergrundinformationen zu den dargestellten Inhalten sowie Hinweise für eine sinnvolle Begleitung der Kinder.

Wieso Weshalb Warum? Junior (2005). Die Jahreszeiten. Ravensburg: Ravensburger Buchverlag Otto Maier.

In diesem Band der Sachbuchreihe für Kinder ab 2 Jahren wird der Wechsel der Jahreszeiten mit kindlichen Aktivitäten verbunden. Dies hilft bei der Orientierung im Jahr und ist ein guter Gesprächsanlass. Gemeinsam werden Antworten auf Fragen gesucht wie z. B.: Was machst du im Frühling (Sommer, Herbst, Winter)? Wie heißen die Frühlingsmonate? In welchem Monat hast du Geburtstag/ist Weihnachten/findet unser Sommerfest statt? Welche Jahreszeit ist dann gerade? Einen guten Überblick über die zwölf Monate eines Jahres, ihre Reihenfolge und ihre Beziehungen zu den vier Jahreszeiten bietet das Jahreszeitenrad am Ende des Buches.

Rund um den Kalender (2007). Ravensburg: Ravensburger Spieleverlag.

Bei diesem Lernspiel wird Wissen über Wochentage, Monate und Jahreszeiten aufgebaut und gefestigt und mit Wissen über Natur und unsere Kultur verbunden. Gefordert sind das Beschreiben, Zuordnen und auch Reaktionsfähigkeit. Durch verschiedene Spielvarianten kann das Spiel bei Kindern unterschiedlicher Entwicklungs- und Altersstufen eingesetzt werden. Ein Pluspunkt ist zudem, dass Kinder nach einer Einführung auch unter sich spielen können und nicht zwingend auf einen erwachsenen Mitspieler bzw. Begleiter angewiesen sind.

Literatur

Allen, P. (1994). *Alexander's Outing*. London: Hodder Children's Books.

Battista, M. T. (2006). Understanding the Development of Students' thinking about Length. *Teaching Children Mathematics, 13*(3), 140–146.

Becker, N. (2009). *Entwicklung des Größenverständnisses von Vor- und Grundschulkindern. Konzeption und Erprobung eines diagnostischen Interviews*. Offenburg: Mildenberger.

Bobrowski, S. (1992). Sachrechnen – Situationen erleben und auswerten. *Grundschulunterricht, 39*(9), 9–11.

Bostelmann, A. (2009). *Jederzeit Mathezeit! Das Praxisbuch zur mathematischen Frühförderung in der Kita*. Mülheim/Ruhr: Verlag an der Ruhr.

Boulton-Lewis, G. M. (1987). Recent Cognitive Theories Applied to Sequential Length Measuring Knowledge in Young Children. *British Journal of Educational Psychology, 57*, 330–342.

Boulton-Lewis, G. M., Wilss, L. A., & Mutch, S. (1996). An Analysis of Young Children's Strategies and Use of Devices for Length Measurement. *Journal of Mathematical Behaviour, 15*(3), 329–347.

Clarke, D. M. (2001). Understanding, assessing and developing young children's mathematical thinking: Research as powerful tool for professional growth. In J. Bobis, B. Perry, & M. Mitchelmore (Hrsg.), *Numeracy and Beyond. Proceedings of the 24th Annual Conference of the Mathematics Education Research Group of Australasia* (Bd. 1, S. 9–26). Sydney: MERGA.

Clarke, D., Cheeseman, J., Clarke, B., Gervasoni, A., Gronn, D., Horne, M., McDonough, A., Montgomery, P., Roche, A., Rowley, G., & Sullivan, P. (2002). *Early Numeracy Research Project, Final Report*. Melbourne: Australian Catholic University, Monash University.

Clarke, D., Cheeseman, J., McDonough, A., & Clarke, B. (2003). Assessing and Developing Measurement with Young Children. In D. Clements, & G. Bright (Hrsg.), *Learning and Teaching Measurement. Yearbook of the National Council of Teachers of Mathematics* (S. 68–80). Reston, VA: NCTM.

Clements, D. H., & Barrett, J. (1996). Representing, Connecting and Restructuring Knowledge: A Micro-genetic Analysis of a Child's Learning in an Open-ended Task Involving Perimeter, Paths and Polygons. In E. Jakubowski, D. Watkins, & H. Biske (Hrsg.), *Proceedings of the 18th Annual Meeting of the North America Chapter of the International Group for the Psychology of Mathematics Education* (Bd. 1, S. 211–216). Columbus, OH: ERIC.

Clements, D. H., & Sarama, J. (2004). *Engaging Young Children in Mathematics. Standards for Early Childhood Mathematics Education*. Hillsdale, NJ: Lawrene Erlbaum Associates.

Clements, D. H., & Sarama, J. (2007). Early Childhood Mathematics Learning. In F. K. Lester (Hrsg.), *Second Handbook of Research on Mathematics Teaching and Learning* (S. 461–555). Charlotte, NC: NCTM.

Dacey, L., Cavanagh, M., Findell, C., Greenes, C., Jensen Sheffied, L., & Small, M. (2003). *Navigating through Measurement in Prekindergarten – Grade 2*. Reston, VA: NCTM.

Entdeckungskiste – Zeitschrift für die Praxis in Kiga und Kita (2010). *Sonderheft Bildung Spezial „Mathe-Werkstatt"*. Freiburg: Herder.

Förster, M. (2006). „Stimmt das echt, dass ein Mensch in einen Kreis passt?". *Die Kindergartenzeitschrift*, 2(4), 18–21.

Greefrath, G. (2010). *Didaktik des Sachrechnens in der Sekundarstufe*. Heidelberg: Spektrum Akademischer Verlag.

Halford, G. S. (1993). *Children's Understanding: The Development of Mental Models*. Hillsdale, NJ: Lawrence Erlbaum Associates.

Hoenisch, N., & Niggemeyer, E. (2004). *Mathe-Kings. Junge Kinder fassen Mathematik an*. Weimar/Berlin: verlag das netz.

Holt, J. (1999). *Kinder lernen selbstständig oder gar nicht(s)*. Weinheim: Beltz.

Kähne, H. (1999). *Leonardo da Vinci – ein Genie für alle Fälle*. München: Prestel.

Kamii, C., & Clark, F. (1997). Measurement of Length: The Need for a Better Approach to Teaching. *School Science and Mathematics*, 96, 116–121.

Kaufmann, S. (2010). *Handbuch für die frühe mathematische Bildung*. Braunschweig: Schroedel.

Kulot, D. (2003). *Krokodil und Giraffe – eine ganz normale Familie*. Stuttgart: Thienemann.

Kultusministerkonferenz (2005). *Bildungsstandards im Fach Mathematik für den Primarbereich. Beschluss vom 15.10.2004*. München: Luchterhand. auch digital verfügbar unter: www.kmk-org.de

Lehrer, R. (2003). Developing Understanding of Measurement. In J. Kilpatrick, W. G. Martin, & D. Schifter (Hrsg.), *A Research Companion to Principles and Standards for School Mathematics* (S. 179–192). Reston, VA: NCTM.

Looft, W. R., & Svoboda, C. P. (1975). Structuralism in Cognitive Developmental Psychology: Past, Contemporary, and Futuristic Perspectives. In K. F. Riegel, & G. C. Rosenwals (Hrsg.), *Structure and Transformation. Developmental and Historical Aspects* (S. 49–60). New York: Wiley.

Lorenz, J. H. (2012). *Kinder begreifen Mathematik. Frühe mathematische Bildung und Förderung*. Stuttgart: Kohlhammer.

Lowrie, T., & Owens, K. (2000). Making Connections with Space and Measurement. In K. Owens, & J. Mousley (Hrsg.), *Research in Mathematics Education in Australasia 1996 – 1999* (S. 181–214). Sydney: MERGA.

Miller, K. (1984). Child as Measurer of All Things: Measurement Procedures and the Development of Quantitative Concepts. In C. Sophian (Hrsg.), *Origins of Cognitive Skills* (S. 193–228). Hilldale, NJ: Lawrence Erlbaum Associates.

Montague-Smith, A. (1997). *Mathematics in Nursery Education*. London: David Fulton Publishers.

Nunes, Light, T. P., & Mason, J. (1993). Tools for Thought. The Measurement of Length and Area. *Learning and Instruction*, 3(1), 39–54.

Outhred, L., Mitchelmore, M., McPhail, D., & Gould, P. (2003). Count Me into Measurement. A Program for the Early Elementary School. In D. Clements, & G. Bright (Hrsg.), *Learning and Teaching Measurement. Yearbook of the National Council of Teachers of Mathematics* (S. 81–99). Reston, VA: NCTM.

Peter-Koop, A., & Grüßing, M. (2007a). Bedeutung und Erwerb mathematischer Vorläuferfähigkeiten. In C. Brokmann-Nooren, I. Gereke, H. Kiper, & W. Renneberg (Hrsg.), *Bildung und Lernen der Drei- bis Achtjährigen* (S. 153–166). Bad Heilbrunn: Klinkhardt.

Peter-Koop, A., & Grüßing, M. (2007b). *Mit Kindern Mathematik erleben*. Seelze: Kallmeyer.

Peter-Koop, A., & Nührenbörger, M. (2008). Größen und Messen. In G. Walther, M.van den Heuvel-Panhuizen, D. Granzer, & O. Köller (Hrsg.), *Bildungsstandards für die Grundschule: Mathematik konkret* (S. 87–115). Berlin: Cornelsen Scriptor.

Piaget, J. (1967). Die Genese der Zahl beim Kinde. In H. Abel et al. (Hrsg.), *Rechenunterricht und Zahlbegriff* (S. 50–72). Braunschweig: Westermann.

Piaget, J. (1974). *Theorien und Methoden der modernen Erziehung*. Frankfurt/Main: Fischer.

Piaget, J., Inhelder, B., & Szeminska, A. (1974). *Die natürliche Geometrie des Kindes*. Stuttgart: Klett.

Radatz, H., Schipper, W., Dröge, R., & Ebeling, A. (1998). *Handbuch für den Mathematikunterricht 2. Schuljahr*. Hannover: Schroedel.

Reggio Children (2002). *Schuh und Meter. Wie Kinder im Kindergarten lernen*. Weinheim: Beltz.

Ruwisch, S. (2007). Die Zeichen der Zeit erkennen. *Grundschule Mathematik*, 4(13), 4–7.

Stendler-Lavatelli, C. (1976). *Früherziehung nach Piaget. Wie Kinder Wissen erwerben – ein Programm zur Förderung der kindlichen Denkoperationen*. München: Reinhardt.

Sundermann, B., Zerr, M., & Selter, C. (2001). Geschichte der Zeitmessung – ein lohnendes Thema für den Unterricht und die Lehrerbildung. In C. Selter, & G. Walther (Hrsg.), *Mathematiklernen und gesunder Menschenverstand* (S. 193–202). Leipzig: Klett.

Taylor, R. (2006). *Mathematik – zählen, ordnen, messen. Kita-Praxis: Bildung*. Berlin: Cornelsen Scriptor.

van den Heuvel-Panhuizen, M., & Buys, K. (2005). *Young Children Learn Measurement and Geometry. A Learning-Teaching Trajectory with Intermediate Attainment Targets for the Lower Grades in Primary School*. Utrecht (NL): Freudenthal Institute.

Vygotkij, L. S. (1969). *Denken und Sprechen*. Frankfurt/Main: Fischer.

Winter, H., & Walther, G. (2006). *SINUS-Transfer Grundschule Mathematik Modul G 6: Fächerübergreifend und fächerverbindend unterrichten*. http:/www.sinus-grundschule.de

Wittmann, E. C. (1981). *Grundfragen des Mathematikunterrichts*. Braunschweig: Vieweg.

Wollring, B., Peter-Koop, A., Haberzettl, N., Becker, N., & Spindeler, B. (2011). *Elementarmathematisches Basisinterview – Größen und Messen, Raum und Form*. Offenburg: Mildenberger.

Daten, Häufigkeit und Wahrscheinlichkeit 7

Dialog beim Spiel Mensch-ärgere-dich-nicht (vgl. Abb. 7.1)

Lernbegleitung (L): Meinst du, dass irgendeine Zahl leichter kommt als die anderen?

Dominik (Do): Nein.

L: Nein?

Do: Nein, ich glaube es nicht.

L: Glaubst du nicht. Also keine Zahl ist am leichtesten zu würfeln, ist denn eine am schwersten zu würfeln?

Do: Die Sechs, die Sechs ist am schwersten zu würfeln. (…). Ich muss den Würfel nehmen und dann richtig werfen.

L: Also, um 'ne Sechs zu kriegen, muss man richtig würfeln.

Do: Richtig würfeln.

L: Und das ist gerade bei der Sechs am schwersten?

Do: Man muss an sich glauben, dass man eine Sechs hat, fest daran glauben und dann, wenn man Glück hat, dann passiert's, dass man 'ne Sechs kriegt.

Abb. 7.1 Mensch-ärgere-dich-nicht

C. Benz et al., *Frühe mathematische Bildung*, Mathematik Primarstufe und Sekundarstufe I + II, 267
DOI 10.1007/978-3-8274-2633-8_7, © Springer-Verlag Berlin Heidelberg 2015

> L: Womit hat denn das zu tun? Wer bestimmt denn das? Wenn du da jetzt so fest dran glaubst?
> Do: Oh, das macht eigentlich der Gott, der dreht ja die Würfel.
>   (vgl. Wollring 1994c, S. 46)

Geht es nicht jedem so, dass gerade die Zahl, die man würfeln will, am schwersten erreichbar zu sein scheint? Erwachsene werden allerdings eher selten dazu neigen, Gott die Verantwortung für die gewürfelten Zahlen zu geben, wobei man auch hier bei vielen noch beobachten kann, dass vor einem Wurf nochmals eine „rituelle" Handlung durchgeführt wird (z. B. symbolisch auf die Würfel spucken).

Der oben beschriebene Dialog gehört in den Bereich der Vorstellungen zur *Wahrscheinlichkeit* und kann dem mathematischen Inhaltsbereich *Daten, Häufigkeit und Wahrscheinlichkeit* zugeordnet werden. Kinder sammeln in ihrem KiTa-Alltag erste Erfahrungen mit Phänomenen aus diesem Inhaltsbereich. Ob und inwieweit dieser mathematische Inhaltsbereich im Elementarbereich thematisiert und wie dies evtl. umgesetzt werden kann, soll in diesem Kapitel dargestellt werden.

In einigen nationalen und internationalen bildungspolitischen Dokumenten, die den Elementarbereich betreffen, werden einzelne Aspekte des Bereichs *Daten und Wahrscheinlichkeit* genannt, z. B. im *Berliner Bildungsprogramm* (SBSB 2004, S. 90), in den *Hamburger Bildungsempfehlungen* (BASFI 2012, S. 88) oder in den amerikanischen *Standards for Grades Pre-K-2* (NCTM 2000, S. 108 *data analysis and probability*). Auch in diversen (inter-) nationalen mathematikdidaktischen Publikationen werden Anregungen zur Umsetzung einzelner Aspekte dieses Inhaltsbereichs für den Elementarbereich gegeben (Clements und Sarama 2009; Copley 2004, 2006; Hoenisch und Niggemeyer 2004; Sarama und Clements 2009; Steinweg 2008; van de Walle und Lovin 2006) und auf ihre Bedeutung gerade in der frühen mathematischen Bildung hingewiesen (English 2013). Neuere entwicklungspsychologische Untersuchungen beschäftigen sich mit der Denkentwicklung von kleinen Kindern in diesem Inhaltsbereich. In einem Interview mit Stefan Klein stellte Alison Gopnik (Gopnik und Klein 2012, S. 26) fest: „Schon Einjährige betreiben so etwas wie eine unbewusste Statistik: Sie können häufige von seltenen Ereignissen unterscheiden und daraus Regeln ableiten."

In den curricularen Vorgaben für die Primarstufe findet sich der Inhaltsbereich *Daten, Häufigkeit, Wahrscheinlichkeit* erst seit 2004 verbindlich im Rahmen der nationalen Bildungsstandards (KMK 2005). In älteren Lehrplänen einzelner Bundesländer lassen sich zwar Anteile aus diesem Bereich finden, explizit wurde dieser Bereich jedoch nicht ausgewiesen. Und auch heute noch unterscheiden sich die einzelnen Lehrpläne und Schulbücher diesbezüglich deutlich. Es kann hier also festgehalten werden, dass diesem mathematischen Inhaltsbereich unterschiedliche Bedeutung zugemessen wurde und wird.

In diesem Kapitel wird zuerst der mathematische Hintergrund dieses Inhaltsbereichs betrachtet und anschließend diskutiert, inwieweit einzelne Aspekte Bedeutung für die frühe mathematische Bildung haben können.

7.1 Begriffsklärung

Beim Sammeln von Daten, Feststellen von Häufigkeiten und Bestimmen von Wahrscheinlichkeiten lösen wir unsere Aufmerksamkeit vom zufälligen Einzelfall und richten sie auf die Gesamtheit; diese Gesamtheit und ihre Eigenschaften mit mathematischen Mitteln zu beschreiben, ist das Ziel (Hasemann et al. 2007, S. 141).

Der Bereich *Daten* umfasst dabei das Sammeln, Erfassen und Darstellen von Daten. Es können Daten über Personen, Objekte und Ereignisse gesammelt, erfasst und dargestellt werden. Dabei wird zum einen die Anzahl bzw. Größe der gesammelten Daten erhoben. Beziehen sich die Daten auf konkrete Objekte, können diese nach den zu erfassenden Daten sortiert und auch konkret dargestellt werden, wie dies auch bei strukturierten Mengen- und Anzahldarstellungen möglich ist. Insofern ergeben sich hier bei den Darstellungen Überschneidungsmöglichkeiten zu konkreten Anzahldarstellungen von Objekten und zu anderen abstrakten und symbolischen Zahldarstellungen wie z. B. Strichlisten mit verschiedenen Bündelungen, Tabellen und Diagrammen.

Der Begriff „Häufigkeit" wird in internationalen Publikationen für den Elementarbereich nicht explizit thematisiert. Hier werden nur die Bereiche *data analysis* und *probability* genannt (also nur Daten und Wahrscheinlichkeit).[1] Allerdings weist Schipper (2009, S. 276) auf die Beziehung zwischen Häufigkeit bzw. Kombinatorik und Wahrscheinlichkeit hin. Denn bei der Einschätzung von Gewinnchancen im Sinne der klassischen Definition von Wahrscheinlichkeit von La Place muss die Beziehung zwischen der Anzahl aller günstigen und aller möglichen Fälle hergestellt werden. Dies bedeutet, dass beim Würfeln mit einem Würfel mit den Augenzahlen von eins bis sechs die Wahrscheinlichkeit, eine Vier, Fünf oder Sechs zu würfeln, genau ½ beträgt; bei sechs möglichen Ereignissen (1, 2, 3, 4, 5, 6) gibt es drei günstige Ereignisse (4, 5, 6). Zum Bestimmen von Häufigkeiten müssen also auch kombinatorische Fragestellungen gelöst werden (Schipper 2009, S. 276 f.). Bei kombinatorischen Problemen geht es darum, die Anzahl aller möglichen Kombinationen zu bestimmen. Es gibt bei kombinatorischen Situationen und Fragestellungen viele verschiedene Nuancen. Zum einen kann gefragt werden, ob die Reihenfolge eine Rolle spielt, und zum anderen, ob die einzelnen Elemente mehrmals vorkommen dürfen, also ob es eine Wiederholung geben darf.

Sollen die Kinder dreistöckige Türme bauen, die aus drei verschiedenfarbigen Steinen bestehen, spielt die Reihenfolge eine entscheidende Rolle, und es darf keine Wiederholung geben. Ein Turm, der unten einen blauen, in der Mitte einen roten und oben einen gelben Stein hat, ist ein anderer Turm als einer, der unten einen gelben, in der Mitte einen

---

[1] Im deutschen Sprachraum werden unter dem Begriff „Stochastik" die Statistik (Daten) und die Wahrscheinlichkeitsrechnung zusammengefasst. In der Regel wird auch die Kombinatorik zur Stochastik gezählt. Kurtzmann und Sill (2013, S. 6) weisen jedoch darauf hin, dass aus mathematischer Sicht die Kombinatorik auch ein Teilgebiet der diskreten Mathematik ist und somit auch losgelöst von der Stochastik gesehen werden kann. Hier geht es um das Abzählen bestimmter Konfigurationen, daher wird die Kombinatorik (Häufigkeit) auch dem Inhaltsbereich Zahlen und Operationen zugeordnet.

roten und oben einen blauen Stein hat. Um hier die Anzahl zu ermitteln, muss man einen dreistufigen Lösungsprozess durchlaufen:

1. Für den ersten Stein kann aus allen drei Farben ausgewählt werden.
2. Für den zweiten Stein stehen für jeden Turm nur noch zwei verschiedene Farben zur Verfügung, weil Türme mit unterschiedlichen Farben gebaut werden sollen.
3. Für den letzten Stein bleibt bei jedem Turm nur noch eine Farbe übrig.

Abb. 7.2 Baumdiagramm zur Anzahl aller möglichen dreifarbigen Türme

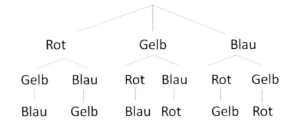

Es gibt also $3 \times 2 \times 1$ Möglichkeiten. Dies kann anhand eines Baumdiagramms dargestellt werden (Abb. 7.2).

Bei diesem Beispiel spielt, wie oben bereits erwähnt, sowohl die Reihenfolge als auch die Tatsache, dass keine Farbe wiederholt auftreten darf, eine Rolle. Deswegen nennt man diese Art der Kombinationsmöglichkeiten *Variation ohne Wiederholung*. Da in diesem Beispiel die Anzahl der zu verbauenden Steine bei den Dreiertürmen (k = 3) identisch ist mit der Anzahl der zur Verfügung stehenden Farben (n = 3), handelt es sich um einen Sonderfall, den man *Permutation ohne Wiederholung* nennt.

Variiert man die obige Regel nun so, dass auch gleichfarbige Würfel beim Bau der Dreiertürme vorkommen dürfen, handelt es sich um eine *Variation mit Wiederholung*, und man hat für jeden Stein die volle Auswahl aus den drei Farben:

1. Für den ersten Stein kann man aus drei Farben wählen.
2. Für den zweiten Stein kann man aus drei Farben wählen.
3. Für den dritten Stein kann man aus drei Farben wählen.

Es gibt also $3 \times 3 \times 3$ oder 3^3 Möglichkeiten.

Überlegt man sich, wie viele verschiedene Möglichkeiten es gibt, zwei Gummibären in Schüsseln zu legen, wenn dafür rote (R), orange (O), gelbe (G) und weiße (W) Gummibären zur Auswahl stehen, handelt es sich um eine *Kombination mit Wiederholung*. Die Reihenfolge spielt dabei keine Rolle und die Farben dürfen mehrmals vorkommen. Durch systematisches Legen können die verschiedenen Kombinationen ermittelt werden:

Gleiche Farbe: RR, OO, GG, WW
Verschiedene Farben: RO, RG, RW, OG, OW, GW

Wenn die Reihenfolge wie im obigen Beispiel keine Rolle spielt, die Elemente aber nicht mehrfach vorkommen dürfen, wird dies als *Kombination ohne Wiederholung* bezeichnet. Das wäre beispielsweise dann der Fall, wenn man bestimmt, wie viele Paare aus vier Personen gebildet werden können. Die verschiedenen Möglichkeiten lassen sich anhand einer Tabelle (Tab. 7.1) darstellen.

Tab. 7.1 Paare aus vier Personen bilden: Kombination ohne Wiederholung

	Nils	Jens	Lara	Ina
Nils		X	X	X
Jens			X	X
Lara				X
Ina				

Anhand der Beispiele wurden verschiedene Möglichkeiten dargestellt, wie Häufigkeiten von Ereignissen bestimmt werden können und von welchen Aspekten (Reihenfolge und Wiederholung) dies abhängen kann.

Im Bereich der *Wahrscheinlichkeit* werden Ereignisse bezüglich der Wahrscheinlichkeit ihres Eintretens verglichen. Dafür werden zum einen Begriffe wie *wahrscheinlich*, *sicher* und *unmöglich* genutzt, die in den Bildungsstandards für die Primarstufe (KMK 2005, S. 11) als mathematische Fachbegriffe im Bereich Wahrscheinlichkeit ausgewiesen werden. *Sicher* steht für ein Ereignis, das auf jeden Fall eintrifft, und *unmöglich* für ein Ereignis, das auf keinen Fall eintrifft. *Wahrscheinlich* beschreibt ein Ereignis, bei dem man davon ausgeht, dass es eintreffen kann. *Unwahrscheinlich* beschreibt ein Ereignis, von dem man ausgeht, dass es eher nicht eintreffen wird. Im alltäglichen Sprachgebrauch werden diese Begriffe allerdings oft ohne Bezug zu ihrer mathematischen Verwendung oder sogar mit völlig anderen Bedeutungen benutzt (vgl. Abschn. 7.2.2).

Um bestimmen zu können, *wie* wahrscheinlich es ist, dass ein Ereignis eintrifft, muss man zunächst wissen, welche und wie viele Ereignisse möglich sind, und kann dann berechnen, wie das Verhältnis der gewünschten bzw. günstigen Ereignisse in Beziehung zu allen möglichen Ereignissen ist.

Ein Beispiel: Es wird mit zwei Würfeln gewürfelt. Wie viele mögliche Ereignisse gibt es insgesamt? Wie häufig kann mit zwei Würfeln die Summe 12 erreicht werden? Wie groß ist also die Wahrscheinlichkeit, mit zwei Würfeln die Summe 12 zu würfeln? Es gibt 36 verschiedene Möglichkeiten, und nur bei einer kann die Summe 12 erreicht werden. Die Wahrscheinlichkeit beträgt also 1/36. Abbildung 7.3 veranschaulicht die möglichen Würfe.

Die Komplexität der oben behandelten Fragestellungen zeigt deutlich, dass die Bedeutung, die dieser Inhaltsbereich für die frühe mathematische Bildung haben kann, genauer analysiert werden muss. Hierfür werden zunächst Ergebnisse empirischer Untersuchungen zu kindlichen Vorstellungen in diesem Bereich aufgeführt.

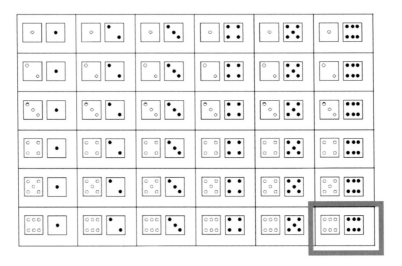

Abb. 7.3 Veranschaulichung der möglichen Ereignisse beim Würfeln mit zwei Würfeln

7.2   Kindliche Vorstellungen zu Daten und Wahrscheinlichkeit

Clements und Sarama (2009, S. 332) stellen fest, dass bislang wenige empirische Untersuchungen und Ergebnisse über die Denkwege und die Denkentwicklung von kleinen Kindern in diesem Bereich vorliegen. Vor allem Untersuchungen, die allein kombinatorische
Fragestellungen untersuchen, sind bezogen auf den Elementarbereich eher rar. Dies mag
der Tatsache geschuldet sein, dass in internationalen Curricula und Diskussionen fast ausschließlich der Bereich *data and probability* betrachtet wird. Somit liegen, bezogen auf den
vorschulischen Bereich, nur Untersuchungen zum Bereich *Daten und Wahrscheinlichkeit*
vor. Es ist jedoch zu bedenken, dass im Bereich der Wahrscheinlichkeit implizit die Kombinatorik inbegriffen ist (vgl. Abschn. 7.1). Aufgrund der Forschungslage werden in diesem
Abschnitt daher nur Befunde zu den Bereichen Daten und Wahrscheinlichkeit vorgestellt
und diskutiert.

7.2.1   Daten

Im Bereich *Daten* beobachtete Russell (1991, S. 158), dass junge Kinder nach dem Sammeln
von Daten von sich aus zuerst keine Kategorien beim Organisieren von Daten bilden, sondern ihr Interesse auf die einzelnen Objekte und die Eigenschaften eines einzelnen Objekts
richten. Der Vorgang des Kategorisierens und Sortierens von Objekten oder Informationen
kann durch die entsprechende Gestaltung von Spiel- und Erkundungsumgebungen jedoch
maßgeblich unterstützt werden. Lee Hülswitt (2006) beobachtete im Gegensatz zu Russell
Sortierhandlungen von Kindern in Spielumgebungen, in denen die Kinder merkmalsar-

me Gegenstände in großer Menge (z. B. verschiedenfarbige Eislöffel oder Spielwürfel) zur Verfügung hatten. Diese Handlungen wurden allerdings nicht in einer Situation, in der mit Kindern Daten erhoben wurden, beobachtet. Gegenstände aufgrund bestimmter Eigenschaften zu sortieren und zu klassifizieren gehört zu den mathematischen Aktivitäten bei der Datenerhebung und wird als eine der logischen Grundoperationen bei der Zahlbegriffsentwicklung beschrieben. Copley (2006, S. 155) weist auf verschiedene Phasen in der Entwicklung des Klassifizierens und Sortierens hin:

- In der *ersten Phase* kann man beobachten, dass Kinder Objekte von einem Haufen anderer Objekte trennen, weil sie eine gemeinsame Eigenschaft besitzen, z. B. sind sie alle *rund*, *rot* oder *groß*. Manchmal können Kinder den Grund für diese Aktion zwar bereits nennen, häufig jedoch können sie ihre Handlung zu diesem Zeitpunkt noch nicht verbalisieren. Außerdem kann es sein, dass sie während des Sortierens ihre selbst gewählte Regel verändern und plötzlich nach einer anderen Regel oder nach einem anderen Kriterium sortieren.
- In der *zweiten Phase* können Kinder konsequent Objekte anhand einer Eigenschaft in zwei Gruppen sortieren (z. B. blau und nicht blau) und halten während des Sortiervorgangs ihre Regel ein.
- In der *dritten Phase* nach Copley können Kinder Objekte nach mehr als einem Merkmal sortieren, z. B. nach Farbe und Größe. Kinder, die am Anfang dieser Phase stehen, zeigen zuerst Verwirrung, wenn ein anderes Kind nach anderen Kriterien sortiert. Sie müssen dann von anderen Kindern hören, nach welcher Regel diese sortiert haben, und können so feststellen, dass nach verschiedenen Regeln sortiert werden kann.
- In der *vierten* und letzten *Phase* können Kinder nach Copley Regeln und Kriterien feststellen, nach denen sortiert wurde, auch wenn dies von anderen Kindern vorgenommen wurde. Um die Regel zu erkennen, muss ein Kind eine oder mehrere Eigenschaften von allen Objekten innerhalb einer Gruppe wahrnehmen und dann bestimmen, ob dieses Merkmal von den Objekten außerhalb der Gruppe geteilt wird.

7.2.2 Wahrscheinlichkeit

Begriffe wie *wahrscheinlich*, *sicher* und *unmöglich,* die in den Bildungsstandards für die Primarstufe (KMK 2005, S. 11) als mathematische Fachbegriffe im Bereich Wahrscheinlichkeit ausgewiesen sind, werden im alltäglichen Sprachgebrauch oft verwendet, ohne jedoch konkret auf die Verwendung dieser Begriffe, im mathematischen Sinn bezogen auf Wahrscheinlichkeit, Bezug zu nehmen (vgl. Abschn. 7.1). Die Verwendung der Begriffe *wahrscheinlich* oder *unmöglich* kann im umgangssprachlichen Gebrauch vom mathematischen Gebrauch abweichen (Hasemann et al. 2007, S. 150). Copley (2006, S. 160) weist darauf hin, dass eine Antwort von Eltern, z. B. „du darfst *wahrscheinlich* gehen", einerseits mit „ja" interpretiert werden kann, wenn die Eltern gut gelaunt sind, andererseits auch etwas ganz anderes bedeuten kann, wenn gerade keine gute Stimmung herrscht. „*Das ist doch unmöglich"*, dieser Ausspruch wird häufig eher gewählt, wenn ein unerwartetes Ereignis kommentiert wird, z. B. dass man einen alten Bekannten, den man lange nicht mehr gesehen hat, plötzlich auf der Straße wiedertrifft (Ruwisch 2012, S. 4). Die Beispiele zeigen deutlich, dass Begriffe, die im Alltag verwendet werden, im Bereich der Wahrscheinlichkeit unter dem mathematischen Aspekt evtl. andere, wenn nicht sogar gegensätzliche (Be-) Deutungen haben können. Im Elementarbereich werden Kinder bereits mit den typischen Begriffen zur Beschreibung der Wahrscheinlichkeit von Ereignissen konfrontiert und bringen hier also einige Vorkenntnisse mit (vgl. Gasteiger 2009, S. 13). Das bedeutet, dass Erwachsene nicht unreflektiert mit diesen Begriffen agieren sollten, wenn sie gemeinsam mit Kindern über Aussagen über die Wahrscheinlichkeit von Ereignissen sprechen.

Kinder haben jedoch nicht nur mit Begriffen zur Beschreibung der Wahrscheinlichkeit, sondern vor allem auch in Spielen, bei denen z. B. Würfel eingesetzt werden, mit sog. Zufallsgeneratoren Erfahrungen gesammelt. Diese Erfahrungen sind bezogen auf eins der beiden folgenden Phänomene (vgl. Hasemann et al. 2007, S. 151):

- Jeder Versuchsausgang tritt mit der gleichen Wahrscheinlichkeit ein, z. B. Würfel, Münzen (symmetrische Zufallsgeneratoren).
- Für die verschiedenen Versuchsausgänge liegt eine Ungleichverteilung vor, z. B. Glücksräder mit unterschiedlicher Aufteilung (asymmetrische Zufallsgeneratoren).

Wollring (1994a, b, c) beschreibt in seinen Untersuchungen sehr detailliert, dass viele Kinder im Elementar- und Primarbereich animistische und magische Vorstellungen in Situationen zu Ereignissen mit Wahrscheinlichkeit, vor allem mit symmetrischen Zufallsgeneratoren, haben. Die Verwendung des Begriffs *Animismus* geht dabei auf Jean Piaget zurück, der den Begriff aus der Ethnologie entlehnte. Piaget beschrieb damit, dass Kinder Dingen eine Seele bzw. einen Willen zuschreiben. Anhand von Interviewausschnitten macht Wollring deutlich, dass manche Kinder davon ausgehen, dass sich in der Zufallssituation „ein Wesen mit personalen Eigenschaften, insbesondere mit Bewusstsein und Willen, autonom äußert" (Wollring 1994a, S. 7). Er konnte in vielfältigen Interviewausschnitten verschiedene Wesensvorstellungen herausarbeiten. Im Beispiel am Anfang dieses Kapitels hat Dominik einerseits die Vorstellung, dass jemand anderes über den Ausgang des Wurfs entscheidet (hier Gott), andererseits scheint es auch von seiner Vorstellungskraft abhängig zu sein. In einem anderen Interview bei einem Zufallsexperiment mit Münzen gibt er an, das Ereignis richtig vorhersagen zu können, wenn er die Gedanken der Münze lesen könnte. Ein anderes Kind erklärt hingegen, dass das Ergebnis nicht vorhergesagt werden kann, allerdings sei ein Zwerg im Würfel dafür verantwortlich, welche Würfelseite letztendlich nach oben zeigt.

Wollring (1994a, S. 23) konnte anhand dieser und weiterer Interviews mit Kindern im Elementar- und Primarbereich animistische Vorstellungen vor allem in Situationen feststellen, bei denen das Kind das Eintreten des Ereignisses für selten hält, oder bei Ereignissen, die für das Kind mit starken Benachteiligungen oder hohen Verlusten verbunden sind. Der Faktor Risiko spielt bei kindlichen Vorstellungen zur Wahrscheinlichkeit offenbar eine große Rolle. Wollring (1994a, S. 23) zitiert zur Begründung Wagenschein (1965): „Am deutlichsten wird unser magisches Weltbild, wenn es ernst wird, wenn es auf Leben und Tod geht, wenn der Sturm kommt" (S. 59).

Interessanterweise schließen sich animistische Vorstellungen einerseits und Vorstellungen, bei denen ein Ereignis mit gleicher Wahrscheinlichkeit eintrifft, andererseits nicht aus. Wollring (ebd.) hat beobachtet, dass diese nebeneinander existieren können, vor allem in Situationen mit einem subjektiv als hoch empfundenen Risiko. Dabei ist festzuhalten, dass dies nicht nur für Kinder, sondern auch für Erwachsene zutrifft. Schreiben die Kinder einem angenommenen Wesen Eigenschaften zu, dann kann dieses Wesen ein übergeordnetes Wesen (Gott), ein gleichgeordnetes Wesen (Gleichgestellter und Gegner) oder ein untergeordnetes Wesen (diese sind durchschaubar, beeinflussbar und beherrschbar) sein. Meist wird dieses vorgestellte Wesen für den Ausgang des Zufallsereignisses verantwortlich gemacht (Wollring 1994a, S. 23).

Animistische Vorstellungen von Kindern sind im Bereich der Naturwissenschaften vielfach dokumentiert. Spägele (2008, S. 21) führt dafür verschiedene Erklärungsmuster an. Ein Grund für animistische Vorstellungen kann darin liegen, dass Kinder noch nicht in der Lage sind, Naturphänomene auf naturwissenschaftliche Art zu erklären und deshalb den Phänomenen höhere Kräfte zuschreiben. Bei einem anderen Erklärungsmodell werden in animistischen Erklärungen sprachliche Hilfskonstrukte gesehen.

In Spielsituationen mit asymmetrischen Zufallsgeneratoren konnte Wollring bei Kindern im Grundschulalter feststellen, dass diese kompetent entscheiden können, welches Ereignis mit einer höheren Wahrscheinlichkeit eintritt. Bei einem Spiel mit Zweifarben-Spielwürfeln, deren Seiten je einmal mit vier rosa und zwei lila Seiten und je einmal zwei rosa und vier lila Seiten eingefärbt waren, sollten sich die Kinder für einen Würfel entscheiden. Die Gewinnfarbe war lila. Hier konnten die Kinder die Würfel kompetent vergleichen und denjenigen auswählen, mit dem ein Gewinn wahrscheinlicher war. Auch bei der Auswahl von Glücksrädern, bei denen die Gewinnfarbe unterschiedlich große Segmente auf der Kreisfläche einnahm (Abb. 7.4), konnte Wollring (1994c) ein intuitives und auch zählendes Vorgehen beobachten. So entschieden sich die Kinder für ein Glücksrad, mit dem ein Gewinnen wahrscheinlicher war.

Abb. 7.4 Unterschiedliche Gewinnchancen bei Glücksrädern: Gewinnfarbe ist rot

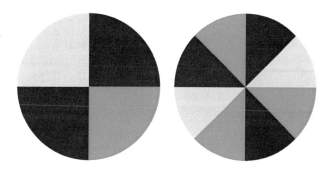

Wie man an den Darstellungen der kindlichen Denkentwicklung in diesen mathematischen Bereichen sehen kann, haben Kinder für manche Phänomene schon einige konzeptuelle Ideen entwickelt. Inwiefern nun diese Inhalte für eine frühe mathematische Bildung relevant sein können und sollen, wird im nächsten Abschnitt betrachtet.

7.3 Daten, Häufigkeit, Wahrscheinlichkeit in der frühen mathematische Bildung

Betrachtet man den mathematischen Hintergrund des Bereichs *Daten, Häufigkeit und Wahrscheinlichkeit*, wird einerseits sehr deutlich, dass viele Aspekte (wie z. B. das Deuten bestimmter symbolischer und abstrakter Darstellungen von Daten oder systematisches Feststellen von Häufigkeiten) im Elementarbereich nicht relevant sein können. Andererseits wurde bereits festgestellt, dass Kinder in ihrem KiTa-Alltag zahlreiche Erfahrungen in diesen Bereichen sammeln und entsprechenden Inhalten begegnen. Mögliche Erfahrungen und Spielaktivitäten und ihre Bedeutung für die mathematische Entwicklung sowie mögliche Fortführungen werden im Folgenden dargestellt.

7.3.1 Daten

Im Bereich *Daten* sind das Stellen von Fragen, das Sammeln und Erheben, das Sortieren und Klassifizieren, das Darstellen sowie das Vergleichen und Beschreiben von Daten grundlegende Aktivitäten. Diesbezüglich beschreibt English (2013, S. 67) einen Entwicklungsprozess im Umgang mit Daten, der mit Fragen und kleinen Untersuchungen von Phänomenen, die für die Kinder bedeutsam sind, beginnt. Der Prozess schreitet fort, indem verschiedene Eigenschaften dieser Phänomene identifiziert und diese Phänomene oder Daten anschließend organisiert, strukturiert, visualisiert und repräsentiert werden (vgl. auch Lehrer und Lesh 2003).

Der Entwicklungsprozess zeigt sich auch darin, dass von der Datenerhebung bis zum Darstellen, Vergleichen und Beschreiben in Diagrammen ein Abstraktionsprozess stattfindet. Beachtet man die verschiedenen Stufen bei der Zahlbegriffsentwicklung (s. Abschn. 4.3.5), wird deutlich, dass im Elementarbereich der Umgang mit konkreten Objekten im Vordergrund stehen sollte. Doug Clements und die Kolleginnen und Kollegen einer *Conference Working Group* (2004) weisen darauf hin, dass die Begegnung und der Umgang mit Daten im Elementarbereich nicht für sich allein im Mittelpunkt stehen, sondern immer einen Sinn, eine echte Frage verfolgen sollten, z. B. die Abstimmung der nächsten Aktivität, die die Kinder durchführen wollen (vgl. auch Bönig 2010a, S. 13; Steinweg 2008, S. 154).

7.3.1.1 Fragen stellen

Kleine Kinder stellen im Laufe eines Tages sehr viele Fragen, die manchmal sehr schwer zu beantworten sind, z. B. „Warum ist der Himmel blau?". Einige dieser Fragen können jedoch auch als Ausgangspunkt für eine kleine Datenerhebung dienen, wobei für eine Datenerhebung sicherlich nicht alle Fragen gleichermaßen geeignet sind. Van de Walle und Lovin (2006, S. 311) nennen verschiedene Ideengruppen für solche Datenerhebungen:

Lieblingsdinge:	Lieblingsfarbe, -eis, -obst, -tier
Anzahlen:	Wer möchte heute Mittag in den Wald oder in den Zoo? Wer hat in welchem Monat Geburtstag? Wer hat welches Haustier? Wer hat wie viele Geschwister?
Größen:	Körpergröße, Länge von selbst gepflanzten Pflanzen

Wenn es in der KiTa darum geht abzustimmen, ob man heute Mittag draußen spielt oder im Gebäude bleiben soll, gibt es nur zwei Antwortmöglichkeiten. Kurtzmann und Sill (2013, S. 17) weisen darauf hin, dass es sich im Anfangsunterricht anbietet, bei einfachen Befragungen mit zwei möglichen Merkmalen zu beginnen und dann Befragungen mit mehreren möglichen Merkmalen durchzuführen. Bei der Frage nach der Lieblingseissorte und dem Geburtsmonat der Kinder in der Kindergruppe sind beispielsweise mehr als zwei verschiedene Antworten, d. h. Merkmale, möglich. Um eine Frage für eine gesamte Kindergruppe beantworten zu können, müssen Informationen gesammelt und dann quantifiziert werden. Beim Sammeln und später auch beim Organisieren der gesammelten Daten ergeben sich für die Kinder einige Herausforderungen.

7.3.1.2 Daten sammeln bzw. erheben

Kindern hilft es, wenn das Sammeln von Daten bzw. Informationen auf konkrete Weise geschehen kann, indem konkrete Objekte gesammelt oder konkrete Aktionen vorgenommen werden. Dabei können verschiedene Methoden zum Sammeln von Informationen bzw. Daten erprobt werden: Bei der Diskussion, ob man draußen oder drinnen spielen soll, geht es um eine Frage mit zwei Antwortmöglichkeiten. Kinder, die nach draußen gehen wollen, können z. B. im Stuhlkreis aufstehen (weil sie sich draußen ja bewegen wollen); Kinder, die drinnen bleiben wollen, bleiben sitzen. Das Sammeln der Daten kann auch mit stellvertretenden Objekten geschehen. Bei der Abstimmung *Drinnen oder draußen?* können Kinder, die hinaus wollen, einen Sonnenhut in die Mitte des Stuhlkreises legen. Kinder, die drin bleiben wollen, legen ein Bilderbuch in die Mitte. Dabei kann mit Kindern die Idee thematisiert werden, dass stellvertretend für Personen und Eigenschaften andere Objekte ausgewählt werden, die einfacher verfügbar sind und später auch leichter geordnet und dargestellt werden können. Dies ist für Kinder umso einsichtiger, je notwendiger es in der konkreten Situation erscheint.

Werden stellvertretende Objekte für andere Objekte oder Informationen ausgewählt, findet eine Eins-zu-Eins-Zuordnung der gesammelten Daten bzw. Informationen zu den stellvertretenden Objekten statt, die mit den Kindern zu klären ist. Eine weitere Möglichkeit zum Sammeln von Informationen und Daten können Strichlisten oder andere Notationen darstellen, wobei hier schon eine große Abstraktion stattfindet und deren Einsatz, vor allem im Elementarbereich, gut überlegt werden muss. Geht es darum auszuwählen, welche zwei

Eissorten für den nächsten gemeinsamen Nachtisch gekauft werden sollen, wenn Schokolade, Vanille, Erdbeere oder Pistazie zur Verfügung stehen, können die Kinder z. B. farbige
Perlen aussuchen, die der jeweiligen Eissorte entsprechen, und in Gefäße legen.

7.3.1.3   Sortieren und Klassifizieren

Van de Walle und Lovin (2006, S. 310) weisen darauf hin, dass das Sortieren und Klassifizieren von Objekten den ersten Schritt beim Organisieren von Daten darstellt. Clements und
Sarama (2009, S. 198) bezeichnen das Sortieren und Klassifizieren sowie das Bestimmen
der Anzahlen von Mengen, die durch das Sortieren und Klassifizieren entstanden sind, als
die beiden Anknüpfungspunkte, die im Bereich *Daten* für den Elementarbereich bestehen.
Voraussetzung für das Sortieren und Klassifizieren ist das Wahrnehmen bestimmter Eigenschaften, z. B. Größe, Farbe, Anzahlen (Tiere mit zwei oder vier Beinen). Sortieren und
Klassifizieren stellen beim Erwerb des Zahlbegriffs, beim Erwerben von mathematischen
Begriffen und später in den Bereichen der Algebra wichtige mathematische Fertigkeiten
und Fähigkeiten dar (vgl. Abschn. 4.3).

7.3.1.4   Daten darstellen

Um die einzelnen Mengen, die durch das Sortieren entstanden sind, gut vergleichen zu
können, gibt es verschiedene Möglichkeiten. Die Mengen können einzeln ausgezählt und
die festgestellten Zahlenwerte dann verglichen werden. Um dieser Anforderung gerecht
werden zu können, müssen sich die Kinder Krajewski zufolge aber schon weit in ihrer Zahlbegriffsentwicklung befinden (Ebene 3 Anzahlrelationen nach Krajewski 2008). Für den
Mengenvergleich kann auch eine Eins-zu-Eins-Zuordnung vorgenommen werden. Diese
ist leichter durchführbar, wenn die Objekte entsprechend gelegt bzw. angeordnet werden.
Die Zielsetzung von visuellen Darstellungen hat dieselbe Zielsetzung. Hierbei sollen schnell
und einfach Informationen entnommen und verglichen werden. Gallimore (1991, S. 143)
beschreibt verschiedene Möglichkeiten von Darstellungen mit ansteigender Abstraktion,
die zur Form eines Balkendiagramms führen können. Einige werden hier genannt:

- Konkrete Objekte, z. B. lebendige Balkendiagramme mit Kindern (vgl. Steinweg 2008,
  S. 154 bzw. Abb. 7.8)
- Stellvertretende konkrete Objekte (vgl. Abb. 7.5)
- Legosteine oder Steckwürfel, die dann aufeinander gestapelt werden können (vgl.
  Abb. 7.6)
- Piktogramme (Bilder der Objekte) (vgl. Abb. 7.7)
- Selbstklebende quadratische Klebezettel bzw. angemalte Kästchen
- Balkendiagramme

Um bezüglich der Frage „Wer will drinnen und wer draußen spielen?" eine Eins-zu-
Eins-Zuordnung zwischen sortierten Mengen vorzunehmen, kann z. B. unter jeden Sonnenhut (steht für „draußen") ein Bilderbuch (steht für „drinnen") gelegt werden. So ist
leicht erkennbar, bei welcher Menge mehr Gegenstände übrigbleiben. Es entstehen somit

zwei Linien bzw. Balken mit den verschiedenen Gegenständen. Bei diesem Vorgehen kann der Vergleich aufgrund der Anzahl und, wenn bei der Eins-zu-Eins-Zuordnung die Gegenstände in Reihen gelegt werden, auch aufgrund der Länge stattfinden (Abb. 7.5).

Abb. 7.5 Eins-zu-Eins-Zuordnung mit stellvertretenden Objekten

Es können auch gleich große Duplosteine (große Legosteine) als stellvertretende Objekte verwendet werden, jeweils eine Farbe für eine Kindergruppe – gelb für draußen und rot für drinnen (Abb. 7.6). Die Steine können dann aufeinandergesetzt werden und verglichen werden, welcher Turm mehr Duplosteine hat. Die Türme sind eine Vorform der Balken oder Säulen, die später in Diagrammen verwendet werden.

Abb. 7.6 Balkendiagramm
mit Duplosteinen

Das Erstellen einer grafischen Abbildung stellt eine weitere Abstraktion dar, die im Primarbereich thematisiert wird. Grafische Darstellungen sollten nicht um ihrer selbst willen erstellt werden, sondern an eine Notwendigkeit geknüpft sein. Es gibt verschiedene Gründe, warum man eine Datenerhebung grafisch festhalten will: als Merkhilfe für die Kinder selbst oder als Dokumentation für andere Personen, z. B. die Eltern. Van Oers (2004, S. 324) stellt neben der Beschreibung des quantitativen Aspekts die Bedeutung von grafischen Darstellungen als Kommunikations- und Reflexionswerkzeuge heraus. Wenn sich aus der Situation die Notwendigkeit ergibt, grafische Darstellungen zu erstellen, können für erste grafische Darstellungen die Bilder (Piktogramme) von Objekten auf Klebezettel gemalt und diese in Spalten oder Reihen angeordnet und aufgeklebt werden (Abb. 7.7).

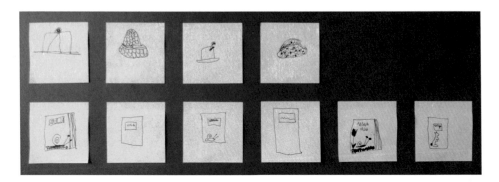

Abb. 7.7 Balkendiagramm mit Piktogrammen: Hüte (draußen), Bücher (drinnen)

7.3.1.5 Daten beschreiben und vergleichen

Datendarstellungen sollen dazu dienen, dass schnell Informationen entnommen und Daten verglichen werden können. Diese Idee kann im KiTa-Alltag mit einzelnen Kindern thematisiert werden, wenn sie grafische Darstellungen in ihrer Umgebung entdecken und nachfragen, was diese zu bedeuten haben. Bei der Interpretation vieler Darstellungen sind keine Zahlsymbolkenntnisse notwendig. Kinder können auch ohne Ziffernkenntnis Anzahlen aus schriftlichen Dokumenten entnehmen oder Anzahlen anhand visueller Darstellungen vergleichen (z. B. Abb. 7.5 und Abb. 7.6) und so den Vorteil visueller Datendarstellungen erfahren.

7.3.2 Erfahrungen mit kombinatorischen Aktivitäten

Beim Bauen mit verschiedenfarbigen Legosteinen, beim Anziehen von Puppen, beim Betrachten von Bilderbüchern oder bei Spielen, in denen aus verschiedenen Teilen Menschen oder Tiere gelegt werden, kommen die Kinder mit kombinatorischen Aktivitäten und Fragestellungen in Berührung, z. B. bei den Klappbilderbüchern *Krogufant* und *Stagukan* von Sara Ball (2006, 2007) oder den *Mix-Max*-Bilderbüchern von Erhard Dietl (2003, 2005). Dabei können sie Erfahrungen mit verschiedenen Kombinationsmöglichkeiten sammeln. Für viele Kinder stellt sich dabei aber weniger die Frage, wie viele mögliche Kombinationen es gibt. Wenn ein Kind daran interessiert ist, möglichst alle Kombinationen zu finden, kann dieses Problem dadurch gelöst werden, dass experimentell alle Möglichkeiten konkret hergestellt werden, beispielsweise durch das Bauen aller möglichen Legotürme aus drei Steinen mit drei Farben (s. Abschn. 7.1). Um nun sicher zu sein, dass man alle Möglichkeiten gefunden hat, werden Strategien des Systematisierens und Ordnens benötigt, um anschließend alle Möglichkeiten zählen zu können. Hierbei können interessierte Kinder unterstützt werden. So lässt sich z. B. das in Abb. 7.2 dargestellte Baumdiagramm statt mit Wörtern auch mit farbigen Punkten darstellen.

7.3.3 Wahrscheinlichkeiten

Das Thema der *Wahrscheinlichkeit* ist bei Würfelspielen im Kindergartenalltag immer präsent. Kindliche Vorstellungen von der Wahrscheinlichkeit der Würfelergebnisse (und vielfach auch die von Erwachsenen) entsprechen hierbei häufig nicht den Regeln der Wahrscheinlichkeit. Denn das Phänomen, dass Zufallsgeneratoren kein Gedächtnis haben, ist für viele Menschen nur schwer zu erfassen (van de Walle und Lovin 2006, S. 331). Aus der Tatsache, dass bei den letzten zehn Würfen keine Drei gewürfelt wurde, kann nicht gefolgert werden, dass nun endlich eine Drei an der Reihe ist und deswegen die Drei kommen muss. Steinweg (2008, S. 154) betont, dass „die Interpretation und Bedeutung des Zufalls als weder animistisches noch schicksalhaftes Element von Ereignissen [...] eine lebenslange Lernaufgabe" bleibt.

Für den Primarbereich weist Schipper (2009, S. 284 f.) in Bezug auf den Umgang mit Wahrscheinlichkeit darauf hin, dass der „Gegenstand [...] keinesfalls die Wahrscheinlichkeitsrechnung ist. Aufgabe des Unterrichts ist vielmehr, die sehr subjektiven und intuitiven kindlichen Vorstellungen über Wahrscheinlichkeit von Ereignissen zu mehr objektiven und in einfachen Spielsituationen auch quantitativen Einschätzungen zu führen". Eine Weiterentwicklung dieser Denkweise „bedarf langer, aufeinander aufbauender Erfahrungen". Kinder beginnen schon im Elementarbereich bei Würfelspielen Erfahrungen zu sammeln. Eine Möglichkeit der Thematisierung im Elementarbereich wäre, dass Lernbegleiter dabei an wenigen geeigneten Stellen mit den Kindern über Würfelereignisse reflektieren, z. B. durch Verändern von Spielregeln (ebd., S. 285). Wenn beim *Mensch-ärgere-dich-nicht* anstatt bei der Sechs bei der Eins nochmals gewürfelt und der Spielstein auf das Spielfeld gesetzt werden darf, wird es dann einfacher?

Die Begriffe *unmöglich*, *sicher* und *wahrscheinlich* werden im Bereich der Wahrscheinlichkeit als mathematische Fachbegriffe mit bestimmten Bedeutungen verwendet, wie bereits in Abschn. 7.1 sowie 7.2.2 erläutert wurde. Wenn mit Kindern in Alltagssituationen über die Ereignisse und die Wahrscheinlichkeit ihres Eintretens gesprochen wird, muss Erwachsenen bewusst sein, dass es hier nicht um mathematische Definitionen geht, sondern dass vielmehr kindliche Begriffe und Erklärungen im Mittelpunkt stehen. Es bleibt jedoch mit Sarama und Clements (2009, S. 333) festzuhalten, dass wir bislang nur wenig Kenntnisse über die kognitive Entwicklung der Kinder in diesem Inhaltsbereich haben.

7.3.4 Aktivitäten zu Daten

Wie bereits in den letzten Abschnitten festgestellt wurde, gibt es häufig Situationen im Elementarbereich (z. B. beim *Mensch-ärgere-dich-nicht* oder bei Abstimmungen), in denen Kinder mit Phänomenen in Berührung kommen, die die mathematischen Aspekte des Bereichs *Daten, Häufigkeit und Wahrscheinlichkeit* betreffen. Diesbezüglich sei an dieser Stelle auf Abschn. 7.3.2 und 7.3.3 verwiesen, wo aufgezeigt wurde, wie im Alltag auftretende Situationen oder Fragestellungen aufgegriffen und genutzt werden können. Weitere

Anregungen zu Aktivitäten im Bereich Kombinatorik und Wahrscheinlichkeit werden an dieser Stelle bewusst nicht diskutiert, sondern kurz in Abschn. 7.4 in Bezug auf den Ausblick auf den Mathematikunterricht beschrieben. In diesem Abschnitt werden nun zwei Situationen dargestellt, die zur weiteren Durchdringung des Bereichs *Daten* genutzt werden können, sowie ein Spiel, das von Erwachsenen initiiert werden kann.

7.3.4.1   Sind wir mehr Jungen oder mehr Mädchen?

Im Morgenkreis können die Fragen „Wie viele Kinder sind heute da?" oder „Wie viele Jungen bzw. wie viele Mädchen sind wir heute?" bzw. „Sind heute mehr Jungen oder mehr Mädchen da?" Anlass zum Erheben, Vergleichen und Darstellen von Daten geben . Will man nun die Anzahl der Jungen und Mädchen vergleichen, können zum einen die Anzahlen ausgezählt werden. Allerdings müssen die Kinder dann auch über Zahlwissen verfügen, um die Zahlen vergleichen zu können. Wenn es z. B. 11 Mädchen und 13 Jungen sind, müssen die Kinder wissen, dass 13 größer ist als 11.

Bei visuellen Darstellungen mit konkreten Gegenständen oder Personen können Vergleiche angestellt werden, indem das Prinzip der Eins-zu-Eins-Zuordnung genutzt wird. Stellen sich beispielsweise die Jungen und Mädchen einander gegenüber, kann schnell anhand der Länge der Reihen festgestellt werden, ob es mehr Mädchen als Jungen sind bzw. wer übrig bleibt oder keinen Partner hat (Abb. 7.8). Hoenisch und Niggemeyer (2004, S. 122) zeigen Bilder von verschiedenen weiteren Möglichkeiten, Kinder zu vergleichen, indem sich die Kinder, die einander gegenübersitzen, an den Händen anfassen und ihre Füße gegen die des Gegenübers stellen, um Ruderboot zu fahren.

Eine natürliche und sinnstiftende Notwendigkeit für das Verwenden von stellvertretenden Objekten ergibt sich, wenn man nicht den aktuellen Tagesstand vergleichen will, sondern feststellen möchte, ob generell mehr Jungen oder Mädchen in der Gruppe sind, oder wenn ein Kind bzw. mehrere Kinder fehlen. Für das fehlende Kind muss nun ein Objekt gesucht werden, damit alle Kinder repräsentiert sind. In einer Kindergruppe zukünftiger Schulanfänger stellte sich genau dieses Problem, dass beim Vergleich Junge – Mädchen ein Mädchen fehlte. Um nun eine Antwort auf die Frage zu finden, ob es mehr Mädchen oder Jungen sind, bot es sich an sowohl für das fehlende Mädchen als auch für die anwesenden Kinder stellvertretende Objekte zu nutzen. Jeder Jungen nahm jeweils ein blaues Holzklötzchen und jedes Mädchen ein gelbes. Nun wurden die Klötzchen aufeinander gestapelt und ein gelbes Klötzchen für das fehlende Mädchen hinzugefügt. Eine Möglichkeit einer einfacheren, abstrakteren Darstellung ist die Darstellung von zwei Reihen mit Kästchen. Jedes Mädchen macht ein Kreuz in eine Reihe und jeder Junge macht eines in eine andere. Auch hierbei kann man sofort sehen, ob es mehr Jungen oder Mädchen sind.

Abb. 7.8 Eins-zu-Eins-Zuordnung: lebendiges Balkendiagramm

7.3.4.2 Bilderbuchauswahl

Eine weitere natürliche Entscheidungssituation im Alltag kann die Frage sein, welches Bilderbuch vorgelesen werden soll. Diese Frage kann konkret mit den Kindern gelöst werden, indem sich jedes Kind zu seinem Lieblingsbilderbuch stellt (die zur Auswahl stehenden Bücher liegen in einer Reihe auf dem Boden). Um nun die Anzahl der Kinder zu vergleichen, gibt es wieder verschiedene Möglichkeiten: Abzählen, Eins-zu-Eins-Zuordnung, visueller Vergleich bei der Eins-zu-Eins-Zuordnung. Wenn jedoch eine Entscheidung für die ganze KiTa oder Schule benötigt wird (z. B. im Rahmen der Planung einer Feier) und die Entscheidung in verschiedenen Gruppen durchgeführt werden muss, ist es notwendig, das Entscheidungsergebnis in der jeweiligen Kindergruppe festzuhalten. Für die Datendarstellung stehen nun verschiedene Möglichkeiten zur Verfügung (s. auch „Daten darstellen" in Abschn. 7.3.1). Eine Möglichkeit ist die Darstellung mit Perlen und sog. Pfeifenputzern (Abb. 7.9). Hier bietet sich nun ein Gespräch darüber an, dass möglichst keine Lücken gelassen werden sollen bzw. dass für einen visuellen Vergleich der Anfang der Perlschnüre auf gleicher Höhe liegen sollte. Die Datendarstellung in Form von Pfeifenputzern kann nun in die nächste Gruppe weitergegeben und dort ergänzt werden.

Abb. 7.9 Welches Bilderbuch
ist beliebter?

7.3.4.3   Entscheide dich!

Dieser Vorschlag stammt aus den Anregungsmaterialien des Projekts TransKiGs Berlin
(Steinweg et al. 2007), von deren Durchführung Sauer (2009, 2010) berichtet. Beim Spiel
Entscheide dich! geht es darum, dass sich Kinder zwischen den beiden Antwortmöglichkeiten Ja oder Nein entscheiden und dies ausdrücken sollen, indem sie sich auf eine der
beiden Seiten setzen bzw. stellen, die durch das Legen eines Seils entstehen. Für spätere
grafische Darstellungen kann das trennende Seil dabei als Trennstrich zwischen zwei Spalten verstanden werden (Abb. 7.10). Die Lernbegleitung kann das Seil auf den Boden legen
und mit den Kindern gemeinsam besprechen, wie die Seiten markiert werden sollen. Eine
Möglichkeit besteht darin, Kärtchen auf jede Seite zu legen, auf denen einerseits ein Häk-
chen als Symbol für *Ja* und andererseits ein leeres Kärtchen bzw. ein Strich als Symbol für
Nein steht. Nun dürfen sich die Kinder Fragen ausdenken. Dabei kann thematisiert werden,
welche Fragen eindeutig mit *Ja* und welche mit *Nein* beantwortet werden können.

   Aufgrund der Aufnahme der *Leitidee Daten, Häufigkeit und Wahrscheinlichkeit* in die
Bildungsstandards (KMK 2005) erfolgt zunehmend eine Thematisierung dieses Themen-
bereichs in der Schuleingangsphase. Im folgenden Abschnitt soll anhand eines Schulbuch-
und Unterrichtsbeispiels dargestellt werden, wie diesbezüglich im Anfangsunterricht vorgegangen werden kann.

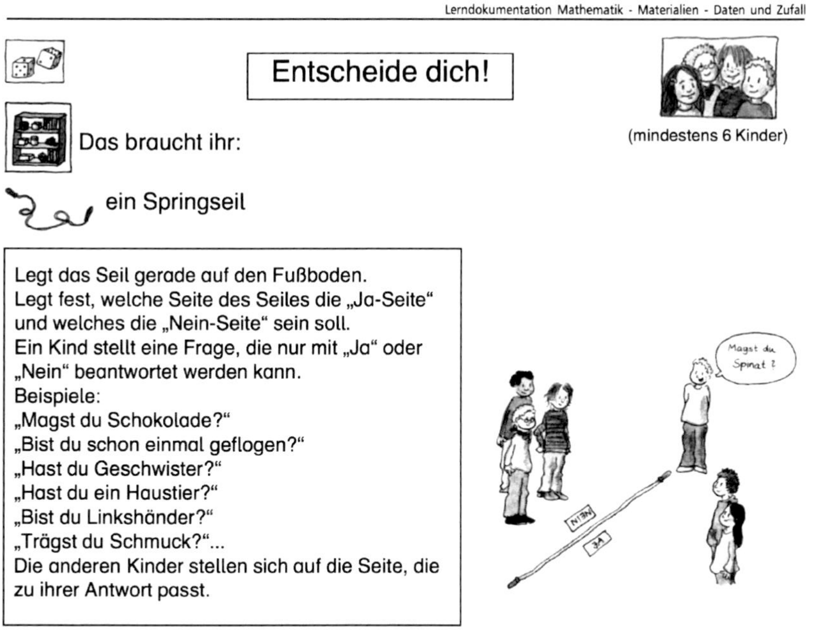
Lerndokumentation Mathematik - Materialien - Daten und Zufall

Entscheide dich!

Das braucht ihr:

ein Springseil

(mindestens 6 Kinder)

Legt das Seil gerade auf den Fußboden.
Legt fest, welche Seite des Seiles die „Ja-Seite“ und welches die „Nein-Seite“ sein soll.
Ein Kind stellt eine Frage, die nur mit „Ja“ oder „Nein“ beantwortet werden kann.
Beispiele:
„Magst du Schokolade?“
„Bist du schon einmal geflogen?“
„Hast du Geschwister?“
„Hast du ein Haustier?“
„Bist du Linkshänder?“
„Trägst du Schmuck?“...
Die anderen Kinder stellen sich auf die Seite, die zu ihrer Antwort passt.

Abb. 7.10 Anregungskarte „Entscheide dich!“ (Steinweg et al. 2007, S. 125)

7.4 Ausblick auf den Mathematikunterricht

Im Primarbereich kann das Erheben und Darstellen von Daten weitergeführt werden. Neben verschiedenen Formen der Erhebung werden hier nun auch die verschiedenen Möglichkeiten der Datendarstellung in ihren zunehmenden Abstraktionsgraden bis hin zum Balkendiagramm thematisiert. Fragestellungen im Bereich der Kombinatorik und Wahrscheinlichkeit werden weiterhin experimentell und zunehmend strategieorientiert bearbeitet. Im Bereich der Kombinatorik werden Aufgaben gestellt, z. B. „Wie viele Möglichkeiten gibt es, mit drei verschiedenfarbigen Bauklötzen Dreiertürme zu bauen?“. Hier führt die Fragestellung „Bist du dir sicher, dass du alle Möglichkeiten gefunden hast?“ zu systematischen Darstellungen, die zunehmend abstrakter werden. Oder es wird thematisiert, wie viele Möglichkeiten sich beim Anziehen einer bestimmten Anzahl von verschiedenfarbigen Hosen und T-Shirts ergeben. Ein Vorschlag für eine unterrichtliche Thematisierung von Wahrscheinlichkeit in Klasse 1 findet man bei Gasteiger (2009). Hier geht es darum, dass Kinder der 1. Klasse „in erster Linie ihr Wissen erweitern (u. a. durch experimentelle Erfahrungen), um in verschiedenen Situationen leichter entscheiden zu können, welche Umstände ausschlaggebend sein können, dass bestimmte Ergebnisse eintreten oder auch nicht“ (ebd., S. 13). Nach einer ausführlichen Reflexion der Begriffe *wahrscheinlich- unwahrscheinlich, möglich – unmöglich* schlägt Gasteiger Experimente zum Ziehen von Murmeln vor, in denen zwei Murmelfarben in unterschiedlicher Anzahl vorhanden sind. Hier sollen die Kinder zuerst vermuten, anschließend konkret experimentieren und ihre gewonnenen Erkenntnisse auf weitere Situationen anwenden. Eine ähnliche Struktur hat die Aufgabe *Fische angeln* im Schulbuchbeispiel in Abb. 7.11.

Abb. 7.11 „Fische angeln" (Buschmeier et al. 2011, S. 81)

7.5 Fazit

Wie in den vorangegangen Abschnitten deutlich wurde, ist der Alltag der Kinder im Elementarbereich von Phänomen, Darstellungen und Situationen durchdrungen, die Aspekte des mathematischen Inhaltsbereichs *Daten, Häufigkeit und Wahrscheinlichkeit* enthalten.

Doch diese zu ergründen, ist häufig äußerst anspruchsvoll (z. B. das Deuten bestimmter symbolischer und abstrakter Darstellungen von Daten oder das systematische Feststellen von Häufigkeiten). Deswegen kann ein systematisches Durchdringen dieser Phänomene nicht Inhalt mathematischer Bildung im Elementarbereich sein und sollte auch nicht Inhalt von Problemstellungen sein, die von Erwachsenen inszeniert werden. Vielmehr können konkrete Fragen und Problemstellungen, die sich im Alltag ergeben, aufgegriffen werden. Dies kann dazu führen, dass man im Bereich der Wahrscheinlichkeit über die Begriffe *sicher, unmöglich, wahrscheinlich* reflektiert und Mutmaßungen über Gewinnchancen im Gespräch aufgreift. Echte Entscheidungs- und Abstimmungssituationen können Ausgangspunkt für eine Datenerhebung und das Festhalten ihrer Ergebnisse sein. Ebenso kann man kombinatorische Fragestellungen dort, wo sie sich im Spiel oder Alltag ergeben, aufgreifen und Kinder, die von sich aus Interesse zeigen und erste strukturierte Lösungen anstreben, dabei unterstützen.

Fragen zum Reflektieren und Weiterdenken

1. Welche kindlichen Alltagsaktivitäten zu Hause (im Kindergarten) können ein sinnvoller Ausgangspunkt für das Erheben von Daten sein?
2. Welche beschreibenden Begriffe können bei den einzelnen Inhaltsbereichen mit den Kindern erarbeitet werden?
3. Wo kommen Kinder ggf. in ihrer Einrichtung mit grafischen Darstellungen von Daten in Berührung? Können diese mit den Kindern thematisiert werden? Wie könnte das ggf. geschehen?

7.6 Tipps zum Weiterlesen

Ähnlich wie eingangs schon in Bezug auf Forschungsliteratur zu diesem Inhaltsbereich festgestellt wurde, gibt es grundsätzlich bislang nur wenige Veröffentlichungen, die in Ergänzung zu diesem Kapitel herangezogen werden können. Drei Titel sollen jedoch an dieser Stelle genannt werden:

Hoenisch, N., & Niggemeyer, E. (2004). *Mathe-Kings. Junge Kinder fassen Mathematik an.* Weimar, Berlin: verlag das netz.

Wie bereits in den Literaturtipps zu Kap. 6 erwähnt, liegt der Wert dieses Buches weniger in seiner theoretischen Fundierung, die weitgehend als überholt gilt, sondern vielmehr in der gelungenen Sammlung ausdrucksstarker Fotos von Kindern in der Auseinandersetzung mit Mathematik. Beim Pfeiler „Grafische Darstellung und Statistik" finden sich anregende Fotos kindlicher Aktivitäten zu diesem Inhaltsbereich.

Neubert, B. (2012). *Leitidee: Daten, Häufigkeit und Wahrscheinlichkeit. Aufgabenbeispiele und Impulse für die Grundschule*. Offenburg: Mildenberger.

Die beiden ersten Kapitel dieses Buches seien all denjenigen empfohlen, die sich – vielleicht im Rahmen eigener Qualifikationsarbeiten – mit diesem Thema fachlich weiter beschäftigen und sich die mathematischen Grundlagen erarbeiten wollen. Kapitel 1 liefert eine gut verständliche Einführung in die Beschreibende Statistik, während Kap. 2 den fachlichen Grundlagen zur Wahrscheinlichkeit gewidmet ist. Die einschlägigen mathematischen Begriffe werden hier jeweils gut verständlich erklärt und anhand von Beispielen illustriert

Sheffield, L. J., Cavanagh, M., Dacey, L., Findell, C., Greenes, C., & Small, M. (2002). *Navigation through Data Analysis and Probability in Prekindergarten – Grade 2*. Reston, VA: NCTM.

Ähnlich wie im entsprechenden Band *Navigation through Measurement* (s. „Tipps zum Weiterlesen" in Kap. 6) beziehen sich auch die Ausführungen und (Unterrichts-)Ideen zu Daten und Wahrscheinlichkeit im Wesentlichen auf von der Lehrkraft angeleitete Aktivitäten und sind für Lehrkräfte im Anfangsunterricht sicher interessanter als für Erzieherinnen und Erzieher im Kindergarten. Doch im Rahmen der Ausbildung eröffnet dieser Band noch einmal einen Blick über den Tellerrand, und die dort aufgeführten Aktivitäten veranschaulichen Situationen, in denen Daten und Wahrscheinlichkeit Kindern in ihrem Alltag und Spiel begegnen können. Dies kann hilfreich sein, um Lehrkräfte an Grundschulen wie auch das Fachpersonal in Kindertagesstätten für solche Situationen zu sensibilisieren.

7.7 Bilderbücher zum Thema

Die folgenden Bilderbücher eigenen sich besonders für Kinder im Alter zwischen 4 und 6 Jahren und vermitteln Erfahrungen zu verschiedenen kombinatorischen Möglichkeiten:

Ball, S. (2006). *Stagukan*. Weinheim: Beltz & Gelberg.
Ball, S. (2007). *Krofugant*. Weinheim: Beltz & Gelberg.
Dietl, E. (2003). *Mix-Max. Mein lustiges Verwandlungsbuch*. Hamburg: Oetinger.
Dietl, E. (2005). *Tier-Mix-Max. Mein lustiges Verwandlungsbuch*. Hamburg: Oetinger.

Durch die geteilten Seiten können Kinder verschiedene Tiere und Menschen legen. Bei allen Bilderbüchern können Kinder erfahren, dass es verschiedene Kombinationen geben kann. Erste Versuche können dahingehend gestartet werden, durch strategisches Vorgehen möglichst alle Kombinationen zu finden.

Literatur

Ball, S. (2006). *Stagukan*. Weinheim, Basel: Beltz & Gelberg.

Ball, S. (2007). *Krogufant*. Weinheim, Basel: Beltz & Gelberg.

BASFI – Behörde für Arbeit, Soziales, Familie und Integration Hamburg (Hrsg.) (2012). *Hamburger Bildungsempfehlungen für die Bildung und Erziehung von Kindern in Tageseinrichtungen*. www. hamburg.de/contentblob/118066/data/bildungsempfehlungen.pdf. Zugegriffen: 9.7.2013

Bönig, D. (2010a). Mit Kindern Mathematik entdecken. In D. Bönig, J. Streit-Lehmann, & B. Schlag (Hrsg.), *Bildungsjournal Frühe Kindheit - Mathematik, Naturwissenschaft und Technik* (S. 6–13). Berlin: Cornelsen.

Buschmeier, G., Eidt, H., Hacker, J., Lack, C., Lammel, R., & Wichmann, M. (2011). *Denken und Rechnen 2*. Braunschweig: Westermann.

Clements, D. H., & Conference Working Group (2004). Major Themes and Recommendations. In D. H. Clements, J. Sarama, & A.-M. DiBiase (Hrsg.), *Engaging Young Children in Mathematics* (S. 1–72). Hillsdale, NJ: Erlbaum.

Clements, D. H., & Sarama, J. (2009). *Learning and Teaching Early Math: The Learning Trajectories Approach*. New York: Routledge.

Copley, J. V. (2004). *Showcasing Mathematics for the Young Child: Activities for Three-, Four-, and Five-year-olds*. Washington, DC: NAEYC.

Copley, J. V. (2006). *The Young Child and Mathematics* (4. Aufl.). Washington, DC: NAEYC.

Dietl, E. (2003). *Mix-Max. Mein lustiges Verwandlungsbuch*. Hamburg: Oetinger.

Dietl, E. (2005). *Tier-Mix-Max. Mein lustiges Verwandlungsbuch*. Hamburg: Oetinger.

English, L. (2013). Reconceptualizing Statistical Learning in the Early Years. In L. English, & J. T. Mulligan (Hrsg.), *Reconceptualizing Early Mathematics* (S. 67–82). New York: Springer.

Gallimore, M. (1991). Graphicacy in the Primary Curriculum. In D. Vere-Jones (Hrsg.), *Proceedings of the Third International Conference on Teaching Statistics* (S. 140–143). Voorburg, NL: International Statistical Institute.

Gasteiger, H. (2009). Wahrscheinlich unmöglich? Zufallsexperimente in Jahrgangsstufe 1. *Grundschulmagazin*, 77. Jahrgang (2), 13–16.

Gopnik, A., & Klein, S. (2012). Schon Einjährige betreiben Statistik. *Zeit Magazin*, (39), 25–31.

Hasemann, K., Mirwald, E., & Hoffmann, A. (2007). Daten Häufigkeit, Wahrscheinlichkeit. In G. Walther, M. van den Heuvel-Panhuizen, D. Granzer, & O. Köller (Hrsg.), *Bildungsstandards für die Grundschule: Mathematik konkret* (S. 141–161). Berlin: Cornelsen Scriptor.

Hoenisch, N., & Niggemeyer, E. (2004). *Mathe-Kings: Junge Kinder fassen Mathematik an*. Weimar: Das Netz.

KMK – Kultusministerkonferenz (2005). *Bildungsstandards im Fach Mathematik für den Primarbereich. Beschluss vom 15.10.2004*. München: Luchterhand. auch digital verfügbar unter: www.kmk-org.de

Krajewski, K. (2008). Vorschulische Förderung mathematischer Kompetenzen. In F. Petermann, & W. Schneider (Hrsg.), *Angewandte Entwicklungspsychologie* (S. 275–304). Göttingen: Hogrefe.

Kurtzmann, G., & Sill, H.-D. (2013). *Leitidee Daten, Häufigkeit, Wahrscheinlichkeit*. Rostock: Universität Rostock.

Lee Hülswitt, K. (2006). Mit Fantasie zur Mathematik: Freie Eigenproduktionen mit gleichem Material in großer Menge. In M. Grüßing, & A. P. Koop (Hrsg.), *Die Entwicklung mathematischen Denkens in Kindergarten und Grundschule – Beobachten, Fördern und Dokumentieren* (S. 103–121). Offenburg: Mildenberger.

Lehrer, R., & Lesh, R. (2003). Mathematical Learning. In W. Reynolds, & G. Miller (Hrsg.), *Comprehensive Handbook of Psychology* (Bd. 7, S. 357–390). New York: Wiley.

NCTM – National Council of Teachers of Mathematics (2000). *Principles and Standards for School Mathematics. Grades Pre-K – 2.* Reston, VA: NCTM.

Neubert, B. (2012). *Leitidee: Daten, Häufigkeit und Wahrscheinlichkeit. Aufgabenbeispiele und Impulse für die Grundschule.* Offenburg: Mildenberger.

Russell, S. J. (1991). Counting Noses and Scary Things: Children Construct their Ideas about Data. In D. Vere-Jones (Hrsg.), *Proceedings of the Third International Conference on Teaching Statistics* (S. 158–164). Voorburg, NL: International Statistical Institute.

Ruwisch, S. (2012). Vielleicht, bestimmt oder nie? *Grundschule Mathematik, 44*(32), 4–7.

Sarama, J., & Clements, D. (2009). *Early Childhood Mathematics Education Research: Learning Trajectories for Young Children.* New York: Routledge.

Sauer, K. (2009). Anregungsmaterialien in der Schuleingangstufe im Bereich „Daten". Theoretische Grundlegung und Evaluation. Unveröffentlichte Staatsexamensarbeit. Universität Bamberg.

Sauer, K. (2010). Statistisches Denken in der Schulanfangsphase. *MNU Primar, 2*(3), 84–90.

SBSB – Senatsverwaltung für Bildung und Sport Berlin (Hrsg.) (2004). *Das Berliner Bildungsprogramm.* Berlin: Das Netz.

Schipper, W. (2009). *Handbuch für den Mathematikunterricht an Grundschulen.* Braunschweig: Schroedel.

Sheffield, L. J., Cavanagh, M., Dacey, L., Findell, C., Greenes, C., & Small, M. (2002). *Navigation through Data Analysis and Probability in Prekindergarten – Grade 2.* Reston, VA: NCTM.

Spägele, E. (2008). Naturwissenschaftliches Vorverständnis von Schulanfängern. Dissertation, Pädagogische Hochschule, Weingarten. http://opus.bsz-bw.de/hsbwgt/volltexte/2008/43/pdf/DissertationSpaegele.pdf.

Steinweg, A. S. (2008). Zwischen Kindergarten und Schule: Mathematische Basiskompetenzen im Übergang. In F. Hellmich, & H. Köster (Hrsg.), *Vorschulische Bildungsprozesse in Mathematik und in den Naturwissenschaften* (S. 143–159). Bad Heilbrunn: Klinkhardt.

Steinweg, A., Sommerlatte, A., Lux, M., Meiering, G., & Führlich, S. (2007). *Beobachten – Dokumentieren – Fördern. Lerndokumentation Mathematik und Anregungsmaterialien Mathematik.* Berlin: Senatsverwaltung für Bildung, Wissenschaft und Forschung.

van de Walle, J. A., & Lovin, L. H. (2006). *Teaching Student Centered Mathematics: Grades K – 3.* Boston: Pearson.

van Oers, B. (2004). Mathematisches Denken bei Vorschulkindern. In W. E. Fthenakis, & P. Oberhuemer (Hrsg.), *Frühpädagogik international. Bildungsqualität im Blickpunkt* (S. 313–330). Wiesbaden: VS Verlag für Sozialwissenschaften.

Wagenschein, M. (1965). *Die pädagogische Dimension der Physik.* Braunschweig: Westermann.

Wollring, B. (1994a). Animistische Vorstellungen von Vor- und Grundschulkindern in stochastischen Situationen. *Journal für Mathematikdidaktik, 15*(1/2), 3–34.

Wollring, B. (1994b). Fallstudien zu frequentistischen Kompetenzen von Grundschulkindern in stochastischen Situationen – Kinder rekonstruieren verdeckte Glücksräder. In H. Maier, & J. Voigt (Hrsg.), *Verstehen und Verständigung. Arbeiten zur interpretativen Unterrichtsforschung* (S. 144–179). Köln: Aulis.

Wollring (1994c). Qualitative empirische Untersuchungen zum Wahrscheinlichkeitsverständnis von Vor- und Grundschulkindern. Unveröffentlichte Habilitationsschrift. Münster: Westfälische Wilhelms Universität.

Muster und Strukturen 8

Dialog beim Spielen mit Eierschachteln (vgl. Abb. 8.1)

Mehrere Kinder spielen mit Eiern und Eierschachteln, als sich folgender Dialog ereignet:

Die Erzieherin fragt Anna: „Kannst du mir sagen, wie viele Eier in deine Schachtel reinpassen?"

Anna beginnt zu zählen …

Michael dreht sich herum: „Das sind sechs."

Die Erzieherin fragt Michael: „Woher weißt du das?"

Michael: „Na drei, drei."

Erzieherin: „Wie drei, drei?"

Michael: „Na, siehst du nicht, das sind doch drei und drei."

Michael kommt dazu und zeigt auf die zwei Dreierreihen in der Schachtel.

Abb. 8.1 Kinder bestimmen die Anzahl

C. Benz et al., *Frühe mathematische Bildung*, Mathematik Primarstufe und Sekundarstufe I + II, 291
DOI 10.1007/978-3-8274-2633-8_8, © Springer-Verlag Berlin Heidelberg 2015

> Da mischt sich Tina ein: „Nein, das sind doch zwei, zwei und dann noch mal zwei. Schau, so."
>
> Sie zeigt jeweils auf zwei untereinander liegende Eier. In der Zwischenzeit hat Anna die Anzahl auch korrekt gezählt und sagt: „Ja, das sind wirklich sechs."

Was hat diese Situation mit Mustern und Strukturen zu tun? Hier bestimmen Kinder auf verschiedene Weise die Anzahl der Eier. Bei der Anzahlbestimmung von Michael und Tina spielt die räumliche Anordnung oder, anders ausgedrückt, die Struktur der Anordnung der Eier in der Sechser-Eierschachtel eine wesentliche Rolle. Denn aufgrund dieser Darstellung können die Kinder die Eier nicht nur als „3 und 3", sondern auch als „2 und 2 und 2" wahrnehmen.

In der Anordnung der Eier wird die Verbindung einer räumlichen Struktur mit einer arithmetischen Struktur – einer Struktur, die sich auf Anzahlen bezieht – deutlich. In dieser Situation wird nur ein kleiner, wenn auch wesentlicher, Aspekt des Bereichs *Muster und Strukturen* beschrieben. Wie bedeutsam er ist, wird in diesem Kapitel dargestellt. Zuerst wird jedoch in den beiden nächsten Abschnitten eine umfassende Begriffsklärung vorgenommen, da dieser Bereich eine Besonderheit innerhalb der mathematischen Inhaltsbereiche darstellt. Denn das Erforschen von Mustern und Strukturen zieht sich durch alle bereits vorgestellten Inhaltsbereiche. Er kann somit als ein umfassender Bereich verstanden werden. Muster und Strukturen beziehen sich immer auf andere mathematische Inhalte, z. B. auf Strukturen bei Anzahldarstellungen oder Muster in geometrischen Darstellungen (vgl. dazu auch Abschn. 8.3). Die Bedeutung des Inhaltsbereichs *Muster und Strukturen* für das frühe mathematische Lernen wird in Abschn. 8.3 in den Blick genommen, bevor aufgezeigt wird, wie Kindergartenkinder Musterfolgen (Abschn. 8.4) und strukturierte Mengendarstellungen (Abschn. 8.5) wahrnehmen und entdecken. Daran anknüpfend werden sinnvolle Aktivitäten für den Elementarbereich beschrieben (Abschn. 8.6). Wie bereits in den vorangegangenen Kapiteln schließen ein Ausblick auf den Mathematikunterricht sowie ein kurzes Fazit die Ausführungen ab.

8.1 Mathematik als Wissenschaft von den Mustern

Die Antwort auf die Frage *Was ist Mathematik?* hat sich im Laufe der letzten rund 5000 Jahre immer wieder verändert. Lautete die Antwort bis ca. 500 v. Chr. noch, Mathematik sei die Lehre von den Zahlen, denn die altägyptische, babylonische und chinesische Mathematik beschäftigte sich ausschließlich mit Arithmetik, so wurde sie bis ca. 300 n. Chr. dahingehend ausgeweitet, dass man nun auch die euklidische Geometrie, wie sie im antiken Griechenland entwickelt wurde, einbezog und Mathematik als Lehre von den Zahlen und Formen verstand. Mit der Einführung der Differenzialrechnung durch Isaac Newton und Gottfried Wilhelm Leibniz Mitte des 17. Jahrhunderts rückten dann die Anwendungen der

Mathematik in den Vordergrund. Ausgehend vom wachsenden Interesse an der Theorie der Mathematik im ausgehenden 18. und frühen 19. Jahrhundert kam es Ende des 19. Jahrhunderts zum Beginn der modernen Mathematik, bei der die Methoden, die bei der Untersuchung mathematischer Fragen eingesetzt wurden, zunehmend an Bedeutung gewannen. Im 20. Jahrhundert kam es schließlich zu einer Explosion des mathematischen Wissens und der Aufspaltung bekannter sowie der Erschließung völlig neuer Gebiete wie z. B. der Topologie, der Stochastik oder der Diskreten Mathematik. Steinweg (2003a, S. 56) weist darauf hin, dass die Antwort auf diese Frage „letztlich niemals knapp und präzise, sondern immer nur facettenreich ausfallen kann. Eine wichtige Facette ist das Bild der Mathematik als die Wissenschaft von den Mustern". Viele Wissenschaftlerinnen und Wissenschaftler betonen diese Facette. Dabei nehmen sie Bezug auf den englischen Mathematiker Walter Warwik Sawyer, der schon 1955 schrieb, dass die „Klassifikation und das Studium aller möglichen Muster" die Hauptaufgabe der Mathematik sei, wobei er unter Muster (engl. *pattern*) „jegliche Art von Regelmäßigkeit, die der menschliche Geist erkennen kann" versteht (Sawyer 1955, S. 12). Der bekannte zeitgenössische Mathematiker Keith Devlin charakterisiert Mathematik ebenfalls als die Wissenschaft von den Mustern und erklärt dies folgendermaßen:

> In den letzten zwanzig Jahren ist eine Definition aufgekommen, der wohl die meisten heutigen Mathematiker zustimmen würden. Mathematik ist die Wissenschaft von den Mustern. Der Mathematiker untersucht abstrakte ‚Muster' – Zahlenmuster, Formenmuster, Bewegungsmuster, Verhaltensmuster und so weiter. Solche Muster sind entweder wirkliche oder vorgestellte, sichtbare oder gedachte, statische oder dynamische, qualitative oder quantitative, auf Nutzen ausgerichtete oder bloß spielerischem Interesse entspringende (Devlin 2002, S. 5).

In seinen Büchern *Muster der Mathematik* und *Das Mathe-Gen* liefert er zahlreiche Beispiele für Muster, die durch Mathematik erschlossen werden können: „Die Muster und Beziehungen, mit denen sich die Mathematik beschäftigt, kommen überall in der Natur vor: die Symmetrien von Blüten, die oft komplizierten Muster von Knoten, die Umlaufbahnen der Himmelskörper, die Anordnung der Flecke auf einem Leopardenfell, das Stimmverhalten der Bevölkerung bei einer Wahl, das Muster der statistischen Auswertung von Zufallsergebnissen beim Roulettespiel oder beim Würfeln, die Beziehung der Wörter, die einen Satz ergeben, die Klangmuster, die zur Musik in unseren Ohren führen" (Devlin 2003, S. 97).

Daraus ergeben sich nun Fragen, die in den folgenden Abschnitten geklärt werden sollen:

- Was ist ein Muster?
- Und in welchen mathematischen Bereichen sind Muster bedeutsam?
- Welche Bedeutung kommt ihnen in der frühen mathematischen Bildung zu?

8.2 Begriffsklärung

Für den Begriff „Muster" finden sich vielfältige Verwendungen. In unserer Alltagssprache wird er unter verschiedenen Aspekten verwendet (vgl. Lüken 2012, S. 19 f.).

Der Begriff Muster kann sich auf eine Vorlage beziehen, wobei es sich um eine tatsächliche Vorlage (z. B. ein Schnittmuster) oder um ein Vorbild handeln kann, dann eher im ideellen Sinne. Der Begriff kann auch auf etwas Vorbildhaftes verweisen – im Sinne von mustergültig. Doch der Begriff wird auch zur Benennung einer Struktur verwendet – entweder im Sinne einer bestimmten Kombination oder Reihenfolge von Elementen, die simultan erfasst werden kann, oder im Sinne einer bestimmten Kombination oder Reihenfolge von Elementen, die zeitlich versetzt erfasst werden kann.

Charakteristisch für den strukturellen Aspekt ist, dass es sich sowohl beim simultanen als auch beim zeitlich versetzten Auftreten von Mustern um Wiederholungen von Kombinationen, Reihenfolgen oder einzelnen Elementen handelt. Dabei kann es bei beiden Aspekten eine Vielzahl von möglichen Erscheinungsformen geben: Zahlen, Grafiken, Bilder, Musik, Verhalten, Sprache und Bewegung. Beim ersten Aspekt, bei dem das Muster im Sinne einer Vorlage dient, ist die Wiederholung indirekt enthalten, denn die Vorlagen sind die Grundlage für weitere Wiederholungen.

Ein Muster kann also sowohl die Wiederholung einer Grundeinheit bezeichnen als auch eine Grundeinheit selbst (z. B. die Vorlage). Diese Doppelbedeutung erschwert eine Definition des Begriffs „Muster".

Beim Begriff „Struktur" lässt sich diese Doppeldeutigkeit nicht feststellen. Hier werden die Merkmale bezeichnet, die einer Anordnung bzw. Wiederholung zugrunde liegen.

Auch im mathematischen Bereich lassen sich für den Begriff Muster keine eindeutigen Definitionen finden. In den oben genannten Zitaten umschreibt Devlin den Begriff des Musters anhand von Beispielen: Zahlenmuster, Formenmuster, Bewegungsmuster und Verhaltensmuster. Diese charakterisiert er einerseits durch Angaben von Gegensätzen, indem er sie als z. B. sichtbare oder gedachte, statische oder dynamische und durch weitere Gegensatzpaare beschreibt. Der Begriff der Struktur ist mathematisch präziser gefasst.

> Structure in mathematics can be seen as a broad view of analysis of the way in which an entity is made up of its parts. This analysis describes the systems of connections or relationships between the component parts (Hoch und Dreyfus 2004, S. 50).

Eine mathematische Struktur beschreibt also die Beziehung zwischen den einzelnen Elementen einer Menge untereinander, zwischen Teilmengen dieser untereinander sowie zwischen Einzelelementen, Teilmengen und der gesamten Menge. „Die Vielfalt möglicher Beziehungen zwischen Mengenelementen führt zu einer Vielfalt von strukturierten Mengen. Die gesamte Mathematik beruht laut Basieux (2000, S. 10) allerdings nur auf drei Grundstrukturen: der Ordnungsstruktur, der algebraischen Struktur und der topologischen Struktur – kurz: Ordnungen, Verknüpfungen und Nachbarschaften. An anderen Stellen wird zusätzlich noch eine geometrische Struktur unterschieden" (Lüken 2012, S. 20).

Die australischen Fachdidaktikerinnen Papic und Mulligan (2005, S. 209) beschreiben die Begriffe „Muster" und „Strukturen" im mathematischen Kontext wie folgt: „Broadly a pattern may be defined as a numerical or spatial regularity, and the relationship between the various components of a pattern constitutes its structure." Mit anderen Worten: Sie bezeichnen *Muster* als zahlenmäßige oder räumliche Regelmäßigkeit und die Beziehung zwischen den verschiedenen Komponenten eines Musters als *Struktur*. Muster können jedoch nicht nur visuell, sondern auch auditiv (z. B. durch Klatschen oder Klopfen) sowie motorisch (z. B. durch eine Bewegungssequenz bei einem Tanz) dargestellt werden. In der Definition von Papic und Mulligan steht die Regelmäßigkeit im Vordergrund, und diese wird vor allem in Musterfolgen deutlich. Im mathematischen Elementarbereich treten noch weitere räumliche Strukturen auf, die ebenfalls als Muster bezeichnet werden, z. B. Würfelmuster oder Zahlenmuster bzw. strukturierte Anzahldarstellungen wie im Eingangsbeispiel dieses Kapitels.

Aus diesem Grund werden nun im Folgenden verschiedene Musterfolgen näher betrachtet. Räumliche und arithmetische Muster sowie strukturierte Anzahldarstellungen werden erläutert und illustriert.

8.2.1 Musterfolgen

Durch Aneinanderreihen und Vervielfachen von einfachen Alltagsgegenständen wie z. B. Murmeln, Perlen, Knöpfen, Steinen, Bauklötzen oder geometrischen Formen können Muster entstehen. Dabei spielen die Größe, Formen, Farben und andere Eigenschaften dieser Objekte eine entscheidende Rolle.

Bei Mustern kann auch die Anzahl der Objekte von Bedeutung sein. Beim Schneckenmuster (Abb. 8.2, rechtes Bild) handelt es sich um ein komplexeres Muster, da hier neben der regelmäßigen Anordnung einer Farbreihenfolge auch noch die Anzahl der farbigen Muggelsteine wahrgenommen werden muss, weil manche Objekte mehrfach vorkommen. Um hier regelmäßige Wiederholungen herstellen zu können, müssen die Kinder im Schneckenmuster jeweils zwei rote, zwei blaue und einen grünen Muggelstein legen.

Bei Musterfolgen kann die Wiederholungsregel in Folgen mit einer regelmäßig wiederholenden Struktur (Abb. 8.2) oder auch einer wachsenden Struktur unterschieden werden, wie z. B. das folgende Muster:

Die Anzahl der Plättchen wird mit wechselnder Farbe jeweils um eins erhöht. In diesem Muster wird kein Grundelement wiederholt, es reicht also nicht, die Grundelemente zu identifizieren und zu kategorisieren, sondern es muss die Wachstumsstruktur erkannt werden. Die Fortsetzung des obigen Musters mit einer wachsenden Struktur könnte folgendermaßen aussehen:

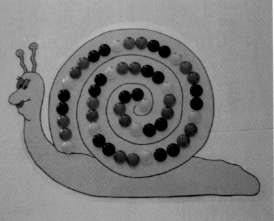

Abb. 8.2 Lineare Musterfolgen

Lüken (2012) bezeichnet Muster mit einer regelmäßig wiederholenden Struktur als *statische Musterfolgen* und Musterfolgen mit wachsenden Strukturen als *dynamische Musterfolgen*.

Anhand des obigen Musters aus sechs Perlen kann sehr gut verdeutlicht werden, dass es immer vielfältige Möglichkeiten der Fortführung gibt. So haben z. B. zwei Kinder das Muster folgendermaßen weitergeführt:

Finden Sie die Regel?

Eindeutige Lösungen gibt es beim Fortsetzen von Mustern also nicht. Steinweg (2013, S. 28) weist in diesem Zusammenhang darauf hin, dass „Folgen mathematisch auf sehr unterschiedliche Art und Weisen ‚richtig' fortsetzbar" sind.

Alle Musterfolgen, die bislang vorgestellt wurden, können als *lineare Musterfolgen* bezeichnet werden. In Anlehnung an Papic (2007) und Lüken (2012) können Musterfolgen neben der Art der Regelwiederholung bzw. Struktur noch nach der Art der Darstellung als *lineare*, *kreisartige* oder andere *flächige Musterfolgen* unterschieden werden.

Kreisartige Musterfolgen (*cyclic patterns*) werden als kreisartige oder als rechteckige Umrandung dargestellt. Bezeichnend hierfür ist ein fehlender Anfangs- oder Endpunkt. Flächige Musterfolgen (*hopscotch patterns*) bestehen aus verschiedenen Formenplättchen, die verschieden angeordnet werden können. Anspruchsvolle flächige Musterfolgen stellen Bandornamente dar. Sie sind in unserer Umgebung vielfältig zu finden (Abb. 8.3) und unterliegen bestimmten Bildungsregeln, die vor allem auf Verschiebungen und Symmetrien beruhen. Meist werden verschiedene geometrische Formen und ihre verschiedenen Lage-beziehungen genutzt. Hierzu gibt es vielfältige Möglichkeiten, die recht hohe Anforderungen an die Kinder stellen. Mit Musterwürfeln können Kinder verschiedene Bandornamente legen (Abb. 8.4).

Abb. 8.3 Bandornamente in der Umwelt (Fotos: Bernd Wollring)

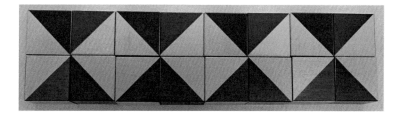

Abb. 8.4 Bandornament aus Musterwürfeln

Flächige Musterfolgen können sowohl statisch als auch wachsend sein (Abb. 8.5).

Eine besondere Form von flächigen Musterfolgen stellen Parkettierungen dar. Hier geht es um das lückenlose Ausfüllen einer Fläche. Dazu können sog. *pattern blocks* (geometrische Grundformen mit gleichen Seitenlängen wie in Abb. 8.6) verwendet werden. Wichtig beim Parkettieren sind die Seitenlängen der einzelnen Grundformen, da diese aneinanderpassen müssen.

Abb. 8.5 Flächige Musterfolgen auf Perlenbrettern

Abb. 8.6 Parkettierung mit
Pattern-Blocks

8.2.2 Räumliche Muster – Strukturierte Mengendarstellungen

Im Kontext früher mathematischer Bildung ist es wichtig, einen weiteren Aspekt von *Strukturen* zu beachten, denn Strukturen können auch als Beziehungen zwischen Komponenten innerhalb einer geordneten Einheit betrachtet werden, wobei diese Einheit nicht zwingend ein Muster im üblichen Sinn darstellen muss (Lüken 2010, S. 241). Somit können in einer Darstellung Strukturen wahrgenommen werden, die sich durch eine zahlenmäßige oder räumliche Regelmäßigkeit auszeichnen, in der sich aber diese Beziehungen nicht nur auf regelmäßige Anordnungen beziehen.

Bei der eingangs beschriebenen Situation kann bei Darstellung der sechs Eier im Eierkarton (Abb. 8.7) beispielsweise eine regelmäßige Struktur festgestellt und die Darstellung somit auch als räumliches Muster, strukturierte Anzahldarstellung oder arithmetisches Muster bezeichnet werden: Die Reihe mit den drei Eiern als Grundeinheit ist zweimal vorhanden. Die Spalte mit den zwei Eiern als Grundeinheit ist dreimal nacheinander angeordnet.

Die Darstellung von sieben Eiern im Zehnerkarton hingegen ist nicht durch Regelmäßigkeit oder Wiederholung gekennzeichnet und wird deswegen im Alltagsgebrauch häufig nicht als Muster bezeichnet. Bei der Darstellung der sieben Eier in Abb. 8.8 kann man jedoch verschiedene *Strukturen* wahrnehmen bzw. hineindeuten.

Abb. 8.7 Muster und Strukturen bei sechs Eiern

Abb. 8.8 Strukturen bei sieben Eiern

Man kann hier eine Struktur hineindeuten, die durch die Reihen gekennzeichnet ist.
Durch diese Struktur wird diese Darstellung in eine Reihe mit fünf Eiern und in eine Reihe
mit zwei Eiern gegliedert. Man könnte allerdings auch eine Strukturierung in die Einheiten
vier Eier und drei Eier vornehmen, indem man hier die Darstellung in die Teileinheiten
Würfelbild der Vier und *Reihe mit drei Eiern* strukturiert.

Gemäß Devlins (2002) Verständnis von Mathematik als der Wissenschaft von den Mus-
tern kann Arithmetik als „zahlenmäßige Kunst" der Mathematik übersetzt werden. Die
Arithmetik könnte somit auch als Abstraktion von Zahlen und Beziehungen zwischen
Zahlen aufgrund von wahrgenommenen Mustern bezeichnet werden. Die zahlenmäßige
Beziehung bzw. numerische Struktur einzelner Objekte steht bei arithmetischen Mustern
und arithmetisch strukturierten Darstellungen im Vordergrund. Um bei arithmetischen
Mustern oder strukturierten Mengendarstellungen die Strukturen erkennen und nutzen zu
können, formuliert Lüken (2010) in Anlehnung an Forschungsergebnisse aus der Sekun-

darstufe (Hoch und Dreyfus 2006) einen sog. *early structure sense* bezüglich arithmetischer Strukturen.

Hierzu gehören folgende Aspekte:

- Erkennen einer Darstellung als eine Struktur oder als ein Muster
- Einteilung eines Gesamtmusters durch Strukturierung in kleinere Einheiten
- Erkennen der Beziehungen zwischen den Teilstrukturen
- Integration von Teilen, um ein Muster in seiner Ganzheit zu sehen

Bei der Zahlbegriffsentwicklung, die in Abschn. 4.3 ausführlich behandelt wurde, ist das Erkennen von arithmetischen Strukturen und Regelhaftigkeiten eine grundlegende Kompetenz, die zum Aufbau des Zahlbegriffs beiträgt:

- Bei der simultanen und der quasi-simultanen Zahlauffassung ist das Erkennen der Strukturen bei der Erfassung und Darstellung einzelner Anzahlen notwendig. Später wird nochmals genauer auch im Hinblick auf die Entwicklung weiterer arithmetischer Kompetenzen auf die Bedeutung des Erkennens von Strukturen bei der Anzahlerfassung eingegangen.
- Beim Erwerb der Zahlwortreihe und der Zahlwortbildung ist das Erkennen von Strukturen von Vorteil: Ab dem Zahlwort dreizehn werden die Zahlwörter nach regelhaften Strukturen gebildet. Allerdings gibt es dabei wechselnde Regeln und einige Ausnahmen.
- Die Erkenntnis der Regelmäßigkeit, dass beim Zählen jede neue Zahl „eins mehr" enthält („one-more" pattern of counting, Sarama und Clements 2009, S. 319) ist eine wichtige Erkenntnis, um später weiterzählend Aufgaben lösen und auch das Konzept des Ergänzens verstehen zu können.

8.3 Bedeutung von Mustern und Strukturen für den Elementarbereich

Das Entdecken von Strukturen sowie Erkennen von Regelmäßigkeiten ist ein wichtiger kognitiver Akt in der kindlichen Entwicklung. Strukturen sind Bestandteil jeglicher Begriffsbildung. Nach Lorenz (2006, S. 4) ist jeder Begriff, den Kinder „entwickeln, und sei es auch ein falscher, ein Versuch, Strukturen in der Welt zu entdecken."

Seit 2004 werden *Muster und Strukturen* in den Bildungsstandards der Kultusministerkonferenz (KMK 2005) zwar als eigener mathematischer Inhaltsbereich genannt, Wittmann und Müller (2007, S. 42) weisen aber zu Recht darauf hin, dass man diesen Inhaltsbereich auch als übergeordneten Bereich verstehen kann (vgl. dazu auch die Einleitungen zu Kap. 8 und 9). In der Beschreibung von Mathematik als der Wissenschaft von Mustern kommt deutlich zum Tragen, dass es sich hier um einen grundlegenden Aspekt handelt, der sich durch alle mathematischen Inhaltsbereiche zieht.

In den vorschulischen Bildungsplänen wird dieser Bereich unterschiedlich thematisiert. In einigen Plänen wird er überhaupt nicht erwähnt (vgl. z. B. NKM 2011), in anderen wird hingegen eine explizite Aussage dazu getroffen, z. B.: „Kinder erkennen Muster, Regeln, Symbole und Zusammenhänge, um die Welt zu erfassen" (MKJS 2011, S. 40).

In internationalen Bildungsplänen für den Elementarbereich finden sich ebenfalls Aussagen über Muster und Strukturen, so z. B. in den *Early Years Curriculum Guidelines* (Queensland Studies Authority 2006, S. 70). Da in den australischen Leitlinien die gleichen Inhaltsbereiche wie im Schulcurriculum ausgewiesen werden, wird der Bereich *patterns and algebra* als ein eigener Bereich genannt. In den weiteren Beschreibungen der *Early Years Curriculum Guidelines* wird das „Untersuchen und das Kommunizieren über Strukturen, Reihenfolgen und Muster" als eine der drei Grundideen hervorgehoben und anhand von Vorschlägen für die Planung mathematischer Lerngelegenheiten noch weiter ausgeführt: „make patterns of repeated sequences, such as decorative patterns and sequences in movements, songs, games, manipulative play, routines and stories" und „order and describe sequences of actions, events, patterns, routines and transitions, and numbers in manipulative play, songs and games" (ebd.). Hier wird explizit darauf hingewiesen, dass Kinder nicht nur geometrische Muster erstellen und beschreiben sollen, sondern auch Reihenfolgen in Bewegungen, Liedern, Spielen und Zahlen erkennen und beschreiben sollen.

Wittmann (2003a, S. 25 f.) belegt die besondere Bedeutung von Mustern und Strukturen gerade für die frühe mathematische Bildung eindrücklich durch ein Zitat, das aus der Rede des Physikers Richard Feynman stammt, die dieser 1965 anlässlich der Verleihung des Nobelpreises hielt:

> Als ich noch sehr klein war und in einem Hochstuhl am Tisch saß, pflegte mein Vater mit mir nach dem Essen ein Spiel zu spielen. Er hatte aus dem Laden in Long Island eine Menge alter rechteckiger Fliesen mitgebracht. Wir stellten sie vertikal auf, eine neben die andere, und ich durfte die erste anstoßen und beobachten, wie die ganze Reihe umfiel. So weit, so gut. Als Nächstes wurde das Spiel verbessert. Die Fliesen hatten verschiedene Farben. Ich musste eine weiße aufstellen, dann zwei blaue, dann eine weiße, zwei blaue, usw. Wenn ich neben zwei blaue eine weitere blaue setzen wollte, insistierte mein Vater auf einer weißen. Meine Mutter, die eine mitfühlende Frau ist, durchschaute die Hinterhältigkeit meines Vaters und sagte: „Mel, bitte lass den Jungen eine blaue Fliese aufstellen, wenn er es möchte." Mein Vater erwiderte: „Nein, ich möchte, dass er auf Muster achtet. Das ist das einzige, was ich in seinem jungen Alter für seine mathematische Erziehung tun kann" (zit. nach Wittmann 2003a, S. 25 f.).

8.3.1 Die entwicklungspsychologische und die fachdidaktische Perspektive

In einigen empirischen Forschungen wurde untersucht und bestätigt, dass erworbene Kompetenzen im Umgang mit *Mustern und Strukturen* sich positiv auf die allgemeine mathematische Entwicklung auswirken (Mulligan und Mitchelmore 2009; Lüken 2010, S. 242). Mulligan (2002) stellt fest, dass Kinder, die Schwierigkeiten beim Erwerb mathematischer Kompetenzen haben, ebenfalls Probleme haben, Strukturen in bildlichen Repräsentationen zu erkennen. Des Weiteren konnten Gray et al. (2000) beobachten, dass Kinder, die Probleme beim Rechnen haben, bei Darstellungen eher auf nichtmathematische Merkmale achten als auf die mathematische Struktur, die diesen Darstellungen ebenfalls innewohnt. Dieses Untersuchungsergebnis weist darauf hin, dass Kinder Darstellungen individuell wahrnehmen. Kinder können zudem verschiedene Strukturen in Darstellungen hineindeuten. Diesen individuellen Deutungsakt der Kinder unterstreicht Söbbeke (2005) in ihrem theoretischen Konstrukt der „individuellen Strukturierungsfähigkeit". Sie untersuchte Deutungsstrategien von Kindern bei räumlichen Darstellungen dahingehend, wie die Kinder Strukturen in einzelne Darstellungen hineinkonstruieren und nutzen (Söbbeke 2005, S. 108). Auf einen Zusammenhang zwischen Strukturierungsfähigkeit und mathematischer Leistung verweist auch die Untersuchung von Thomas et al. (2002). Dabei wurden mentale Repräsentationen der Zählsequenz von 1 bis 100 von Kindern verschiedenen Alters anhand von Erklärungen und Zeichnungen analysiert. Anders als bei leistungsstarken Kindern konnten bei leistungsschwächeren Kindern in den Zeichnungen keine mathematischen Strukturierungsmerkmale beobachtet werden.

Ein Zusammenhang zwischen der Fähigkeit, Strukturen zu erkennen, und der späteren Rechenleistung wurde in einer Studie in Deutschland mit 72 Kindern bestätigt (Lüken 2012). In dieser Studie lösten die Kinder 3 Monate vor Schulbeginn Aufgaben zum Erkennen, Nachlegen und Zeichnen von strukturierten Mengendarstellungen. Am Ende der 2. Klasse wurden die Rechenleistungen der Kinder erhoben, wobei sich zeigte, dass Kinder mit ausgeprägten Strukturierungsfähigkeiten hohe Kompetenzen beim Rechnen aufwiesen.

Die Beschäftigung mit Mustern erfährt bei vielen Fachkräften im Elementarbereich eine große Wertschätzung (vgl. z. B. Economopoulos 1998; Clarke et al. 2006). Untersuchungen aus verschiedenen Ländern zeigen, dass im Kindergartenalltag die Beschäftigung mit Mustern offenbar einen großen Raum einnimmt. So wurde in einer US-amerikanischen Studie beobachtet, dass sich die meisten mathematischen Aktivitäten im Freispiel auf Zählen sowie auf Tätigkeiten im Umgang mit Größen (z. B. Gewicht, Länge, Rauminhalt) und Mustern beziehen (Ginsburg 2002). Auch in einer vergleichenden Untersuchung in Kindergärten in New York City und Taiwan zeigte sich, dass die Spielaktivitäten mit Formen und Mustern während der Freispielzeit insgesamt den größten Anteil an mathematischen Aktivitäten einnahmen (Lin und Ness 2000).

8.3.2   Die diagnostische Perspektive

Aufgaben zum Inhaltsbereich *Muster und Strukturen* werden ferner auch in Intelligenztests eingesetzt, da das Erkennen von Mustern und Strukturen als ein Faktor der Intelligenz gesehen wird. Ein alterstypisches Beispiel für den Elementarbereich ist der sog. WPPSI-III[1]

---

[1] Wechsler Preschool and Primary Scale of Intelligence – III.

(Wechsler et al. 2011), der für Kinder im Alter von 3 bis 7 Jahren konzipiert ist. Es ist jedoch zu beachten, dass bei standardisierten Tests bei der Auswertung der Aufgaben häufig nur eine mögliche Antwort als richtig gewertet wird, wobei es gerade bei Musterfolgen immer mehrere Möglichkeiten der Fortführung gibt (vgl. Abschn. 8.2.1).

Da *Muster und Strukturen* keinen eigenständigen Inhaltsbereich darstellen, sind diesbezügliche Aufgaben bei den verschiedenen Diagnoseinstrumenten oft in andere Inhaltsbereiche integriert. Die strukturierte Anzahlerfassung wird beispielsweise in den Aufgaben zum verkürzten Zählen des OTZ[2] erfasst (van Luit et al. 2001).

Gasteiger (2010) verwendet in ihrer Untersuchung im Teilbereich *Zahlen und Operationen* ebenfalls Aufgaben zur strukturierten Anzahlerfassung. Sie legt Kindern Punktkarten vor (Abb. 8.9) und stellt dazu folgende Fragen: „Immer zu einer Karte mit blauen Punkten gehört eine von diesen Karten mit roten Punkten. Vielleicht hast du eine Idee, wie die Karten zusammengehören. Bei welchem Kärtchen konntest du besser erkennen, wie viele drauf sind? Kannst du mir das erklären?" (ebd., S. 283).

Diese Aufgabe wurde auch in einer Studie von Benz (2013) mit 189 Kindern im Alter von 4 bis 6 Jahren vorgelegt. Dabei konnte festgestellt werden, dass drei Viertel aller Kinder die Kärtchen richtig nach gleicher Anzahl zuordnen konnten. Die Hälfte aller Kinder gab an, dass sie die Anzahl bei der strukturierten Darstellung leichter sehen konnten. Die Hälfte der Kinder, die eine richtige Zuordnung vorgenommen hatten, begründete ihre Antwort, dass die Anzahl bei der strukturierten Darstellung leichter zu sehen sei, mit dem Erkennen eines strukturellen Bezugs. Man kann also davon ausgehen, dass Kinder im Elementarbereich schon Strukturen nutzen können, um Anzahlen zu bestimmen.

Abb. 8.9 Strukturierte und unstrukturierte Punktbilder (vgl. Gasteiger 2010)

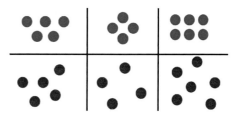

Verschiedene Forscherinnen und Forscher haben Phasen der Strukturierungsfähigkeit anhand empirischer Studien identifiziert (Mulligan und Mitchelmore 2009, 2013; Mulligan et al. 2013; Söbbeke 2005; van Nes 2009). Die australische Forschungsgruppe um Mulligan entwickelte ihr Modell der Strukturierungsfähigkeit in einer Studie mit Kindern im Alter von 5;5 bis 6;7 Jahren. Es ging dabei darum, über verschiedene Inhaltsbereiche hinweg Strukturen zu erkennen und zu nutzen. Zum Einsatz kamen 39 Aufgaben zu den Inhalten Zahlen, Größen, Geometrie und Daten. Söbbekes Modell basiert auf einer Untersuchung mit Grundschulkindern zum Nutzen von Strukturen bei mathematischen Anschauungsmaterialien. Beide Modelle weisen ähnliche Phasen auf wie das Modell von van Nes, das sich auf eine Untersuchung mit 38 Kindern im Alter von 4 bis 6 Jahren bezieht. In allen Mo-

---

[2] Osnabrücker Test zur Zahlbegriffsentwicklung.

dellen werden vier ähnliche Phasen auf dem Weg zur Strukturierungsfähigkeit beschrieben. Die einzelnen Phasen werden jedoch mit unterschiedlichen Begriffen bezeichnet. Für eine vergleichende Übersicht der verschiedenen Modelle sei auf Lüken (2012, S. 116) verwiesen. Weil sich die Untersuchung von van Nes speziell auf Kinder im Elementarbereich bezieht, werden die Aufgaben und das Modell hier ausführlicher vorgestellt.

Van Nes erforschte, inwieweit die Fähigkeiten zur räumlichen Strukturierung mit der Zahlbegriffsentwicklung in Beziehung zueinander stehen. Sie stellte ihren Probanden in Einzelinterviews Aufgaben zum Zählen, zur Anzahlerfassung, zur Mustererkennung und zum Strukturieren. Dazu zeigte sie den Kindern kurz Karten mit Darstellungen von Fingerbildern, Würfelmustern, geometrischen Formen sowie Punktmustern. Die Kinder sollten jeweils die Anzahl der Mengen und bei den geometrischen Formen die Anzahl der Ecken bestimmen (van Nes 2009, S. 67).

Ein weiterer Aspekt der Strukturierungsfähigkeit wurde untersucht, indem den Kindern unstrukturierte und strukturierte Mengen gezeigt wurden (Abb. 8.10). Sie sollten zuerst die Menge mit acht Objekten und anschließend die Menge mit mehr als acht Objekten bestimmen.

Anschließend wurden den Kindern fünf Blüten hingelegt, und die Kinder sollten so viele Blüten dazulegen, dass es insgesamt zwölf Blüten waren. Abschließend sollten die Kinder acht Blüten so hinlegen, dass man schnell sehen kann, wie viele es sind.

Eine weitere Aufgabenart bestand darin, dass die Kinder zwei Gebäude aus zehn Legosteinen bezüglich der Anzahl vergleichen sollten, ohne zu zählen. Anschließend sollten sie die Anzahl bestimmen und beide Gebäude nachbauen.

Des Weiteren untersuchte van Nes, wie Kinder Musterfolgen nachlegen und fortsetzen. Die Musterfolgen bestanden aus Dreiecken in drei verschiedenen Farben, und die Kinder sollten diese Musterfolgen nachlegen und fortsetzen. Dabei gab es unterschiedliche Schwierigkeitsgrade:

- Musterfolge 1: a, b, a, b
- Musterfolge 2: a, bb, a, bb
- Musterfolge 3: a, bb, ccc, a.

Abb. 8.10 Strukturierte/unstrukturierte Mengendarstellungen, nachgestellt mit Muggelsteinen (ursprünglich kleine Blüten)

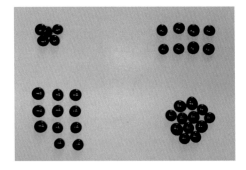

Bei der Auswertung der Aufgaben (vor allem bei Musterfolge 3) wurde berücksichtigt, dass hier verschiedene Möglichkeiten der Fortführung bestehen (vgl. Abschn. 8.2.1).

Bei der letzten Aufgabe mussten sich die Kinder auf einem Gebäudeplan orientieren und einen Weg finden.

Aufgrund ihrer so gewonnenen Datenbasis konnte van Nes vier Phasen der räumlichen Strukturierungsfähigkeit beschreiben, wobei sie darauf hinweist, dass Kinder nicht einer einzelnen Phase zugeordnet werden können. Die Phasen dienen vielmehr zur Beschreibung der Strategien, die die Kinder verwenden und zeigen einen Entwicklungsverlauf. Sie werden im Folgenden, basierend auf der deutschen Übersetzung von Lüken (2012, S. 112 f.), dargestellt:

1. *Unitary Phase*: Das Kind erkennt so gut wie keine räumliche Strukturen und kann folglich weder Strukturen nutzen noch selbst strukturieren, um numerische Prozeduren abzukürzen.
2. *Recognition Phase*: Das Kind erkennt einige wesentliche räumliche Strukturen, aber nutzt diese nur selten und kann selbst kaum strukturieren.
3. *Usage Phase*: Das Kind erkennt und nutzt die meisten der verfügbaren räumlichen Strukturen, aber zeigt kaum Initiative, selbst zu strukturieren oder eigene räumliche Strukturen zu produzieren.
4. *Application Phase*: Das Kind nutzt zielgerichtet räumliche Strukturen und produziert selbstständig Strukturen sowie strukturiert ungeordnete Mengen zur Vereinfachung der Anzahlbestimmung.

Bei Söbbeke (2005) steht allein die räumliche Strukturierung in Bezug auf Anzahlen im Vordergrund der Untersuchung, während van Nes (2009) auch Aufgaben zu Musterfolgen stellte. Weitere diagnostische Aufgaben zu Musterfolgen werden im V-Teil des EMBI-KiGa (Peter-Koop und Grüßing 2011) zum Nachlegen, Fortsetzen und Beschreiben von Mustern gestellt. Bezüglich der Schwierigkeit dieser Aufgaben konnte in einer internationalen Vergleichsstudie (Clarke et al. 2008) mit 5-jährigen Kindern in Australien und Deutschland beobachtet werden, dass die Kinder generell höhere Kompetenzen beim Nachlegen eines Musters aufweisen (zu allen Untersuchungszeitpunkten sind es mehr als drei Viertel aller Kinder) als beim Fortsetzen eines Musters. Ein Muster fortsetzen konnten ein Jahr vor der Einschulung knapp mehr als die Hälfte und kurz vor der Einschulung 70 % der deutschen Kinder. Das Muster zu erläutern fiel den Kinder noch schwerer als es fortzusetzen. 43 % der deutschen Kinder waren ein Jahr vor der Einschulung dazu in der Lage und 56 % der Kinder kurz vor der Einschulung.

Weiterhin stellten Garrick et al. (1999) fest, dass Kinder im Alter von 3 bis 4 Jahren beim Kopieren einer einfachen sich wiederholenden Musterfolge zwar erfolgreich die richtige Abfolge der Farben reproduzieren, nicht aber die korrekte Anzahl der Elemente der jeweiligen Farbe legen konnten. Bezüglich einer sich wiederholenden Musterfolge konnte Threlfall (1999) unter Rückgriff auf Rustigan (1976) eine Hierarchie bei den Antworten der

3- bis 5-jährigen Kinder identifizieren und beschreibt diesbezüglich fünf Phasen (Übers. nach Lüken 2012, S. 99):

1. Überhaupt keine Bezugnahme auf vorherige Musterelemente und eine zufällige Auswahl neuer Elemente
2. Eine Phase der Wiederholung des letzten Elements (Perseveration)
3. Nutzung bereits verwendeter Elemente, jedoch in beliebiger Reihenfolge
4. Symmetrischer Ansatz: Reproduktion der gegebenen Sequenz in Umkehrung
5. Eine bewusste Weiterführung des Musters mithilfe von Kontrollblicken an den Anfang

Die Entwicklungsphasen von van Nes (2009) und die Hierarchisierung von Rustigan (1976) können helfen, Handlungen von Kindern im Umgang mit Mustern und Strukturen genau zu beobachten und diesbezügliche Entwicklungsschritte wahrzunehmen.

8.4 Kinder entdecken Musterfolgen

Bei Aktivitäten im Umgang mit Mustern und Strukturen kann man zwischen verschiedenen Arten von Mustern und zwischen verschiedenen Handlungsmöglichkeiten unterscheiden, die sich im Umgang mit diesen ergeben (vgl. Steinweg 2001, S. 115 ff.). Verschiedene Aktivitäten können unterschiedliche Anforderungen an die Kinder stellen, wobei die Anforderungen nicht nur von der Art der Aktivität, sondern auch von der Komplexität des Musters abhängen können (vgl. Warren und Cooper 2006; Lüken 2012, S. 33).

Kinder können in verschiedenen Spielsituationen

- Muster nach einer Vorlage nachlegen,
- Muster erkennen,
- Muster fortsetzen,
- Muster beschreiben,
- Muster erfinden,
- Muster nachlegen aus dem Gedächtnis,
- Muster reparieren,
- Muster übersetzen.

Bei allen Aktivitäten müssen die Kinder verschiedene Eigenschaften von Gegenständen wahrnehmen, z. B. die Farbe (hell/dunkel bzw. rot/grün/gelb/blau), die Größe (klein/groß) oder die Form (rund/eckig).

Beim *Nachlegen nach Vorlage* kann das Kind die einzelnen Objekte des Gesamtmusters Stück für Stück reproduzieren. Hierzu müssen die Kinder die verschiedenen Eigenschaften der Einzelelemente sowie die räumliche Anordnung erkennen. Dabei geht es um das Herstellen einer gleichen Anordnung, bei der aber jedes einzelne Teil auf seine Eigenschaft überprüft werden kann, wodurch das Muster Stück für Stück aufgebaut wird. Es müssen dafür nicht einzelne Objekte zueinander in Beziehung gesetzt werden.

Will ein Kind eine Musterreihe mit dem Muster „ein rotes, drei blaue, ein rotes drei blaue Plättchen" nachlegen, muss es noch nicht bis drei zählen können. Es benötigt lediglich die Eins-zu-Eins-Zuordnung, indem es unter jedes Plättchen genau das gleiche Plättchen legt.

Beim *Erkennen* eines Musters muss die Grundeinheit identifiziert werden. Dafür müssen die Kinder die Merkmale der Einzelobjekte wahrnehmen. Darüber hinaus gilt es, weitere Strukturierungsmerkmale wie die Anzahl und Lage der einzelnen Objekte zu beachten. Diese Erkenntnis benötigen die Kinder, um *Muster fortsetzen* zu können.

Beim *Beschreiben* von Mustern kommen weitere sprachliche Anforderungen hinzu. Die Kinder können zur Beschreibung Kardinalzahlen (z. B. „*drei* rote Perlen") und Ordnungszahlwörter (z. B. die *zweite* bzw. *dritte* Perle) verwenden. Des Weiteren können sie die Fachbegriffe für die Einzelobjekte verwenden und kennenlernen, z. B. „Dreieck, Kreis etc.". Die Herausforderung, ein Muster zu *beschreiben,* kann auf unterschiedlichem Niveau gelöst werden. Zum einen kann das Muster sehr konkret und exemplarisch beschrieben werden, indem jedes einzelne Element beschrieben wird. Zum anderen kann die Beschreibung generalisierend erfolgen, indem die Grundeinheit schon beschrieben und nicht mehr wiederholend jedes einzelne Element genannt wird (vgl. Steinweg 2001, S. 116).

Beim regelgerechten *Fortsetzen* bzw. *Weiterführen eines Musters* müssen die Kinder einerseits die Eigenschaften der einzelnen Objekte und andererseits deren regelhafte Anordnung bzw. die Struktur des Gesamtmusters erkannt oder die Grundeinheit identifiziert haben, um dies in der wiederholenden Fortführung anwenden zu können. Dies zeigt sich in der Bewältigung der schlussfolgernden Überlegung „Welches Objekt kommt als nächstes?".

Beim *Erfinden* von eigenen Mustern wird die Kreativität der Kinder gefördert. Sie können eigene Muster erfinden und dabei über die zu beachtenden Merkmale und Regelhaftigkeiten frei entscheiden.

Sollen die Kinder *aus dem Gedächtnis ein Muster reproduzieren*, also nachlegen oder zeichnen, stellt dies eine weitaus höhere Anforderung dar. Da man sich meist nicht alle einzelnen Elemente eines Musters merken kann, ist hierfür nun das Erkennen der Struktur notwendig. Hierzu müssen die Kinder neben den Eigenschaften der räumlichen Anordnung der einzelnen Objekte auch die Beziehung zwischen den Objekten erkannt bzw. die Grundeinheit identifiziert haben. Dabei spielt auch das visuelle Gedächtnis eine wichtige Rolle.

Muster zu *reparieren* stellt eine hohe Anforderung dar. Denn beim Reparieren von Mustern müssen sowohl die Eigenschaften der einzelnen Objekte als auch die einzelnen sich wiederholenden Einheiten und die Gesamtstruktur des Musters erkannt werden. Hierbei geht es jedoch nicht nur um eine reine Wiederholung einzelner Einheiten. Je nach „Fehler" kann die Reparatur hohe Anforderungen an das Kind stellen, da durch den „Fehler" die einzelnen sich wiederholenden Einheiten nicht mehr so deutlich sichtbar sind.

Das *Übersetzen* eines Musters kann innerhalb eines Repräsentationsmodus geschehen, indem die Objekte ausgetauscht werden, aber die Struktur des Musters erhalten bleibt.

Aus ● ⬤ ● ⬤ ● ⬤ ○ wird dann ○ ⬤ ○ ⬤ ○ ⬤ ○.

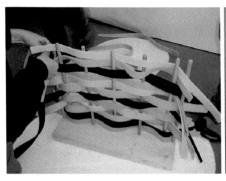

Abb. 8.11 Spontane Muster beim Weben und Perlenfädeln

Des Weiteren können Muster auch in einen anderen Repräsentationsmodus übersetzt werden. Den verschiedenen Übersetzungen ist die Struktur gemeinsam, so kann auf die Struktur von Musterfolgen fokussiert werden.

Die Musterfolge ⚪ ⚫ ⚫ ⚪ ⚫ ⚫ ⚪ kann z. B. übersetzt werden in ein rhythmisches Muster: klatschen, stampfen, stampfen, klatschen, stampfen, stampfen, klatschen. Ebenso kann diese Musterfolge auch mit Kindern dargestellt werden: Ein Kind sitzt, zwei Kinder stehen, ein Kind sitzt, zwei Kinder stehen, ein Kind sitzt.

Im Alltag des Elementarbereichs ergeben sich immer wieder Situationen, in denen Kinder Muster herstellen. So nutzen Kinder beispielsweise beim Weben oder Auffädeln von Perlen spontan Muster (Abb. 8.11).

Spontane Eigenaktivitäten der Kinder können Ausgangspunkt für weitere Musteraktivitäten sein. Es bieten sich dabei mehrere Schritte an:

- Zunächst bietet es sich an, darüber zu kommunizieren, dass man das, was das Kind da gemacht hat, ein Muster nennt. Man kann darüber sprechen, welches Grundelement sich immer wiederholt oder in modifizierter Form wiederholt (es wird z. B. immer eine grüne Perle mehr).
- Im Anschluss daran könnte man vielleicht selber ein Muster auffädeln oder die Perlenkette eines anderen Kindes heranziehen und darüber sprechen, ob das auch ein Muster ist und ggf. warum.
- Andere Kinder können auch insofern einbezogen werden, dass sie ihre Muster wechselseitig nachlegen und dann gegenseitig auch fortsetzen lassen.
- Des Weiteren kann man mit den Kindern darüber sprechen, dass es mehrere Möglichkeiten der Fortsetzung gibt (s. oben).
- Schließlich können gemeinsam andere Bereiche gesucht werden, wo man solche Muster legen kann, z. B. mit Bauklötzen.

8.5   Kinder entdecken strukturierte Mengendarstellungen

Bei der Beschäftigung mit Mustern geht es, wie oben dargestellt, um das Erkennen, Beschreiben und Nutzen von Strukturen. Das Erkennen von Strukturen war die Grundlage für die unterschiedliche Anzahlbestimmung im Eingangsbeispiel mit den sechs Eiern. Michael hat die Mengendarstellung in zwei Dreiermengen und Tina hat die Darstellungen in drei Zweiermengen strukturiert. Beide Kinder konnten die Anzahldarstellung strukturieren und die Struktur zur Anzahlbestimmung nutzen. Hier wird die gemeinsame Struktur zwischen realem Eiermuster und dem arithmetischen Muster der Menge sechs deutlich. Die beiden Kinder müssen die Eier dieser Menge nicht einzeln zählen, sondern können die Menge zuerst in Teilmengen strukturieren, nehmen die Teilmengen simultan wahr und nutzen dies dann zur Anzahlbestimmung. Man könnte diese Mengendarstellung auch in ungleichmäßige Strukturen gliedern, nämlich in eine Vierermenge (Würfelbild der Vier) und eine Zweiermenge. Es gibt auch nicht regelmäßige Strukturen in Darstellungen zu erkennen, wie es z. B. bei der Darstellung der sieben Eier (Abb. 8.9) im Eierkarton deutlich wurde. Um Strukturen in Anzahldarstellungen wahrnehmen zu können, müssen die Kinder die Darstellungen strukturiert in kleinere Einheiten zerlegen können. Des Weiteren müssen sie die Beziehungen zwischen den Teilen und der Ganzheit sehen. Wenn Kinder in Mengendarstellungen Strukturen erkennen, müssen diese Einheiten, die durch die Strukturierung entstehen, nicht identisch sein, sondern können bezüglich der Anzahl und räumlichen Lage sehr unterschiedlich sein, wie dies beispielsweise bei einer Strukturierung der Darstellung von sieben Eiern in einer Eierschachtel geschehen kann (Abb. 8.9).

Im Kapitel *Zahlen und Operationen* wurde das Teil-Ganzes-Konzept von Zahlen beschrieben. Im Teil-Ganzes-Konzept werden „Zahlen als Zusammensetzungen aus anderen Zahlen" wahrgenommen (Gerster 2009, S. 267). Übertragen auf eine konkrete oder bildliche Darstellung bedeutet das, dass eine Menge mit sieben Eiern aus einer Menge mit drei Eiern und einer Menge mit vier Eiern zusammengesetzt werden kann. Die Wahrnehmung einer Menge, bei der nicht alle Teile einzeln wahrgenommen, sondern in kleine Teilmengen strukturiert werden, nennt man strukturierte Mengen- oder Anzahlwahrnehmung. Die Einsicht, dass Mengen aus verschiedenen anderen Mengen und später dann in der Vorstellung Zahlen aus anderen Zahlen zusammengesetzt werden können, wird als eine bedeutsame Komponente bei der Zahlbegriffsentwicklung aufgefasst (Gaidoschik 2010, S. 215 f.). Da diese Zahlauffassung grundlegend für das spätere Rechnen ist, wird die Bedeutung der frühen Förderung einer strukturierten Anzahlwahrnehmung und -erfassung in zahlreichen Publikationen betont (vgl. Wittmann und Müller 2004, S. 22) – auch und gerade in Bezug auf lernschwache Kinder (Scherer 1999, S. 162; Ellemor-Collins und Wright 2009; Bobis 1996). Die Fähigkeit zur strukturierten Anzahlerfassung ist wichtig (Steinweg 2009, S. 125; Krauthausen 1995, S. 95), damit Kinder später in der Schule mentale Bilder von Anzahlen aufbauen können (z. B. Würfelbilder, Punktefelder, Rechenrahmen oder Rechenschiffchen). Das Wahrnehmen von Strukturen wird aus diesen Gründen in der didaktischen Literatur als wichtige Kompetenz angesehen (Lüken 2010, S. 241). Ergänzend zu den oben erwähnten Studien über den Zusammenhang zwischen Fähigkeiten zur Struktur-

bzw. Mustererkennung und späteren Leistungen im Mathematikunterricht konnte Dornheim (2008) in einer Studie zur Vorhersage von Rechenleistung nachweisen, dass neben
flexiblen Zählkompetenzen (wie Vorwärtszählen, Abzählen, Abzählen ohne Zeigen und
Rückwärtszählen) das schnelle Erfassen strukturierter Anzahlen und komplexe Leistungen im Teil-Ganzes-Konzept diejenigen Aspekte waren, die die größte Vorhersagekraft für
spätere Rechenleistungen hatten. Dass 8 das Doppelte von 4 ist oder aus 6 und 2 bzw. aus
3 und 5 besteht, ist für Kinder schwierig zu entdecken, wenn sie Mengen nur zählend bestimmen und somit ihre gesamte Aufmerksamkeit auf den Zählprozess gerichtet ist. Die
strukturierte Anzahlerfassung kann Kindern helfen, eine kardinale Vorstellung von einer
Zahl aufzubauen. Die Zahl steht somit für die Anzahl einer Menge und nicht nur für einen
Punkt in einer auswendig gelernten oder vorgestellten Zahlwortreihe. Es ist ein großer Unterschied, ob ein Kind bei der Zahl Acht nur an die Endstation des Zählvorgangs denkt oder
weiß, dass diese Zahl für eine Menge von Gegenständen steht und dass diese Zahl 8 (im
Sinne des Teil-Ganzes-Verständnisses) aus anderen Zahlen zusammengesetzt werden kann
(Benz 2010a; Padberg und Benz 2011).

Welche Alltagssituationen und Spiele können im Elementarbereich Anlass zu einer Förderung der strukturierten Anzahldarstellung und -wahrnehmung und Anzahlbestimmung
genutzt werden? Alle nachfolgenden Beispiele wurden mit Kindergartenkindern in verschiedenen Projekten erprobt und zeigen, dass viele Kinder fasziniert davon sind, Mengen
zu strukturieren und die Anzahlen zu „sehen".

8.5.1   Memory mit Eierkartons

Bei einem Memory mit Eierkartons kann die Struktur der Eierkartons genutzt werden (vgl.
Benz 2010b). Kinder können z. B. betrachten, welche Strukturen mit sieben Eiern in einem
Zehnerkarton gelegt werden können. Dem Eierkarton wohnt eine Fünferstruktur inne.
Innerhalb der vorgegebenen Struktur ergeben sich nun vielfältige verschiedene Darstellungen. Dabei können jeweils in zwei Eierschachteln gleiche Anzahlen einsortiert werden,
wobei es hierfür unterschiedliche Möglichkeiten gibt. Eine Möglichkeit ist, dass die Anordnung der Anzahlen gleich sein soll. Eine andere Möglichkeit besteht darin, dass ein Paar
nur durch die gleiche *Anzahl* an Eiern festgelegt ist und nicht durch deren *Darstellung*. So
kann beispielsweise zur Menge mit fünf Eiern ein Schachtelpaar gebildet werden, bei dem
einerseits vier Eier oben sowie ein Ei unten und andererseits zwei Eier oben und drei Eier
unten dargestellt werden. Die Kinder öffnen immer zwei Schachteln und müssen feststellen, ob sie ein Paar haben, das die gleiche Anzahl an Elementen aufweist.

8.5.2   Ich sehe was, was du nicht siehst

Ein weiteres Spiel, das man mit Eiern und Eierkartons zur Förderung der strukturierten
Mengenwahrnehmung spielen kann, das aber sehr anspruchsvoll ist und sich eher für das

1. Schuljahr oder sehr leistungsstarke Kindergartenkinder eignet, ist das Spiel: „Ich sehe was, was du nicht siehst". Gemeinsam mit den Kindern kann man dabei Anzahlen von ein bis zehn Eiern in den Zehnerkarton einsortieren. Beim Einsortieren kann man nun unterschiedlich vorgehen. Man kann einerseits auf verschiedene Strukturierungsmöglichkeiten der einzelnen Mengen eingehen. Wie können z. B. fünf Eier angeordnet werden, sodass man sie später beim Spielen schnell erkennen kann? Andererseits kann man im Sinne der Förderung eines Aufbaus von Vorstellungsbildern (vgl. Steinweg 2009) die Regel so aufstellen, dass immer zuerst die obere Reihe gefüllt ist. So werden die Anzahlen bis 10 mit einer Fünferstruktur dargestellt. Nachdem die verschiedenen Kartons nach dieser Regel befüllt wurden, kann ein gemeinsames Gespräch über das „Aussehen" der verschiedenen Mengenbilder stattfinden. Die ersten Runden des Spiels können mit geöffneten Eierschachteln gespielt werden. Ein Kind oder ein Erwachsener beschreibt eine Mengendarstellung einer Eierschachtel. Die anderen Kinder müssen die Schachtel finden und die dazugehörige Menge nennen. Schwieriger wird es, wenn die einzelnen Eierschachteln verschlossen werden. Ein Kind oder die Lernbegleiterin/der Lernbegleiter nimmt sich eine Eierschachtel, schaut hinein und kann nun beschreiben, welche Mengendarstellung es/sie/er sieht. Durch die Art der Mengenbeschreibung ergeben sich unterschiedliche Anforderungen: Es können gefüllte Reihen und Plätze und/oder leere Reihen und Plätze beschrieben werden. Wenn leere Plätze beschrieben werden, kommt die Zahlzerlegung bis zur 10 zum Tragen. Wird mit der Regel gespielt, dass immer zuerst die obere Reihe gefüllt werden muss, kann die Beschreibung zur Zahl 7 z. B. folgendermaßen aussehen:

- Die erste Reihe ist ganz voll. In der zweiten Reihe sind zwei Eier.
- Die erste Reihe ist ganz voll. In der zweiten Reihe sind drei Plätze leer bzw. in der zweiten Reihe können noch drei Eier reingelegt werden, also sind es sieben Eier.
- Es sind noch drei Plätze leer bzw. in der zweiten Reihe können noch drei Eier reingelegt werden.

Dieses Spiel ist in dieser Version sehr anspruchsvoll. Denn Kinder müssen vorher genügend Möglichkeiten gehabt haben, die Mengendarstellungen zu sehen, sodass sie die Chance hatten, innere Vorstellungsbilder zu entwickeln. Das Spiel muss am Anfang nicht mit allen Anzahlen gespielt werden. Die Anforderung kann dadurch reduziert werden, dass nur einige Anzahlen ausgewählt werden.

8.5.3 Herstellen eines Dominospiels

Um Kindergartenkinder für Strukturen in Anzahldarstellung und -erfassung zu sensibilisieren, eignet sich auch ein Dominospiel. Die Regeln eines Dominospiels sind den meisten Kindern bekannt, und in vielen Einrichtungen finden sich auch Dominospiele, bei denen verschiedene Anzahldarstellungen einander zugeordnet werden müssen. Da es gerade für einen flüssigen Spielverlauf von Vorteil ist, wenn man nicht ständig alle Gegenstände auf den Darstellungen einzeln abzählen muss, sondern schnell „erkennen" kann, wie viele Gegenstände abgebildet sind, kann dieser Aspekt bei der Herstellung eines eigenen Spiels thematisiert werden. Es bietet sich hier an, mit den Kindern ein eigenes Dominospiel herzustellen. Zunächst legen die Kinder dazu verschiedene Mengenbilder mit unterschiedlichen Gegenständen. Diese gelegten Bilder werden anschließend fotografiert, ausgedruckt und auf Karten aufgeklebt. Um den Kindern das *Sehen* von Strukturen zu erleichtern, sollten sich die bereitgestellten Materialien durch Merkmalsarmut auszeichnen. Deswegen eignen sich als Gegenstände Naturmaterialien wie z. B. Kastanien, aber auch Spielfiguren, Muggelsteine oder Eierkartons mit Plastikeiern. Die Materialien selbst sollten keine zählbaren Merkmale besitzen wie etwa Spielwürfel mit Augenzahlen oder Autos mit Reifen. Ideal sind merkmalsarme Gegenstände, die besser einfarbig als bunt sind. Sind Gegenstände in vielen Farben vorhanden, ist es sinnvoll, diese auf zwei oder drei Farben zu reduzieren. Ansonsten kann die Struktur aufgrund der vielen verschiedenen Farben in den Hintergrund treten.

Beim Legen der Mengenbilder ist es die Aufgabe der Erzieherin/des Erziehers, die von den Kindern gelegte Struktur wahrzunehmen und zu versuchen, die Kinder anzuregen, mit der gleichen Mengenanzahl andere Strukturen zu legen. Mögliche Impulse dafür sind:

- Kann man das auch anders legen?
- Kannst du die Plättchen, Steine etc. so legen, dass man schnell erkennen kann, wie viele du gelegt hast?
- Kann man auch ohne zu zählen erkennen, wie viele das sind?
- Findest du weitere Bilder, bei denen man schnell erkennen kann, wie viele es sind?
- Warum kann man das jetzt besser sehen?

Mit diesen und vielen anderen Impulsen kann man die Kinder zu weiteren Strukturierungsmöglichkeiten anregen. Dies gelingt meist, da Kinder erfindungsreich sind und gern weitere Strukturen finden wollen. Anstatt die Bilder zu legen, zu fotografieren und auszudrucken, kann man die Kinder auch dazu anregen, selber Dominosteine mit Mengenbildern zu malen. In einer anschließenden Diskussionsrunde, in der die Bilder vorliegen, haben die Kinder genügend Zeit, die einzelnen Bilder so lange zu betrachten, wie sie möchten. Beim Erfassen und Erkennen der verschiedenen Strukturen in der Diskussionsrunde können interessante mathematische Diskussionen unter den Kindern entstehen. Deswegen sollte dieser wichtigen Phase auf jeden Fall genügend Zeit eingeräumt werden. Abschließend werden die Dominosteine bzw. Dominokarten mithilfe der fotografierten und ausgedruckten Bilder bzw. der Kinderzeichnungen hergestellt (durch das Aufkleben auf festen Karton oder durch Laminieren) und dann als Spiel in Gebrauch genommen.

8.5.4   Entdeckertour „Anzahlen sehen"

Auch in der Umwelt lassen sich bei Mengendarstellungen vielfältige Strukturen entdecken. Eine Entdeckertour mit Kindern, bei denen Strukturen von Mengendarstellungen wahrgenommen werden, bietet dazu viele Möglichkeiten. Selbst gebastelte Forscherlupen können dabei helfen, dass der Blick für eine strukturierte Anzahlerfassung im Kindergarten geschärft wird.

Bei den Herzen (Abb. 8.12, Bild links) erkennen die Kinder folgende Anzahldarstellung: „Drei und zwei und dann noch zwei Herzen". Bei den Gummistiefeln im Regal (Abb. 8.12, Bild rechts) entsteht die Strukturierung durch die Schuhpaare „zwei und zwei und zwei und zwei – sind acht".

Dies sind nur einige Beispiele für sinnvolle Aktivitäten. Mit dem Wissen um die Bedeutung von Fähigkeiten bei der Erkennung und Nutzung von Mustern und Strukturen sowie der Kenntnis von Situationen, in denen Kindergartenkinder diesen Inhalten im Alltag und Spiel begegnen, ergeben sich sicherlich weitere Ideen für die Erfindung eigener neuer Spiele oder die entsprechende Abwandlung und angemessene sprachliche Begleitung bekannter Spiele und Aktivitäten.

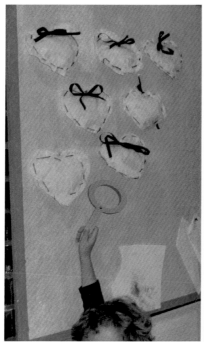

Abb. 8.12 Mengendarstellungen in der Umwelt

8.6   Ausblick auf den Mathematikunterricht

Strukturen in räumlichen Anordnungen zu erkennen, ist, wie im vorigen Abschnitt dargestellt wurde, wichtig für den Zahlbegriffserwerb. Das Erkennen von Mustern und Strukturen spielt jedoch in vielen weiteren mathematischen Inhaltsbereichen im Mathematikunterricht der Grundschule eine wichtige Rolle:

- Musterfolgen, die durch Regelmäßigkeit gekennzeichnet sind, können tragfähige Werkzeuge für den Erwerb mathematischer Konzepte wie Messen, Rechnen und Wahrscheinlichkeit darstellen (Ginsburg et al. 2006, S. 14).
- Auf den engen Zusammenhang zwischen Mustern und Strukturen und algebraischen
  Denkweisen weist Steinweg (2003a, b, 2006, 2013) hin. Im Kapitel „Muster und Strukturen – wegweisend für algebraisches Denken" des Bandes *Algebra in der Grundschule*
  (2013) weist sie z. B. für Musterfolgen auf eine einfache Fragestellung hin, die diese neue
  Denkweise gezielt anstoßen kann. Es ist „die Frage nach Objekten in der Folge, die
  nicht mehr schlicht am Muster abgelesen bzw. besser gesagt abgeschaut werden kön-
  nen" (Steinweg 2013, S. 30).
- Das Fortsetzen von Musterfolgen kann als Übung geometrischen Denkens gesehen werden (Krauthausen und Scherer 2007, S. 70).
- Zweidimensionale, sich wiederholende Muster in Bandornamenten können zur Abbil-
  dungsgeometrie führen (Lorenz 2005).
- Das Erkennen sich wiederholender Einheiten in räumlichen Anordnungen kann den
  Erwerb einer Grundvorstellung zur Multiplikation begünstigen (Mulligan et al. 2006,
  S. 376).
- Strukturierte Anzahldarstellungen bilden die Grundlage für didaktische Arbeitsma-
  terialien im Mathematikunterricht. Durch strukturierte Anzahldarstellungen können
  größere Anzahlen nichtzählend dargestellt und nicht-zählend bestimmt werden. Dies
  ist die Voraussetzung dafür, dass Kinder nichtzählende Rechenstrategien anhand von
  Arbeitsmaterialien entwickeln können. Die Ablösung vom zählenden Rechnen wird
  als einer der Meilensteine in den ersten beiden Schuljahren bezeichnet (vgl. Kap. 4;
  Schipper 2009).
- Muster und Strukturen bilden die Grundlage für entdeckende und differenzierende
  Übungsformen (z. B. Zahlenketten, Zahlenmauern, Differenzen mit Umkehrzahlen
  oder figurierte Zahlen; vgl. Wittmann und Müller 1990, 1992; Steinweg 2003a, b, 2013).
  Die zugrunde liegenden Muster und Strukturen eröffnen bei diesen Übungsformaten
  vielfältige Entdeckungen.
- „Muster regen dazu an, über die Mathematik nachzudenken und die Muster zu nutzen,
  zu beschreiben und ggf. Erklärungsversuche abzugeben". (Steinweg 2013, S. 25). Steinweg weist im weiteren Verlauf ihrer Argumentation darauf hin, dass im Primarbereich
  dadurch die prozessbezogenen Kompetenzen Problemlösen, Kommunizieren und Argumentieren, aber auch das Darstellen angesprochen werden, „da ein Muster z. B. in
  Sprache übersetzt und somit in eine andere Darstellungsform übertragen wird" (edb.,

S. 25.). Dabei ist zu bedenken, dass nicht nur im Primarbereich, sondern auch im Elementarbereich diese prozessbezogenen Kompetenzen bei der Auseinandersetzung mit Mustern gefördert werden können (vgl. Kap. 9).

8.7 Fazit

Muster und Strukturen sind im Alltag der Kinder allgegenwärtig, da sie sich – wie oben dargestellt – durch alle mathematischen Inhaltsbereiche ziehen. Dabei können Aktivitäten im Umgang mit Mustern und Strukturen herausfordernd für die Kinder sein. Sie können sich diese Herausforderungen selbst im Spiel suchen und/oder auch von Erwachsenen dazu angeregt werden. In den beiden letzten Teilkapiteln wurden dazu mehrere Spiele und Aktivitäten beschrieben, bei denen Kinder Muster und Strukturen herstellen, entdecken, fortsetzen und beschreiben können. Dazu bieten sich Materialien an, die in vielen Einrichtungen vorhanden sind: z. B. Perlen, Holzklötze oder Formen zum Legen.

Vor allem beim Beschreiben von und beim Erzählen über Beobachtungen zu Mustern und Strukturen haben die Kinder die Möglichkeit, ihre sprachlichen Fähigkeiten weiterzuentwickeln und auch Begriffe für Farben und Formen zu erwerben. Dabei kann häufig beobachtet werden, welche Neugier und Faszination Muster und Strukturen auf Kinder ausüben. Hoenisch und Niggemeyer (2004, S. 50) beschreiben diese Faszination folgendermaßen: „Ein Muster ist etwas, das sich immer wiederholt, von hier bis nach Australien. Diesen Satz lieben die Kinder. Sie halten Ausschau nach Zusammenhängen und Regelmäßigkeiten, weil sie die Welt, in die sie hineinwachsen, verstehen wollen. Aus Chaos soll Ordnung werden und aus Unsinn Sinn. Nichts ist langweilig für Kinder, jedes neue Muster ist ein Wunder, das geliebt wird."

Fragen zum Reflektieren und Weiterdenken

1. Welche Materialien in Ihrer Tagesstätte könnten Kinder in Bezug auf die Entdeckung von Mustern faszinieren? Welche Materialien regen zu Musteraktivitäten an?
2. Wie reagieren Sie, wenn Ihre Kollegin bzw. Ihr Kollege das Zählen für die wichtigste Form der Anzahlbestimmung hält und die Kinder immer wieder auffordert, Anzahlen zu zählen, auch wenn Kinder die Anzahlen bereits auf andere Art und Weise bestimmt haben?
3. Wie können Sie das Darstellen und Wahrnehmen strukturierter Anzahldarstellungen fördern?
4. Welche sprachlichen Fähigkeiten können beim Beschreiben von Mustern und Strukturen gefördert werden?

8.8   Tipps zum Weiterlesen

Folgende Bücher und Zeitschriftenartikel knüpfen an die Ausführungen in diesem Kapitel an und vertiefen einzelne Aspekte im Schnittfeld von Theorie und Praxis:

> Lee, K. (2010). *Kinder erfinden Mathematik. Gestaltendes Tätigsein mit gleichem Material in großer Menge.* Weimar: Das Netz.

In diesem Band stellt Kerensa Lee die Konzeption „Gleiches Material in großer Menge" vor und beschreibt, wie Kinder, zu strukturieren und Muster zu legen beginnen. Der Aufsatz liefert konkrete Ideen und Handlungsanleitungen für die Arbeit in der Kindertagesstätte.

> Steinweg, A. S. (2003b). Vom Reiz der Wiederholung: Muster und Gesetzmäßigkeiten erkennen. *4 bis 8 – Fachzeitschrift für Kindergarten und Unterstufe* (Schweiz), Heft März, 18–19.

Hier sind – mathematikdidaktisch fundiert – konkrete Aktivitäten zu finden, bei denen Kinder Muster und Gesetzmäßigkeiten entdecken können.

8.9   Bilderbücher und Spiele zum Thema

Da sich Muster und Strukturen durch alle Inhaltsbereiche ziehen, kann man diese bei vielen Bilderbüchern thematisieren.

> Lionni, L. (2012). *Frederik* (9. Aufl.). Weinheim: Beltz & Gelberg.

Bei *Frederik* von Leo Lionni gibt es viele Anlässe, um Anzahlen strukturiert zu bestimmen. Fragt man beispielsweise nach der Anzahl von Beinen, Augen oder Ohren der Mäuse, ist dies oft nicht einfach durch Zählen zu beantworten, da auf den einzelnen Seiten nicht immer alles sichtbar ist.

> Wehrli, U. (2011). *Die Kunst aufzuräumen.* Zürich: kein & aber.

In diesem Bilderbuch ohne Text steht das Ordnen, Sortieren und Strukturieren im Vordergrund. Bilder von Alltagssituationen werden nochmals mit neuen Strukturen dargestellt und bieten zahlreiche Gesprächsanlässe zum Strukturieren.

> Nikitin, B., & Nikitin. L. (o.J.) *Nikitin-Musterwürfel.* Essen: Logo.

In vielen Kindertagesstätten ist das Nikitin-Material bereits vorhanden. Mit den Musterwürfeln und den Vorlagekarten bieten sich zahlreiche Möglichkeiten für Aktivitäten mit Mustern an. Man sollte jedoch im Auge behalten, dass sich Aktivitäten zu Mustern natürlich auch mit Alltagsmaterialien umsetzen lassen.

Literatur

Basieux, P. (2000). *Die Architektur der Mathematik: Denken in Strukturen*. Reinbek: Rowohlt.

Benz, C. (2010a). Zählen ist nicht alles, was zählt. *MNU Primar*, *2*(4), 57–67.

Benz, C. (2010b). *Minis entdecken Mathematik*. Braunschweig: Westermann.

Benz, C. (2013). Identifying Quantities of Representations – Children's Constructions to Compose Collections from Parts or Decompose Collections into Parts. In U. Kortenkamp, B. Brandt, C. Benz, G. Krummheuer, S. Ladel, & R. Vogel (Hrsg.), *Early Mathematics Learning – Selected Papers of the POEM Conference 2012* (S. 189–203). New York: Springer.

Bobis, J. (1996). Visualisation and the Development of Number Sense with Kindergarten Children. In J. T. Mulligan, & M. C. Mitchelmore (Hrsg.), *Children's Number Learning* (S. 17–33). Adelaide: Australian Association of Mathematics Teachers.

Clarke, B., Clarke, D. M., & Cheeseman, J. (2006). The Mathematical Knowledge and Understanding Young Children Bring to School. *Mathematics Education Research Journal*, *18*(1), 81–107.

Clarke, B., Clarke, D. M., Grüßing, M., & Peter-Koop, A. (2008). Mathematische Kompetenzen von Vorschulkindern: Ergebnisse eines Ländervergleichs zwischen Australien und Deutschland. *Journal für Mathematikdidaktik*, *28*(3/4), 259–286.

Devlin, K. (2002). *Muster der Mathematik: Ordnungsgesetze des Geistes und der Natur*. Heidelberg: Spektrum.

Devlin, K. (2003). *Das Mathe-Gen*. München: Deutscher Taschenbuch Verlag.

Dornheim, D. (2008). *Prädiktion von Rechenleistung und Rechenschwäche: Der Beitrag von Zahlen-Vorwissen und allgemein-kognitiven Fähigkeiten*. Berlin: Logos.

Economopoulos, K. (1998). What Comes Next? The Mathematics of Pattern in Kindergarten. *Teaching Children Mathematics*, *5*(4), 230–234.

Ellemor-Collins, D., & Wright, R. (2009). Structuring Numbers 1 – 20: Developing Facile Addition and Subtraction. *Mathematics Education Research Journal*, *21*(2), 50–75.

Gaidoschik, M. (2010). *Wie Kinder rechnen lernen – oder auch nicht: Eine empirische Studie zur Entwicklung von Rechenstrategien im ersten Schuljahr*. Frankfurt/Main: Lang.

Garrick, R., Threlfall, J., & Orton, A. (1999). Pattern in the Nursery. In A. Orton (Hrsg.), *Pattern in the Teaching and Learning of Mathematics* (S. 1–17). London: Cassell.

Gasteiger, H. (2010). *Elementare mathematische Bildung im Alltag der Kindertagesstätte: Grundlegung und Evaluation eines kompetenzorientierten Förderansatzes*. Münster: Waxmann.

Gerster, H.-D. (2009). Schwierigkeiten bei der Entwicklung arithmetischer Konzepte im Zahlenraum bis 100. In A. Fritz, G. Ricken, & S. Schmidt (Hrsg.), *Rechenschwäche. Lernwege, Schwierigkeiten und Hilfen bei Dyskalkulie* (S. 248–268). Weinheim: Beltz.

Ginsburg, H. P. (2002). Little Children, Big Mathematics: Learning and Teaching Mathematics in the Pre-School. In A. Cockburn, & E. Nardi (Hrsg.), *Proceedings 26th Annual Conference of the International Group for the Psychology of Mathematics Education* (Bd. 1, S. 3–14). Norwich: PME.

Ginsburg, H. P., Cannon, J., Eisenband, J., & Pappas, S. (2006). Mathematical Thinking and Learning. In K. McCartney, & D. Phillips (Hrsg.), *Handbook on Early Childhood Development* (S. 208–230). Malden, MA: Blackwell.

Gray, E., Pitta, D., & Tall, D. (2000). Objects, Actions and Images: A Perspective on Early Number Development. *Journal of Mathematical Behavior*, *18*(4), 401–413.

Hoch, M., & Dreyfus, T. (2004). Structure Sense in High School Algebra: The Effect of Brackets. In M. J. Høines, & A. B. Fugelstad (Hrsg.), *Proceedings 28th Conference of the International Group for the Psychology of Mathematical Education* (Bd. 3, S. 49–56). Bergen: PME.

Hoch, M., & Dreyfus, T. (2006). Structure Sense Versus Manipulation Skills: An Unexpected Result. In J. Novontá (Hrsg.), *Proceedings 30th Conference of the International Group for the Psychology of Mathematical Education* (Bd. 3, S. 305–312). Prag: PME.

Hoenisch, N., & Niggemeyer, E. (2004). *Mathe-Kings – Junge Kinder fassen Mathematik an*. Weimar: Das Netz.

KMK – Kultusministerkonferenz (2005). *Bildungsstandards im Fach Mathematik für den Primarbereich. Beschluss vom 15.10.2004*. München: Luchterhand. auch digital verfügbar unter: www.kmk-org.de

Krauthausen, G. (1995). Die "Kraft der Fünf" und das denkende Rechnen: Zur Bedeutung tragfähiger Vorstellungsbilder im mathematischen Anfangsunterricht. In G. Müller, & E. Wittmann (Hrsg.), *Mit Kindern rechnen* (S. 87–108). Frankfurt/Main: Arbeitskreis Grundschule.

Krauthausen, G., & Scherer, P. (2007). *Einführung in die Mathematikdidaktik* (3. Aufl.). Heidelberg: Spektrum.

Lee, K. (2010). *Kinder erfinden Mathematik. Gestaltendes Tätigsein mit gleichem Material in großer Menge*. Weimar: Das Netz.

Lin, C., & Ness, D. (2000). Taiwanese and American Preschool Children's Everyday Mathematics. Paper presented at the Annual Conference of the American Educational Research Association. New Orleans, USA.

Lionni, L. (2012). *Frederik* (9. Aufl.). Weinheim: Beltz und Gelberg.

Lorenz, J. H. (2005). Die Mathematik der Ornamente. *Grundschule Mathematik, 6*, 44–45.

Lorenz, J. H. (2006). Grundschulkinder rechnen anders: Die Entwicklung mathematischer Strukturen und des Zahlensinns von "Matheprofis". In E. Rathgeb-Schnierer, & U. Roos (Hrsg.), *Wie rechnen Matheprofis? Ideen und Erfahrungen zum offenen Mathematikunterricht* (S. 113–122). München: Oldenbourg.

Lüken, M. (2010). The Relationship between Early Structure Sense and Mathematical Development in Primary School. In M. F. Pinto, & T. F. Kawasaki (Hrsg.), *Proceedings of the 34th Conference of the international Group for Psychology of Mathematics Education* Bd. 3 Belo Horizonte: PME.

Lüken, M. (2012). *Muster und Strukturen im mathematischen Anfangsunterricht: Grundlegung und empirische Forschung zum Struktursinn von Schulanfängern*. Münster: Waxmann.

MKJS – Ministerium für Kultus, Jugend und Sport Baden-Württemberg (Hrsg.) (2011). *Orientierungsplan für Bildung und Erziehung in baden-württembergischen Kindergärten und weiteren Kindertageseinrichtungen*. http://kultusportal-bw.de/servlet/PB/show/1285728/KM_KIGA_Orientierungsplan_2011.pdf. Zugegriffen: 21.06.2013

Mulligan, J. T. (2002). The Role of Structure in Children's Development of Multiplicative Reasoning. In B. Barton, K. C. Irwin, M. Pfannkuch, & M. Thomas (Hrsg.), *Mathematics Education in the South Pacific. Proceeding of the 25th Annual Conference of the Mathematics Education Research Group of Australasia Inc* (S. 497–503). Auckland: MERGA.

Mulligan, J. T., & Mitchelmore, M. (2009). Awareness of Pattern and Structure in Early Mathematical Development. *Mathematics Education Research Journal, 21*(2), 33–49.

Mulligan, J. T., & Mitchelmore, M. (2013). Early Awareness of Pattern and Structure. In L. English, & J. T. Mulligan (Hrsg.), *Reconceptualizing Early Mathematics* (S. 29–46). New York: Springer.

Mulligan, J. T., Prescott, A., Papic, M., & Mitchelmore, M. (2006). Improving Early Numeracy through a Pattern and Structure Mathematics Awareness Program (PASMAP). In P. Grootenboer, R. Zevenbergen, & M. Chinnappan (Hrsg.), *Identities, Cultures and Learning Spaces. Proceedings of the 29th Annual Conference of the Mathematics Education Research Group of Australasia* (S. 376–383). Adelaide: MERGA.

Mulligan, T., Mitchelmore, M., English, L., & Crevensten, N. (2013). Reconceptualizing Early Mathematics Learning: The Fundamental Role of Pattern and Structure. In L. English, & J. T. Mulligan (Hrsg.), *Reconceptualizing Early Mathematics* (S. 47–66). Heidelberg: Springer.

Nikitin, B., & Nikitin, L. (o. J.). *Nikitin-Musterwürfel*. Essen: Logo.

NKM – Niedersächsisches Kultusministerium (2011). Orientierungsplan für Bildung und Erziehung im Elementarbereich niedersächsischer Tageseinrichtungen für Kinder. http://www.bildungsserver.de/Bildungsplaene-der-Bundeslaender-fuer-die-fruehe-Bildung-in-Kindertageseinrichtungen-2027.html. Zugegriffen: 01.11.2013

Padberg, F., & Benz, C. (2011). *Didaktik der Arithmetik*. Heidelberg: Spektrum.

Papic, M. (2007). Promoting Repeating Patterns with Young Children. *Australian Primary Mathematics Classroom, 12*(3), 8–13.

Papic, M., & Mulligan, J. T. (2005). Preschoolers' Mathematical Patterning. In P. Clarkson, A. Downton, D. Gronn, M. Horne, A. McDonough, R. Pierce, & A. Roche (Hrsg.), *Building Connections – Theory, Research and Practice. Proceedings of the 28th Annual Conference of the Mathematics Education Research Group of Australasia* (S. 609–616). Sydney: MERGA.

Peter-Koop, A., & Grüßing, M. (2011). *Elementarmathematisches Basisinterview für den Einsatz im Kindergarten*. Offenburg: Mildenberger.

Queensland Studies Authority (2006). *Early Years Curriculum Guidance*. http://www.qsa.qld.edu.au/downloads/p_10/ey_cg_06.pdf. Zugegriffen: 29.05.2013

Rustigan, A. (1976). The Ontogeny of Pattern Recognition: Significance of Color and Form in Linear Pattern Recognition among young children. Unveröffentlichte Dissertation, University of Connecticut.

Sarama, J., & Clements, D. (2009). *Early Childhood Mathematics Education Research: Learning Trajectories for Young Children*. New York: Routledge.

Sawyer, W. W. (1955). *Prelude to Mathematics*. London: Penguin.

Scherer, P. (1999). *Zwanzigerraum*. Produktives Lernen für Kinder mit Lernschwächen.: Fördern durch Fordern, Bd. 1. Leipzig: Klett.

Schipper, W. (2009). *Handbuch für den Mathematikunterricht an Grundschulen*. Braunschweig: Schroedel.

Söbbeke, E. (2005). *Zur visuellen Strukturierungsfähigkeit von Grundschulkindern: Epistemologische Grundlage und empirische Fallstudie zu kindlichen Strukturierungsprozessen mathematischer Anschauungsmittel*. Hildesheim: Franzbecker.

Steinweg, A. S. (2001). *Zur Entwicklung des Zahlmusterverständnisses bei Kindern: Epistemologisch-pädagogische Grundlegung*. Münster: Lit-Verlag.

Steinweg, A. S. (2003a). „Gut, wenn es etwas zu entdecken gibt" – Zur Attraktivität von Zahlen und Mustern. In S. Ruwisch, & A. Peter-Koop (Hrsg.), *Gute Aufgaben im Mathematikunterricht der Grundschule* (S. 56–74). Offenburg: Mildenberger.

Steinweg, A. S. (2003b). Vom Reiz der Wiederholung: Muster und Gesetzmäßigkeiten erkennen. 4 bis 8. *Fachzeitschrift für Kindergarten und Unterstufe (Schweiz)*, 18–19.

Steinweg, A. S. (2006). Kinder deuten geometrische Strukturen und Gleichungen. „Ich sehe was, was du auch sehen kannst …". In E. Rathgeb-Schnierer, & U. Roos (Hrsg.), *Wie rechnen Matheprofis? Ideen und Erfahrungen zum offenen Mathematikunterricht* (S. 71–86). München: Oldenbourg.

Steinweg, A. S. (2009). Rechnest du noch mit Fingern? Aber sicher! *MNU Primar, 1*(4), 124–129.

Steinweg, A. S. (2013). *Algebra in der Grundschule.* Heidelberg: Springer.

Thomas, N. D., Mulligan, J. T., & Goldin, G. A. (2002). Children's Representation and Structural Development of the Counting Sequence 1-100. *Journal of Mathematical Behavior, 21*(1), 117–133.

Threlfall, J. (1999). Repeating Patterns in the Early Primary Years. In A. Orton (Hrsg.), *Pattern in the Teaching and Learning of Mathematics* (S. 18–30). London: Cassell.

van Luit, J. E. H., Rjit, B. A. M., & Hasemann, K. (2001). *Osnabrücker Test zur Zahlbegriffsentwicklung.* Göttingen: Hogrefe.

van Nes, F. (2009). *Young Children's Spatial Structuring Ability and Emerging Number Sense.* Utrecht: All Print.

Warren, E., & Cooper, T. (2006). Using repeating patterns to explore functional thinking. *Australian Primary Mathematics Classroom, 11*(1), 9–14.

Wechsler, D., Petermann, F., & Lipsius, M. (2011). *WPPSI-III Wechsler Preschool and Primary Scale of Intelligence.* Göttingen: Hogrefe.

Wehrli, U. (2011). *Die Kunst aufzuräumen.* Zürich: kein & aber.

Wittmann, E. C. (2003a). Was ist Mathematik und welche pädagogische Bedeutung hat das wohlverstandene Fach auch für den Mathematikunterricht in der Grundschule?. In M. Baum, & H. Wielpütz (Hrsg.), *Mathematik in der Grundschule. Ein Arbeitsbuch* (S. 18–46). Seelze: Kallmeyer.

Wittmann, E. C. (2003b). Design von Lernumgebungen für die mathematische Frühförderung. In G. Faust, M. Götz, & H. Hacker (Hrsg.), *Anschlussfähige Bildungsprozesse im Elementar- und Primarbereich* (S. 49–63). Bad Heilbrunn: Klinkhardt.

Wittmann, E. C., & Müller, G. N. (1990). *Vom Einspluseins zum Einmaleins.* Handbuch produktiver Rechenübungen, Bd. 1. Stuttgart, Düsseldorf: Klett.

Wittmann, E. C., & Müller, G. N. (1992). *Vom halbschriftlichen zum schriftlichen Rechnen.* Handbuch produktiver Rechenübungen, Bd. 2. Stuttgart, Düsseldorf: Klett.

Wittmann, E. C., & Müller, G. N. (2004). *Das Zahlenbuch: 1. Lehrerband.* Leipzig: Klett.

Wittmann, E. C., & Müller, G. N. (2007). Muster und Strukturen als fachliches Grundkonzept. In G. Walther, M.van den Heuvel-Panhuizen, D. Granzer, & O. Köller (Hrsg.), *Bildungsstandards für die Grundschule. Mathematik konkret* (S. 42–65). Berlin: Cornelsen.

Prozessbezogene Kompetenzen

In Kap. 1 wurden bereits verschiedene Aspekte von Mathematik vorgestellt, und dabei wurde festgestellt, dass der Prozesscharakter der Mathematik ein besonders wichtiger Aspekt ist, der sich auch in vielen aktuellen wissenschaftstheoretischen Beschreibungen für Mathematik widerspiegelt: „Die Mathematik ist eine menschliche Tätigkeit […]; die eigentliche Mathematik manifestiert sich in der praktischen Arbeit der Mathematiker" (Davis und Hersh 1996, S. 320). Der Prozessaspekt kommt auch in der Beschreibung von Freudenthal, dass Mathematik „keine Menge von Wissen, sondern eine Tätigkeit, eine Verhaltensweise, eine Geistesverfassung" ist (Freudenthal 1982, S. 140), zum Tragen.

So wie das Wort Musik sowohl für das fertige Musikstück als auch für die Tätigkeit des Musizierens stehen kann, so kann der Begriff Mathematik auch für eine Tätigkeit stehen, „bei der Intuition, Phantasie und schöpferisches Denken beteiligt sind, man durch eigenes und gemeinschaftliches Nachdenken Einsichten erwerben und Verständnis gewinnen kann, selbstständig Entdeckungen machen und dabei Vertrauen in die eigene Denkfähigkeit und Freude am Denken aufbauen kann (vgl. Spiegel und Selter 2003, S. 47; Selter 2011, S. 41 ff.). Selter (2011, S. 42) weist mit einem Zitat von Wheeler darauf hin, dass diese Beschreibung nicht nur die Tätigkeit von Mathematikerinnen und Mathematikern beschreibt, sondern auch von Kindern: „Die Mathematik existiert nur im Intellekt. Jeder, der sie erlernt, muss sie daher nachempfinden bzw. neu gestalten. In diesem Sinn kann Mathematik nur erlernt werden, indem sie geschöpft wird. Wir glauben nicht, dass ein klarer Trennstrich gezogen werden kann zwischen der Tätigkeit des forschenden Mathematikers und der eines Kindes, das Mathematik lernt. Das Kind hat andere Hilfsmittel und andere Erfahrungen, aber beide sind in den gleichen schöpferischen Akt einbezogen. Wir möchten betonen, dass die Mathematik, die ein Kind beherrscht, tatsächlich sein Besitz ist, weil das Kind diese Mathematik durch persönliche Handlung entdeckt hat" (Wheeler 1970, S. 8). Diese Sichtweise von Mathematik bestimmt die aktuelle mathematikdidaktische Diskussion für mathematische Bildungsbereiche aller Altersstufen. So betont u. a. van Oers (2004, S. 314): „In aktuellen Ansätzen zur Mathematikerziehung wird […] die Bedeutung der

C. Benz et al., *Frühe mathematische Bildung*, Mathematik Primarstufe und Sekundarstufe I + II, 321
DOI 10.1007/978-3-8274-2633-8_9, © Springer-Verlag Berlin Heidelberg 2015

Sprache, des Problemlösens und des Schlussfolgerns als Basis mathematischen Denkens betont. Aus diesem Blickwinkel wird mathematisches Denken als Prozess verstanden."

Diese mathematikdidaktische Diskussion wurde von Heinrich Winter angestoßen, der schon 1975 sog. allgemeine Lernziele formulierte, damals allerdings für die Sekundarstufe. *Anzustrebende Verhaltensweisen* sind demnach:

- Fähigkeit zum Mathematisieren, d. h. die Fähigkeit, eine inner- oder außermathematische Situation mit mathematischen Mitteln zu ordnen
- Kreativität
- Argumentationsfähigkeit

Des Weiteren formulierte er sog. anzustrebende *intellektuelle Grundfertigkeiten* wie z. B. Klassifizieren, Ordnen und Formalisieren.

Selter (2002) forderte für den Primarbereich, dass Kinder zu einem „individuellen Lebensentwurf in einer demokratischen Gesellschaft" (S. 181) befähigt werden sollen. Dies soll durch die Förderung folgender prozessbezogener Kompetenzen im Mathematikunterricht geschehen:

- Kreativsein durch Entdecken und Erfinden
- Argumentieren durch Vermuten und Begründen
- Darstellen durch Strukturieren und Beschreiben
- Mathematisieren durch Abstrahieren und Reflektieren
- Kooperieren durch Verstehen und Zusammenarbeiten

Inwieweit sollen nun prozessbezogene Kompetenzen, die für den Primarbereich formuliert wurden (s. auch Bildungsstandards der KMK 2005) auch für die mathematische Bildung im Elementarbereich zur Geltung kommen? Es erscheint in diesem Zusammenhang sinnvoll zu sein, speziell auf den Elementarbereich zugeschnittene prozessbezogene Fähigkeiten zu formulieren. Denn Ziel der frühen mathematischen Bildung kann es nicht sein, lediglich mehr oder weniger geeignete schulische Inhalte in den Elementarbereich zu verschieben. Bezüglich der oben aufgeworfenen Frage kann man auf der einen Seite mit Wheeler (1970) festhalten, dass Kinder in den gleichen schöpferischen Akt einbezogen sind wie Mathematikerinnen und Mathematiker. Auf der anderen Seite haben sie aber andere Hilfsmittel und Erfahrungen. Es ist deshalb notwendig, die Erfahrungswelt, den Entwicklungsstand und die alterstypischen Hilfsmittel bei der Betrachtung der prozessbezogenen Fähigkeiten zu berücksichtigen. Im Folgenden werden daher diesbezügliche Aussagen in der mathematikdidaktischen Literatur sowie in bildungspolitischen Dokumenten betrachtet, die sich explizit auf den Elementarbereich beziehen. Steinweg (2007, S. 144) formulierte speziell für den Elementarbereich vier Bereiche der prozessbezogenen Kompetenzen und orientierte sich dabei an Winter (1975): *Kreativ sein und Probleme lösen, Ordnen und Muster nutzen, Kommunizieren und Argumentieren* sowie *Begründen und Prüfen.* Ebenfalls für den Elementarbereich beschreibt Copley (2006, S. 15) prozessbezogene Kompetenzen mit den Kategorien *problem solving*, *reasoning*, *communicating*, *making connections* und *representing*. Die Amerikanerin Copley orientiert sich bei ihrer Kategorisierung an den Standards der *National Association for the Education of Young Children* (2002), die wiederum an den nationalen Standards des *National Council of Teachers of Mathematics* (2000) angelehnt sind. Weniger Kategorien nutzen Clements und Sarama (Clements und Sarama 2009, Sarama und Clements 2009) mit *problem solving* und *reasoning*. Sie führen neben – und z. T. auch innerhalb dieser Kategorien – zudem noch das *Klassifizieren* bzw. *Sortieren* als inhaltsübergreifende Kompetenz an.

In zahlreichen Bildungsplänen für den Elementarbereich der verschiedenen Bundesländer (vgl. dazu auch Peter-Koop 2009) wie auch in internationalen Dokumenten finden sich ebenfalls prozessbezogene Fähigkeiten als grundlegende mathematische Kompetenzen im Elementarbereich in unterschiedlicher Kategorisierung. Im *Gemeinsamen Rahmen der Länder für die frühe Bildung in Kindertageseinrichtungen* (Jugendministerkonferenz 2004, S. 4) werden sie eher implizit im mathematischen Bereich der gemeinsam mit der Naturwissenschaft und (Informations-)Technik abgebildet. Bei der Beschreibung dieses Bereichs steht das *Erkunden* und *Experimentieren* im Vordergrund. Im baden-württembergischen Orientierungsplan (MKJS 2011, S. 40) wird der Bereich der Mathematik ebenfalls nicht als eigenständiger Bildungsbereich aufgeführt, sondern unter dem Bereich *Denken* mit weiteren Bildungsbereichen zusammengefasst. Hier finden sich kaum inhaltliche, dafür aber prozessbezogene Zielsetzungen wie z. B. „Sammeln, Freude haben nachzudenken, beobachten, Vermutungen anstellen und diese mit verschiedenen Strategien überprüfen, systematisieren und dokumentieren der Beobachtungen, reflektieren von Regelmäßigkeiten und Zusammenhängen". Auch im sächsischen Orientierungsplan (SSK 2011, S. 134) werden zur Beschreibung der prozessbezogenen Kompetenzen ähnliche Begriffe verwendet wie in den Bildungsstandards der Kultusministerkonferenz für die Primarstufe (KMK 2005, S. 7): „Es geht nicht um die Vermittlung von Rechenoperationen, sondern um die Unterstützung von Fertigkeiten wie Problemlösen, Kommunizieren, Argumentieren, Kooperieren, Modellieren […]." Im weiteren Verlauf des sächsischen Bildungsplans wird das *Ordnen* als das Grundprinzip mathematischer Grundbildung näher ausgeführt (SSK 2011, S. 135)[1]. Das Ordnen wird auch im saarländischen Orientierungsplan hervorgehoben: „Mathematik hilft dem Kind, die Welt zu ordnen und in der Vielfalt der Erfahrungen zu Verallgemeinerungen zu kommen" (MBKW 2006, S. 16). Die *Grundsätze zur Bildungsförderung von 0 bis 10 Jahren in Kindertageseinrichtungen und Schulen im Primarbereich von Nordrhein-Westfalen* betonen prozessbezogene Kompetenzen und den Aufbau einer positiven Haltung gegenüber der Mathematik:

> Der Spaß am Entdecken, die Freude am Lösen kniffliger Probleme und Rätsel, der Austausch mit anderen Kindern und auch Erwachsenen über verschiedene Lösungsmöglichkeiten und das Nachdenken über eigene Vorstellungen sind sinnvolle Interaktionen und fördern eine positive Haltung zur Mathematik. In diesem Zusammenhang spielen Sprache und Kommunikation eine bedeutende Rolle. Anderen zu erklären, wie man vorgegangen ist, was man sich

---

[1] Mit dem Begriff „Ordnen" im sächsischen Bildungsplan ist „Klassifizieren" gemeint.

gedacht hat, den anderen zuzuhören, welche Ideen sie entwickelt haben, und diese nachzu-vollziehen, sind wichtige Elemente auch im Bereich des sozialen Lernens sowie im Bereich der Sprache. Das Sprechen über das eigene Tun strukturiert zudem Denkprozesse und fördert die Reflexion über eigene Vorstellungen (MGFFI NRW 2011, S. 57).

Zusammenfassend lässt sich feststellen, dass in allen bildungspolitischen Dokumenten für den Elementarbereich der verschiedenen Bundesländer die prozessbezogenen Kompetenzen mehr oder weniger differenziert aufgeführt werden, auch wenn der mathematische Bereich in manchen Plänen wie etwa im Rahmenplan für Bildung und Erziehung im Elementarbereich für Bremen (Der Senator für Arbeit, Frauen, Gesundheit, Jugend und Soziales 2004) nicht explizit erwähnt wird. Bei der Betrachtung der Bildungspläne für den Elementarbereich und der verschiedenen mathematikdidaktischen Beschreibungen prozessbezogener Kompetenzen sowie der Ausführungen über lernmethodische Kompetenzen (Gisbert 2004) lassen sich für den Elementarbereich die Bereiche *Problemlösen, Kommunizieren, Argumentieren, Darstellen* und z. T. auch *Modellieren* identifizieren. Die *anzustrebenden intellektuellen Grundfertigkeiten* wie z. B. *Ordnen und Klassifizieren* können dabei ebenfalls als inhaltsübergreifende prozessbezogene Kompetenz verstanden werden (Clements und Sarama 2009; Sarama und Clements 2009; Steinweg 2007). Da das *Ordnen und Klassifizieren* bereits ausführlich bei den einzelnen mathematischen Inhaltsbereichen thematisiert wurde, wird hier auf weitere Ausführungen verzichtet.

In den Bildungsstandards für die Primarstufe (KMK 2005, S. 7) werden fünf prozess-bezogene Kompetenzen aufgelistet und näher ausgeführt: *Problemlösen, Kommunizieren, Argumentieren, Darstellen und Modellieren.* Im Sinne von Kohärenz und Anschlussfähig-keit werden in den folgenden Abschnitten diese fünf Kategorien verwendet, unter dem Aspekt der mathematischen Bildung im Elementarbereich näher beleuchtet und Beispiele dazu aufgeführt. Denn es ist nicht einfach, die Anbahnungsformen dieser prozessbezoge-nen Fähigkeiten im kindlichen Spiel zu erkennen. Aufgrund der Tatsache, dass bei vielen Aktivitäten häufig mehrere prozessbezogene Kompetenzen angesprochen werden, wäre in dem einen oder anderen Fall auch eine Zuweisung einer bestimmten Aktivität zu einer anderen prozessbezogenen Kompetenz möglich.

9.1 Problemlösen

Sonja legt Perlen auf ein Perlenbrett (ein Brett mit einer Noppenfolie aus dem Baumarkt). Ihr Ziel ist es, dass sich zwei Perlenreihen miteinander kreuzen: eine Reihe mit roten und gelben Perlen, die andere mit grünen und gelben Perlen. Da-bei ergibt sich die Schwierigkeit, dass sich ihre beiden Reihen genau an einer gelben Perle kreuzen müssen.

Sie legt in einer Reihe immer abwechselnd eine rote und eine gelbe Kugel (Abb. 9.1, links). Dann beginnt sie eine zweite Reihe zu legen, auch immer abwechselnd mit je einer grünen und gelben Kugel, die die andere Reihe schneiden soll. Zwei Kugeln, bevor sich die grün-gelbe mit der rot-gelben Reihe kreuzen würde, stoppt sie mit dem Legen der grün-gelben Reihe, stöhnt (Abb. 9.1, Mitte) und legt alle Kugeln der grün-gelben Reihe wieder zurück. Denn die Reihen hätten sich an einer roten Perle gekreuzt. Sie legt ihren Finger auf die gelbe Perle, an der sich die neue Reihe mit der rot-gelben Reihe kreuzen soll, und fährt parallel zur vorherigen grün-gelben Reihe entlang bis zum Ende des Bretts (Abb. 9.1, rechts).

Abb. 9.1 Perlenreihen auf dem Perlenbrett

Auf die Frage der Erzieherin, was sie denn da mache, antwortet sie: *„Jetzt wollte ich hier … ".* Sie zeigt auf die neue Reihe, in die sie jetzt legen will: *„Weil hier ist ja eine Rote … ".* Sie benötigt eine gelbe Perle für ihre „Kreuzung". Sie beginnt in der neu ermittelten Reihe wieder von der Ecke aus mit der grünen Kugel zu legen: *„Jetzt muss ich wieder von vorne beginnen".* Allerdings hat Sonja jetzt das Problem, dass bei ihrer Reihe nun eine gelbe Kugel aus der grün-gelben Reihe auf eine gelbe Kugel der rot-gelben Reihe trifft (Abb. 9.2, links). Sie überlegt lange. Eine Möglichkeit wäre ja nun, von der „Kreuzung" rückwärts die grün-gelbe Reihe zu legen, eine typische Problemlösestrategie, die sie vorhin zur Ermittlung der „richtigen" Reihe nutzte. Sonja entscheidet sich jedoch für eine andere kreative Problemlösung. Sie nimmt die restlichen gelben und roten Perlen aus der ersten Reihe und nimmt eine grüne und beendet ihr Kunstwerk (Abb. 9.2, rechts).

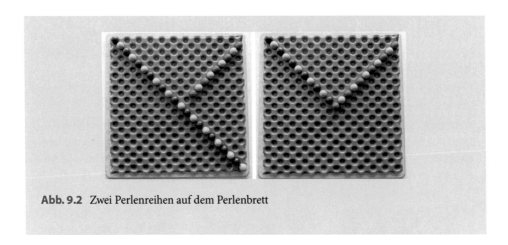

Abb. 9.2 Zwei Perlenreihen auf dem Perlenbrett

In dieser Situation sucht und findet Sonja stets einen Lösungsweg für ihre selbst gestellte Aufgabe bzw. ihr Problem „Kreuzen von Musterreihen". Sie geht dabei planvoll vor, auch wenn sie ihr ursprüngliches Problem nicht löst (Kreuzen an einer gelben Perle), sondern dann ein neues Muster legt.

Das Entwickeln und Nutzen mathematischer Lösungsstrategien ist keineswegs auf höhere Mathematik beschränkt, auch wenn Mathematikerinnen und Mathematiker genau dies tun: Sie versuchen Probleme zu lösen, für die es noch keine Lösungswege und -strategien gibt, weil Problemlösen zum Wesen des mathematischen Tätigseins gehört. Ein effektiver Problemlöser zeigt Durchhaltevermögen, ist konzentriert, nimmt vernünftige Risiken auf sich, bleibt flexibel, wählt Alternativen und zeigt Selbstregulation (Copley 2006, S. 31). Viele dieser Aspekte können in dem Beispiel von Sonja und auch bei anderen kleinen Kindern beobachtet werden, die in ihrem Alltag und in ihrem Spiel häufig auch mathematische Probleme lösen.

In der Theorie des Problemlösens werden typische Stufen eines Problemlöseprozesses klassisch nach Polya (1957) mit vier Schritten beschrieben:

1. Verstehen des Problems
2. Planen des Lösungsprozesses
3. Ausführen des Plans und
4. Überprüfen der Lösung

Nicht nur bei jungen Kindern, auch bei Erwachsenen verläuft dieser Prozess selten linear oder automatisch. Oft haben Kinder eine Idee und setzen diese sofort in Handlungen um, sodass kaum ein Unterschied zwischen der zweiten und dritten Stufe zu beobachten ist. Häufig erproben Kinder zunächst verschiedene Lösungen, ohne vorher einen speziellen Plan zu entwickeln. Auch wenn die Phase des Planens und der Überprüfung häufig nicht zu beobachten ist, bleibt festzuhalten, dass Kinder auch ohne das Einhalten dieser „idealtypischen" Phasen erfolgreich Probleme lösen. Allgemein umfasst Problemlösen grundsätzlich eine strategische Komponente. Lösungsstrategien werden bis zu einem bestimmten Grad selbst entwickelt. Der Problemlöseprozess wird dabei – wie im Beispiel von Sonja – von einer erkennbaren Reflexion begleitet. Es ist jedoch zu bedenken, dass sich diese Strategien erst langsam entwickeln und aus zunächst unsystematischem Probieren zunehmend ein systematisches Probieren entsteht (vgl. Wollring 2015, in Vorb.).

Man kann also den Prozess des Problemlösens weiterfassen und den Aspekt des Kreativseins und das Entdecken neuer Lösungswege mit einschließen, wie dies auch in bildungspolitischen Dokumenten und mathematikdidaktischen Publikationen geschieht (Spiegel und Selter 2003; Steinweg 2008; Lorenz 2012; Schipper 2009). Wichtig ist hierbei weniger das Ergebnis als vielmehr der Prozess, der durch das Entwickeln von Strategien und Planungsschritten zum Lösen von Problemen gekennzeichnet ist.

Hoenisch und Niggemeyer (2004, S. 23) betonen die Bedeutung des Problemlösens: „Der Schlüssel zum Erfolg in allen Bereichen der Mathematik ist Problemlösekompetenz, also die Fähigkeit zu forschen, strittige Fragen zu durchdenken und durch logisches Denken alltägliche und nicht alltägliche Probleme zu lösen. Indem sie Probleme lösen, begreifen die Kinder, dass es unterschiedliche Wege gibt, an ein Problem heranzugehen, und dass verschiedene Lösungen möglich sind." Ein Problem zu lösen bedeutet also für eine Fragestellung, Situation oder Aufgabe, für die man noch keinen Lösungsweg kennt, eine Antwort oder eine Lösung zu finden. In diesen Situationen befinden sich Kinder häufig. Ob man ein Problem löst oder nur eine Routineaufgabe erledigt, hängt vom jeweiligen individuellen Entwicklungsstand ab. Kinder können bei dem Erwerb von Problemlösefähigkeiten und beim Finden neuer Lösungswege unterstützt werden, wenn man ihnen in diesen Situationen nicht zu schnell „hilft", indem man ihnen eine Lösung oder Antwort präsentiert, sondern eher nachfragt, sie ermutigt und unterstützt, eigene Lösungsversuche zu unternehmen. Anstatt Kindern vorschnell Lösungsvorschläge zu unterbreiten und „richtige" effiziente Lösungswege vorzugeben, können Erwachsene mit Kindern gemeinsam überlegen, welche Lösungswege es gibt und sie darin unterstützen, einige auszuprobieren. Eine Lernbegleitung, die Kinder darin unterstützt, eigene Wege zu gehen, auch auf die „Gefahr" hin, dass auf diesen Wegen vielleicht Fehler gemacht werden und einige Wege in Sackgassen enden können, gründet sich auf ein konstruktives Lernverständnis, das in Kap. 2 differenziert betrachtet wurde.

9.2 Kommunizieren

Leon und Sara bauen zusammen mit den Formen der Pattern-Blocks, die eine gelbe sechseckige Grundfläche haben. Sie bauen damit einen Pool und wollen nun Sprungtürme dazu bauen (Abb. 9.3). Auf einmal sind die Formen mit sechseckiger Grundfläche verbaut. Leon und Sara sind aber noch nicht fertig mit dem Bauen, sie wollen gern die Sprungtürme unbedingt noch fertigstellen.

Abb. 9.3 Pool

Leon nimmt eine rote Form mit trapezförmiger Grundfläche in die Hand, dreht sie und schüttelt den Kopf. Plötzlich nimmt ihm Sara die Form aus der Hand und legt sie auf ihren Turm und sagt: „Schau, so geht's" (Abb. 9.4).

Abb. 9.4 Sechseck und Trapez

Das gemeinsame Bewältigen einer Herausforderung, der Austausch über verschiedene
Ideen kann Kindern helfen, gemeinsam Probleme zu lösen, die sie allein nicht hätten lösen
können. Hier spielt die Kommunikation eine tragende Rolle, wobei diese sowohl verbal als
auch nonverbal stattfinden kann: „Mathematisches Problemlösen entwickelt und verfei-
nert sich zum entsprechenden Zeitpunkt mehr und mehr durch den Diskurs mit anderen,
z. B. Pädagogen oder Gleichaltrigen" (van Oers 2004, S. 314). Kommunikation spielt nicht
nur eine bedeutende Rolle beim gemeinsamen Finden von Lösungen, sondern auch beim
Erklären und Überprüfen von Lösungsideen. Beim Kommunizieren über ihr mathematisches Tätigsein müssen Kinder ihr Denken artikulieren, verdeutlichen und organisieren.
Bei wechselseitigen Kommunikationsprozessen hören sich Kinder gegenseitig zu, beobachten, werden sich der Sichtweisen und Strategien anderer Kinder bewusst und fragen
nach (Copley 2006, S. 38). Erwachsene können dabei herausfinden, was Kinder denken
und wissen.

In vielen theoretischen und empirischen Studien zu früher mathematischer Bildung
werden die Sprache und die Kommunikation bei der Entwicklung des mathematischen
Denkens betont (vgl. auch Krummheuer 2014; Lorenz 2012): „Die Entwicklung des Kindes von der Geburt bis zu einem Alter von sieben Jahren wird insbesondere durch Interaktionen mit wichtigen Bezugspersonen (Erwachsenen oder Gleichaltrigen) im Kontext alltäglicher Spiel-(Aktivitäten) gefördert" (van Oers 2004, S. 318). Dabei können die
(non)verbalen Reaktionen Erwachsener Ideen und Handlungen der Kinder maßgeblich
beeinflussen. Wittmann (2004, S. 60) warnt: „Belehrende und bewertende Eingriffe von
außen können die konstruktive Aktivität sehr leicht stören und sogar lähmen. […] An die
Stelle unbefangenen, produktiven Handelns und Denkens tritt dann das ängstliche Bemü-
hen um die fehlerfreie Reproduktion vorgemachter Handlungs- und Sprechweisen". Bei
der Sprachentwicklung reagieren viele Erwachsene weitaus gelassener, wenn ein Kind zuerst eigene kreative Lösungswege geht, die Vergangenheitsformen zuerst „falsch" bildet und
gegeht statt *gegangen* sagt. Wittmann (2004, S. 60 f.) weist mit einem von ihm übersetzten
Zitat von Augustus de Morgan von 1833 auf nicht förderliche Kommunikationsmuster Erwachsener hin:

Man hält ein Kind sehr leicht für unbegabt, wenn sich seine ersten Zahlenkenntnisse nicht
glatt einstellen. Nach meiner Überzeugung ist das ein gründlicher Irrtum, wie schon die sehr
langsame Zahlbegriffsentwicklung bei den Naturvölkern zeigt. Alle motorischen und geisti-
gen Fertigkeiten des Menschen benötigen zu ihrer Entfaltung ihre Zeit. Dies wird besonders
an der Sprachentwicklung deutlich. Es dauert sehr lange, bis ein Kleinkind einen einzigen
artikulierten Laut hervorbringen kann, und die ersten Versuche sind noch sehr unvollkom-
men. Die Erwachsenen müssten dieselbe Nachsicht und dieselbe Bewunderung, mit der sie
die Sprachentwicklung von Kindern gewöhnlich begleiten, auch für die Entwicklung des mathematischen Denkens aufbringen. Aber leider ist dies oft nicht der Fall. Die ersten Versuche
des Kleinkindes, „Papa" und „Mama" auszusprechen, werden jubelnd begrüßt, als wenn sich
darin eine viel versprechende Rednerbegabung ausdrückte. Die ersten Versuche des kleinen
Zahlenrechners dagegen, der überlegt, ob „6 plus 5" das Ergebnis 13, 8, 7 oder 10 haben könnte und nicht gleich zielgerichtet auf die 11 zusteuert, erwecken bei Erwachsenen oft ganz und
gar nicht die Vision auf einen späteren Nobelpreisträger und werden keineswegs mit Sympa-

thie verfolgt. Im Gegenteil, das Kind erntet mehr oder weniger leisen Tadel, weil es angeblich unaufmerksam ist und sich dumm anstellt. Bei der Sprachentwicklung lernt das Kind selbst gesteuert. Es nimmt die beiläufigen Verbesserungen seiner Sprechversuche von den Erwachsenen produktiv auf und gelangt so unfehlbar zum Erfolg. Bei der mathematischen Entwicklung lassen sich die Erwachsenen dazu verleiten, das Kind zu belehren, und zwar mit Methoden, die keineswegs immer Erfolg versprechend sind. Irritiert oder gar genervt durch offensichtliche Misserfolge ihrer Belehrung neigen die Erwachsenen dazu, ungeduldig zu werden und ihre anfangs wohlwollende Haltung aufzugeben. Das Kind, das auf solche atmosphärischen Veränderungen außerordentlich sensibel reagiert, wird dadurch gründlich verunsichert und entmutigt. Es gewinnt schließlich den Eindruck, die Schuld für den fehlenden Lernfortschritt liege bei ihm, anstatt in der didaktischen Unfähigkeit der Erwachsenen (de Morgan 1833, zit. in Wittmann 2004, S. 60 f.).

9.3   Argumentieren

Die Kinder spielen Memory mit Eiern und Eierschachteln. Kemal öffnet eine Schachtel, in der sich sieben Eier befinden (Abb. 9.5). Vier Eier liegen in der oberen Reihe und drei in der unteren Reihe. Olga sagt sofort: „Das sind sieben." Daraufhin entgegnet die Erzieherin: „Wieso weißt du das so schnell?" Olga erklärt bereitwillig: „Weil hier 'ne Würfelsechs und 'ne Eins sind. Und nach sechs kommt sieben."

Abb. 9.5 Eierschachtel mit sieben Eiern

In diesem Beispiel fordert die Erzieherin Olga mit der Frage „Wieso weißt du das so schnell?" auf, ihre Antwort mit Argumenten zu belegen bzw. zu begründen. Olga begründet ihr Ergebnis hier sehr selbstsicher mit zwei Argumenten:

1. Sie erkennt in der Darstellung das Muster der Würfelsechs als einen Teil und zerlegt dementsprechend die Anzahl in 6 und 1.
2. Sie erklärt, dass die Mengen 6 und 1 zusammen 7 sind, damit, dass ein Zählschritt nach der 6 die 7 ist.

In dem Beispiel kommt die Erzieherin mit ihrer ersten Frage der Aufforderung von Bert van Oers (2004, S. 326) nach, „den Kindern durch folgendes Vorgehen spezifische Gewohnheiten zu vermitteln. […] Wann immer Kinder die Lösung für ein Problem vorschlagen, sollten Sie versuchen, die Grundlage dieses Vorschlags herauszufinden". Die Kinder sollen angeregt werden, „ihr Denken noch einmal zu reflektieren und Argumente für ihre Lösungsvorschläge vorzutragen. […] Es geht darum, dass Kinder über ihre Argumentation nachdenken und versuchen eine Antwort zu finden". (ebd.)

Ergebnisse und Aussagen zu hinterfragen, zu prüfen und zu begründen kommt der natürlichen Neugierde der Kinder entgegen, die im Alltag sehr gern nach dem „Warum der Dinge" fragen (Steinweg 2007, S. 188). Es ist sinnvoll, das Nachfragen und die Aufforderung zur Begründung als „spezifische Gewohnheit" im KiTa-Alltag und auch später im Mathematikunterricht zu praktizieren und zu kultivieren. Sonst können Kinder leicht verunsichert sein, wenn die Nachfrage „Woher weißt du das?" gestellt wird. Kinder bemerken schnell, ob diese Frage generell oder nur bei „falschen" Antworten gestellt wird. Insofern kann sich bei Aufforderung zu Begründungen erst einmal Verunsicherung einstellen, wenn die Aufforderung zu Begründungen keinen festen Bestandteil in der Kommunikation von Kindern und Erwachsenen darstellt. Auch Fragen der Kinder an die Erwachsenen wie z. B. „Ist das richtig?" können genutzt werden. Hier kann mit einer Gegenfrage geantwortet werden: „Was denkst du?" „Was könntest du tun, um das herauszufinden?" oder „Erzähl mal, wie du dazu gekommen bist" (Hoenisch und Niggemeyer 2004, S. 23). Zu bedenken ist jedoch, dass das Argumentieren große Anforderungen an die sprachliche Ausdrucksfähigkeit stellt. Copley (2006, S. 38) weist hier auf die Vorbildfunktion der Lernbegleitung hin. Diese kann darin liegen, dass Erwachsene Gedanken und Vermutungen sowie Begründung in alltäglichen Situationen äußern und Kinder über ein solches Vorbild auch sprachliche Modelle erwerben können. Des Weiteren betont Copley, dass für eine Förderung in diesem Bereich den Vermutungen, Argumenten und Begründungen der Kinder besondere Beachtung geschenkt und den Kindern sorgfältig zugehört werden muss. Wenn eine Erzieherin oder ein Erzieher die Ideen, Vermutungen, Erklärungen der Kinder kennt und versteht, können Fähigkeiten wie Argumentieren und Begründen unterstützt werden.

9.4   Darstellen

Florian (5;8) nimmt mit seiner Kindergartengruppe und seiner Erzieherin an einem Projekt zum frühen mathematischen Lernen an der PH Karlsruhe teil. Angeregt
durch die Aktivitäten dort hat er im Kindergarten zunächst eine Eisenbahnanlage
aufgebaut und diese dann von sich aus für die Kinder und Erzieherinnen der anderen Projekt-KiTas aufgezeichnet (Abb. 9.6.)

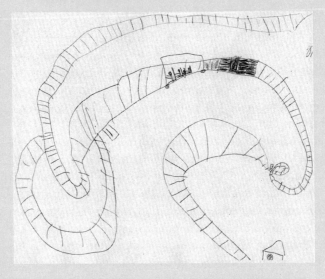

Abb. 9.6 Eisenbahnanlage

„Mathematik ist eine Wissenschaft, die sich mit abstrakten Beziehungen beschäftigt,
diese Beziehungen können jedoch im Konkreten sichtbar und greifbar werden" (Steinweg 2007, S. 168). Dieses „Sichtbar- und Greifbarwerden" drückt sich in verschiedenen
Darstellungen aus. Man kann dabei zwischen verschiedenen Repräsentationsformen unterscheiden. Der Entwicklungspsychologe Jérôme Bruner (1966) unterscheidet diesbezüglich
enaktive, ikonische und symbolische Darstellungsformen.

- Als *enaktive* Repräsentationsform wird eine Darstellung mit konkreten Objekten bzw.
  konkreter Handlung bezeichnet. Die Anzahl „5" kann in der enaktiven Repräsentationsform konkret dargestellt werden, z. B. mit fünf Eiern, aber auch mit fünf Fingern
  oder mit fünf Plättchen in Form eines Würfelbilds.
- *Ikonische* Repräsentationsformen sind bildliche Darstellungen, wobei diese durchaus
  unterschiedlich im Grad der Abstraktion sein können. Fotos und Bilder von fünf Äpfeln
  sind Beispiele für ikonische Repräsentationen der Menge „5". Die Menge „5" kann aber

ebenso in Form von fünf Strichen oder in Form einer Punktedarstellung wie z. B. auf einem Würfel dargestellt werden.

- Auf der *symbolischen* Ebene werden die Objekte, Handlungen bzw. Beziehungen zwischen den Objekten mit formalen Symbolen dargestellt, z. B. durch Zahlzeichen bzw. Ziffern. Auch mathematische Beziehungen können dargestellt werden, z. B. das Zusammenfügen von zwei Mengen durch das formale Zeichen „+".

Übersetzungen innerhalb und zwischen verschiedenen Darstellungen sind notwendig, damit Verständnis für mathematische Inhalte aufgebaut werden kann (Gerster 1994; vom Hofe 1995; Wartha und Schulz 2012; Lorenz 2009). Dies soll anhand eines Beispiels bei der Zahlbegriffsentwicklung verdeutlicht werden: Die Menge „5" kann mit fünf Äpfeln, aber auch mit fünf Bananen, fünf Steinen oder fünf Stühlen enaktiv dargestellt werden. Bei der „Übersetzung" innerhalb der enaktiven Repräsentationsform wird deutlich, dass hier der Fokus auf der Anzahl und nicht auf anderen Merkmalen der Menge liegt. Übersetzungen innerhalb einer Repräsentationsebene nennt man *intramodalen Transfer*. Wird von den Äpfeln ein Foto gemacht, findet eine Übersetzung von der Darstellung mit konkreten Objekten in eine ikonische Darstellungsform statt. Die Übersetzung von einer Repräsentationsform in eine andere Repräsentationsform wird als *intermodaler Transfer* bezeichnet. Die Menge mit den fünf Äpfeln kann also in ein Bild mit fünf Äpfeln übersetzt oder mit einer Strichliste dargestellt werden. Innerhalb der ikonischen Repräsentationsform kann die Menge fünf entsprechend auf verschiedenen Abstraktionsstufen dargestellt werden.

Übersetzungen in formale, symbolische Darstellungen stellen einen typischen Inhalt für den schulischen Mathematikunterricht dar. Das Übersetzen von Handlungssituationen in mathematische Symbole und Operationen und die Bearbeitung dieser Situation auf mathematischer Ebene wird auch *Mathematisieren* genannt. Ziffern als symbolische Darstellungen für Zahlen *können* im Elementarbereich thematisiert werden, da Kinder in ihrem Alltag zahlreiche Begegnungen mit Zahlzeichen haben und an diesen meist auch sehr interessiert sind. Doch wie bereits erwähnt wurde, sind viele andere Aspekte grundlegender und tragfähiger bei der Zahlbegriffsentwicklung als die Ziffernkenntnis (z. B. Mengenvorstellung, Teil-Ganzes-Beziehung, verschiedene Möglichkeiten der Anzahlerfassung). Denn die Kenntnis der Ziffern und die Fähigkeit, diese zu „lesen", also die Zuordnung Ziffer – Zahlwort, stellen Kompetenzen dar, die noch nichts über das Zahlverständnis bzw. den Zahlbegriff aussagen. Erst wenn Kinder sicher bei der Zuordnung Ziffer – Zahlwort – Menge (Anzahl) sind, verfügen sie in Ansätzen über ein tragfähiges Zahlverständnis, einen sicheren Zahlbegriff.

Deswegen sollten formale Darstellungen nicht isoliert gelernt werden. Übersetzungen von und in andere Darstellungen helfen, ein Verständnis für Symbole aufzubauen. Im Elementarbereich sollten konkrete Objekte und Handlungen sowie informelle kindliche bildliche wie auch andere bildliche und sprachliche Darstellungen im Mittelpunkt stehen (vgl. Bönig 2010b, S. 91). Will man Übersetzungen in andere Darstellungen im Elementarbereich thematisieren, sollten diese situationsangemessen und auch für die Kinder sinnstiftend erscheinen. Sinnstiftend (also bedeutsam für die Kinder) werden Übersetzungen und die Thematisierung der Übersetzungen, wenn die Kinder erfahren, dass Darstellungen helfen können, ihre Handlungen festzuhalten, z. B. was sie gebaut, gelegt, erfunden haben. Des Weiteren können sie erfahren, dass Darstellungen helfen können, ihre eigenen Ideen zu verdeutlichen. Ein schönes Beispiel ist hierzu das Eingangsbeispiel von Florians Zeichnung seines Bauplans seiner real gebauten Eisenbahnstrecke, mit der er noch Tage nach dem Bau im Kindergarten seine Konstruktion kommunizieren konnte (s. Abb. 9.6). Anhand von Florians Darstellung kann man erkennen, dass bildliche Darstellungen immer nur bestimmte, ausgewählte Aspekte der Realität abbilden können. Für Florian sind seine von ihm ausgewählten Aspekte relevant: Um die konkrete Eisenbahnanlage in eine bildliche Darstellung zu übersetzen, versuchte er die Seitenränder der Schienen parallel bei seiner Draufsicht zu zeichnen. Die Schwellen der einzelnen Schienen sind ebenfalls in der Draufsicht gezeichnet. Die Darstellung der Weichen entspricht hier noch nicht der Realität, und ebenso vermischt er bei der Darstellung des Zuges die Drauf- und Seitenansicht. Es wird deutlich, dass bei der Übersetzung in die bildliche Darstellung ein Abstraktionsprozess stattfindet. Ein anderer liest diese Darstellung möglicherweise anders. Daher ist nicht die Zeichnung selbst wichtig, sondern die Beziehung zwischen Zeichnung, Realität und Zeichner, wie van Oers (2004, S. 326) anmerkt:

> Die wesentliche Darstellung einer schematischen Repräsentation (z. B. über eine Situation, Geschichte, Konstruktion oder Handlung) liegt nicht in der Erstellung der Repräsentation an sich, sondern in der Reflexion ihrer Beziehung zu dem, was dargestellt wird. Diese [...] Aktivität kann bei Kindern bereits in einem sehr frühen Alter angeregt werden, indem beispielsweise auf ihre Zeichnungen oder Diagramme Bezug genommen wird. Insbesondere bei jungen Kindern ist es nicht notwendig, dass die Repräsentationen immer einen mathematischen Inhalt aufweisen.

9.5 Modellieren

Um zu klären, ob und inwieweit mathematisches Modellieren in der frühen mathematischen Bildung relevant ist, muss geklärt werden, was unter mathematischem Modellieren verstanden wird. Beim mathematischen Modellieren wendet man Mathematik auf konkrete Situationen aus der eigenen Erfahrungswelt an. Probleme in Situationen der realen Lebenswelt werden mithilfe mathematischer Modelle und Verfahren gelöst. Dafür werden Sachsituationen erfasst, in ein mathematisches Modell übertragen und mithilfe mathematischer Kenntnisse und Fertigkeiten bearbeitet und die gefundene Lösung anschließend wieder auf die Sachsituation bezogen (Abb. 9.7). Stellt man fest, dass die gefundene mathematische Lösung das ursprüngliche Problem noch nicht zufriedenstellend löst, muss der Modellierungsprozess erneut durchlaufen werden, d. h., ausgehend von der Sachsituation muss das ursprünglich gewählte mathematische Modell angepasst oder gänzlich neu entwickelt werden; danach wiederum erfolgt die mathematische Bearbeitung, deren Ergebnis dann wieder kritisch reflektiert wird und das evtl. sogar zu einem weiterem Durchlauf führt, was in Abb. 9.7 durch den gestrichelten Pfeil von der Folgerung für die Sachsituation zurück zum Ausgangsproblem symbolisiert wird.

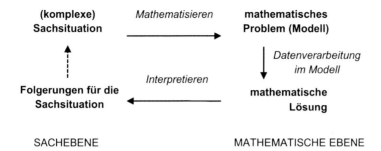

Abb. 9.7 Vereinfachendes Schema des mathematischen Modellierens (nach Müller und Wittmann 1984, S. 253)

Bei genauerer Betrachtung allerdings wird schnell deutlich, dass die oben genannten Schritte des mathematischen Modellierens nicht Bestandteil einer mathematischen Bildung im Elementarbereich sein können. Denn bei Kindern im Elementarbereich steht der modellierende Bereich, d. h. die formale Mathematik, noch nicht in dem benötigten Maß zur Verfügung. So kann man mit Peter-Koop und Hasemann (2011, S. 189) feststellen, dass dies „eindeutig eine Kompetenz ist, die in der Regel erst in der Grundschule angebahnt und in den weiterführenden Schulen ausgebaut" wird. Denn innermathematische Lösungsprozesse auf der abstrakten mathematischen Ebene stellen keine typischen Inhalte für den Elementarbereich dar, in dem es schwerpunktmäßig darum geht, Kinder dabei zu unterstützen, erste Vorstellungen von abstrakten mathematischen Objekten und ihren Beziehungen aufzubauen. Im Elementarbereich und auch im Anfangsunterricht der Grundschule geht es eher um eine „umgekehrte" Art des Modellierens, indem mathematische Sachverhalte mithilfe lebensweltlicher Erfahrungen oder mithilfe aus der Lebenswelt bekannter Materialien modelliert werden. Bezogen auf den Elementarbereich und vor allem den mathematischen Anfangsunterricht lässt sich das in Abb. 9.7 vorgestellte Schema auch als Struktur des *Veranschaulichungsprozesses* (Peter-Koop 2003, S. 113) verstehen und darstellen. Nehmen wir z. B. die Aufgabe 3 + 4. Zur Veranschaulichung der Addition wird die Aufgabe in eine kleine Geschichte gekleidet. Uta hat drei Murmeln, und Peter hat vier Murmeln. Diese beiden Mengen werden dann mit realen Objekten (hier Murmeln) gelegt, und dann wird die Gesamtmenge ausgezählt oder rechnerisch bestimmt. Das Zusammenschieben der beiden Ausgangsmengen zu einer Menge, d. h. das Manipulieren der Sachsituation zur Herbeiführung einer neuen bzw. modifizierten Situation, soll dabei den Prozess der Addition veranschaulichen. Der Übergang bzw. die Übersetzung von den realen Objekten und Situationen in die mathematische Welt, der auch als Mathematisieren bezeichnet wird, stellt somit einen wichtigen Aspekt des Modellierens dar. Insofern kann z. B. der Entwicklungsprozess beim Erwerb des Zahlbegriffs als zunehmendes Mathematisieren verstanden werden. Denn hier wird ausgehend vom Wahrnehmen der Quantität von Objekten zunehmend durch Prozesse des Mathematisierens eine abstrakte Vorstellung einer Zahl aufgebaut (s. dazu die Ausführungen zur Zahlbegriffsentwicklung bei Dornheim

2008; Fritz et al. 2007; Krajewski 2008; Weißhaupt und Peucker 2009). In Abb. 9.8 wird die Zahl „Vier" durch vier Herzen sowie das Viererpunktfeld, wie es auf einem Spielwürfel zu finden ist, dargestellt. Die Anzahl dieser Gegenstände steht für etwas. Die Zahl „Vier" ist jedoch abstrakt, sie ist nicht direkt wahrnehmbar, sondern muss von den Kindern aktiv konstruiert werden (vgl. Lorenz 2012, S. 29).

Abb. 9.8 Veranschaulichun-
gen der Zahl „Vier"

Versteht man unter *Mathematisieren* das „Herstellen von Beziehungen zwischen Sach-verhalten und Mathematik", kann man das Mathematisieren als Teil des Modellierens auch als Begriffsbildung[2] verstehen (Schwarzkopf 2006, S. 97).

> Zwischen der Sache und der Mathematik [...] vermittelt nicht eine Eins-zu-Eins Übersetzung, bei der die konkreten Sachelemente direkt mit mathematischen Symbolen und Operationszei-chen verbunden werden. Wesentlich für eine produktive Verbindung zwischen der Sache und der Mathematik ist die Konstruktion von Beziehungen, Strukturen und Zusammenhängen im Sachkontext, denn letztlich zielt die Mathematik auf solche Strukturen (Steinbring 2001, S. 174).

In diesem Sinne kann dem Modellieren und vor allem dem Mathematisieren auch im Elementarbereich eine tragende Rolle zukommen, denn die „Mathematik bietet eine for-male Sprache zur Erfassung und Beschreibung realer (z. B. naturwissenschaftlicher) Phä-nomene und Zusammenhänge" (Prediger 2009, S. 6). Kinder im Elementar- und Primarbe-reich befinden sich durch zunehmende Abstraktion in ihrer mathematischen Entwicklung auf dem Weg zur formalen Sprache und zu Beschreibungen mithilfe der Mathematik.

9.6   Ausblick auf den Mathematikunterricht

Wie in der Einleitung zu diesem Kapitel bereits festgestellt wurde, sind Kinder in jeder Altersstufe in den gleichen schöpferischen Akt einbezogen wie Mathematikerinnen und Mathematiker, wenngleich sie dafür andere *Hilfsmittel* und Erfahrungen nutzen. In den vorigen Ausführungen wurden die Erfahrungswelt, der Entwicklungsstand und die alters-typischen *Hilfsmittel* von Kindern im Elementarbereich betrachtet, und es wurde darge-stellt, wie sie sich bei prozessbezogenen Kompetenzen auswirken können. Aufgabe des

---

[2] Die zunehmende Abstraktion findet nicht nur bei der Zahlbegriffsentwicklung, sondern auch in der geometrischen Begriffsbildung statt.

Mathematikunterrichts der Grundschule ist es, diese prozessbezogenen Kompetenzen auf-zugreifen und ihre Weiterentwicklung zu fördern. Wird Mathematik als *Prozess* verstanden, muss sich das auch in der Gestaltung des Mathematikunterrichts niederschlagen. Dies kann und soll von Schulbeginn an geschehen. Stehen Lösungsprozesse und nicht allein Produk-te im Mittelpunkt des Mathematikunterrichts, können Kinder im Austausch mit anderen Kindern, beispielsweise in Klassengesprächen oder Rechenkonferenzen, ihre Fähigkeiten des Argumentierens, Darstellens und Kommunizierens weiterentwickeln. Problemlösen kann auch an „einfachen" Aufgaben gefördert werden, wenn Kindern die Möglichkeit ge-geben wird, eigene Wege zu gehen (anstatt sie auf die von Lehrkräften fest vorgegebenen Wege festzulegen), und ihre planvollen Schritte zur Lösung gewürdigt werden. Mathematik wird somit nicht auf ein Reproduzieren von Regeln und Routinen reduziert. Kinder können im Laufe ihres mathematischen Bildungsprozesses aufgrund ihrer zunehmenden Kennt-nisse ihre Problemlösestrategien weiter ausdifferenzieren und entwickeln. Im Bereich des Darstellens stellen vor allem Übersetzungen in formale und abstrakte Darstellungen ei-ne Hauptaufgabe des schulischen Mathematikunterrichts dar (vgl. Abschn. 9.4). Dabei ist zu beachten, dass der Fokus nicht einseitig auf formale und abstrakte Darstellungen ge-legt werden soll, sondern auf die *Übersetzungen* zwischen und innerhalb verschiedener Darstellungsformen, sodass Kinder ein Verständnis für mathematische Inhalte aufbau-en können (vom Hofe 1995). Mit anderen Worten: Die beschriebenen prozessbezogenen Kompetenzen sind kein Selbstzweck, sondern die notwendige Grundlage für inhaltliche Lernfortschritte (vgl. Winter 1975).

9.7 Fazit

Der Blick auf die prozessbezogenen Kompetenzen macht sehr deutlich, dass frühe mathe-matische Bildung nicht auf den Erwerb einzelner inhaltlicher mathematischer Kenntnisse reduziert werden darf. Mathematische Bildung umfasst neben Kenntnissen auch Fähigkei-ten und Haltungen. Damit Kinder diese Fähigkeiten und Haltungen in ihrem mathemati-schen Bildungsprozess von Anfang an erwerben können, muss der Fokus von Fachkräften auf die verschiedenen mathematischen Denkprozesse gerichtet sein. Nicht allein die aus Erwachsenensicht *richtigen* Ergebnisse sollen im Mittelpunkt des Interesses stehen, son-dern die Lösungswege und Ideen der Kinder. Schon in den 1980er-Jahren forderte der Mathematikdidaktiker Heinrich Bauersfeld, „für den Erstrechenunterricht individuelle Lö-sungswege aufzunehmen und vergleichend zu diskutieren". Auch wenn sie zunächst „nicht den vom Lehrer angestrebten Normverfahren entsprechen", sind sie „wichtige Fundamente des Denkens und der alleinige Nährboden für neue Ideen" (Bauersfeld 1983, S. 53). Die Wertschätzung von kindlichen Ideen, die z. T. nicht der Norm entsprechen, als wichti-ge Fundamente des Denkens ist dabei nicht nur im schulischen Bereich von Bedeutung, sondern noch vielmehr im Elementarbereich, der nicht akademisiert und von schulischen Normen geprägt sein soll. Wenn wir Kinder darin unterstützen wollen, „ihr Denken zu entwickeln – statt sie darüber zu belehren, wie sie zu denken haben –, dann müssen wir ihnen besser zuhören, sie zur Darstellung ihrer Gedanken mit eigenen Ausdrucksmitteln anregen (...) und die Verständigung über die unterschiedlichen Denkwege" fördern (Selter und Spiegel 1997, S. 12). Eine solche Unterstützung stellt hohe Ansprüche an die Erwachsenen, denn sie müssen versuchen, die kindlichen Denkwege zu verstehen. Professionswissen über die Entwicklung kindlicher Denkprozesse ist dafür unabdingbare Voraussetzung.

Wenn man Kinder darin unterstützen will, eigene Strategien zu entwickeln, muss man damit rechnen, dass diese nicht der Norm entsprechen. Dies wird häufig als *Fehler* bezeichnet, dabei haben diese Fehler durchaus positive Aspekte und müssen als unverzichtbarer Bestandteil eines jeden Lernweges und als eine normale Erscheinung des entdeckenden Lernprozesses verstanden werden (Spiegel und Selter 2003, S. 42). Denn „hinter vermeintlich falschen Äußerungen stehen oft aus Kindersicht sinnvolle Gedanken" (Benz 2010, S. 16; vgl. auch Abschn. 9.2). Diese sinnvollen Gedanken zu würdigen, ist Aufgabe von Fachkräften im Elementarbereich. Neben dem Aufnehmen der Ideen der Kinder stellt sich für Fachkräfte jedoch auch die Herausforderung, die Kinder so zu unterstützen, dass sie aus ihren Fehlern lernen können. Denn Fachkräfte im Elementarbereich finden sich – genauso wie Lehrkräfte in der Schule – im Spannungsfeld zwischen Invention und Konvention (Schipper 2009, S. 34 ff.). Auf dem Weg zu den Konventionen (z. B. Erlernen der Zahlwortreihenfolge und Zählprinzipien) sollen Kinder jedoch eigene Schritte gehen dürfen. Denn dieser Weg stellt einen bedeutenden mathematischen Lernprozess dar.

Fragen zum Reflektieren und Weiterdenken

1. Welche Formen der Darstellung kann ich in verschiedenen inhaltlichen mathematischen Bereichen bei den Kindern meiner Gruppe beobachten? Wie kann ich Übersetzungen anregen?
2. Wie reagiere ich auf nicht der Norm entsprechende Lösungswege? Was kann ich entgegnen, wenn eine meiner Kolleginnen feststellt: „Am wichtigsten ist mir, dass die Kinder keine Fehler machen." Welches Verständnis von Fehlern steckt hinter dem Begriff „Fehlerteufel"?
3. Mit welchen Impulsen kann ich prozessbezogene Fähigkeiten fördern?

9.8   Tipps zum Weiterlesen

Folgende Buchkapitel knüpfen an die Ausführungen in diesem Kapitel an und vertiefen einzelne Aspekte im Schnittfeld von Theorie und Praxis:

Peter-Koop, A., & Hasemann, K. (2011). Gestaltung der Übergänge zur Grundschule und zur Sekundarstufe I im Mathematikunterricht. In: R. Demuth, G. Walther, & M. Prenzel (Hrsg.), *Unterricht entwickeln mit SINUS, 10 Module für den Mathematik- und Sachunterricht in der Grundschule* (S. 187–194). Seelze: Kallmeyer/Klett.

Dieser Artikel beleuchtet sowohl den Übergang vom Elementar- in den Primarbereich als auch den Übergang vom Primar- in den Sekundarbereich. Dabei werden nicht nur *prozessbezogene*, sondern auch *inhaltsbezogene* Kompetenzen in den Blick genommen.

Spiegel, H., & Selter, C. (2003). Mit Fehlern darf gerechnet werden. Warum ‚ENIE' ein Grund zur Belustigung wie auch zur Verärgerung sein kann. In H. Spiegel, & C. Selter, *Kinder und Mathematik. Was Erwachsene wissen sollten* (S. 36–43). Seelze: Kallmeyer/Klett.

In diesem Kapitel wird anhand vieler Beispiele anschaulich illustriert, dass Fehler natürliche Bestandteile des Lernprozesses sind. Die Beispiele dieses Kapitels beziehen sich nicht nur auf den Elementarbereich, vielmehr sind auch Beispiele aus dem Primarbereich integriert.

Literatur

Bauersfeld, H. (1983). Subjektive Erfahrungsbereiche als Grundlage einer Interaktionstheorie des Mathematiklernens und -lehrens. In H. Bauersfeld (Hrsg.), *Lernen und Lehren von Mathematik. Analysen zum Unterrichtshandeln. Untersuchungen zum Mathematikunterricht* (S. 1–56). Köln: Aulis.

Benz, C. (2010). *Minis entdecken Mathematik*. Braunschweig: Westermann.

Bönig, D. (2010b). Zahlendetektive im Kindergarten. In D. Bönig, J. Streit-Lehmann, & B. Schlag (Hrsg.), *Bildungsjournal Frühe Kindheit - Mathematik, Naturwissenschaft und Technik* (S. 88–91). Berlin: Cornelsen.

Bruner, J. (1966). *Toward a Theory of Instruction*. Cambridge, MA: Harvard University Press.

Clements, D., & Sarama, J. (2009). *Learning and Teaching Early Math. The Learning Trajectories Approach*. New York: Routledge.

Copley, J. V. (2006). *The Young Child and Mathematics* (4. Aufl.). Washington, DC: NAEYC.

Davis, P. J., & Hersh, R. (1996). *Erfahrung Mathematik*. Basel: Birkhäuser.

Der Senator für Arbeit, Frauen, Gesundheit, Jugend und Soziales – Freie Hansestadt Bremen (2004). Rahmenplan für Bildung und Erziehung im Elementarbereich. www.soziales.bremen.de/sixcms/media.php/13/Rahmenplan.pdf. Zugegriffen: 25.06.13

Dornheim, D. (2008). *Prädiktion von Rechenleistung und Rechenschwäche: Der Beitrag von Zahlen-Vorwissen und allgemein-kognitiven Fähigkeiten*. Berlin: Logos.

Freudenthal, H. (1982). Mathematik – Eine Geisteshaltung. *Grundschule, 4*, 140–142.

Fritz, A., Ricken, G., & Gerlach, M. (2007). *Kalkulie. Diagnose- und Trainingsprogramm für rechenschwache Kinder: Handreichungen zur Durchführung der Diagnose*. Berlin: Cornelsen.

Gerster, H.-D. (1994). Arithmetik im Anfangsunterricht. In A. Abele, & H. Kalmbach (Hrsg.), *Handbuch zur Grundschulmathematik 1. und 2. Schuljahr* (S. 35–102). Stuttgart: Klett.

Gisbert, K. (2004). *Lernen lernen. Lernmethodische Kompetenzen von Kindern in Tageseinrichtungen fördern*. Weinheim: Beltz.

Hoenisch, N., & Niggemeyer, E. (2004). *Mathe-Kings: Junge Kinder fassen Mathematik an*. Weimar: Das Netz.

Jugendministerkonferenz (2004). *Gemeinsamer Rahmen der Länder für die frühe Bildung in Kindertageseinrichtungen. Beschluss der Jugendministerkonferenz vom 13./14. Mai 2004.* www.kmk.org/fileadmin/veroeffentlichungen_beschluesse/2004/2004_06_04-Fruehe-Bildung-Kitas.pdf. Zugegriffen: 12.7.2013

KMK – Kultusministerkonferenz (2005). *Bildungsstandards im Fach Mathematik für den Primarbereich. Beschluss vom 15.10.2004.* München: Luchterhand. www.kmk-org.de

Krajewski, K. (2008). Vorschulische Förderung mathematischer Kompetenzen. In F. Petermann, & W. Schneider (Hrsg.), *Angewandte Entwicklungspsychologie* (S. 275–304). Göttingen: Hogrefe.

Krummheuer, G. (2014). The Relationship between Cultural Expectation and the Local Realization of a Mathematics Learning Environment. In U. Kortenkamp, B. Brandt, C. Benz, G. Krummheuer, S. Ladel, & R. Vogel (Hrsg.), *Early Mathematics Learning – Selected Papers of the POEM 2012 Conference* (S. 71–83). New York: Springer.

Lorenz, J. H. (2009). Diagnose und Prävention von Rechenschwäche als Herausforderung im Elementar- und Primarbereich. In A. Heinze, & M. Grüßing (Hrsg.), *Mathematiklernen vom Kindergarten bis zum Studium. Kontinuität und Kohärenz als Herausforderung für den Mathematikunterricht* (S. 35–46). Münster: Waxmann.

Lorenz, J. H. (2012). *Kinder begreifen Mathematik: Frühe mathematische Bildung und Förderung.* Stuttgart: Kohlhammer.

MBKW – Ministerium für Bildung, Kultur und Wissenschaft Saarland (2006). *Bildungsprogramm für saarländische Kindergärten.* Weimar: Das Netz.

MGFFI – Ministerium für Generationen, Familie, Frauen und Integration des Landes Nordrhein-WestfalenMinisterium für Generationen (2011). *Mehr Chancen durch Bildung von Anfang an – Entwurf – Grundsätze zur Bildungsförderung für Kinder von 0 bis 10 Jahren in Kindertageseinrichtungen und Schulen im Primarbereich in Nordrhein-Westfalen.* www.schulministerium.nrw.de/BP/Schulsystem/Bildungsgrundsaetze_fuer_den_Elementar_und_Primarbereich/Bildungsgrundsaetze_fuer_den_Elementar_und_Primarbereich.pdf. Zugegriffen: 12.7.2013

MKJS – Ministerium für Kultus, Jugend und Sport Baden-Württemberg (Hrsg.) (2011). *Orientierungsplan für Bildung und Erziehung in baden-württembergischen Kindergärten und weiteren Kindertageseinrichtungen.* www.kultusportal-bw.de/servlet/PB/show/1285728/KM_KIGA_Orientierungsplan_2011.pdf. Zugegriffen: 25.6.2013

de Morgan, A. (1833). On Teaching Arithmetic. *Quarterly Journal of Education, 5,* 5–17.

Müller, G., & Wittmann, E. C. (1984). *Der Mathematikunterricht in der Primarstufe.* Braunschweig: Vieweg.

National Association for the Education of Young Children (NAEYC) (2002). *Early Childhood Mathematics. Promoting Good Beginnings.* www.naeyc.org.files/naeyc/file/positions/psmath.pdf. Zugegriffen: 9.7.2013

National Council of Teachers of Mathematics (NCTM) (2000). *Principles and Standards for School Mathematics.* Reston, VA: NCTM.

Peter-Koop, A. (2003). „Wie viele Autos stehen in einem 3-km-Stau?" Modellbildungsprozesse beim Bearbeiten von Fermi-Problemen in Kleingruppen. In S. Ruwisch, & A. Peter-Koop (Hrsg.), *Gute Aufgaben im Mathematikunterricht der Grundschule* (S. 111–130). Offenburg: Mildenberger.

Peter-Koop, A. (2009). Orientierungspläne Mathematik für den Elementarbereich – ein Überblick. In A. Heinze, & M. Grüßing (Hrsg.), *Mathematiklernen vom Kindergarten bis zum Studium. Kontinuität und Kohärenz als Herausforderung für den Mathematikunterricht* (S. 47–52). Münster: Waxmann.

Peter-Koop, A., & Hasemann, K. (2011). Gestaltung der Übergänge zur Grundschule und zur Sekundarstufe I im Mathematikunterricht. In R. Demuth, G. Walther, & M. Prenzel (Hrsg.), *Unterricht entwickeln mit SINUS. 10 Module für den Mathematik- und Sachunterricht in der Grundschule* (S. 187–194). Seelze: Kallmeyer/Klett.

Polya, G. (1957). *How to Solve it*. Princeton, NJ: Princeton University Press.

Prediger, S. (2009). Entwicklung naturwissenschaftlichen Denkens zwischen Phänomen und Systematik. In D. Höttecke (Hrsg.), *Jahrestagung der Gesellschaft für Didaktik der Chemie und Physik in Dresden 2009* (S. 6–20). Berlin: LIT-Verlag.

Sarama, J., & Clements, D. (2009). *Early Childhood Mathematics Education Research: Learning Trajectories for Young Children*. New York: Routledge.

Schipper, W. (2009). *Handbuch für den Mathematikunterricht an Grundschulen*. Braunschweig: Schroedel.

Schwarzkopf, R. (2006). Elementares Modellieren in der Grundschule. In A. Büchter, H. Humenberger, S. Hußmann, & S. Prediger (Hrsg.), *Realitätsnaher Mathematikunterricht – vom Fach aus und für die Praxis* (S. 95–105). Hildesheim: Franzbecker.

Selter, C. (2002). Was heißt eigentlich 'rechnen lernen'? Ein Diskussionsbeitrag zum Thema 'Tragfähige Grundlagen Arithmetik'. In W. Böttcher, & P. E. Kalb (Hrsg.), *Kerncurriculum. Was Kinder in der Grundschule lernen sollen* (S. 169–197). Weinheim: Beltz.

Selter, C. (2011). Mathematikunterricht – mehr als Kenntnisse und Fertigkeiten. In R. Demuth, G. Walther, & M. Prenzel (Hrsg.), *Unterricht entwickeln mit SINUS. 10 Module für den Mathematik- und Sachunterricht in der Grundschule* (S. 35–42). Seelze: Kallmeyer/Klett.

Selter, C., & Spiegel, H. (1997). Offenheit gegenüber dem Denken der Kinder. *Grundschule, 29*(3), 12–14.

Spiegel, H., & Selter, C. (2003). *Kinder und Mathematik: Was Erwachsene wissen sollten*. Seelze: Kallmeyer.

SSK – Sächsisches Staatsministerium für Kultus (Hrsg.). (2011). *Der Sächsische Bildungsplan - ein Leitfaden für pädagogische Fachkräfte in Krippen, Kindergärten und Horten sowie für Kindertagespflege*. Weimar: Das Netz.

Steinbring, H. (2001). Der Sache mathematisch auf den Grund gehen heißt Begriffe bilden. In C. Selter, & G. Walther (Hrsg.), *Mathematiklernen und gesunder Menschenverstand* (S. 174–183). Leipzig: Klett.

Steinweg, A. S. (2007). Mathematisches Lernen. In Stiftung Bildungspakt Bayern (Hrsg.), *Das KIDZ-Handbuch. Grundlagen, Konzepte und Praxisbeispiele aus dem Modellversuch „KIDZ- Kindergarten der Zukunft in Bayern"* (S. 136–203). Köln: Wolters Kluwer.

Steinweg, A. S. (2008). Zwischen Kindergarten und Schule: Mathematische Basiskompetenzen im Übergang. In F. Hellmich, & H. Köster (Hrsg.), *Vorschulische Bildungsprozesse in Mathematik und in den Naturwissenschaften* (S. 143–159). Bad Heilbrunn: Klinkhardt.

van Oers, B. (2004). Mathematisches Denken bei Vorschulkindern. In W. E. Fthenakis, & P. Oberhuemer (Hrsg.), *Frühpädagogik international. Bildungsqualität im Blickpunkt* (S. 313–330). Wiesbaden: Verlag für Sozialwissenschaften.

vom Hofe, R. (1995). *Grundvorstellungen mathematischer Inhalte*. Heidelberg: Spektrum.

Wartha, S., & Schulz, A. (2012). *Rechenproblemen vorbeugen*. Berlin: Cornelsen.

Weißhaupt, S., & Peucker, S. (2009). Entwicklung arithmetischen Vorwissens. In A. Fritz, G. Ricken, & S. Schmidt (Hrsg.), *Rechenschwäche. Lernwege, Schwierigkeiten und Hilfen bei Dyskalkulie* (2. Aufl. S. 52–76). Weinheim: Beltz.

Wheeler, D. H. (Hrsg.). (1970). *Modelle für den Mathematikunterricht in der Grundschule*. Stuttgart: Klett.

Winter, H. (1975). Allgemeine Lernziele für den Mathematikunterricht? *Zentralblatt für Didaktik der Mathematik, 7*(3), 106–116.

Wittmann, E. C. (2004). Design von Lernumgebungen zur mathematischen Frühförderung. In G. Faust, M. Götz, H. Hacker, & H.-G. Rossbach (Hrsg.), *Anschlussfähige Bildungsprozesse im Elementar- und Primarbereich* (S. 49–63). Bad Heilbrunn: Klinkhardt.

Wollring, B. (2015). Prozessbezogene mathematische Kompetenzen. In C. Benz, M. Grüßing, J.-H. Lorenz, C. Selter, & B. Wollring (Hrsg.), *Bericht der wissenschaftlichen Expertengruppe „Zieldimensionen mathematischer Bildung im Elementar- und Primarbereich"*. erscheint voraussichtlich bei Schaffhausen: Schubi.

Epilog

Nachdem die frühe mathematische Bildung in den vorangegangenen Kapiteln ausführlich hinsichtlich ihrer Inhalte, Prozesse und Methoden auch aus fachlicher, fachdidaktischer, diagnostischer, entwicklungspsychologischer und elementarpädagogische Perspektive betrachtet wurde, sollen abschließend die Hauptakteure zu Wort kommen – dies allerdings eher im übertragenen Sinne. Beschließen möchten wir diesen Band mit Fotos mathematisch aktiver Kinder, die sich im Kindergarten und zu Hause verschiedensten mathematischen Problemen gestellt und ihre Entdeckungen und Lösungen in anschaulicher Form dokumentiert haben. Ohne Anspruch auf Vollständigkeit zu erheben, geben die Bilder und zugehörigen Kommentare einen Eindruck von der Reichhaltigkeit mathematischer Situationen, wie sie sich für Kindergarten- und junge Grundschulkinder ergeben, und das Erkenntnisinteresse und kreative Lösungspotenzial der Kinder. Eltern, Erzieherinnen und Erzieher sowie Lehrerinnen und Lehrer haben die Aufgabe, Kinder dabei zu unterstützen, indem sie Zeit und Material bereitstellen, die mathematischen Entdeckungen der Kinder ernst nehmen und wertschätzen und ihnen dabei helfen, ihre Einsichten oder auch Fragen zu reflektieren und zu formulieren. Hierbei soll der vorliegende Band Anregungen und Orientierungsrahmen geben.

C. Benz et al., *Frühe mathematische Bildung*, Mathematik Primarstufe und Sekundarstufe I + II, 343
DOI 10.1007/978-3-8274-2633-8, © Springer-Verlag Berlin Heidelberg 2015

Vivien (3;5) liebt es, „schöne Reihen" zu bilden. Dabei steckt sie die benötigten Steine –
immer nur die dicken Vierersteine – vorher als Turm zusammen, den sie dann systematisch
umsteckt. Bereits bei der Vorbereitung war ihr aufgefallen, dass sie nicht genügend braune
Steine hat: „Es fehlen braune!"

Aus Keksen oder Bauklötzen einen Kreis legen, ist eine Herausforderung – besonders,
wenn man darin mit seiner besten Freundin stehen will. Doch auch die Frage, wo die Mitte
des Kreises ist, ist nicht so leicht zu beantworten.

Anabel (3;11) will nachmessen, ob der von ihr gewählte Mittelpunkt stimmt und verlangt nach kleinen Stöcken. Da diese nicht zur Hand sind, bietet ihre Mutter ihr Strohhalme
an. „Na gut. Damit müsste es auch gehen."

Messen kann man mit den unterschiedlichsten Werkzeugen. Es kommt darauf an, was man zu welchem Zweck messen will und welche Werkzeuge zur Verfügung stehen. Und wie misst man etwas, das rund oder gebogen ist?

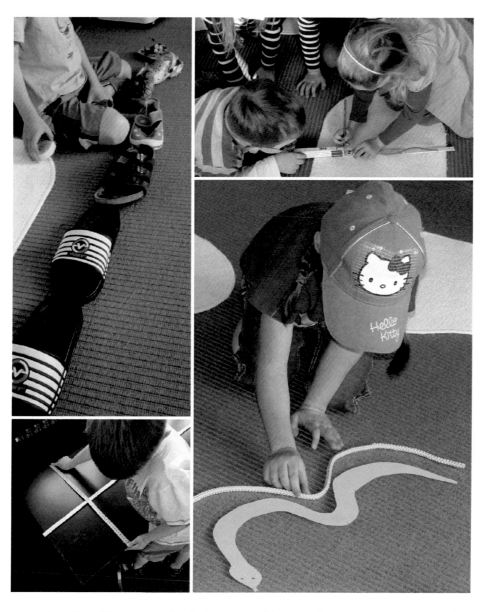

Die jeweiligen Vor- und Nachteile der ausgewählten standardisierten und nichtstandardisierten Messwerkzeuge werden dabei ausführlich diskutiert. Die Erzieherin der Igelgruppe moderiert das folgende Gespräch zwischen den beteiligten Kindern.

Die Kinder aus der Pinguingruppe spielen mit Plastikbechern, die in einer großen Kiste verpackt waren. Nele (5;3) macht mit den Bechern lange Stapel und vergleicht ihre Höhe.

Sie will wissen, ob sie so lang ist wie ihr Becherstapel, der nicht mehr allein stehen bleibt. Also wird auf dem Boden liegend gemessen.

Beim Aufräumen passen die Becher nicht mehr in den Karton, in dem sie ursprünglich ankamen. Dann kommt Nele die Einsicht: Die Becher müssen passend gestapelt werden!

Steht entsprechendes Material in ausreichender Zahl zur Verfügung, ergeben sich mathematische Inhalte und Entdeckungen meist von selbst ...

Ben: „Immer ein roter und ein gelber."
Sara: „So sind es auch immer gleich viele."

Jonathan (6;1) legt immer so viele Tiere wie Punktezahlen auf dem Würfel.

Die Kinder auf den beiden Fotos auf der folgenden Seite oben setzen sich mit Mengendarstellungen auseinander. Während links immer vier Eier in einen Karton gelegt werden und geschaut wird, wie die Eier liegen können, legt Samira (5;7) in jeder Farbe immer fünf Würfel in gleicher Anordnung: Das Vorbild ist erkennbar die „Würfelfünf".

Anabel (5;11) hat einen Adventskalender gebastelt. Ganz automatisch ergeben sich Fragen zur Kardinalität (Wie viele Tage sind es noch bis Heiligabend?) und Ordinalität (Der Wievielte ist morgen?)

Passend zur Reihe der immer größer werdenden Gläser legt Julian (5;10) auf jedes Glas auch Türme aus Bauklötzen, die immer um eins zunehmen, und findet so eine individuelle Veranschaulichung für Seriation.

Sachverzeichnis

Printed in the United States
By Bookmasters